U0461173

高等教育建筑

工程设计图学

主编　何培斌　郑　旭

副主编　李　珂　刘　敏

参编　田　宽　彭留留　杨远龙　王宣鼎　李　江

重庆大学出版社

内容提要

本书是根据教育部工程图学教学指导委员会制定的"普通高等院校工程图学课程教学基本要求",并结合编者多年建筑制图优质系列课程建设和教学改革的经验编写而成。

本书共 11 章,包括:工程设计图学基本知识和基本技能,投影法及点、直线、平面的投影,常见工程形体的投影,轴测投影,工程图样画法,建筑施工图,结构施工图,建筑给水排水施工图,计算机绘制建筑施工图,透视图基础,工程形体的阴和影等内容。

本书可作为高等院校建筑类、土木类各专业"工程制图""工程图学""建筑制图"等相关制图课程教材,也可供其他类型院校相关专业选用,还可供工程技术人员参考。

图书在版编目(CIP)数据

工程设计图学 / 何培斌,郑旭主编. —— 重庆 : 重庆大学出版社,2022.8
高等教育建筑类专业系列教材
ISBN 978-7-5689-3360-5

Ⅰ. ①工… Ⅱ. ①何… ②郑… Ⅲ. ①工程制图—高等学校—教材 Ⅳ. ①TB23

中国版本图书馆 CIP 数据核字(2022)第 102528 号

高等教育建筑类专业系列教材

工程设计图学

GONGCHENG SHEJI TUXUE

主 编 何培斌 郑 旭
副主编 李 珂 刘 敏

责任编辑:王 婷 版式设计:王 婷
责任校对:关德强 责任印制:赵 晟

*

重庆大学出版社出版发行
出版人:饶帮华
社址:重庆市沙坪坝区大学城西路 21 号
邮编:401331
电话:(023)88617190 88617185(中小学)
传真:(023)88617186 88617166
网址:http://www.cqup.com.cn
邮箱:fxk@ cqup. com. cn(营销中心)
全国新华书店经销
中雅(重庆)彩色印刷有限公司印刷

*

开本:787mm×1092mm 1/16 印张:34.75 字数:688 千 插页:8 开 1 页
2022 年 8 月第 1 版 2022 年 8 月第 1 次印刷
印数:1—2 000
ISBN 978-7-5689-3360-5 定价:79.00 元

本书如有印刷、装订等质量问题,本社负责调换

**版权所有,请勿擅自翻印和用本书
制作各类出版物及配套用书,违者必究**

前　言

　　《工程设计图学》为住房和城乡建设部优秀课程、重庆市精品课程、重庆大学优质系列课程教材,是为满足新工科对传统工科建筑类、土木类专业的基础课程提出的新要求而编写的。本书在编写过程中坚持突出科学性、时代性、工程实践性的编写原则,注重吸取工程技术界的最新规范要求,在书中插入工程案例以及在习题集中给出工程案例等灵活多样的方式,有利于培养学生的创新能力,实践能力,使之能学以致用,解决实际工程中遇到的问题,同时也有利于学习者在学习过程中增强民族自信、专业自信。在内容的选择和组织上,尽量做到主次分明、深浅恰当、详略适度、由浅入深、循序渐进;并注重图文并茂、言简意赅,方便有关专业的教师教学和学生自学。为适应新媒体、新技术在教学中的应用,本次编写还增加了与教材配套的教学 PPT 课件、教学录频、习题集、习题集答案、每章复习思考题及答案、模拟试题等全方位的数字化辅助教学资源,是一本全新的新形态教材。本书主要作为本科院校建筑类、土木类各专业系统学习工程制图原理和有关制图规范的教材选用,也可供有关工程技术人员学习工程制图基础时使用,还可作为高等院校本、专科相近专业教材选用。

　　本书由重庆大学何培斌、郑旭担任主编,李珂、刘敏担任副主编,何培斌负责全书的总体设计、协调及最终定稿。参加编写的有:重庆大学李珂(第 1 章)、郑旭(第 2、3 章)、刘敏(第 4 章)、彭留留(第 5 章),重庆建筑工程职业学院田宽(第 6 章)、重庆大学王宣鼎(第 7 章)、杨远龙(第 8 章)、李江(第 9 章)、何培斌(第 10、11 章)。限于编者水平,本书难免有不妥之处,敬请读者批评指正。

　　本书在编写过程中参考了有关书籍,谨向编者表示衷心的感谢,参考文献列于书末。

编　者

2022 年 6 月

目　录

1

工程设计图学基本知识和基本技能

本章导读

　　本章主要介绍制图工具和使用方法,以及中华人民共和国国家标准《房屋建筑制图统一标准》(GB/T 50001—2017)规定的绘制建筑施工图的图幅、图框、线型、字体及尺寸标注的基本要求。重点应掌握线型、字体及尺寸标注的基本要求。

1.1　制图工具及使用方法

　　建筑图样是建筑工程设计人员用来表达设计意图、交流设计思想的技术文件,是建筑物施工的重要依据。例如,图1.1就是在我们买房子时置业顾问给我们看的户型图,可以从这个户型图中看到各个房间的具体位置、相互关系、面积大小、形状,以及门窗位置、大小等。因此,这个图就是工程设计人员提供给置业顾问和购房者交流的依据。

　　所有的建筑图样,都是运用建筑制图的基本理论和基本方法进行绘制的,都必须符合国家统一的建筑制图标准。传统的尺规作图是现代计算机绘图及 BIM 设计的基础,本章将介绍传统的尺规制图工具的使用、常用的几何作图方法、建筑制图国家标准的一些基本规定,以及建筑制图的一般步骤等。

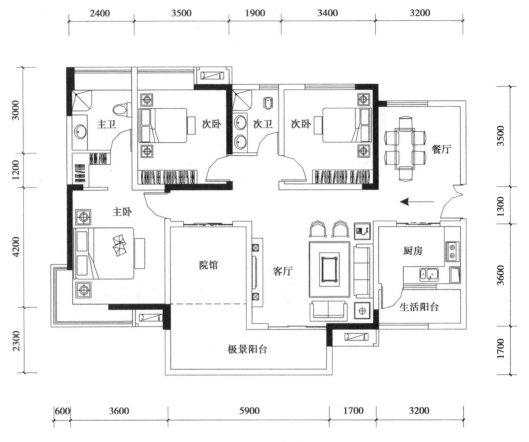

图 1.1　住宅户型图

1.1.1　图板

　　图板是用作画图时的垫板。要求板面平坦、光洁。左边是导边,必须保持平整(图1.2)。图板的大小有各种不同规格,可根据需要而选定。0 号图板适用于画 A0 号图纸,1 号图板适用于画 A1 号图纸,四周还略有宽余。图板放在桌面上时,板身宜与水平桌面成10°～15°倾斜。

　　图板不可用水刷洗和在日光下暴晒。

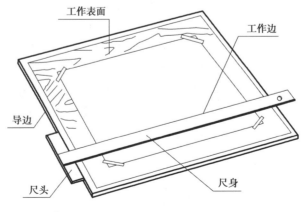

图 1.2　图板和丁字尺

1.1.2 丁字尺

丁字尺由相互垂直的尺头和尺身组成(图1.2)。尺身要牢固地连接在尺头上,尺头的内侧面必须平直,用时应紧靠图板的左侧——导边。在画同一张图纸时,尺头不可以在图板的其他边滑动,以避免图板各边不成直角时,画出的线不准确。丁字尺的尺身工作边必须平直光滑,不可用丁字尺击物和用刀片沿尺身工作边裁纸。丁字尺用完后,宜竖直挂起来,以避免尺身弯曲变形或折断。

丁字尺主要用于画水平线,并且只能沿尺身上侧画线。作图时,左手把住尺头,使它始终紧靠图板左侧,然后上下移动丁字尺,直至工作边对准要画线的地方,再从左向右画水平线。画较长的水平线时,可把左手滑过来按住尺身,以防止尺尾翘起和尺身摆动(图1.3)。

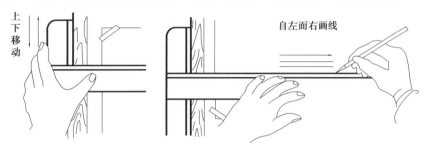

图1.3 上下移动丁字尺及画水平线的手势

1.1.3 三角尺

一副三角尺有 30°、60°、90° 和 45°、45°、90° 两块,且后者的斜边等于前者的长直角边。三角尺除了直接用来画直线外,还可以配合丁字尺画铅垂线和画 30°、45°、60° 及 $15° \times n$ 的各种斜线(图1.4)。

画铅垂线时,先将丁字尺移动到所绘图线的下方,再把三角尺放在应画线的右方,并使一直角边紧靠丁字尺的工作边,然后移动三角尺,直到另一直角边对准要画线的地方,再用左手按住丁字尺和三角尺,自下而上画线,如图1.4(a)所示。

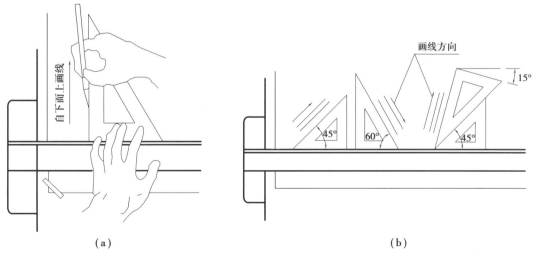

(a)   (b)

图1.4 用三角尺和丁字尺配合画垂直线和各种斜线

丁字尺与三角尺配合画斜线及两块三角尺配合画各种斜度的相互平行或垂直的直线时，其运笔方向如图 1.4(b)和图 1.5 所示。

图 1.5 用三角尺画平行线及垂直线

1.1.4 铅笔

绘图铅笔有各种不同的硬度。标号 B,2B,…,6B 表示软铅芯，数字越大，表示铅芯越软；标号 H,2H,…,6H 表示硬铅芯，数字越大，表示铅芯越硬；标号 HB 表示中软。画底稿宜用 H 或 2H,徒手作图可用 HB 或 B,加重直线用 H、HB(细线)、HB(中粗线)、B 或 2B(粗线)。

铅笔尖应削成锥形，芯露出 6 ~ 8 mm。削铅笔时要注意保留有标号的一端，以便始终能识别其软硬度(图 1.6)。使用铅笔绘图时，用力要均匀，用力过大会划破图纸或在纸上留下凹痕，甚至折断铅芯。画长线时，要边画边转动铅笔，使线条粗细一致。画线时，从正面看笔身应倾斜约 60°,从侧面看笔身应铅直(图 1.6)。持笔的姿势要自然，笔尖与尺边距离始终保持一致，线条才能画得平直准确。

1.1.5 圆规、分规

1)圆规

圆规是用来画圆及圆弧的工具(图 1.7)。圆规的一腿为可固定紧的活动钢针，其中有台阶状的一端多在加深图线时用；另一腿上附有插脚，根据不同用途可换上铅芯插脚、鸭嘴笔插脚、针管笔插脚、接笔杆(供画大圆用)。画图时应先检查两脚是否等长，当针尖插入图板后，留在外面的部分应与铅芯尖端平(画墨线时，应与鸭嘴笔脚平),如图 1.7(a)所示。铅芯可磨成约 65°的斜截圆柱状，斜面向外，也可磨成圆锥状。

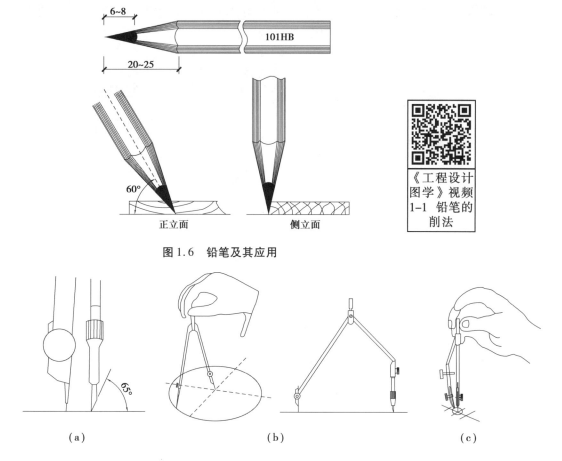

图 1.6 铅笔及其应用

图 1.7 圆规的针尖和画圆的姿势

画圆时,首先调整铅芯与针尖的距离等于所画圆的半径,再用左手食指将针尖送到圆心上轻轻插住,尽量不使圆心扩大,并使笔尖与纸面的角度接近垂直;然后右手转动圆规手柄。转动时,圆规应向画线方向略为倾斜,速度要均匀,沿顺时针方向画圆,整个圆一笔画完。在绘制较大的圆时,可将圆规两插杆弯曲,使它们仍然保持与纸面垂直,如图 1.7(b)所示。直径在 10 mm 以下的圆,一般用点圆规来画。使用时,右手食指按顶部,大拇指和中指按顺时针方向迅速地旋动套管,画出小圆,如图 1.7(c)所示。需要注意的是,画圆时必须保持针尖垂直于纸面,圆画出后,要先提起套管,然后拿开点圆规。

2)分规

分规是截量长度和等分线段的工具,它的两只腿必须等长,两针尖合拢时应会合成一点,如图 1.8(a)所示。

用分规等分线段的方法如图 1.8(b)所示。例如,将线段 AB 分为四等份,先凭目测估计,将分规两脚张开,使两针尖的距离大致等于 $\frac{1}{4}AB$,然后交替两针尖划弧,在该线段上截取 1、2、3、4 等分点;假设点 4 落在 B 点以内,距差为 e,这时可将分规再开 $\frac{1}{4}e$,再行试分,若仍有差额(也可能超出 AB 线外),则照样再调整两针尖距离(或加或减),直到恰好等分为止。

用分规截取长度的方法如图 1.8(c)所示。将分规的一个针尖对准刻度尺上所要的刻度,再张开两脚使另一个针尖对准刻度"0",即可截取想要的长度。

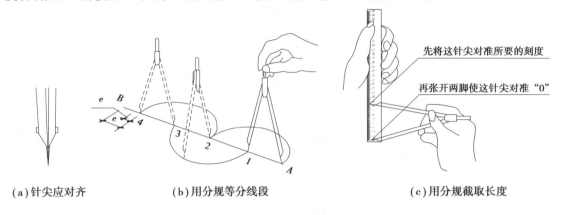

(a)针尖应对齐 (b)用分规等分线段 (c)用分规截取长度

图 1.8 分规的用法

1.1.6 比例尺

比例尺是用来放大或缩小线段长度的尺子。有的比例尺做成三棱柱状,称为三棱尺。三棱尺上刻有 6 种刻度,通常分别表示为 1:100、1:200、1:300、1:400、1:500、1:600 这 6 种比例。有的做成直尺形状(图 1.9),称为比例直尺,它只有一行刻度和三行数字,表示 3 种比例,即 1:100、1:200、1:500。比例尺上的数字是以"米(m)"为单位的。现以比例直尺为例,说明它的用法。

1)用比例尺量取图上线段长度

已知图的比例为 1:200,要知道图上线段 AB 的实长,就可以用比例尺上 1:200 的刻度去量度(图 1.9)。将刻度上的零点对准 A 点,而 B 点恰好在刻度 15.2 m 处,则线段 AB 的长度可直接读得 15.2 m,即 15 200 mm。

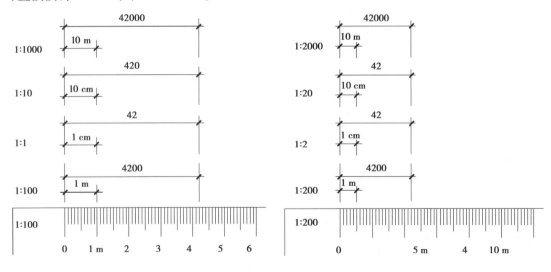

图 1.9 比例尺及其用法

2)用比例尺上的1:200的刻度量读线段长度

用比例尺上的1:200的刻度量读比例是1:2、1:20和1:2 000的线段长度。例如,在图1.9中,AB线段的比例如果改为1:2,由于比例尺1:200刻度的单位长度比1:2缩小了100倍,则AB线段的长度应读为15.2 m×$\dfrac{1}{100}$=0.152 m,同样,比例改为1:2 000,则应读为15.2 m×10=152 m。

上述量读方法可归结为表1.1。

表1.1 比例尺量读方法

比 例		读 数
比例尺刻度	1:200	15.2 m
图中线段比例	1:2(分母后少两位零)	0.152 m(小数点前移两位)
	1:20(分母后少一位零)	1.52 m(小数点前移一位)
	1:2 000(分母后多一位零)	152 m(小数点后移一位)

3)用比例尺上的1:500的刻度量读线段长度

例如,用1:500的刻度量读1:250的线段长度。由于1:500刻度的单位长度比1:250缩小一半,所以把1:500的刻度作为1:250用时,应把刻度上的单位长度放大2倍,即1:500刻度上的10 m在1:250的图中为5 m。

比例尺是用来量取尺寸的,不可用来画线。

1.1.7 绘图墨水笔

绘图墨水笔的笔尖是一支细的针管,又名针管笔,它是过去用来描图的主要工具,现在用计算机绘图后已基本不用,但仍有学校的学生在练习描图时使用,故在此作简单介绍(图1.10)。绘图墨水笔能像普通钢笔一样吸取墨水。笔尖的管径为0.1～1.2 mm,有多种规格,可视线型粗细来选用。使用时应注意保持笔尖清洁。

图1.10 绘图墨水笔

1.1.8 建筑模板

建筑模板主要用来画各种建筑标准图例和常用符号,如柱、墙、门开启线、大便器、污水盆、详图索引符号、轴线圆圈等。模板上刻有可以画出各种不同图例或符号的孔(图1.11),其大小已符合一定的比例,只要用笔沿孔内画一周,图例就画出来了。

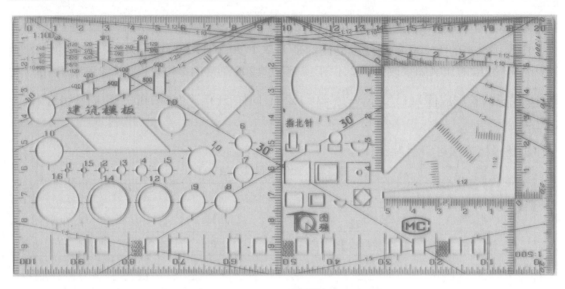

图 1.11　建筑模板

1.2　图幅、图线、字体及尺寸标注

1.2.1　图幅、图标及会签栏

图幅即图纸幅面,指图纸的大小规格。为了便于图纸的装订、查阅和保存,满足图纸现代化管理要求,图纸的大小规格应力求统一。建筑工程图纸的幅面及图框尺寸应符合中华人民共和国国家标准《房屋建筑制图统一标准》(GB/T 50001—2017)的规定(以下简称"《房屋建筑制图统一标准》"),如表 1.2 所示,表中数字是裁边以后的尺寸。

表 1.2　幅面及图框尺寸(摘自 GB/T 50001—2017)

尺寸代号	幅面代号				
	A0	A1	A2	A3	A4
$b/mm \times l/mm$	$841 \times 1\,189$	594×841	420×594	297×420	210×297
c/mm	10			5	
a/mm	25				

图幅分横式和立式两种。从表 1.2 中可以看出,A1 号图幅是 A0 号图幅的对折,A2 号图幅是 A1 号图幅的对折。以此类推,上一号图幅的短边即是下一号图幅的长边。

建筑工程一个专业所用的图纸应整齐统一,选用图幅时宜以一种规格为主,尽量避免大小图幅掺杂使用,一般不宜多于两种幅面(目录及表格所采用的 A4 幅面,可不在此限)。

在特殊情况下,允许 A0~A3 号图幅按表 1.3 的规定加长图纸的长边,但图纸的短边不得加长。

图纸的标题栏(简称"图标")、会签栏及装订边的位置应按图 1.12 布置。

图标的大小及格式如图 1.13 所示。

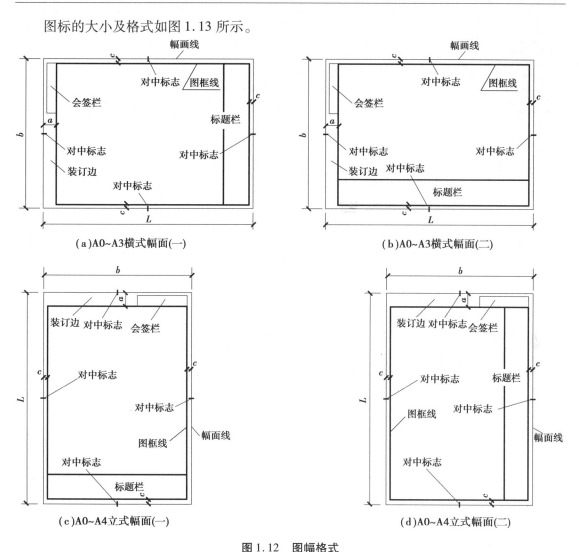

（a）A0~A3横式幅面(一)　　　　（b）A0~A3横式幅面(二)

（c）A0~A4立式幅面(一)　　　　（d）A0~A4立式幅面(二)

图 1.12　图幅格式

表 1.3　图纸长边加长尺寸（摘自 GB/T 50001—2017）

幅面代号	长边尺寸/mm	长边加长后尺寸/mm
A0	1 189	1 486（A0 + 1/4 l）　　1 783（A0 + 1/2 l）　　2 080（A0 + 3/4 l）　　2 378（A0 + l）
A1	841	1 051（A1 + 1/4　）　　1 261（A1 + 1/2　）　　1 471（A1 + 3/4　）　　1 682（A1 + 1　） 1 892（A1 + 5/4　）　　2 102（A1 + 3/2 l）
A2	594	743（A2 + 1/4　）　　891（A2 + 1/2　）　　1 041（A2 + 3/4　）　　1 189（A2 + 1　） 1 338（A2 + 5/4　）　　1 486（A2 + 3/2　）　　1 635（A2 + 7/4　）　　1 783（A2 + 2　） 1 932（A2 + 9/4　）　　2 080（A2 + 5/2　）
A3	420	630（A3 + 1/2　）　　841（A3 + 1　）　　1 051（A3 + 3/2　）　　1 261（A3 + 2　） 1 471（A3 + 5/2　）　　1 682（A3 + 3　）　　1 892（A3 + 7/2　）

注:有特殊需要的图纸,可采用 $b \times l$ 为 841 mm×891 mm 与 1 189 mm×1 261 mm 的幅面。

设计单位名称
注册师签章
项目经理
修改记录
工程名称
图号区
签字区
会签栏
附注栏

40~70

（a）标题栏（一）

设计单位名称	注册师签章	项目经理	修改记录	工程名称	图号区	签字区	会签栏	附注栏

30~50

（b）标题栏（二）

图 1.13　图标

学生制图作业用标题栏推荐用图 1.14 的格式。

会签栏应按图 1.15 的格式绘制,栏内应填写会签人员所代表的专业、姓名、日期(年、月、日）;一个会签栏不够用时可另加一个,两个会签栏应并列;不需会签的图纸可不设此栏。

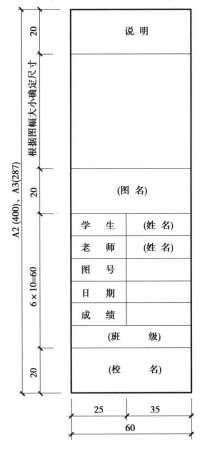

图 1.14　学生制图作业用标题栏推荐的格式

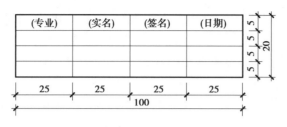

图 1.15　会签栏

1.2.2　图线

任何建筑图样都是用图线绘制成的,因此,熟悉图线的类型及用途,掌握各类图线的画法,是建筑制图最基本的技能。

为了使图样表达得清楚、明确,建筑制图采用的图线分为实线、虚线、单点长画线、双点长画线、折断线和波浪线6类。其中,前4类图线按宽度不同又分为粗、中、细三种,后两类图线一般均为细线。各类图线的规格及用途如表 1.4 所示。

表 1.4　图线(摘自 GB/T 50001—2017)

名称		线　型	线宽	一般用途
实线	粗		b	主要可见轮廓线
	中粗		$0.7b$	可见轮廓线
	中		$0.5b$	可见轮廓线
	细		$0.25b$	可见轮廓线、图例线等
虚线	粗		b	见各有关专业制图标准
	中粗		$0.7b$	不可见轮廓线
	中		$0.5b$	不可见轮廓线、图例线等
	细		$0.25b$	不可见轮廓线、图例线等
单点长画线	粗		b	见各有关专业制图标准
	中		$0.5b$	见各有关专业制图标准
	细		$0.25b$	中心线、对称线等
双点长画线	粗		b	见各有关专业制图标准
	中		$0.5b$	见各有关专业制图标准
	细		$0.25b$	假想轮廓线、成型前原始轮廓线
折断线			$0.25b$	断开界线
波浪线			$0.25b$	断开界线

图线的宽度 b,宜从1.4,1.0,0.7,0.5 mm 线宽系列中选取。图线宽度不应小于0.1 mm。每个图样,应根据复杂程度与比例大小,先选定基本线宽 b,再按表 1.5 确定适当的线宽组。

在同一张图纸中,相同比例的各图样应选用相同的线宽组。虚线、单点长画线及双点长画线的线段长度和间隔,应根据图样的复杂程度和图线的长短来确定,但宜各自相等,表1.5中所示线段的长度和间隔尺寸可作参考。当图样较小、用单点长画线和双点长画线绘图有困难时,可用实线代替。

在同一张图纸内,各不同线宽组中的细线,可统一采用较细的线宽组的细线。

表1.5　线宽组

线宽比	线宽组/mm			
b	1.4	1.0	0.7	0.5
$0.7b$	1.0	0.7	0.5	0.35
$0.5b$	0.7	0.5	0.35	0.25
$0.25b$	0.35	0.25	0.18	0.13

需要缩微的图纸,不宜采用0.18 mm及更细的线宽。

图纸的图框线和标题栏线,可采用表1.6所示的线宽。

表1.6　图框和标题栏线的宽度

幅面代号	图框线宽度/mm	标题栏外框线对中标志/mm	标题栏分格线幅面线/mm
A0、A1	b	$0.5b$	$0.25b$
A2、A3、A4	b	$0.7b$	$0.35b$

此外,在绘制图线时还应注意以下几点:

①单点长画线和双点长画线的首末两端应是线段,而不是点。单点长画线(双点长画线)与单点长画线(双点长画线)交接或单点长画线(双点长画线)与其他图线交接时,应是线段交接。

②虚线与虚线交接或虚线与其他图线交接时,都应是线段交接。虚线为实线的延长线时,不得与实线连接。虚线的正确画法和错误画法,如图1.16所示。

③相互平行的图例线,其净间隙或线中间隙不宜小于0.2 mm。

④图线不得与文字、数字或符号重叠、混淆,不可避免时,应首先保证文字要清晰。

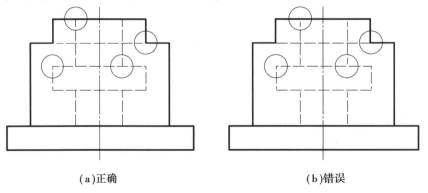

(a)正确　　　　　　　　　　　　(b)错误

图1.16　虚线交接的画法

1.2.3　字体

图纸上所需书写的文字、数字或符号等,均应笔画清晰、字体端正、排列整齐;标点符号应清楚正确;如果字迹潦草,难于辨认,则容易发生误解,甚至造成工程事故。

图及说明的汉字应写成长仿宋体,大标题、图册封面、地形图等的汉字,也可以写成其他字体,但应易于辨认。汉字的简化写法必须遵照国务院公布的《汉字简化方案》和有关规定。

1)长仿宋字体

长仿宋字是由宋体字演变而来的长方形字体,它的笔画匀称明快,书写方便,因而是工程图纸最常用的字体。写仿宋字(长仿宋体)的基本要求,可概括为"行款整齐、结构匀称、横平竖直、粗细一致、起落顿笔、转折勾棱"。

长仿宋体字样如图 1.17 所示。

建筑设计结构施工设备水电暖风平立侧断剖切面总详标准草略正反迎背新旧大中小上下内外纵横垂直完整比例年月日说明共
编号寸分吨斤毫甲乙丙丁戊己表庚辛红橙黄绿青蓝紫黑白方粗细硬软镇郊区域规划截道桥梁房屋绿化工业农业民用居住共厂址
车间仓库无线电人民公社农机粮畜舍晒谷厂商业服务修理交通运输行政办宅宿舍公寓卧室厨房厕所贮藏浴室食堂饭厅冷饮公从餐
馆百货店菜场邮局旅客站航空海港口码头长途汽车行李候机船检票学校实验室图书馆文化官运动场体育比赛博物馆走廊过道盥洗
楼梯层数壁橱基础底层墙踢脚阳台门散水沟窗格

图 1.17　长仿宋字样

为了使字写得大小一致、排列整齐,书写前应事先用铅笔淡淡地打好字格,再进行书写。字格高宽比例一般为 3:2。为了使字行清楚,行距应大于字距。通常,字距约为字高的 $\frac{1}{4}$,行距约为字高的 $\frac{1}{3}$(图 1.18)。

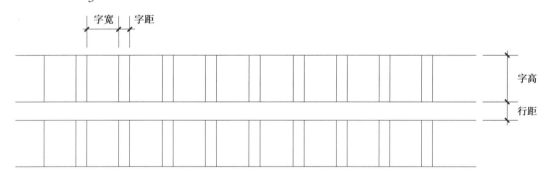

图 1.18　字格

字的大小用字号来表示,字的号数即字的高度,各号字的高度与宽度的关系如表 1.7 所示。

表 1.7　字号

字号	20	14	10	7	5	3.5
字高/mm	20	14	10	7	5	3.5
字宽/mm	14	10	7	5	3.5	2.5

图纸中常用的为 10、7、5 这 3 个字号。如需书写更大的字,其高度应按 $\sqrt{2}$ 的比值递增。汉字的字高应不小于 3.5 mm。

2)拉丁字母、阿拉伯数字及罗马数字

拉丁字母、阿拉伯数字及罗马数字的书写与排列等,应符合表 1.8 的规定。

拉丁字母、阿拉伯数字可以直写,也可以斜写。斜体字的斜度是从字的底线逆时针向上倾斜 75°,字的高度与宽度应与相应的直体字相等。当数字与汉字同行书写时,其大小应比汉字小一号,并宜写直体。拉丁字母、阿拉伯数字及罗马数字的字高,应不小于 2.5 mm。拉丁字母、阿拉伯数字及罗马数字分一般字体和窄体字两种。

字体书写练习要持之以恒,多看、多摹、多写,严格认真、反复刻苦地练习,自然熟能生巧。

表 1.8 拉丁字母、阿拉伯数字、罗马数字书写规则

		一般字体	窄字体
字母高	大写字母	h	h
	小写字母(上下均无延伸)	7/10h	10/14h
小写字母向上或向下延伸部分		3/10h	4/14h
笔画宽度		1/10h	1/14h
间隔	字母间	2/10h	2/14h
	上下行底线间最小间隔	14/10h	20/14h
	文字间最小间隔	6/10h	6/14h

注:①小写拉丁字母 a、c、m、n 等上下均无延伸,j 上下均有延伸;
②字母的间隔,如需排列紧凑,可按表中字母的最小间隔减少一半。

1.2.4 尺寸标注

在建筑施工图中,图形只能表达建筑物的形状,建筑物各部分的大小还必须通过标注尺寸才能确定。房屋施工和构件制作都必须根据尺寸进行,因此尺寸标注是制图的一项重要工作,必须认真细致,准确无误,如果尺寸有遗漏或错误,必将给施工造成困难和损失。

注写尺寸时,应力求做到正确、完整、清晰、合理。

本节将介绍《房屋建筑制图统一标准》中有关尺寸标注的一些基本规定。

1)尺寸的组成

建筑图样上的尺寸一般应由尺寸界线、尺寸线、尺寸起止符号和尺寸数字 4 部分组成,如图 1.19 所示。

①尺寸界线是控制所注尺寸范围的线,应用细实线绘制,一般应与被注长度垂直;其一端应离开图样轮廓线不小于 2 mm,另一端宜超出尺寸线 2~3 mm。必要时,图样的轮廓线、轴线或中心线可用作尺寸界线,如图 1.20 所示。

②尺寸线是用来注写尺寸的,必须用细实线单独绘制,且应与被注长度平行;其两端宜以尺寸界线为边界,也可超出尺寸界线 2~3 mm。任何图线或其延长线均不得用作尺寸线。

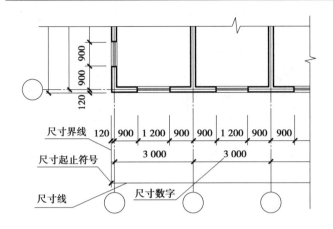

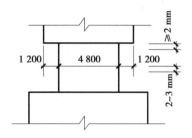

图 1.19 尺寸的组成和平行排列的尺寸　　　图 1.20 轮廓线用作尺寸界线

③尺寸起止符号一般应用中粗斜短线绘制,其倾斜方向应与尺寸界线成顺时针45°角,长度宜为 2~3 mm。半径、直径、角度和弧长的尺寸起止符号宜用箭头表示,如图 1.21 所示。

④建筑图样上的尺寸数字是建筑施工的主要依据,建筑物各部分的真实大小应以图样上所注写的尺寸数字为准,不得从图上直接量取。图样上的尺寸单位,除标高及总平面图以 m 为单位外,均必须以 mm 为单位,图中不需注写计量单位的代号或名称。本书正文和图中的尺寸数字以及习题集中的尺寸数字,除有特别注明外,均按上述规定。

尺寸数字的读数方向,应按图 1.22(a)规定的方向注写,尽量避免在图中所示的30°范围内标注尺寸。当实在无法避免时,宜按图 1.22(b)的形式注写。

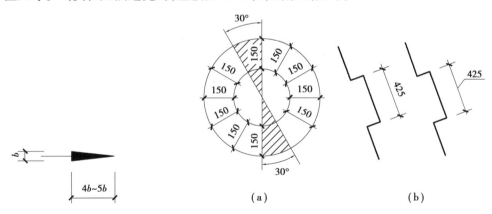

图 1.21 箭头的画法　　　　　　图 1.22 尺寸数字读数方向

尺寸数字应依据其读数方向注写在靠近尺寸线的上方中部,如没有足够的注写位置,最外边的尺寸数字可注写在尺寸界线外侧,中间相邻的尺寸数字可错开注写,也可引出注写,如图 1.23 所示。

图线不得穿过尺寸数字,不可避免时,应将尺寸数字处的图线断开,如图 1.24 所示。

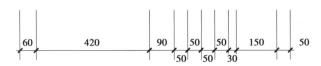

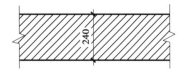

图 1.23 尺寸数字的注写位置　　　　图 1.24 尺寸数字处图线应断开

2)常用尺寸的排列、布置及注写方法

尺寸宜标注在图样轮廓线以外,不宜与图线、文字及符号等相交。相互平行的尺寸线,应从被注的图样轮廓线由近向远整齐排列,小尺寸应离轮廓线较近,大尺寸应离轮廓线较远。图样轮廓线以外的尺寸线,距图样最外轮廓线之间的距离不宜小于 10 mm。平行尺寸线的间距,宜为 7~10 mm,并应保持一致,如图 1.19 所示。

总尺寸的尺寸界线应靠近所指部位,中间的分尺寸的尺寸界线可稍短,但其长度应相等如图 1.19 所示。半径、直径、球、角度、弧长、薄板厚度、坡度以及非圆曲线等常用尺寸的标注方法如表 1.9 所示。

表 1.9   常用尺寸标注方法

标注内容	图例	说明
角度	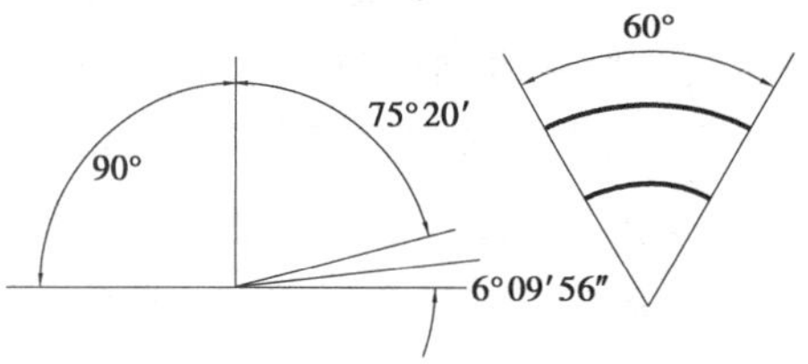	尺寸线应画成圆弧,圆心是角的顶点,角的两边为尺寸界线。角度的起止符号应以箭头表示,如没有足够的位置画箭头,可以用圆点代替。角度数字应水平方向书写
圆和圆弧	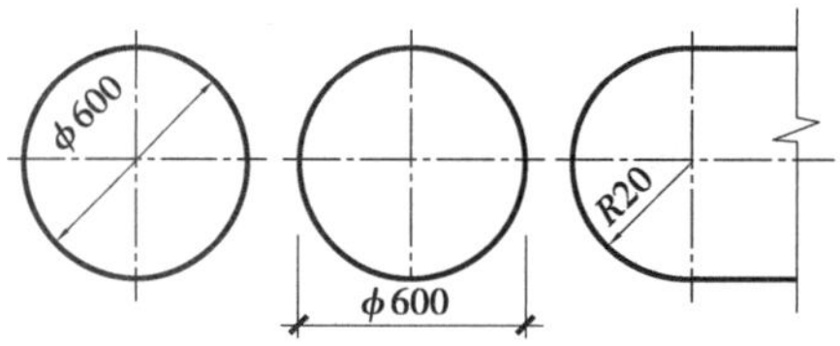	标注圆或圆弧的直径、半径时,尺寸数字前应分别加符号"ϕ""R",尺寸线及尺寸界线应按图例绘制
大圆弧	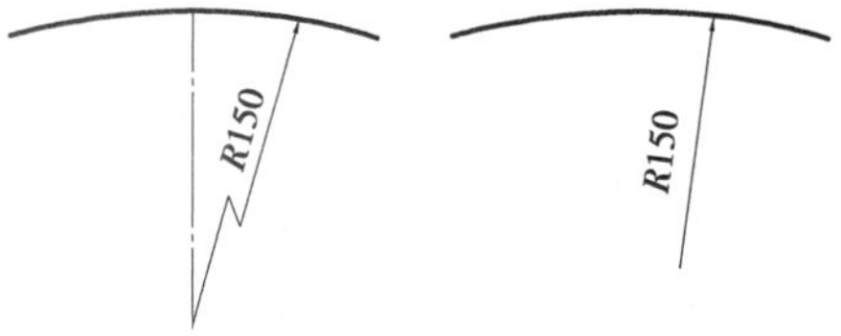	较大圆弧的半径可按图例形式标注
球面	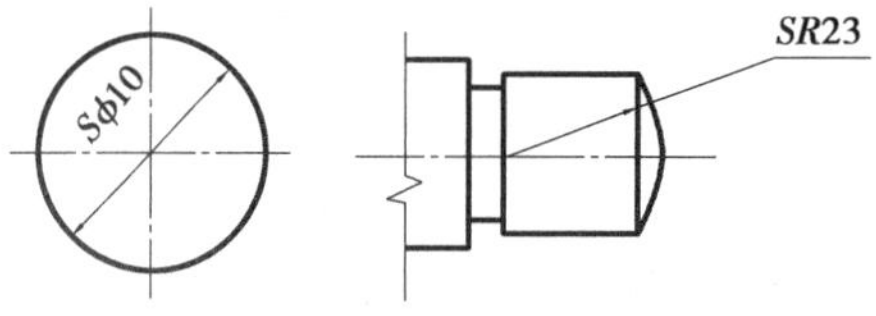	标注球的直径、半径时,应分别在尺寸数字前加注符号"$S\phi$""SR"。注写方法与圆和圆弧的直径、半径的尺寸标注方法相同
薄板厚度	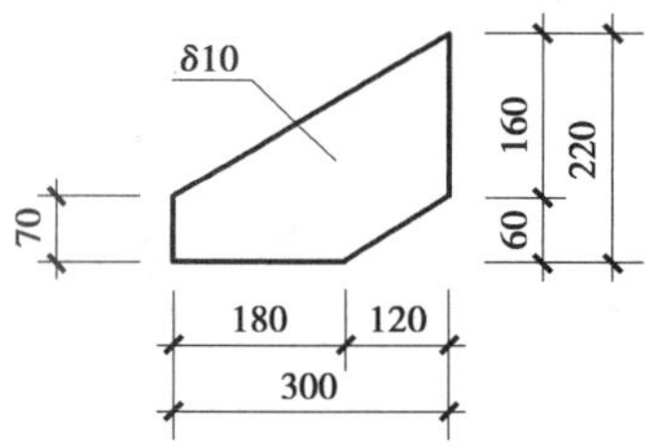	在薄板板面标注板厚尺寸时,应在厚度数字前加厚度符号"δ"

续表

标注内容	图例	说明
正方形	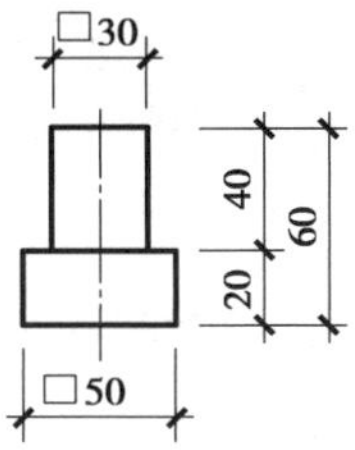 □30 40 60 20 □50	在正方形的侧面标注该正方形的尺寸,除可用"边长×边长"外,也可在边长数字前加正方形符号"□"
坡	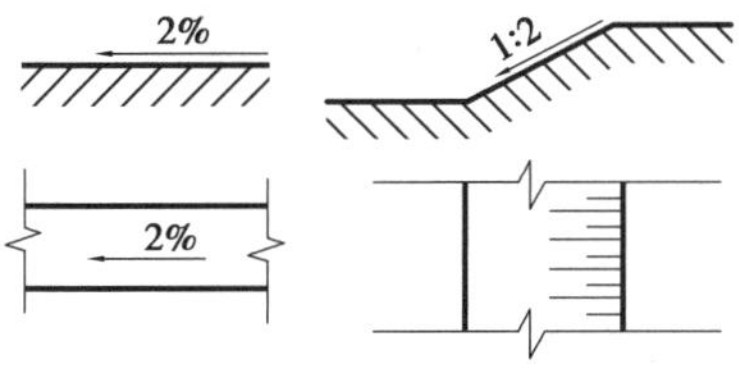 2% 1:2 2%	标注坡度时,在坡度数字下应加注坡度符号,坡度符号的箭头一般应指向下坡方向。坡度也可用直角三角形的形式标注
小圆和小圆弧	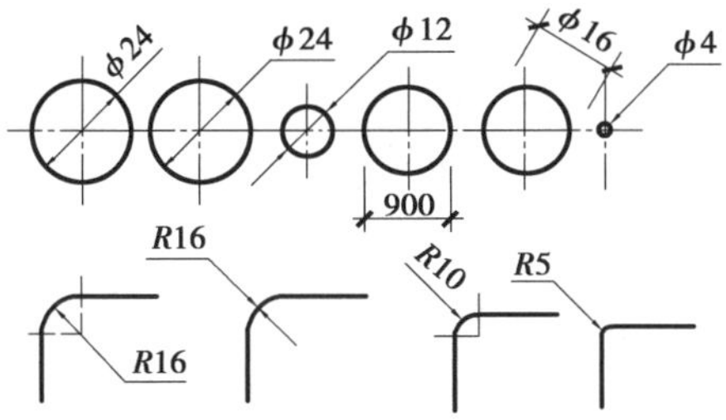 $\phi 24$ $\phi 24$ $\phi 12$ $\phi 16$ $\phi 4$ 900 R16 R10 R5 R16	小圆的直径和小圆弧的半径可按图例形式标注
弧长和弦长	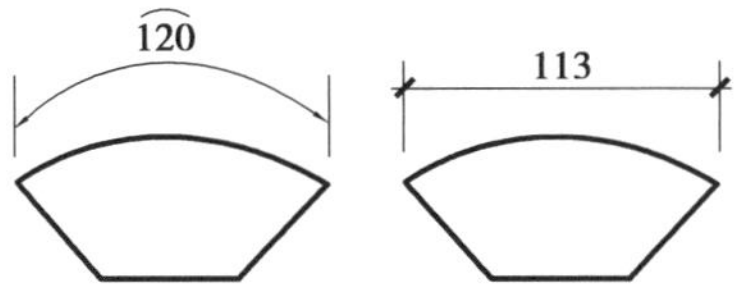 ⌒120 113	尺寸界线应垂直于该圆弧的弦。标注弧长时,尺寸线应以与该圆弧同心的圆弧线表示,起止符号应用箭头表示,尺寸数字上方应加注圆弧符号。标注弦长时,尺寸线应以平行于该弦的直线表示,起止符号用中粗斜线表示
构件外形为非圆曲线时	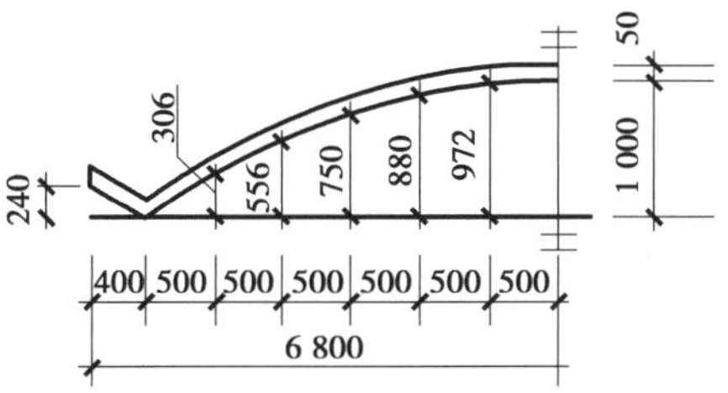 50 306 556 750 880 972 240 1 000 400 500 500 500 500 500 500 6 800	用坐标形式标注尺寸

续表

标注内容	图例	说明
复杂的圆形	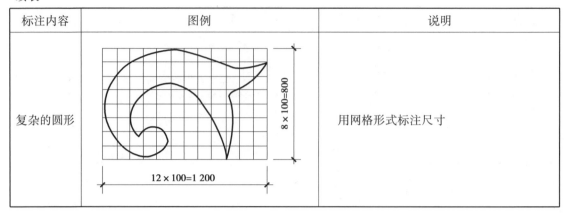	用网格形式标注尺寸

3)尺寸的简化标注

①杆件或管线的长度,在单线图(桁架简图、钢筋简图、管线图等)上,可直接将尺寸数字沿杆件或管线的一侧注写,如图 1.25 所示。

图 1.25　单线图尺寸标注方法

②连续排列的等长尺寸,可用"等长尺寸×个数＝总长"的形式标注,如图 1.26 所示。

③构配件内的构造要素(如孔、槽等)如相同,可仅标注其中一个要素的尺寸,如图 1.27所示。

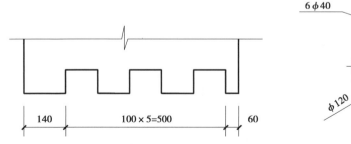

图 1.26　等长尺寸简化标注方法

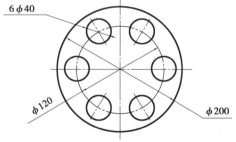

图 1.27　相同要素尺寸标注方法

④对称构配件采用对称省略画法时,该对称构配件的尺寸线应略超过对称符号,仅在尺寸线的一端画尺寸起止符号,尺寸数字应按整体全尺寸注写,其注写位置宜与对称符号对齐,如图 1.28 所示。

⑤两个构配件,如仅个别尺寸数字不同,可在同一图样中,将其中一个构配件的不同尺寸数字注写在括号内,该构配件的名称也应注写在相应的括号内,如图 1.29 所示。

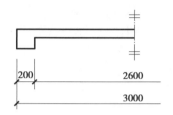

图 1.28   对称构件尺寸数字标注方法

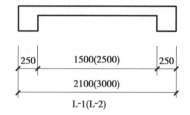

图 1.29   相似构件尺寸数字标注方法

⑥数个构配件,如仅某些尺寸不同,这些有变化的尺寸数字,可用拉丁字母注写在同一图样中;另列表格写明其具体尺寸(图 1.30)。

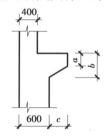

构件编号	a	b	c
z-1	200	400	200
z-2	250	450	200
z-3	200	450	250

图 1.30   相似构配件尺寸表格式标注方法

4)标高的注法

标高分绝对标高和相对标高。以我国青岛市外黄海海面为 ±0.000 的标高称为绝对标高,如世界最高峰珠穆朗玛峰高度为 8 848.86 m(中国国家测绘局 2020 年 5 月测定)即为绝对标高。而以某一建筑底层室内地坪为 ±0.000 的标高称为相对标高,如目前已建成的中国最高建筑——上海浦东 119 层的上海中心大厦高 632 m 即为相对标高。

建筑图样中,除总平面图上标注绝对标高外,其余图样上的标高都为相对标高。

标高符号,除总平面图上室外整平标高采用全部涂黑的三角形外,其他图面上的标高符号一律用如图 1.31 所示的符号。

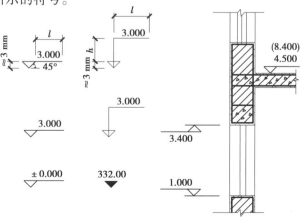

图 1.31   标高符号及其标注

标高符号的图形为等腰直角三角形,高约 3 mm,三角形尖部所指位置即为标高位置,其水平线的长度根据标高数字的长短而定。标高数字以 m 为单位,总平面图上注至小数点后 2 位数,如:8 848.86。而其他任何图上注至小数点后 3 位数,即 mm 为止。零点标高注成 ±0.000;正标高数字前一律不加正号,如 3.000、2.700、0.900;负数标高数字前必须加注负号,如 −0.020、−0.450。

在剖面图及立面图中,标高符号的尖端,根据其所指位置,可向上指,也可向下指;如同时表示几个不同的标高时,可在同一位置重叠标注。标高符号及其标注如图 1.31 所示。

1.3 建筑制图的一般步骤

制图工作应当有步骤地循序进行。为了提高绘图效率、保证图纸质量,必须掌握正确的绘图程序和方法,并养成认真负责、仔细、耐心的良好习惯。本节将介绍建筑制图的一般步骤。

1.3.1 制图前的准备工作

①安放绘图桌或绘图板时,应使光线从图板的左前方射入;不宜对窗安置绘图桌,以免纸面反光而影响视力。将需用的工具放在方便之处,以免妨碍制图工作。

②擦干净全部绘图工具和仪器,削磨好铅笔及圆规上的铅芯。

③固定图纸:将图纸的正面(有网状纹路的是反面)向上贴于图板上,并用丁字尺略为对齐,使图纸平整和绷紧。当图纸较小时,应将图纸布置在图板的左下方,但要使图纸的底边与图板的下边的距离略大于丁字尺的宽度(图 1.32)。

④为保持图面整洁,画图前应洗手。

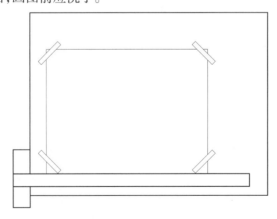

图 1.32 贴图纸

1.3.2 绘铅笔底稿图

铅笔细线底稿是一张图的基础,要认真、细心、准确地绘制。绘制时应注意以下几点:

①铅笔底稿图宜用削磨尖的 H 或 HB 铅笔绘制,底稿线要细而淡,绘图者自己能看得出便可,故要经常磨尖铅芯。

②画图框、图标。首先画出水平和垂直基准线,在水平和垂直基准线上分别量取图框和图标的宽度和长度,再用丁字尺画图框、图标的水平线,然后用三角板配合丁字尺画图框、图标的垂直线。

③布图。预先估计各图形的大小及预留尺寸线的位置,将图形均匀、整齐地安排在图纸上,避免某部分太紧凑或某部分过于宽松。

④画图形。一般先画轴线或中心线,其次画图形的主要轮廓线,然后画细部;图形完成后,再画尺寸线、尺寸界线等。材料符号在底稿中只需画出一部分或不画,待加深或上墨线时再全部画出。对于需上墨的底稿,在线条的交接处可画出头一些,以便清楚地辨别上墨的起止位置。

1.3.3 铅笔加深的方法和步骤

《工程设计图学》视频 1-2 铅笔图线条加深的方法

在加深前,要认真校对底稿,修正错误和填补遗漏;底稿经查对无误后,擦去多余的线条和污垢。一般用2B铅笔加深粗线,用B铅笔加深中粗线,用HB铅笔加深细线、写字和画箭头。加深圆时,圆规的铅芯应比画直线的铅芯软一级。用铅笔加深图线时,用力要均匀,边画边转动铅笔,使粗线均匀地分布在底稿线的两侧,如图1.33所示。加深时还应做到线型正确、粗细分明,图线与图线的连接要光滑、准确,图面要整洁。

图 1.33 加深的粗线与底稿线的关系

加深图线的一般步骤如下:

①加深所有的点画线;

②加深所有粗实线的曲线、圆及圆弧;

③用丁字尺从图的上方开始,依次向下加深所有水平方向的粗实直线;

④用三角板配合丁字尺从图的左方开始,依次向右加深所有的铅垂方向的粗实直线;

⑤从图的左上方开始,依次加深所有倾斜的粗实线;

⑥按照加深粗实线同样的步骤加深所有的虚线曲线、圆和圆弧,然后加深水平的、铅垂的和倾斜的虚线;

⑦按照加深粗线的同样步骤加深所有的中实线;

⑧加深所有的细实线、折断线、波浪线等;

⑨画尺寸起止符号或箭头;

⑩加深图框、图标;

⑪注写尺寸数字、文字说明,并填写标题栏。

1.3.4　上墨线的方法和步骤

画墨线时，首先应根据线型的宽度调节直线笔的螺母（或选择好针管笔的号数），并在与图纸相同的纸片上试画，待满意后再在图纸上描线。如果改变线型宽度或重新调整了螺母，都必须经过试画，才能在图纸上描线。

上墨时相同型式的图线宜一次画完，这样可以避免由于经常调整螺母而使相同型式的图线粗细不一致。

如果需要修改墨线，可待墨线干透后，在图纸下垫一三角板，用锋利的薄型刀片轻轻修刮，再用橡皮擦净余下的污垢，待错误线或墨污全部去净后，以指甲或者钢笔头磨实，然后再画正确的图线。但需注意，在用橡皮时要配合擦线板，并且宜向一个方向擦，以免擦破图纸。

上墨线的步骤与铅笔加深基本相同，但还须注意以下几点：

①一条墨线画完后，应将笔立即提起，同时用左手将尺子移开；
②画不同方向的线条必须等到墨迹干了再画；
③加墨水要在图板外进行。

最后需要指出，每次的制图时间最好是连续进行的三四个小时，这样效率最高。

1.4　徒手绘图

徒手画图用于画草图，是一种快速勾画图稿的技术（图1.34）。在日常生活和工作中，用到徒手画图的机会很多。工程上设计师构思一个建筑物或产品，或工程师测绘一个工程物体，都会用到徒手画图的技能。在计算机绘图技术发展的今天，要用计算机成图也需要先徒手勾画出图稿。由此可见，徒手画图是一项重要的绘图技术。

图1.34　徒手画图

1.4.1　概念

所谓徒手绘图，就是指以目测估计图形与实物的比例，按一定的画法要求徒手绘制的图。在设计开始阶段，由于技术方案要经过反复分析、比较、推敲才能确定最后方案，所以为了节省时间、加快速度，往往以绘制草图表达构思结果；在仿制产品或修理机器时，经常要现场绘制。由于受环境和条件的限制，常常缺少完备的绘图仪器和计算机，为了尽快得到结果，一般也先画草图，再画正规图；在参观、学习或交流、讨论时，有时也需要徒手绘制草图；此外，在进行表达方案讨论、确定布图方式时，往往也画出草图，以便进行具体比较。总之，草图的适用场合是非常广泛的。

1.4.2　画法

徒手画图时可以不固定图纸，也可以不使用尺子截量距离，画线靠徒手，定位靠目测。但是草图上也应做到线型明确，比例协调，不能以为画草图就可以潦草从事。

徒手绘图的基本要求是快、准、好，即画图速度要快、目测比例要准、图面质量要好、草图中的线条要粗细分明、基本平直、方向正确。初学徒手绘图时,应在方格纸上进行,以便训练图线画得平直和借助方格纸线确定图形的比例。

徒手绘图所使用的铅笔的铅芯应磨成圆锥形,画中心线和尺寸线时的铅芯应磨得较尖,画可见轮廓线时的铅芯应磨得较钝。

一个物体的图形无论多么复杂,都是由直线、圆、圆弧或曲线组成的。因此,要画好草图,必须掌握好徒手绘制各种线条的方法。

1)直线的画法

徒手绘图时,用 HB 铅笔,手指应握在距铅笔笔尖约 35 mm 处,手腕悬空,小手指轻触纸面。在画直线时,先定出直线的两个端点,然后执笔悬空,沿直线方向先比画一下,掌握好方向和走势后再落笔画线(图 1.35)。画线时手腕不要转动,应使铅笔与所画的线始终保持约 90°。眼睛看着画线的终点,轻轻移动手腕和手臂,使笔尖向着要画的方向做近似的直线运动。画长斜线时,为了运笔方便,可以将图纸旋转到适当的角度,使它转成水平线位置来画。

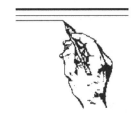

(a)移动手腕自左向右画水平线　(b)移动手腕自上向下画垂直线

(c)倾斜线的两种画法

图 1.35　直线的画法

2)圆及圆角的画法

画圆时,应过圆心先画中心线,再根据半径大小用目测在中心线上定出 4 点,然后过这 4 点画圆。当圆的直径较大时,可过圆心增画两条 45°的斜线,在线上再定 4 个点,然后过这 8 个点画圆。当圆的直径很大时,可取一纸片标出半径长度,利用它从圆心出发定出许多圆上的点,然后通过这些点画圆(图 1.36)。或者,用手做圆规,以小手指的指尖或关节做圆心,使铅笔与它的距离等于所需的半径,用另一只手小心地慢慢转动图纸,即可得到所需的圆。

画圆角的方法,先通过目测在分角线上选取圆心位置,使它与角的两边的距离等于圆角的半径大小,过圆心向两边引垂直线定出圆弧的起点和终点,并在分角线上也定出一个圆周点,然后徒手作圆弧把这 3 点连接起来。

3)椭圆的画法

画椭圆的方法和画圆差不多,也是先画十字,标记出长短轴的记号。不同的是,通过这 4 个记号作出一个矩形后再画出相切的椭圆来(图 1.37)。

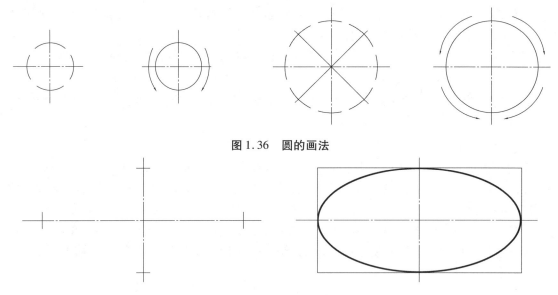

图 1.36　圆的画法

图 1.37　椭圆的画法

本章小结

本章的学习目的在于,了解中华人民共和国国家标准《房屋建筑制图统一标准》(GB/T 50001—2017)规定的绘制建筑施工图的图幅、图框、图线、字体及尺寸标注的基本要求,掌握制图工具的使用方法。

复习思考题

1.1　中华人民共和国国家标准《房屋建筑制图统一标准》(GB/T 50001—2017)规定的绘制建筑施工图的图幅有几种?

1.2　A2 图幅的长边和短边分别为多少?

1.3　虚线的线段长是多少?两虚线线段之间的空隙留多少?

1.4　单点长画线的线段长是多少?两单点长画线之间的空隙和点共计留多少?

1.5　尺寸由哪几部分组成?

1.6　什么是绝对标高?什么是相对标高?

1.7　徒手绘制水平线、垂直线和圆。

2

投影法及点、直线、平面的投影

本章导读

我们在进行生产建设和科学研究时,为了表达空间形体和解决空间几何问题,经常要借助图纸,而投影原理则为图示空间形体和图解空间几何问题提供了理论和方法。点、直线和平面是组成空间形体的基本几何元素,本章主要介绍投影的基本概念和点、线、面的三面投影以及它们之间的相对位置关系。

2.1 投影的基本概念

2.1.1 投影的概念

日常生活中,我们经常都能观察到投影现象。在日光或者灯光等光源的照射下,空间物体在地面或墙壁等平面上会产生影子。随着光线照射的角度和距离的变化,其影的位置和形状也会随之改变。影子能反映物体的轮廓形态,但不一定能准确地反映其大小尺寸。人们从这些现象中总结出一定的内在联系和规律,作为制图的方法和理论根据,即投影原理。

如图 2.1 所示,这里的光源 S 是所有投射线的起源点,称为投影中心;空间物体称为形体;从光源 S 发射出来且通过形体上各点的光线,称为投射线;接受影像的地面 H 称为投影面;投射线(如 SA)与投影面的交点(如 a)称为点的投影。这种利用光源→形体→影像的原理绘制出物体图样的方法,称为投影法。根据投影法所得到的图形,称为投影或投影图(注:

空间形体以大写字母表示,其投影则以相应的小写字母表示)。

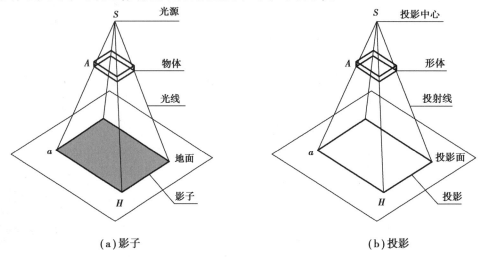

(a)影子　　　　　　　　　　　　(b)投影

图2.1　投影法

在工程中,我们常用各种投影法来绘制图样,从而在一张只有长度和宽度的图纸上表达出三维空间里形体的长度、高度和宽度(或厚度)等尺寸,借以准确、全面地表达出形体的形状和大小。

通过上述投影的形成过程可以知道,产生投影必须具备3个基本条件:①投射线(光线);②投影面;③空间几何元素(包括点、线、面等)或形体。

2.1.2　投影法分类

根据投影中心(S)与投影面的距离,投影法可分为中心投影法和平行投影法两类。

1)中心投影法

当投影中心(S)与投影面的距离有限时,投射线相交于投影中心,这种投影法称为中心投影法(图2.2)。用中心投影法得到的投影称为中心投影。

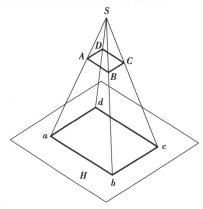

图2.2　中心投影法

物体的中心投影不能反映其真实形状和大小,故绘制工程图纸不采用此种投影法。

2)平行投影法

当投影中心距投影面无穷远时,投射线可视为互相平行,这种投影法称为平行投影法,如图2.3所示。投射线的方向称为投射方向,用平行投影法得到的投影称为平行投影。

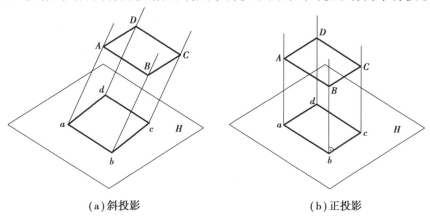

(a)斜投影　　　　　　　　(b)正投影

图 2.3　平行投影法

根据互相平行的投射线与投影面的夹角不同,平行投影法又分为斜投影法和正投影法。

①投射线与投影面倾斜的平行投影法称为斜投影法,用斜投影法得到的投影称为斜投影,如图2.3(a)所示。

②投射线与投影面垂直的平行投影法称为正投影法,用正投影法得到的投影称为正投影,如图2.3(b)所示。一般工程图纸都是按正投影的原理绘制的,为叙述方便起见,如无特殊说明,以后书中所指"投影"即为"正投影"。

2.2　正投影的特征

点、线、面是构成各种形体的基本几何元素,它们是不能脱离形体而孤立存在的。点的运动轨迹构成了线,线(直线或曲线)的运动轨迹构成了面,面(平面或曲面)的运动轨迹构成了体。研究点、线、面的正投影特征,有助于认识形体的投影本质,掌握形体的投影规律。

2.2.1　类似性

点的投影在任何情况下都是点,如图2.4(a)所示。

直线的投影在一般情况下仍是直线。当直线倾斜于投影面时,如图2.4(b)中所示直线 AB,其投影 ab 长度小于实长。

平面的投影在一般情况下仍是平面。当平面图形倾斜于投影面时,如图2.4(c)所示平面 ABCD 倾斜于投影面 H,其投影 abcd 小于实形且与实形类似。

在这种情况下,直线和平面的投影不能反映实长或实形,其投影形状是空间形体的类似形,因此把投影的这种特征称为类似性。所谓类似形,是指投影与原空间平面的形状类似,即边数不变、平行不变、曲直不变、凹凸不变,但不是原平面图形的相似形。

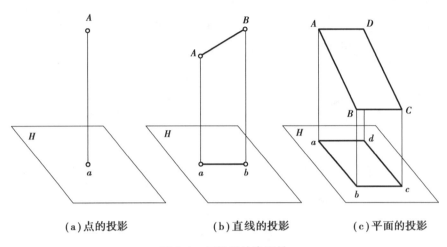

（a）点的投影   （b）直线的投影   （c）平面的投影

图2.4   正投影的类似性

2.2.2   全等性

空间直线 AB 平行于投影面 H 时，其投影 ab 反映实长，即 ab = AB，如图 2.5（a）所示。

平面四边形 ABCD 平行于投影面 H 时，其投影 abcd 反映实形，即四边形 abcd ≌ 四边形 ABCD，如图 2.5（b）所示。

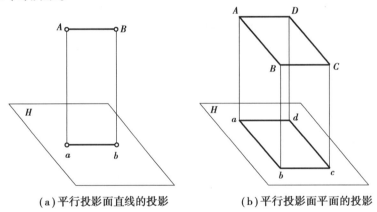

（a）平行投影面直线的投影   （b）平行投影面平面的投影

图2.5   正投影的全等性

2.2.3   积聚性

空间直线 AB（或 AC）平行于投射线，即垂直于投影面 H 时，其投影积聚成一点。属于直线上任一点的投影也积聚在该点上，如图 2.6（a）所示。

平面四边形 ABCD 垂直于投影面 H 时，其投影积聚成一条直线 ad。属于平面上任一点（如点 E）、任一直线（如直线 AE）、任一图形（如三角形 AED）的投影也都积聚在该直线上，如图 2.6（b）所示。

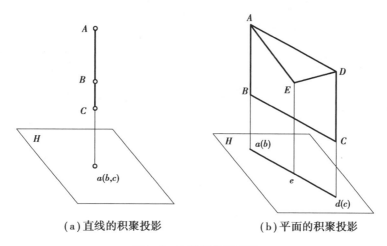

(a)直线的积聚投影　　　　　(b)平面的积聚投影

图2.6　正投影的积聚性

2.2.4　定比性

如图2.7所示,空间直线 AB 上点 C 分 AB 为 AC、CB,两段直线的长度之比,或平行二直线 AB、DE 的长度之比,与其投影上的长度比保持一致。

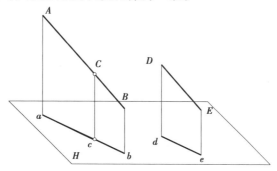

图2.7　正投影的定比性

2.3　三面投影图

2.3.1　三面投影图的形成

工程上绘制图样的方法主要是正投影法,所绘正投影图能反映形状的实际形状和大小尺寸,即度量性好且作图简便,能够满足设计与施工的需要。但是仅作一个单面投影图来表达物体的形状是不够的,因为一个投影图仅能反映该形体某些面的形状,不能表现出形体的全部形状。如图2.8所示,4个形状不同的物体在投影面 H 上具有完全相同的正投影,单凭这个投影图来确定物体的唯一形状,是不可能的。

如果对一个较为复杂的物体,只向两个投影面作其投影时,其投影只能反映它两个面的形状和大小,也不能确定物体的唯一形状。如图2.9所示的3个物体,它们的 H 面、V 面投影完全相同,要凭这两面的投影来区分它们的空间形状,是不可能的。可见,若要用正投影图来唯一确定物体的形状,就必须采用多面正投影的方法。

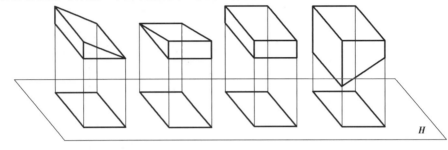

图2.8 形体的单面投影图

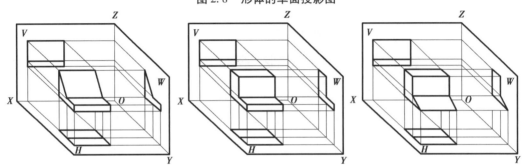

(a)上部为三棱柱形体的三面投影 (b)上部为长方体形体的三面投影 (c)下部为三棱柱形体的三面投影

图2.9 形体的两面投影图

设立3个互相垂直的平面作为投影面,组成三面投影体系。如图2.10(a)所示,这3个互相垂直的投影面分别为:水平投影面,用字母H表示,简称水平面或H面;正立投影面,用字母V表示,简称正立面或V面;侧立投影面,用字母W表示,简称侧立面或W面。三个投影面两两相交构成的三条轴称为投影轴,H面与V面的交线为OX轴,H面与W面的交线为OY轴,W面与V面的交线为OZ轴。3条投影轴也互相垂直,并相交于原点O。

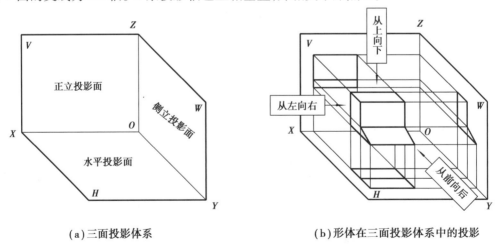

(a)三面投影体系   (b)形体在三面投影体系中的投影

图2.10 三面投影体系及三面投影图的形成

将形体放在投影面之间,并分别向3个投影面进行投影,就能得到该形体在3个投影面上的投影图。从上向下投影,在H面上得到水平投影图;从前向后投影,在V面得到正面投影图;从左向右投影,在 W 面上得到侧面投影图。将这 3 个投影图结合起来观察,就能准确地反映出该形体的形状和大小,如图 2.10(b)所示。

2.3.2 三面投影图的展开

为了把形体的 3 个不共面(相互垂直)的投影绘制在一张平面图纸上,需将 3 个投影面进行展开,使其共面。假设 V 面保持不动,将 H 面绕 OX 轴向下旋转 90°,将 W 面绕 OZ 轴向右后旋转 90°,如图 2.11(a)所示,则 3 个投影面就展开到一个平面内。

形体的 3 个投影在一张平面图纸上画出来,这样所得到的图形称为形体的三面正投影图,简称投影图,如图 2.11(b)所示。三面投影图展开后,3 条轴就成了两条互相垂直的直线,原来的 OX 轴、OZ 轴的位置不变。OY 轴则分为两条,一条随 H 面旋转到 OZ 轴的正下方,成为 Y_H 轴;一条随 W 面旋转到 OX 轴的正右方,成为 Y_W 轴。

实际绘制投影图时,没有必要画出投影面的边框,也无须注写 H、V、W 字样。三面投影图与投影轴之间的距离,反映出形体与三个投影面的距离,与形体本身的形状无关,因此作图时一般也不必画出投影轴。习惯上将这种不画投影面边框和投影轴的投影图称为“无轴投影”,工程中的图纸均是按照“无轴投影”绘制的,如图 2.11(c)所示。

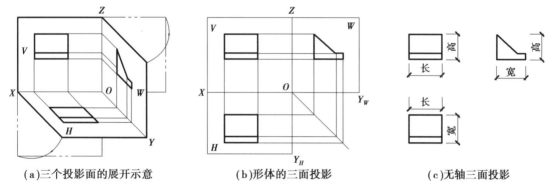

(a)三个投影面的展开示意 (b)形体的三面投影 (c)无轴三面投影

图 2.11 三面投影体系的展开

2.3.3 三面投影图的基本规律

从形体三面投影图的形成和展开的过程可以看出,形体的三面投影之间有一定的投影关系。其中,物体的 X 轴方向尺寸称为长度,Y 轴方向尺寸称为宽度,Z 轴方向尺寸称为高度。

水平投影反映出形体的长和宽两个尺寸,正面投影反映出形体的长和高两个尺寸,侧面投影反映出形体的宽和高两个尺寸。从上述分析可以看出:水平投影和正面投影在 X 轴方向都反映出形体的长度,且它们的位置左右应该对正,简称“长对正”;正面投影和侧面投影在 Z 轴方向都反映出形体的高度,且它们的位置上下是对齐的,简称“高平齐”;水平投影和侧面投影在 Y 轴方向都反映出形体的宽度,且这两个尺寸一定相等,简称“宽相等”,如图 2.11(c)所示。

因此,形体三面投影图 3 个投影之间的基本关系可以归结为“长对正、高平齐、宽相等”,简称“三等关系”,这是工程项目画图和读图的基础。

三面投影图还可以反映形体的空间方位关系。水平投影反映出形体前后、左右方位关系,正面投影反映出形体的上下、左右方位关系,侧面投影反映出形体的上下、前后方位关系。

2.4 点的投影

2.4.1 点的三面投影

点是构成形体的最基本元素,点只有空间位置而无大小。

1)点的三面投影的形成

把空间点 A 放置在三面投影体系中,过点 A 分别作垂直于 H 面、V 面、W 面的投射线,投射线与 H 面的交点 a 称为 A 点的水平投影(H 投影);投射线与 V 面的交点 a' 称为 A 点的正面投影(V 投影);投射线与 W 面的交点 a'' 称为 A 点的侧面投影(W 投影)。

投影的表示方法约定:空间点用大写字母表示(如 A),其在 H 面上的投影用相应的小写字母表示(如 a),在 V 面上的投影用相应的小写字母并在右上角加一撇表示(如 a'),在 W 面上的投影用相应的小写字母并在右上角加两撇表示(如 a'')。如图 2.12(a)所示,空间点 A 的 H、V、W 面投影分别为 a,a',a''。

按前述规定将 3 个投影面展开,就能得到点 A 的三面投影图,如图 2.12(b)所示。在点的投影图中一般只画出投影轴,不画投影面的边框,如图 2.12(c)所示。

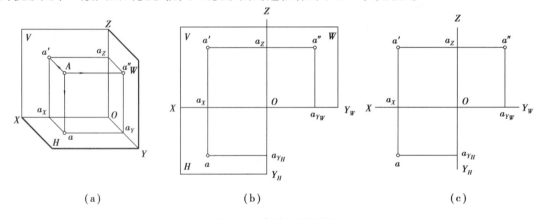

图 2.12 点的三面投影

2)点的投影规律

由图 2.12(a)可以看出,过空间点 A 的两条投影线 Aa 和 Aa' 所构成的矩形平面 Aaa_xa',与 V 面和 H 面互相垂直并相交,交线 aa_x 和 $a'a_x$ 与 OX 轴必然互相垂直且相交于一点 a_x,OX 轴垂直于平面 Aaa_xa'。而 aa_x 和 $a'a_x$ 是互相垂直的两条直线,当 V 面不动、将 H 面绕 OX 轴旋转 90°至与 V 面成为同一平面时,aa_x 和 $a'a_x$ 就成为一条垂直于 OX 轴的直线,a'、a_x、a 三点共线,即 $aa' \perp OX$,如图 2.12(b)所示。同理可证,$a'a'' \perp OZ$。a_Y 在投影面展平之后,被分为 a_{Y_H} 和 a_{Y_W} 两个点,所以 $aa_{Y_H} \perp OY_H$,$a''a_{Y_W} \perp OY_W$。

通过以上分析,可以得出点的投影规律如下:

①点的投影的连线垂直于相应的投影轴。

a. 点的 V 面投影和 H 面投影的连线垂直于 X 轴,即 $aa' \perp OX$。

b. 点的 V 面投影和 W 面投影的连线垂直于 Z 轴,即 $a'a'' \perp OZ$。

c. $aa_{YH} \perp OY_H$,$a''a_{Y_W} \perp OY_W$,$aa_{Y_H} = a''a_{Y_W}$。

这三项正投影规律,就是称之为"长对正、高平齐、宽相等"的三等关系。

②点的投影到各投影轴的距离,分别代表点到相应的投影面的距离。

a. $a'a_x = a''a_{Y_W} = Aa$,即点的 V 面投影到 OX 轴的距离等于点的 W 面投影到 OY_W 轴的距离,等于空间点 A 到 H 面的距离。

b. $aa_x = a''a_Z = Aa'$,即点的 H 面投影到 OX 轴的距离等于点的 W 面投影到 OZ 轴的距离,等于空间点 A 到 V 面的距离。

c. $a'a_Z = aa_{Y_H} = Aa''$,即点的 V 面投影到 OZ 轴的距离等于点的 H 面投影到 OY_H 轴的距离,等于空间点 A 到 W 面的距离。

3)求点的第三投影

根据上述投影特性可得出:在点的三面投影图中,任意两个投影都具有一定的联系性。因此,只要给出一点的任意两个投影,就可求出其第三投影,并且确定点的空间位置。

如图 2.13(a)所示,已知点 A 的水平投影 a 和正面投影 a',则可求出其侧面投影 a''。

①过 a' 引 OZ 轴的垂线 $a'a_Z$,所求 a'' 必在该线延长线上,如图 2.13(b)所示。

②在 $a'a_Z$ 的延长线上截取 $a''a_Z = aa_x$,a'' 即为所求,如图 2.13(c)所示。

或以原点 O 为圆心,以 aa_x 为半径作弧找到与 OY_W 轴的交点,过此点作 OY_W 轴垂线交 $a'a_Z$ 于一点,此点即为 a'',如图 2.13(d)所示。

也可过 a 引 OY_H 轴的垂线 aa_{Y_H},再过 a_{Y_H} 作与 OY_H 轴夹角 45°的辅助线,过交点作垂线向上交 $a'a_Z$ 于一点,此点即为 a'',如图 2.13(e)所示。

还可以过原点 O 作 45°辅助线,过 a 引 OY_H 轴的垂线并延长交辅助线于一点,过此点作 OY_W 轴垂线交 $a'a_Z$ 于一点,此点即为 a'',如图 2.13(f)所示。

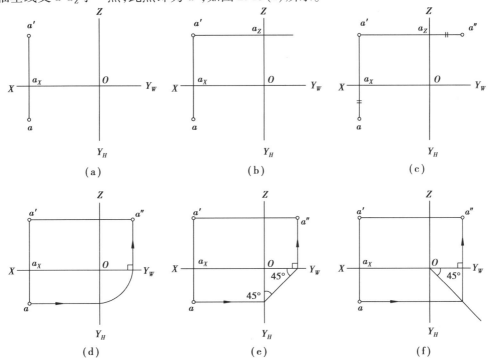

图 2.13　求点的第三投影

4)特殊位置点的投影

（1）投影面上的点

如空间点位于投影面上,则点到该投影面的距离为零(即空间点和该面投影重合),点在另外两个面的投影则位于投影轴上。反之,空间点的 3 个投影中如有两个投影位于投影轴上,则该空间点必定位于某一投影面上。

如图 2.14 所示,A 点位于 H 面上,则 A 点到 H 面的距离为零。其 H 面投影 a 与 A 重合,V 面投影 a' 在 OX 轴上,W 面投影 a'' 在 OY_W 轴上。同理,可得出位于 V 面的 B 点和位于 W 面的 C 点的投影。

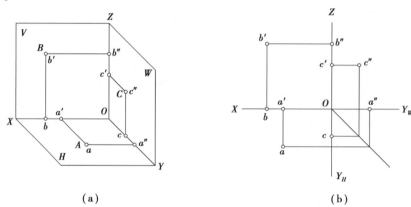

（a）   （b）

图 2.14　投影面上的点

（2）投影轴上的点

如空间点位于投影轴上,则点到两个投影面的距离都为零(即空间点和两个面投影重合,且位于投影轴上),点的另外一个投影则与原点 O 重合。反之,空间点的 3 个投影中如有两个投影重合且位于投影轴上,则该空间点必定位于某一投影轴上。

如图 2.15 所示,D 点位于 X 轴上,则 D 点到 H 面、V 面的距离均为零。其 H 面投影 d、V 面投影 d' 都与 D 重合,W 面投影 d'' 与原点 O 重合。同理可得出位于 Y 轴的 E 点和位于 Z 轴的 F 点的投影。

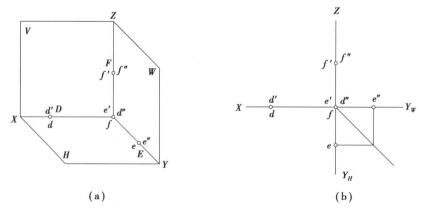

（a）   （b）

图 2.15　投影轴上的点

2.4.2　两点的相对位置

1)两点的相对位置

两点的相对位置,是以其中一个点为基准,来判断两点的前后、左右、上下位置关系的。

空间两点的相对位置可以根据它们的同面投影来确定,每个投影图可以反映4个方位:H面投影反映它们的左右、前后关系,V面投影反映它们的上下、左右关系,W面投影反映它们的上下、前后关系,如图2.16(a)所示。

若建立直角坐标系,空间两点的相对位置还可以根据其坐标关系来确定。将三面投影体系中的3个投影面看作直角坐标系中的3个坐标面,则3条投影轴相当于坐标轴,原点相当于坐标原点。因此,一点的空间位置可用其直角坐标表示为(X,Y,Z),其中X坐标反映空间点到W面的距离,Y坐标反映空间点到V面的距离,Z坐标反映空间点到H面的距离。

这样,两点的相对位置就可通过坐标值的大小来进行判断:X坐标大者在左,小者在右;Y坐标大者在前,小者在后;Z坐标大者在上,小者在下。如图2.16(b)所示:$X_A > X_B$,表示A点在B点之左;$Y_A > Y_B$,表示A点在B点之前;$Z_A > Z_B$,表示A点在B点之上,即A点在B点的左、前、上方。

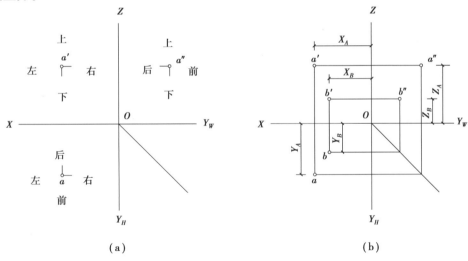

(a)　　　　　　　　　　　(b)

图2.16　两点的相对位置关系

2)重影点

当空间两点位于某投影面的同一投射线上时,则这两点在该投影面上的投影重合在一起。这种在某一投影面的投影重合的两个空间点,称为对该投影面的重影点,而重合的投影称为重影。

在表2.1中,当A点位于B点的正上方时,即它们在同一条垂直于H面的投射线上,其H面投影a和b重合,A、B两点是H面的重影点,它们的X、Y坐标相同,Z坐标不同。由于A点在上、B点在下,向H面投影时,投射线先遇点A、后遇点B,所以点A的投影a可见,点B的投影b不可见。为了区别重影点的可见性,将不可见点的投影用字母加括号表示,如重影点a(b)。

同理,当C点位于D点的正前方时,其V面投影c'和d'重合,C、D两点是V面的重影点,

它们的 X、Z 坐标相同，Y 坐标不同。由于 C 点在前，D 点在后，所以点 C 的投影 c' 可见，点 D 的投影 d' 不可见，重合的投影标记为 $c'(d')$。

当 E 点位于 F 点的正左方时，其 W 面投影 e'' 和 f'' 重合，E、F 两点是 W 面的重影点，它们的 Y、Z 坐标相同，X 坐标不同。由于 E 点在左、F 点在右，所以点 E 的投影 e'' 可见，点 F 的投影 f'' 不可见，重合的投影标记为 $e''(f'')$。

表 2.1　投影面的重影点

	直观图	投影图	投影特性
水平面的重影点	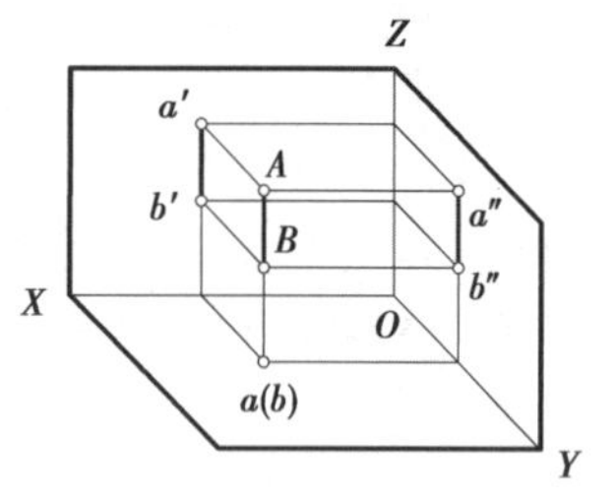	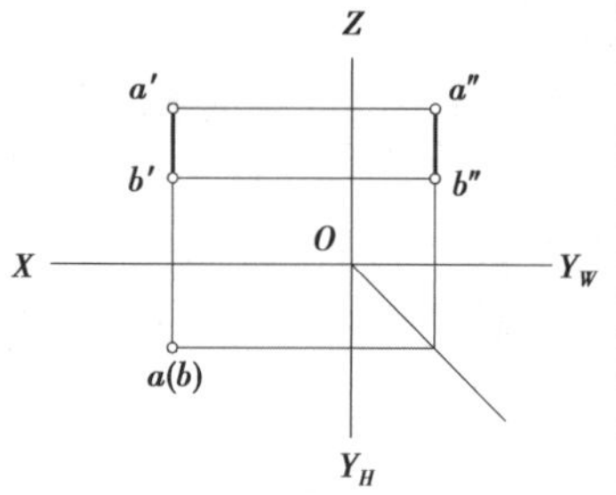	1. X、Y 坐标相同，Z 坐标不同； 2. 正面投影和侧面投影反映两点的上、下位置； 3. 水平投影重合为一点，上面一点可见，下面一点不可见
正立面的重影点	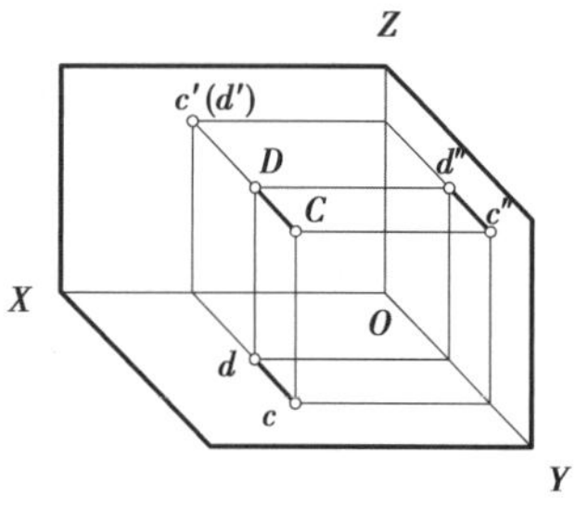	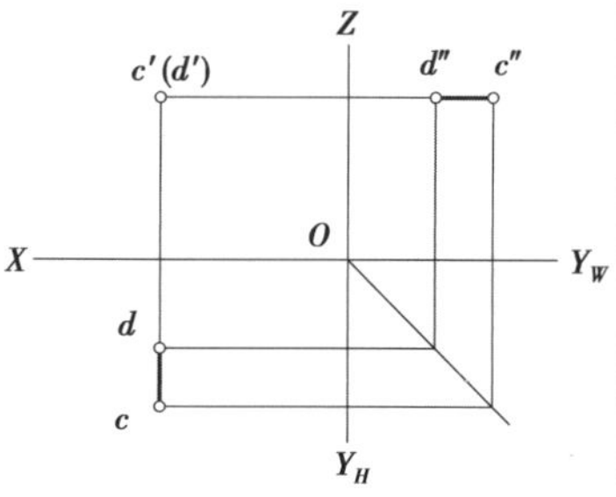	1. X、Z 坐标相同，Y 坐标不同； 2. 水平投影和侧面投影反映两点的前、后位置； 3. 正面投影重合为一点，前面一点可见，后面一点不可见
侧立面的重影点	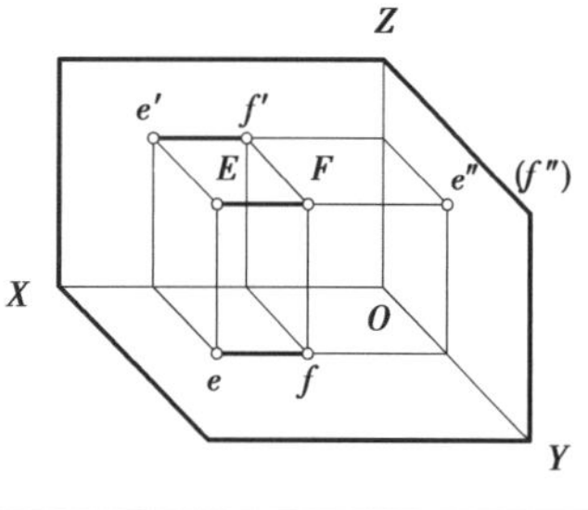	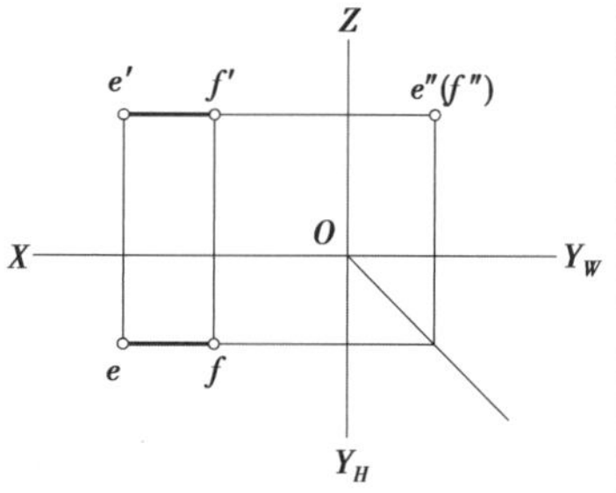	1. Y、Z 坐标相同，X 坐标不同； 2. 水平投影和正面投影反映两点的左、右位置； 3. 侧面投影重合为一点，左面一点可见，右面一点不可见

2.5　直线的投影

点的运动轨迹构成了线，两点可以确定一条直线。直线在某一投影面上的投影是通过该直线上各点的投影线所形成的平面与该投影面的交线，故直线的投影一般情况下仍是直线。

按照直线与 3 个投影面的相对位置不同，直线可分为倾斜、平行和垂直 3 种情况。倾斜于投影面的直线称为一般位置直线，简称一般直线，如图 2.17（a）中直线 AB；平行或垂直于投影面的直线称为特殊位置直线，简称特殊直线。如图 2.17（a）中，直线 CD 为投影面平行线，直线 EF 为投影面垂直线。

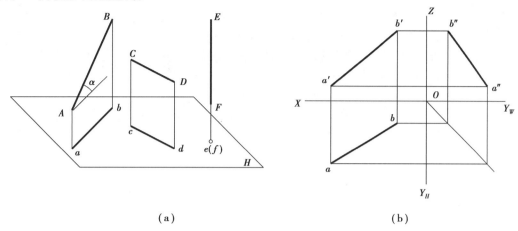

（a）　　　　　　　　　　　　　　　　（b）

图 2.17　直线的投影

作某一直线的投影，只要作出属于直线的任意两点的三面投影，然后将两点的同面投影相连，即得直线的三面投影。图 2.17(b)中，只要作出属于直线的点 A(a,a',a") 和点 B(b,b', b")，将 ab,a'b',a"b"连成直线，即为直线 AB 的三面投影。

直线与投影面之间的夹角，称为直线的倾角。我们约定直线与 H、V、W 面的夹角分别用 α、β、γ 来表示。直线的投影特性反映为：

①当直线 AB 倾斜于投影面时，其投影小于实长(如 $ab = AB\cos\alpha$)。

②当直线 CD 平行于投影面时，其投影与直线本身平行且等长(如 $cd = CD$)。

③当直线 EF 垂直于投影面时，其投影积聚为一点。

因此，直线的投影一般仍为直线，只有当直线垂直于投影面时，其投影才积聚为一点。以上直线的各投影特性对于投影面 V 和 W 也具有同样的性质。

2.5.1　特殊位置的直线

1)投影面平行线

平行于某一投影面且倾斜于另外两个投影面的直线，称为投影面平行线。按照直线平行于不同的投影面，可分为以下 3 种：

平行于 H 面且倾斜于 V、W 面的直线称为水平线，如表 2.2 中直线 AB。

平行于 V 面且倾斜于 H、W 面的直线称为正平线，如表 2.2 中直线 CD。

平行于 W 面且倾斜于 H、V 面的直线称为侧平线，如表 2.2 中直线 EF。

它们的直观图、投影图和投影特性见表 2.2。

以水平线 AB 为例，其投影特征如下：

由于直线 AB 平行于 H 面，同时又倾斜于 V、W 面，其 H 面投影 ab 与直线 AB 平行且相等，即 ab 反映直线的实长，$ab = AB$。H 面投影 ab 倾斜于 OX 轴、OY_H 轴，其与 OX 轴的夹角反映直线 AB 对 V 面的倾角 β 的实形，和 OY_H 轴的夹角反映直线 AB 对 W 面的倾角 γ 的实形。直线 AB 的 V 面投影 a'b' 和 W 面投影 a"b"分别平行于 OX 轴和 OY_W 轴，且同时垂直于 OZ 轴。

同理，可分析出正平线 CD 和侧平线 EF 的投影特征。

综合表 2.2 中水平线 AB、正平线 CD、侧平线 EF 的投影规律，可以归纳出投影面平行线的投影特性如下：

①投影面平行线在其所平行的投影面上的投影反映实长，且倾斜于投影轴。该投影与相应投影轴之间的夹角反映空间直线对另两个投影面的倾角。

②其余两个投影分别平行于相应的投影轴，这两条投影轴正好组成空间直线所平行的投影面。

表 2.2　投影面平行线

名称	直观图	投影图	投影特性
水平线	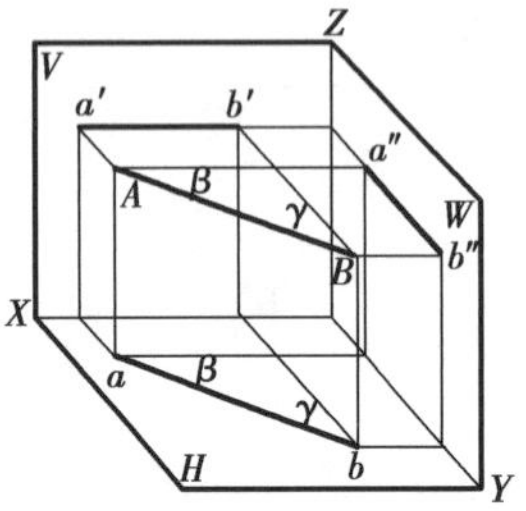	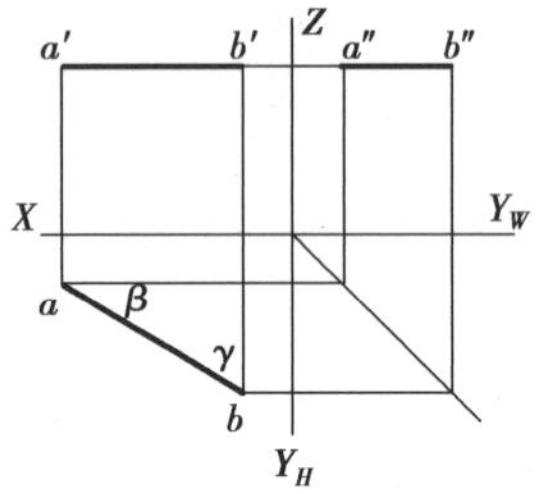	1. $a'b' /\!/ OX$， $a''b'' /\!/ OY_W$； 2. $ab = AB$； 3. ab 与投影轴的夹角反映 β、γ 实角
正平线	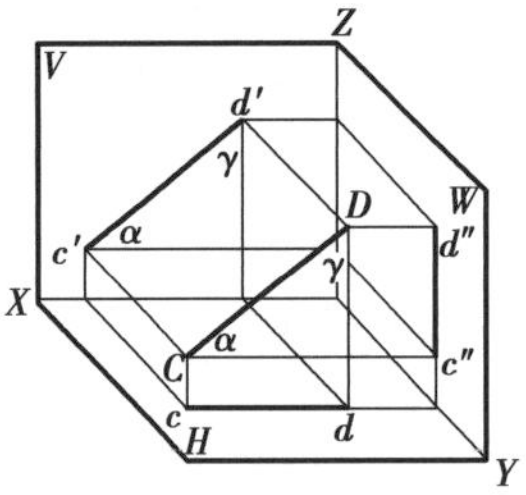	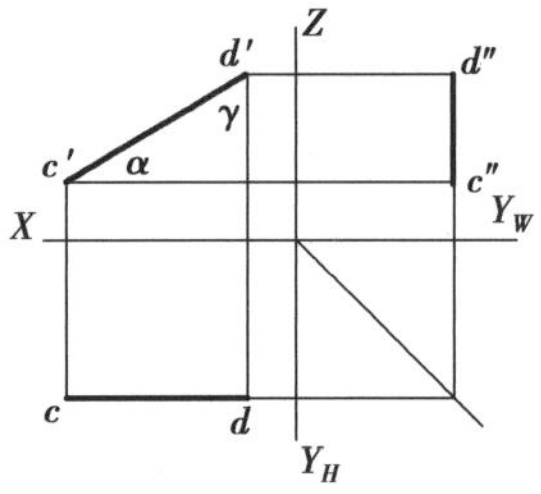	1. $cd /\!/ OX$， $c''d'' /\!/ OZ$； 2. $c'd' = CD$； 3. $c'd'$ 与投影轴的夹角反映 α、γ 实角
侧平线	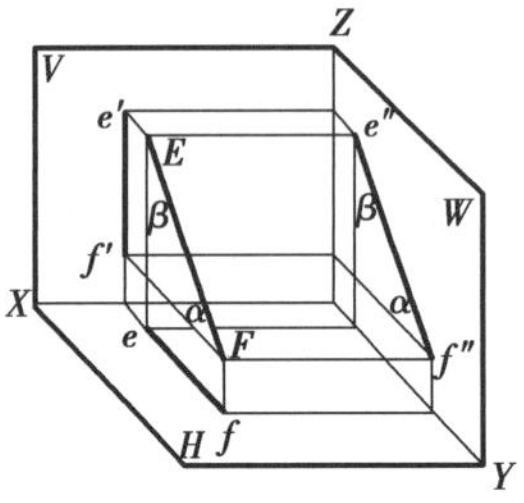	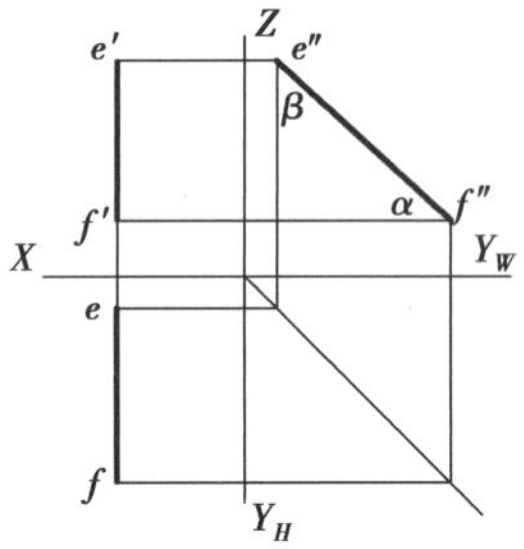	1. $ef /\!/ OY_H$， $e'f' /\!/ OZ$； 2. $e''f'' = EF$； 3. $e''f''$ 与投影轴的夹角反映 α、β 实角

2)投影面垂直线

垂直于一个投影面的直线，称为投影面垂直线。按照垂直于不同的投影面来分类，直线可分为以下 3 种：

垂直于 H 面的直线称为铅垂线，如表 2.3 中直线 AB。

垂直于 V 面的直线称为正垂线，如表 2.3 中直线 CD。

垂直于 W 面的直线称为侧垂线，如表 2.3 中直线 EF。

它们的直观图、投影图和投影特性见表 2.3。

以铅垂线 AB 为例，其投影特征如下：

由于直线 AB 垂直于 H 面，所以必定平行于 V 面和 W 面，其 H 面投影积聚为一点 $a(b)$。

V 面投影 $a'b'$ 垂直于 OX 轴，W 面投影 $a''b''$ 垂直于 OY_W 轴，且同时平行于 OZ 轴。V 面投影 $a'b'$ 和 W 面投影 $a''b''$ 均反映空间直线 AB 实长。

同理，可分析出正垂线 CD 和侧垂线 EF 的投影特征。

综合表 2.3 中铅垂线 AB、正垂线 CD、侧垂线 EF 的投影规律，可以归纳出投影面垂直线的投影特性如下：

①直线在其所垂直的投影面上的投影积聚为一点。

②直线的另外两个投影垂直于相应的投影轴，这两条投影轴正好组成空间直线所垂直的投影面，且两投影均反映直线的实长。

表 2.3　投影面垂直线

名称	直观图	投影图	投影特性
铅垂线	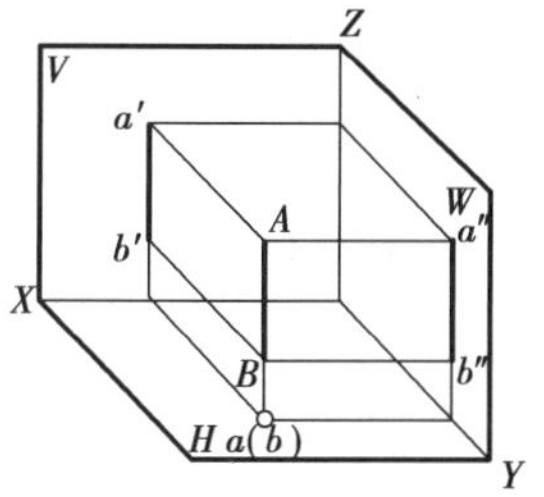	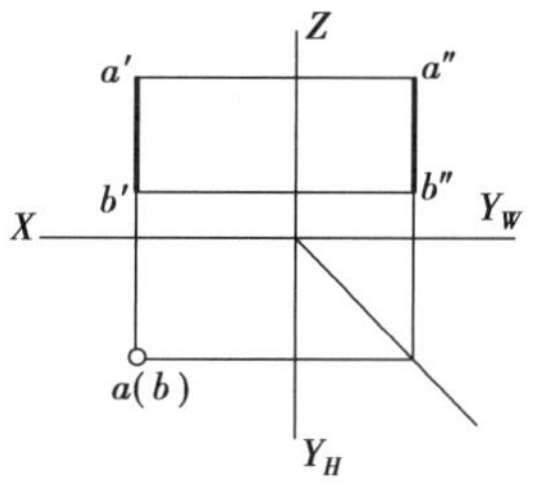	1. ab 积聚成一点； 2. $a'b' \perp OX$，$a''b'' \perp OY$； 3. $a'b' = a''b'' = AB$
正垂线	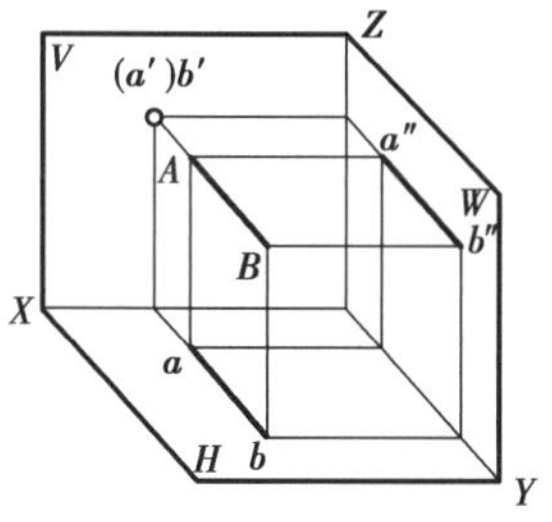	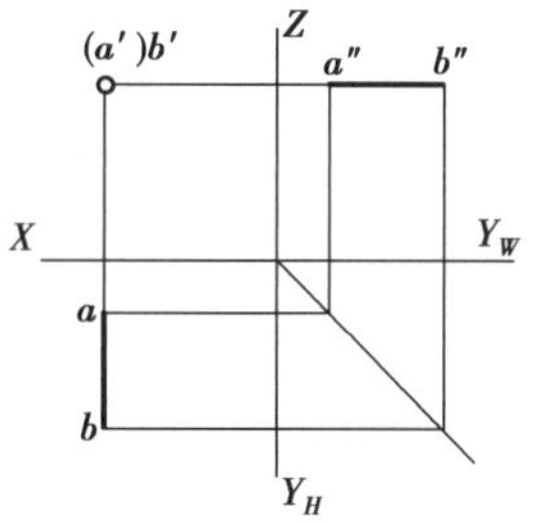	1. $a'b'$ 积聚成一点； 2. $ab \perp OX$，$a''b'' \perp OZ$； 3. $ab = a''b'' = AB$
侧垂线	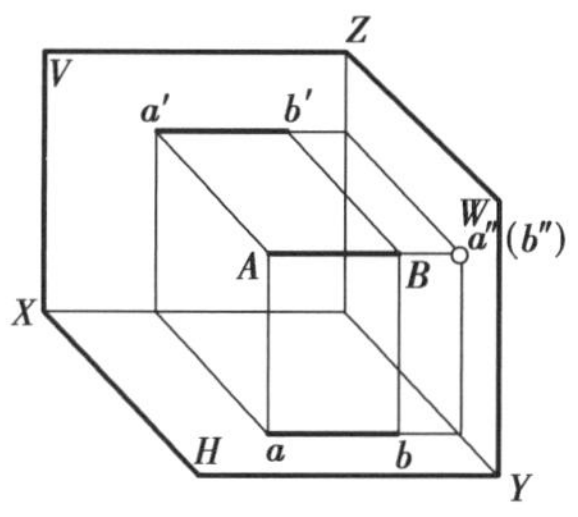	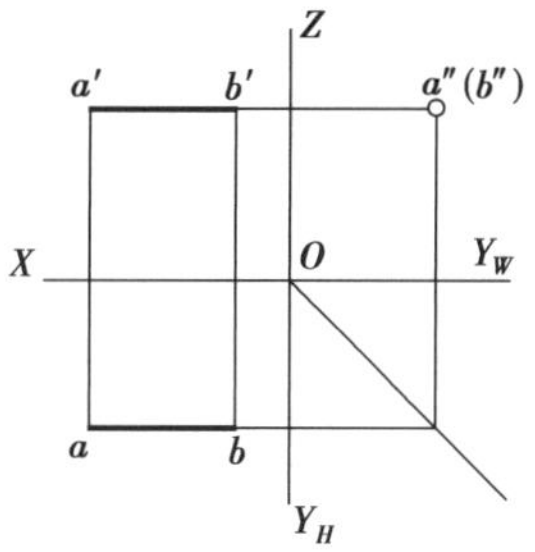	1. $a''b''$ 积聚成一点； 2. $ab \perp OY$，$a'b' \perp OZ$； 3. $ab = a'b' = AB$

2.5.2　一般位置直线

1)一般位置直线的投影特性

与 H、V、W 三个投影面均倾斜（即不平行又不垂直）的直线称为一般位置直线，简称一般直线。如图 2.18(a)中，AB 就是一般位置直线。AB 与 H、V、W 面的倾角分别为 α、β、γ。图 2.18(b)表示一般位置直线 AB 的三面投影图，其投影特性如下：

①一般直线在 3 个投影面上的投影均倾斜于投影轴。

②各投影与投影轴的夹角不能反映直线 AB 对投影面的真实倾角。

③各投影的长度均小于直线 AB 的实长,分别有:$ab = AB \cos \alpha$,$a'b' = AB \cos \beta$,$a''b'' = AB \cos \gamma$(α、β、γ 的值在 $0° \sim 90°$ 范围内)。

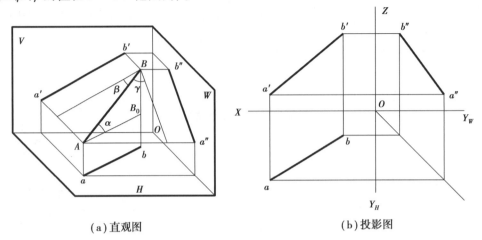

(a)直观图　　　　　　　　　　(b)投影图

图 2.18　一般位置直线

2)一般位置直线的实长和倾角

《工程设计图学》视频2-1直角三角形法求一般位置直线的实长和倾角

由于一般位置直线对三个投影面的投影都是倾斜的,故 3 个投影均不反映该直线的实长及其对投影面的倾角。但可以根据直线的投影,用图解的方法来进行求解。下面用直角三角形法来解决一般位置直线实长及倾角的求法。

如图 2.19(a)所示,AB 为一般位置直线,在 AB 与其水平投影 ab 所决定的平面 $ABba$ 内,过点 A 作 $AB_0 /\!/ ab$,与 Bb 相交于 B_0 点。由于 $Bb \perp ab$,所以 $AB_0 \perp BB_0$,$\triangle AB_0B$ 是直角三角形。该直角 $\triangle AB_0B$ 中有:斜边 AB 是实长(用 SC 来表示实长),$\angle BAB_0 = \alpha =$ 直线 AB 对 H 面的倾角,$AB_0 = ab =$ 直线的 H 面投影长度,$B_0B = Bb - Aa = Z_B - Z_A$(即 B、A 两点到 H 面的距离差)。因此,只要作出 $\triangle AB_0B$,便可求出一般位置直线 AB 的实长和对 H 面的倾角 α。

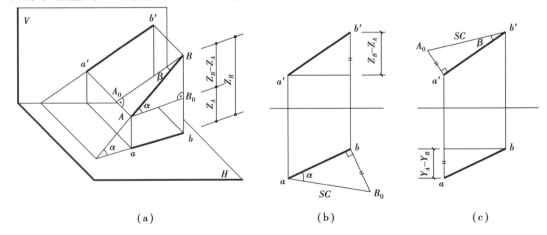

(a)　　　　　　　　(b)　　　　　　　　(c)

图 2.19　求一般位置直线 AB 的实长及倾角

同理,过点 B 作 $BA_0 /\!/ a'b'$,则 $\triangle AA_0B$ 也是直角三角形,亦有:斜边仍是空间直线 AB,

∠ABA_0 = β = 直线 AB 对 V 面的倾角,BA_0 = $a'b'$ = 直线的 V 面投影长度,AA_0 = Y_A − Y_B(即 A、B 两点到 V 面的距离差)。因此,只要作出 △AA_0B,便可求出一般位置直线 AB 的实长和对 V 面的倾角 β。

根据上述方法,在投影图中以水平投影 ab 为一条直角边,过 b(或 a)引 ab 的垂线,并在该垂线上量取 bB_0 = Z_B − Z_A,连 aB_0 即为直线 AB 的实长,aB_0 与 ab 的夹角(即 bB_0 边所对的角)便是 AB 对 H 面的倾角 α,如图 2.19(b)所示。

以 $a'b'$ 为一条直角边,过 a'(或 b')作 $a'b'$ 的垂线,在该垂线上量取 $a'A_0$ = Y_A − Y_B,连 A_0b' 即为直线 AB 的实长,A_0b' 与 $a'b'$ 的夹角便是直线 AB 对 V 面的倾角 β,如图 2.19(c)所示。

综上所述,在投影图上求直线的实长和倾角的方法是:以直线在某个投影面上的投影为一条直角边,以直线的两端点到该投影面的距离差为另一条直角边作直角三角形,该直角三角形的斜边就是所求直线的实长,而此斜边与投影的夹角,就是该直线对该投影面的倾角。

以上求一般位置直线的实长和倾角的方法,称为直角三角形法。此直角三角形中,包含了实长、距离差、投影和倾角四个参数。四者任知其中二者,即可作出一个直角三角形,从而便可求出其余两个。需要注意的是:距离差、投影、倾角三者是对同一投影面而言。

2.5.3 属于直线的点

1)属于直线的点的投影特性

属于直线的点的投影必在该直线的同面投影上,且符合点的投影规律。

如图 2.20(a)所示,直线 AB 的 H 面投影为 ab,若点 M 属于直线 AB,则过点 M 的投射线 Mm 必属于包含 AB 向 H 面所作的投射平面 $ABba$,因此 Mm 与 H 面的交点 M 必属于该投射平面与 H 面的交线 ab。同理,可知 m' 必属于 $a'b'$。

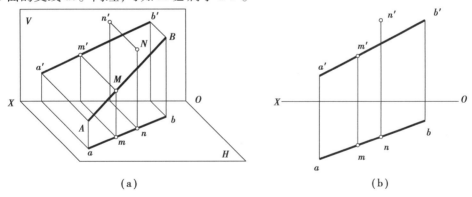

(a)   (b)

图 2.20 属于直线的点的投影

反之,如果点的各个投影均属于直线的各同面投影,且各投影符合点的投影规律,即投影连线垂直于相应的投影轴,则该点属于该直线。如图 2.20(b)中,点 M 属于直线 AB,而点 N 不属于直线 AB。

2)点分线段成定比

点分线段成某一比例,则该点的投影也分该线段的投影成相同的比例。

在图 2.20(a)中,点 M 分空间直线 AB 为 AM 和 MB 两段,其水平投影 m 也分 ab 为 am 和 mb 两段。在投射平面 $ABba$ 中,直线 AB 与 ab 被一组互相平行的投射线 Aa、Mm、Bb 所截割,

则 $am:mb=AM:MB$。同理可得：$a'm':m'b'=AM:MB$ 和 $a''m'':m''b''=AM:MB$。所以，点分直线段成定比，投影后比例不变，即：

$$\frac{am}{mb}=\frac{a'm'}{m'b'}=\frac{a''m''}{m''b''}=\frac{AM}{MB}$$

2.5.4 两直线的相对位置

两直线的相对位置有 3 种：平行、相交和相叉（即异面）。

1）两平行直线

根据平行投影的特性可知：两直线在空间相互平行，则它们的同面投影也相互平行。

对于一般位置的两直线，只需根据任意两面投影互相平行，就可以断定它们在空间也相互平行，如图 2.21 所示。但对于特殊位置直线，有时则需要作出它们的第三面投影，来判断它们在空间的相对位置。如图 2.22 中的两条侧平线 AB 和 CD，虽然 V 面、H 面的投影都平行，但它们的 W 投影并不平行，所以在空间里这两条侧平线线是不平行的。当然，也可以根据两直线投影中的比例关系来确定他们是否平行，如图 2.22 中的两条侧平线 AB 和 CD 的 V 投影与 H 投影的比例关系明显不同，故这两条侧平线线是不平行的。

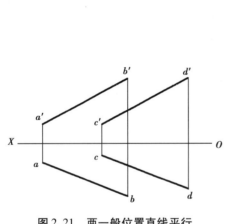

图 2.21　两一般位置直线平行

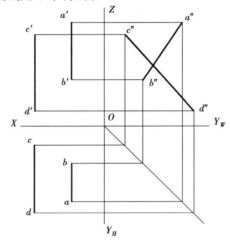

图 2.22　不平行的两侧平线

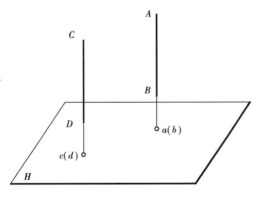

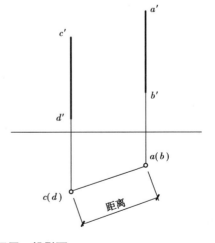

图 2.23　两平行线垂直于同一投影面

如果相互平行的两直线都垂直于同一投影面,如图 2.23 所示,则在该投影面上的投影都积聚为两点,且两点之间的距离反映出两条平行线的真实距离。

2)两相交直线

所有的相交问题都是一个共有的问题,因此,两相交直线必有一个公共点,即交点。由此可知:两相交直线,则它们的同面投影也相交,而且交点符合点的投影特性。

同平行的两直线一样,对于一般位置的两直线,只要根据两面投影,就可以判别两直线是否相交。如图 2.24 所示的直线 AB 和 CD 是相交的;而图 2.25 中的直线 AB 和 CD 就不相交,它们是交叉的两直线。但是,当两直线中的一条是投影面的平行线时,有时就需要看一看它们的第三面投影或通过直线上点的定比性来判断。

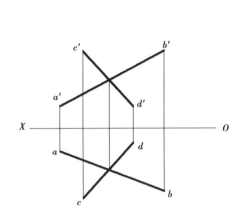

图 2.24　相交的两直线图

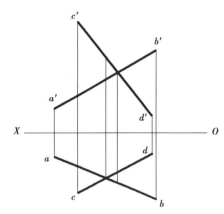

图 2.25　交叉的两直线

当两相交直线都平行于某投影面时,相交二直线的夹角等于相交二直线在该投影面上的投影的夹角,如图 2.26 所示。

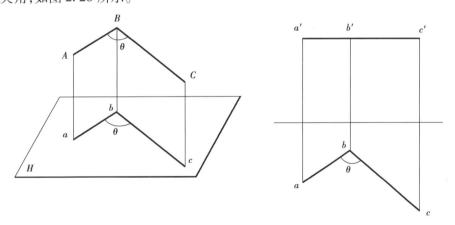

图 2.26　平行于投影面的两相交直线该投影面上两直线的反映真实夹角

3)相叉的两直线

如图 2.27 所示,在空间里既不平行也不相交的两直线,就是相叉直线。由于交叉直线不能同在一个平面内,在立体几何中把交叉直线又称为异面直线。

如果两条直线的同面投影相交,要判断这两条直线是相交的还是相叉的,就要判断它们的同面投影交点是否符合直线上的点的从属性或定比性。如图 2.27 中，V 投影 $a'b'$ 和 $c'd'$ 的交点与 H 投影 ab 和 cd 的交点是重影点，则 AB 与 CD 为相叉直线。

事实上，交叉两直线投影在同一投影面的交点是这个投影面的重影点。如图 2.27 中，ab 和 cd 的交点是空间 AB 上的 Ⅰ 点和 CD 上的 Ⅱ 点的 H 投影。Ⅰ 在 Ⅱ 的正上方，H 投影 1 重合于 2，用符号 1(2) 表示。同样的，$a'b'$ 和 $c'd'$ 的交点是空间 CD 上的 Ⅲ 点和 AB 上的 Ⅳ 点的 V 投影，Ⅲ 在 Ⅳ 处正前方，V 投影 3' 重合于 4'，用符号 3'(4') 表示。

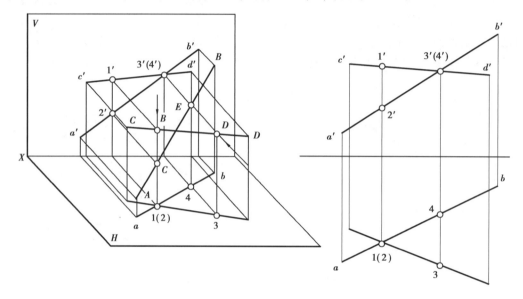

图 2.27　交叉直线

如果两条直线中有一条或两条是侧平线，并且已知的是 V、H 投影，则可通过 W 投影判断两直线的相对位置是平行还是交叉，如图 2.28 所示。当然也可以利用 CD 的 V、H 投影中所谓交点的定比性来判断，如图 2.28 中 CD 的 V、H 投影中。如果将 1'、1 视为 $c'd'$ 及 cd 上，其定比性显然不同，故直线 AB、CD 为交叉二直线。

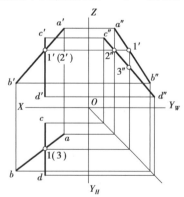

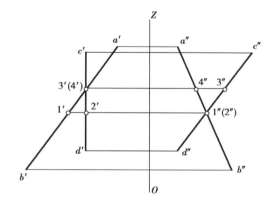

图 2.28　交叉直线中有一条侧平线　　　　图 2.29　判别交叉直线的可见性

【例 2.1】　判别交叉两直线 AB 和 CD 上重影点的可见性，如图 2.29 所示。

【解】　①从 W 投影的交点 1″(2″) 向左作投影连线，与 $c'd'$ 相交于 2'，与 $a'b'$ 相交于 1'。因为 1' 在 2' 左方，所以 AB 上的 Ⅰ 点在 CD 上的 Ⅱ 点的正左方。1″ 可见，2″ 不可见，在 W 投影上将2″打上括号。

②从V投影的交点3′(4′),向右作投影连线,与a″b″相交于4″点,与c″d″相交于3″点。因为3″在4″之前,故3′可见,4′不可见,在V投影上将4′打上括号。

2.6 平面的投影

2.6.1 平面的表示方法

直线的运动轨迹构成了平面,平面的空间位置可以用几何元素或迹线来进行表示。

1)用几何元素表示平面

不在同一条直线上的3点可以确定一个平面,由此,可以演变出以下几种平面的表示方法:

①不在同一直线上的3个点(A、B、C),如图2.30(a)所示。

②一直线和该直线外一点(AB、C),如图2.30(b)所示。

③相交的两直线(AC、BC),如图2.30(c)所示。

④平行的两直线($AC \parallel BD$),如图2.30(d)所示。

⑤平面图形($\triangle ABC$),如图2.30(e)所示。

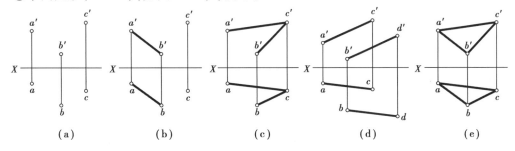

(a)　　　　(b)　　　　(c)　　　　(d)　　　　(e)

图2.30 平面的表示方法

对同一平面来说,无论采用哪一种方法表示,它所确定的空间平面位置是不变的。需要强调的是:前4种方法只确定平面的位置,第5种方法不但能确定平面的位置,而且能表示平面的形状和大小。因此,一般常用平面图形来表示平面。

2)用迹线表示平面

平面的空间位置还可以由平面的迹线来确定,平面与投影面的交线称为该平面的迹线。如图2.31所示,P平面与H面的交线称为水平迹线,用P_H表示;P平面与V平面的交线称为正面迹线,用P_V表示;P平面与W面的交线称为侧面迹线,用P_W表示。

一般情况下,相邻两条迹线相交于投影轴上,它们的交点也就是平面与投影轴的交点。在投影图中,这些交点分别用P_X、P_Y、P_Z来表示。如图2.31(b)所示,3条迹线中的任意两条就可以确定平面的空间位置。

由于迹线位于投影面上,它的一个投影与自身重合,另外两个投影与投影轴重合,通常只用画出与自身重合的投影并加注标记的办法来表示迹线,凡是与投影轴重合的投影均不标记。

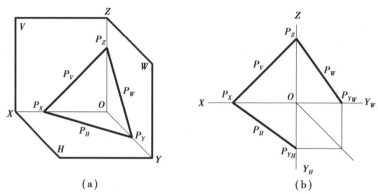

图 2.31 用迹线表示平面

在三面投影体系中,根据平面和投影面的相对位置不同,可将平面分为三类:投影面的垂直面、投影面的平行面和一般位置平面。相对于一般位置平面,前两类统称为特殊位置平面。

①投影面的垂直面:垂直于某一个投影面,倾斜于另外两个投影面。

②投影面的平行面:平行于某一个投影面,垂直于另外两个投影面。

③一般位置平面:与三个投影面都倾斜。

2.6.2 投影面的垂直面

投影面的垂直面根据其所垂直的投影面不同又分为 3 种:

①垂直于 H 面、倾斜于 V 面和 W 面的平面,称为铅垂面(表2.4 中平面 P);

②垂直于 V 面、倾斜于 H 面和 W 面的平面,称为正面垂直面,简称正垂面(表2.4 中平面 Q);

③垂直于 W 面、倾斜于 H 面和 V 面的平面,称为侧面垂直面,简称侧垂面(表2.4 中平面 R)。

平面与投影面的夹角称为平面的倾角,平面与 H 面、V 面、W 面的倾角分别用 α、β、γ 标记。表2.4 分别列出了铅垂面、正垂面和侧垂面的投影图和投影特性。

从表2.4 中可分析归纳出投影面的垂直面的投影特性为:

①平面在它所垂直的投影面上的投影积聚为一直线,该直线与相应投影轴的夹角分别反映平面对另外两个投影面的倾角。

②平面在另外两个投影面上的投影为原平面图形的类似形,但面积比实形小。

③积聚迹线与投影轴的夹角,反映平面与另外两个投影面的倾角;其余两条迹线分别垂直于相应投影轴。

如不需要表示平面的形状和大小,只需确定其位置,可用迹线来表示,且只用有积聚性的迹线。如表2.4 中铅垂面 P,只需画出 P_H 就能确定空间平面 P 的位置。

表2.4 投影面的垂直面

名称		直观图	投影图	投影特性
铅垂面	图形平面	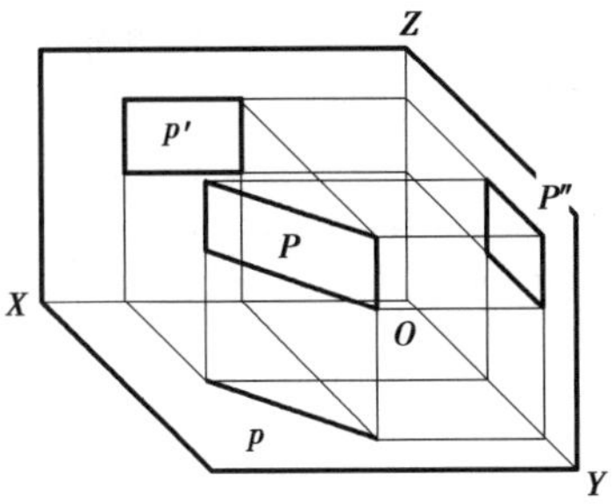	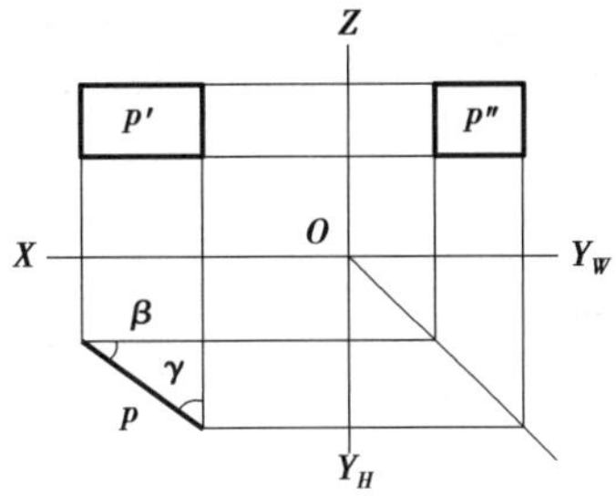	1. 水平投影 p 积聚为一直线，并反映对 V、W 面的倾角 β、γ； 2. 正面投影 p' 和侧面投影 p'' 为平面 P 的类似形
	迹线平面	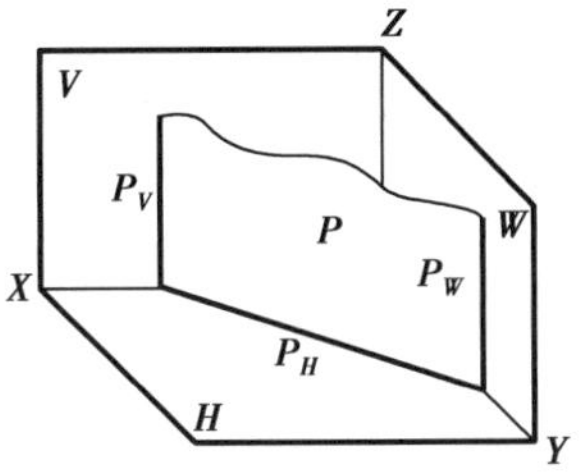	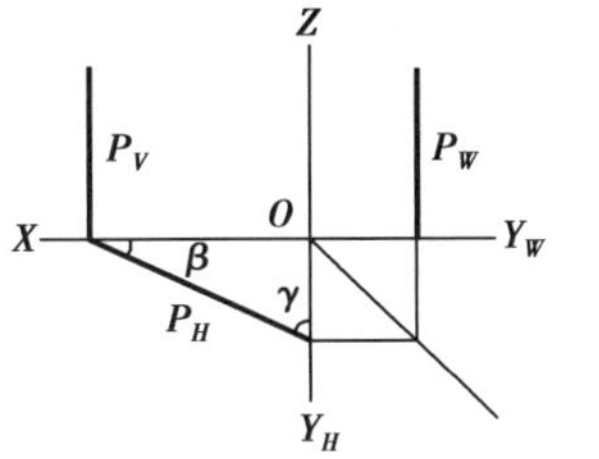	1. P_H 有积聚性，与 OX 轴和 OY_H 轴的夹角分别反映角 β、γ； 2. $P_V \perp OX$ 轴，$P_W \perp OY_W$ 轴
正垂面	图形平面	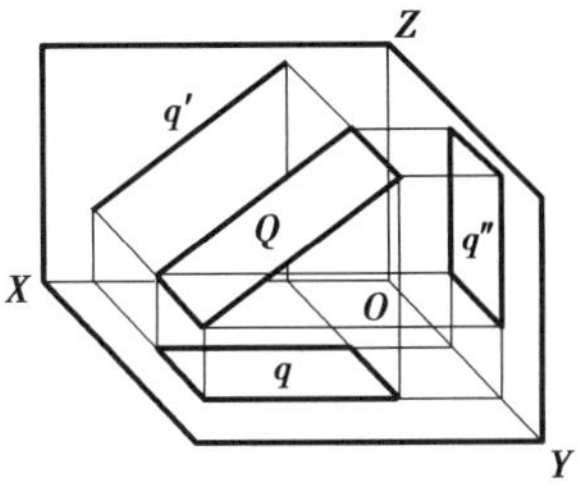	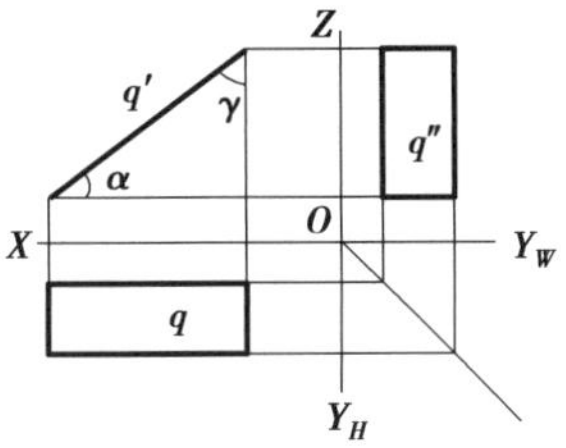	1. 正面投影 q' 积聚为一直线，并反映对 H、W 面的倾角 α、γ； 2. 水平投影 q 和侧面投影 q'' 为平面 Q 的类似形
	迹线平面	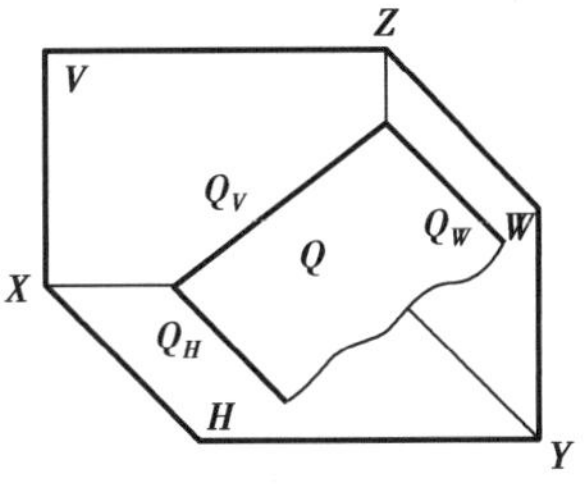	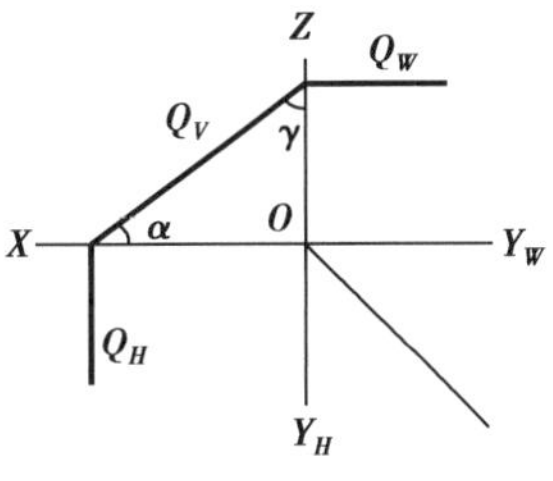	1. Q_V 有积聚性，与 OX 轴和 OZ 轴的夹角分别反映角 α、γ； 2. $Q_H \perp OX$ 轴，$Q_W \perp OZ$ 轴

续表

名称		直观图	投影图	投影特性
侧垂面	图形平面	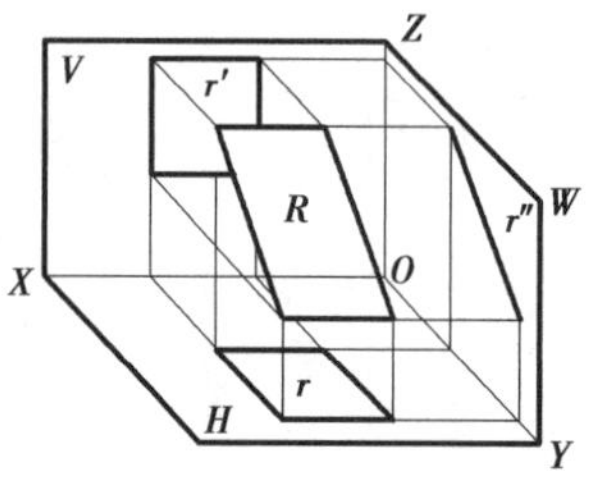	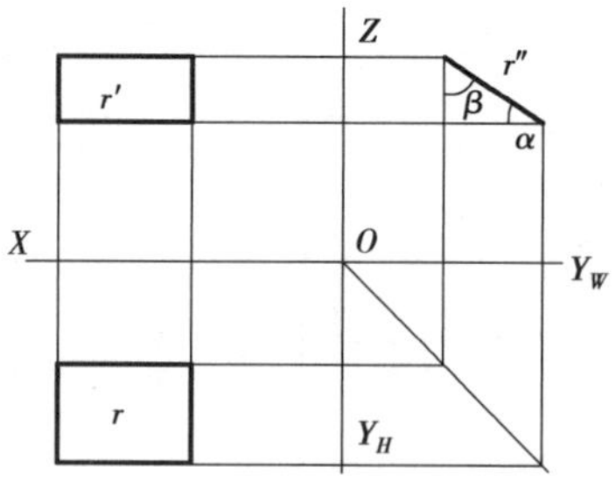	1. 侧面投影 r'' 积聚为一直线,并反映对 H、V 面的倾角 α、β； 2. 水平投影 r 和正面投影 r' 为平面 R 的类似形
	迹线平面	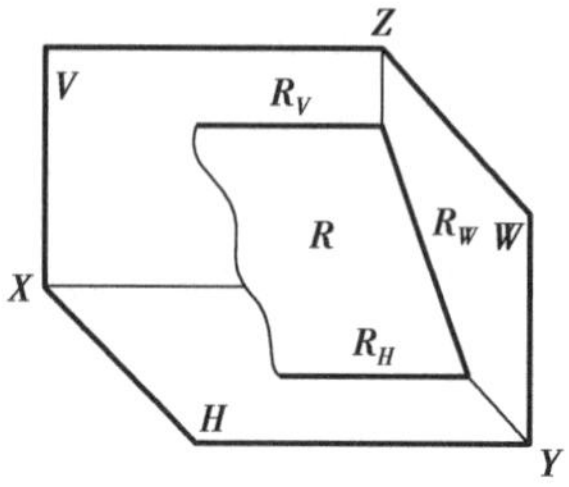	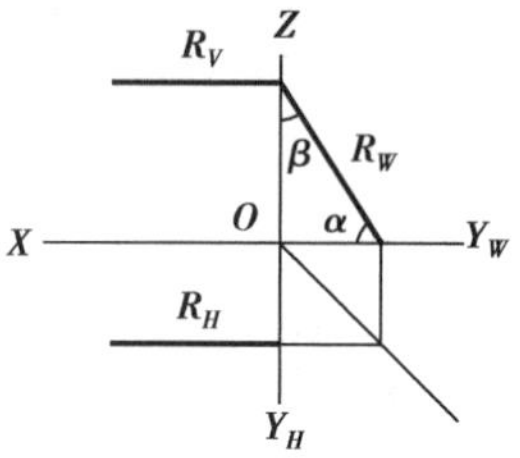	1. R_W 有积聚性,与 OY_W 轴和 OZ 轴的夹角分别反映角 α、β； 2. $R_V \perp OZ$ 轴,$R_H \perp OY_H$ 轴

2.6.3　投影面的平行面

投影面的平行面根据其所平行的投影面不同又分为 3 种：

①平行于 H 面的平面称为水平面平行面,简称水平面(表 2.5 中平面 P)；

②平行于 V 面的平面称为正面平行面,简称正平面(表 2.5 中平面 Q)；

③平行于 W 面的平面称为侧面平行面,简称侧平面(表 2.5 中平面 R)。

表 2.5 中分别列出了水平面、正平面和侧平面的投影图和投影特性。

从表 2.5 中可分析归纳出投影面的平行面的投影特性为：

①平面在它所平行的投影面上的投影反映实形。

②平面在另外两个投影面上的投影积聚为一直线,且分别平行于相应的投影轴。

③平面在它所平行的投影面上无迹线,另外两条迹线均平行于相应的投影轴且具有积聚性。

2.6.4　一般位置平面

对 3 个投影面都倾斜(既不平行又不垂直)的平面,称为一般位置平面,如图 2.32(a)中 $\triangle ABC$。一般位置平面在 H、V、W 面上的投影仍然为一个三角形,且三角形的面积均小于实形,如图 2.32(b)所示。

由此可知,一般位置平面的投影特性为：

①三面投影都不反映空间平面图形的实形,是原平面图形的类似形,且面积比空间平面图形的实形小。

②平面图形的三面投影都不反映该平面对投影面的倾角。

表 2.5 投影面的平行面

名称		直观图	投影图	投影特性
水平面	图形平面	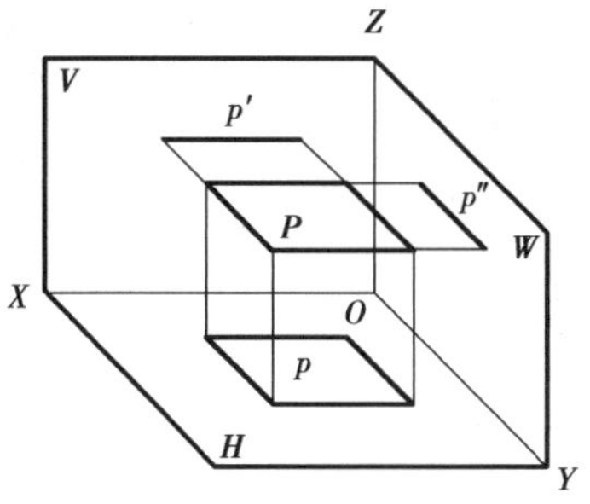	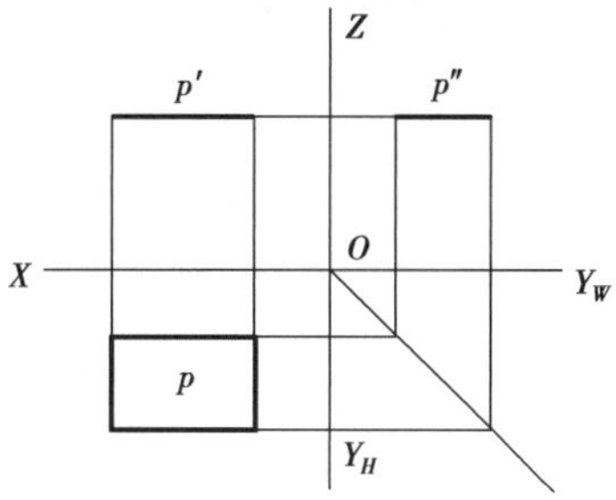	1. 水平投影 p 反映实形; 2. 正面投影 p' 积聚为一直线,且平行于 OX 轴;侧面投影 p'' 积聚为一直线,且平行于 OY_W 轴
	迹线平面	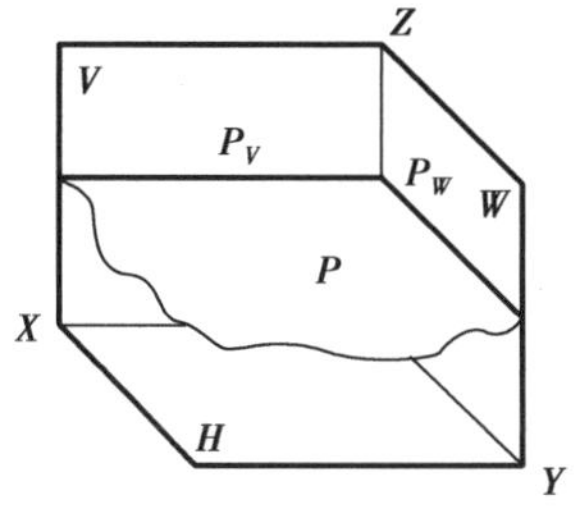	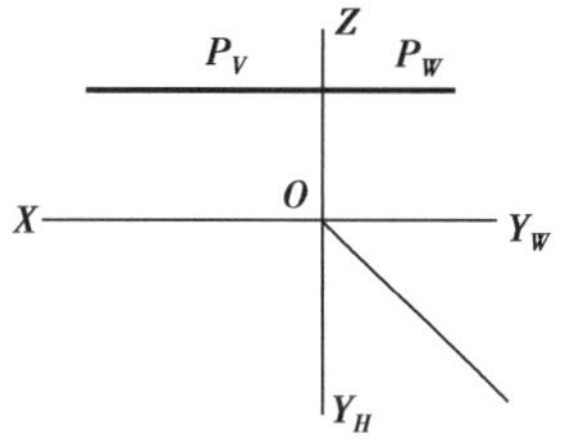	1. 无水平迹线 P_H; 2. $P_V /\!/ OX$ 轴,$P_W /\!/ OY_W$ 轴,有积聚性
正平面	图形平面	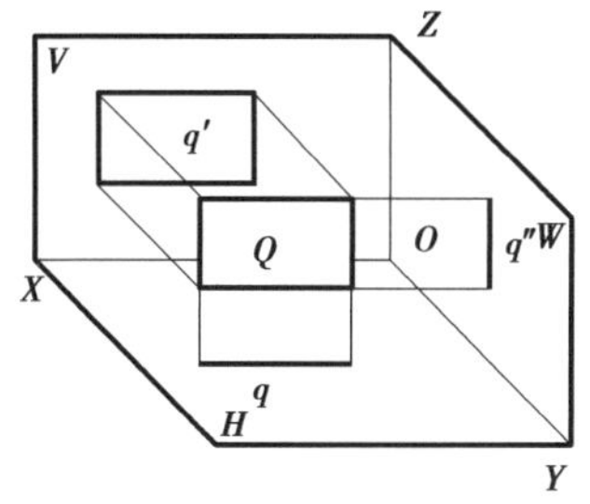	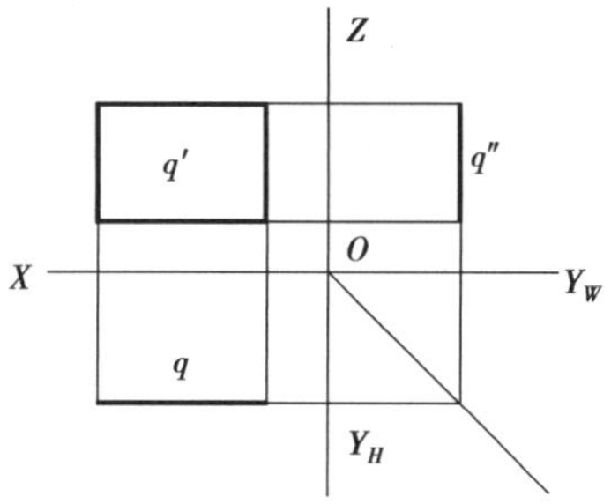	1. 正面投影 q' 反映实形; 2. 水平投影 q 积聚为一直线,且平行于 OX 轴;侧面投影 q'' 积聚为一直线,且平行于 OZ 轴
	迹线平面	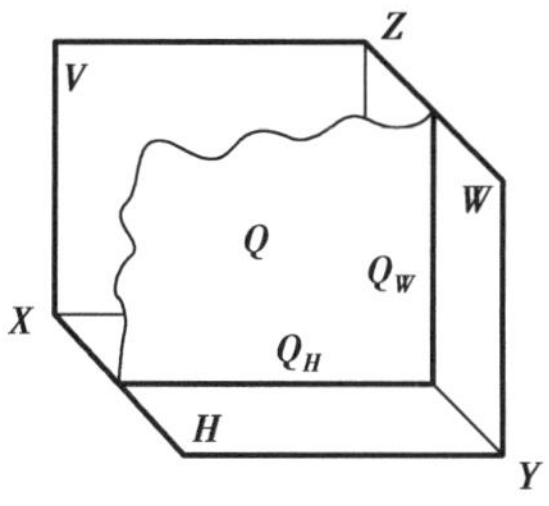	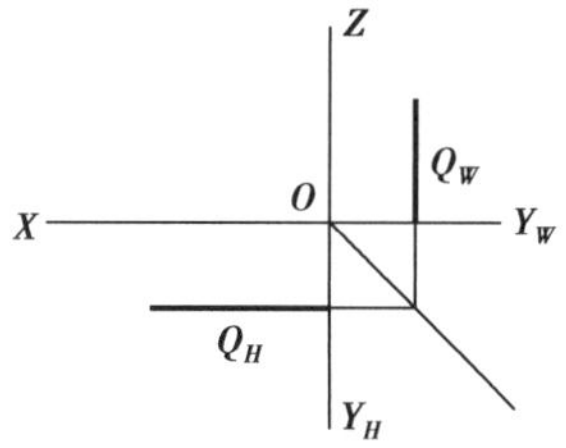	1. 无正面迹线 Q_V; 2. $Q_H /\!/ OX$ 轴,$Q_W /\!/ OZ$ 轴,有积聚性

续表

名称		直观图	投影图	投影特性
侧平面	图形平面			1. 侧面投影 r'' 反映实形; 2. 水平投影 r 积聚为一直线,且平行于 OY_H 轴;正面投影 r' 积聚为一直线,且平行于 OZ 轴
	迹线平面			1. 无侧面迹线 R_W; 2. $R_H // OY_H$ 轴,$R_V // OZ$ 轴,有积聚性

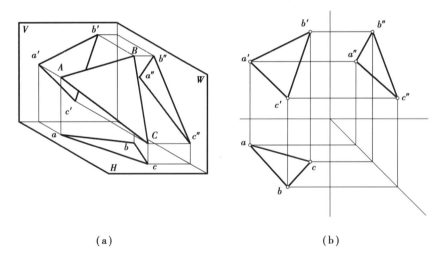

（a）   （b）

图 2.32　一般位置平面

2.6.5　属于平面的直线和点

1)属于平面的直线

直线属于平面的几何条件为:

①直线通过属于平面上的两个点,则该直线属于此平面,如图 2.33(a) 中的直线 MN、BM。

②直线通过属于平面的一点,且平行于平面内的另一条直线,则直线属于此平面。如图 2.33(b)中的直线 L,其通过平面上的点 A,且平行于平面内的直线 BC,所以该直线属

于△*ABC*。

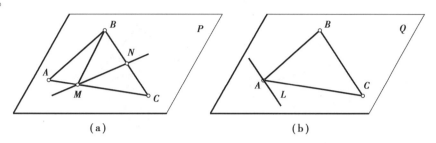

图 2.33 平面上直线的几何条件

【例 2.2】 在已知平面△*ABC* 的投影图中求取属于平面的直线,如图 2.34 所示。

【解】 ①先取属于平面△*ABC* 的两点 *M*(*m*′、*m*)、*N*(*n*′、*n*),然后分别连接直线 *m*′*n*′、*mn*,则直线 *MN* 一定属于平面△*ABC*。

②过△*ABC* 平面上一点 *A*(可为平面上任意一点),且平行于△*ABC* 的一条边 *BC*(*b*′*c*′、*bc*)作一直线 *L*(*l*′、*l*),则直线 *L* 一定属于平面△*ABC*。

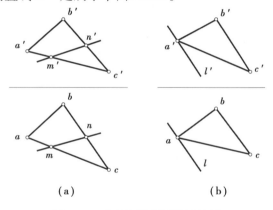

图 2.34 在平面的投影图上取线

2)属于平面的点

如图 2.35 所示,点属于平面的几何条件为:点属于平面的任一直线,则点属于此平面。

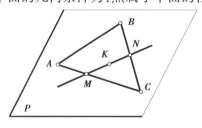

图 2.35 平面上点的几何条件

取属于平面的点,只有先取属于平面的一条直线,再取属于直线的点,才能保证点属于平面。否则,在投影图中不能保证点一定属于平面。

【例 2.3】 如图 2.36(a)所示,已知 *K* 点属于△*ABC*,还知 *K* 点的 *V* 面投影 *k*′,求作 *K* 点的水平投影 *k*。

【解】 ①在△*a*′*b*′*c*′内过投影 *k*′任作一直线 *m*′*n*′,然后求出其 *H* 投影 *mn*。

②由 *k*′做长对正在 *mn* 上求得 *k*,则投影 *k* 一定属于投影△*abc*。即 *K* 点一定属于平面

△*ABC*, 如图 2.36(b) 所示。

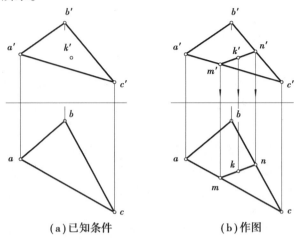

(a) 已知条件　　　　　(b) 作图

图 2.36　平面上取点

复习思考题

2.1　投影的概念是什么? 产生投影的基本条件有哪些?

2.2　投影法的分类有哪些?

2.3　正投影的特性有哪些?

2.4　什么是三面投影体系? 三面投影图的基本规律有哪些?

2.5　点的投影规律有哪些?

2.6　怎样判断两点的相对位置?

2.7　什么是重影点? 重影点的表示方法有哪些?

2.8　投影面平行线和投影面垂直线的基本概念和投影特性是什么?

2.9　一般位置直线的投影特性是什么? 如何求一般位置直线实长和倾角。

2.10　怎样判断点和直线的位置关系?

2.11　投影面垂直面和投影面平行面的基本概念和投影特性是什么?

2.12　一般位置平面的投影特性是什么?

2.13　属于平面的直线和点的几何条件是什么?

3

常见工程形体的投影

本章导读

    工程实践中有诸多立体的表现,比如我们居住的多高层住宅、低层的别墅,再比如我们日常学习所在的教学楼等。这些空间形体,无论其形状多么复杂,总可以分解成简单的几何形体。所以立体的相关知识是我们学习更加复杂的工程形体所必需的。工程中常见的几何形体按其形状、类型不同,可分为平面立体和曲面立体。表面全部由平面组成的立体称为平面立体,常见的有棱柱、棱锥(台)等;表面全是曲面或既有曲面又有平面的立体称为曲面立体,常见的有圆柱、圆锥(台)、球等。

    本章主要讲解各种立体的形成及投影,立体各表面的可见性,立体表面上取点及其可见性等。

3.1 平面立体

3.1.1 棱柱体

1)形成

    由上下两个平行的多边形平面(底面)和其余相邻两个面(棱面)的交线(棱线)都互相平行的平面所组成的立体,称为棱柱体。

    棱柱体的特点:上、下底面平行且相等;各棱线平行且相等;底面的边数 N = 侧棱面数 N =

侧棱线数 $N(N \geq 3)$；表面总数 = 底面边数 + 2。图 3.1(a)是直三棱柱,其上、下底面为三角形,侧棱线垂直于底面,3 个侧棱面均为矩形,共 5 个表面。

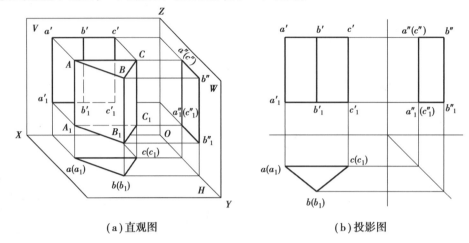

(a)直观图   (b)投影图

图 3.1　三棱柱的投影

2)投影

(1)安放位置

同一形体因安放位置不同其投影也有不同。为作图简便,应将形体的表面尽量平行或垂直于投影面。如图 3.1(a)放置的三棱柱,上、下底面平行于 H 面,后棱面平行于 V 面,则左、右棱面垂直于 H 面。这样安放的三棱柱投影就较简单。

(2)投影分析[图 3.1(a)]

H 面投影:是一个三角形。它是上、下底面实形投影的重合(上底面可见,下底面不可见)。由于 3 个侧棱面都垂直于 H 面,所以三角形的 3 条边即为 3 个侧棱面的积聚投影;三角形的 3 个顶点为 3 条棱线的积聚投影。

V 面投影:是两个小矩形合成的一个大矩形。左、右矩形分别为左、右棱面的投影(可见);大矩形是后棱面的实形投影(不可见);大矩形的上、下边线是上、下底面的积聚投影。

W 面投影:是一个矩形。它是左、右棱面投影的重合(左侧棱面可见、右侧棱面不可见)。矩形的上、下、左边线分别是上、下底面和后棱面的积聚投影;矩形的右边线是前棱线 BB_1 的投影。

(3)作图步骤[图 3.1(b)]

①画上、下底面的各投影。先画 H 面上的实形投影,即 △abc,后画 V、W 面上的积聚投影,即 $a'c'$、$a'_1c'_1$、$a''b''$、$a''_1b''_1$。

②画各棱线的投影,即完成三棱柱的投影。3 个投影应保持"三等"关系。

3)棱柱体表面上取点

立体表面上取点的步骤:根据已知点的投影位置及其可见性,分析、判断该点所属的表面;若该表面有积聚性,则可利用积聚投影的直线作出点的另一投影,最后作出第三投影;若该表面无积聚性,则可采用平面上取点的方法,过该点在所属表面上作一条辅助线,利用此线作出点的另二投影。

【例 3.1】　已知三棱柱表面上 M 点的 H 面投影 m(可见)及 N 点的 V 面投影 n'(可见),

求 M、N 点的另外二投影[图3.2(a)]。

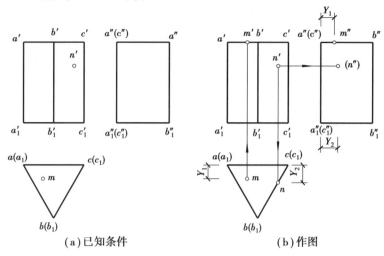

（a）已知条件　　　　　（b）作图

图3.2　棱柱体表面上取点

【解】　（1）分析：由于 m 可见，则可判断 M 点属三棱柱上底面△ABC；n' 点可见，则可判断 N 点属右棱面。由于上底面、右棱面都有积聚投影，则 M 点、N 点的另一投影可直接求出。

（2）作图：如图3.2(b)所示。

①由 m 向上作 OX 轴的垂线（以下简称"垂线"），与上底面在 V 面的积聚投影 $a'b'c'$ 相交于 m'；由 m、m' 及 Y_1，求得 m''。

②由 n' 向下作垂线与右棱面 H 面的积聚投影 bc 相交于 n；由 n'、n 及 Y_2 求得 n''。

③判别可见性：点的可见性与点所在的表面的可见性是一致的，如右棱面的 W 面投影不可见，则 n'' 不可见。当点的投影在平面的积聚投影上时，一般不判别其可见性，如 m'、m'' 和 n。

3.1.2　棱锥体

1）形成

由一个多边形平面（底面）和其余相邻两个面（侧棱面）的交线（棱线）都相交于一点（顶点）的平面所围成的立体称为棱锥体。

棱锥体的特点：底面为多边形；各侧棱线相交于一点；底面的边数 N = 侧棱面数 N = 侧棱线数 $N(N \geqslant 3)$；表面总数 = 底面边数 +1。图3.3(a)是三棱锥，由底面（△ABC）和3个侧棱面（△SAB、△SBC、△SAC）围成，共4个表面。

2）投影

（1）安放位置

如图3.3(a)所示，将三棱锥底面平行于 H 面，后棱面垂直于 W 面。

（2）投影分析[图3.3(a)]

H 面投影：是3个小三角形合成的一个大三角形。3个小三角形分别是3个侧棱面的投影（可见）；大三角形是底面的投影（不可见）。

V 面投影：是两个小三角形合成的一个大三角形。两个小三角形是左、右侧棱面的投影（可见）；大三角形是后棱面的投影（不可见）；大三角形的下边线是底面的积聚投影。

W 面投影:是一个三角形。它是左右侧棱面投影的重合,左侧棱面可见,右侧棱面不可见;三角形的左边线、下边线分别是后棱面和底面的积聚投影。

（3）作图步骤[图3.3(b)]

①画底面的各投影。先画 H 面上的实形投影,即 $\triangle abc$,后画 V 面、W 面上的积聚投影,即 $a'c'$、$a''b''$。

②画顶点 S 的三面投影,即 s、s'、s''。

③画各棱线的三面投影,即完成三棱锥的投影。

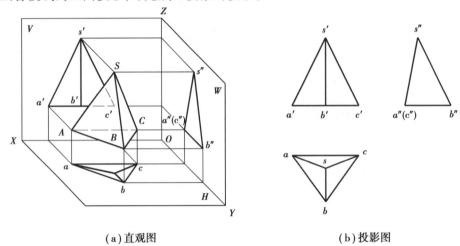

(a)直观图　　　　　　　　　　(b)投影图

图3.3　三棱锥的投影

3)棱锥体表面上取点

【例3.2】　如图3.4(a)所示,已知三棱锥表面上的 M 点的 H 面投影 m(可见)和 N 点的 V 面投影(不可见),求 M、N 点的另外二投影。

《工程设计图学》视频3-1 三锥表面上取点

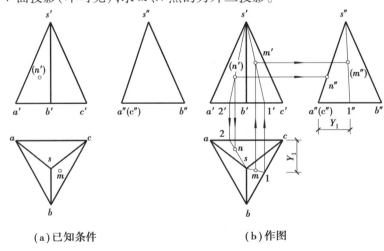

(a)已知条件　　　　　　　　　(b)作图

图3.4　棱锥体表面上取点

【解】　(1)分析:由于 m 可见,则 M 点属 $\triangle SBC$;n' 不可见,则 N 点属于 $\triangle SAC$,利用平面上取点的方法即可求得所缺投影。

(2)作图:如图3.4(b)所示。

①连接 *sm* 并延长交 *bc* 于 1;由 1 向上引垂线交 *b′c′* 于 1′;连接 *s′*1′ 与过 *m* 向上的垂线相交于 *m′*;由 1 及 y_1 求得 1″,从而求得 *m″*。

②连接 *s′n′* 并延长交 *a′c′* 于 2′;由 2′ 向下引垂线交 *ac* 于 2;连接 *s*2 与过 *n′* 向下的垂线相交于 *n*;由 *n′* 向右作 *OZ* 轴的垂线(即 *OX* 轴的平行线,以下简称"平行线")交 *s″c″* 得 *n″*。

③判断可见性:*M* 点属△*SBC*,因△*s′b′c′* 可见,则 *m′* 点可见;△*s″b″c″* 不可见,则 *m″* 不可见。*N* 点属于△*SAC*,因△*sac* 可见,则 *n* 可见;△*s″a″c″* 有积聚性,故 *n″* 不判别可见性。

3.2　曲面立体

工程中常见的曲面立体有圆柱体、圆锥体、圆球体等,它们都是旋转体。

3.2.1　圆柱体

1)形成

由矩形(AA_1O_1O)绕其边(OO_1)为轴旋转运动的轨迹称为圆柱体,如图 3.5(a)所示。与轴垂直的两边(OA 和 O_1A_1)的运动轨迹是上、下底圆,与轴平行的一边(AA_1)运动的轨迹是圆柱面。AA_1 称为母线,母线在圆柱面上的任一位置称为素线。圆柱面是无数多条素线的集合。圆柱体由上、下底圆和圆柱面围成。上、下底圆之间的距离称为圆柱体的高。

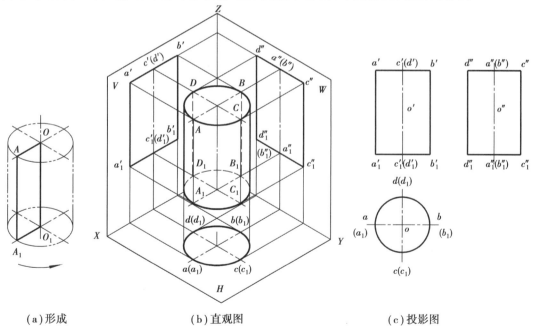

(a)形成　　　　　　(b)直观图　　　　　　(c)投影图

图 3.5　圆柱体的形成与投影

2)投影

(1)安放位置

为简便作图,一般将圆柱体的轴线垂直于某一投影面。如图 3.5(b),将圆柱体的轴线

(OO_1)垂直于 H 面,则圆柱面垂直于 H 面,上、下底圆平行于 H 面。

（2）投影分析[图 3.5(b)]

H 面投影:为一个圆。它是可见的上底圆和不可见的下底圆实形投影的重合,其圆周是圆柱面的积聚投影,圆周上的任一点都是一条素线的积聚投影。

V 面投影:为一矩形。它是可见的前半圆柱和不可见的后半圆柱投影的重合,其对应的 H 面投影是前、后半圆,对应的 W 面投影是右和左半个矩形。矩形的上、下边线($a'b'$ 和 $a'_1 b'_1$)是上、下底圆的积聚投影;左、右边线($a'a'_1$ 和 $b'b'_1$)是圆柱最左、最右素线(AA_1 和 BB_1)的投影,也是前半、后半圆柱投影的分界线。

W 面投影:为一矩形。它是可见的左半圆柱和不可见的右半圆柱投影的重合,其对应的 H 面投影是左、右半圆;对应的 V 面投影是左右半个矩形。矩形的上、下边线($d''c''$ 和 $d''_1 c''_1$)是上、下底圆的积聚投影;左、右边线($d''d''_1$ 和 $c''c''_1$)是圆柱最后、最前素线(DD_1 和 CC_1)的投影,也是左半、右半圆柱投影的分界线。

（3）作图步骤[图 3.5(c)]

①画轴线的三面投影(O、O'、O''),过 O 作中心线,轴和中心线都为单点长画线。

②在 H 面上画上、下底圆的实形投影(以 O 为圆心,OA 为半径);在 V、W 面上画上、下底圆的积聚投影(其间距为圆柱的高)。

③画出转向轮廓线,即画出最左、最右素线的 V 面投影($a'a'_1$ 和 $b'b'_1$);画出最前、最后素线的 W 面投影($c''c''_1$ 和 $d''d''_1$)。

3）圆柱体表面上取点

【例 3.3】 如图 3.6(a)所示,已知圆柱体上 M 点的 V 面投影 m'(可见)及 N 点的 H 面投影 n(不可见),求 M、N 点的另二投影。

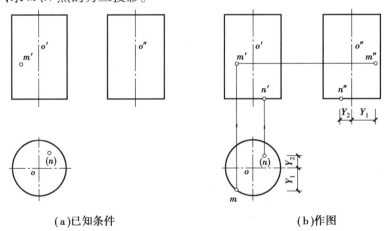

（a)已知条件　　　　　　　　　　　　　（b)作图

图 3.6　圆柱体表面上取点

【解】 （1）分析:由于 m' 可见,且在轴 O' 左侧,可知 M 点在圆柱面的前、左部分;n 不可见,则 N 点在圆柱的下底圆上。圆柱面的 H 面投影和下底圆的 V 面、W 面投影有积聚性,可从积聚投影入手求解。

（2）作图:如图 3.6(b)所示。

①由 m' 向下作垂线,交 H 面投影中的前半圆周于 m,由 m'、m 及 Y_1 可求得 m''。

②由 n 向上引垂线,交下底圆的 V 面积聚投影于 n',由 n、n' 及 Y_2 可求得 n''。

③判别可见性:M 点位于左半圆柱,故 m'' 可见;m、n'、n'' 在圆柱的积聚投影上,不判别其可见性。

3.2.2　圆锥体

1)形成

由直角三角形(SAO)绕其一直角边(SO)为轴旋转运动的轨迹称为圆锥体,如图 3.7(a)所示。另一直角边(AO)旋转运动的轨迹是垂直于轴的底圆;斜边(SA)旋转运动的轨迹是圆锥面。SA 称为母线,母线在圆锥面上任一位置称为素线。圆锥面是无数多条素线的集合。圆锥由圆锥面和底圆围成。锥顶(S)与底圆之间的距离称为圆锥的高。

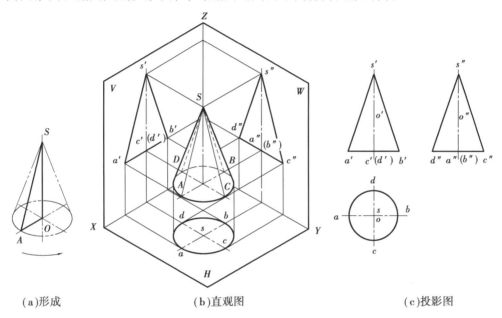

(a)形成　　　　(b)直观图　　　　(c)投影图

图 3.7　圆锥体的形成与投影

2)投影

(1)安放位置

如图 3.7(b)所示,令圆锥体的轴线垂直于 H 面,则底圆平行于 H 面。

(2)投影分析[图 3.7(b)]

H 面投影:为一个圆。它是可见的圆锥面和不可见的底圆投影的重合。

V 面投影:为一等腰三角形。它是可见的前半圆锥和不可见的后半圆锥投影的重合,其对应的 H 面投影是前、后半圆,对应的 W 面投影是右、左半个三角形。等腰三角形的底边是圆锥底面的积聚投影;两腰($s'a'$ 和 $s'b'$)是圆锥最左、最右素线(SA 和 SB)的投影,也是前、后半圆锥的分界线。

W 面投影:为一等腰三角形。它是可见的左半圆锥和不可见的右半圆锥投影的重合,其对应的 H 面投影是左、右半圆;对应的 V 面投影是左、右半个三角形。等腰三角形的底边是圆锥底圆的积聚投影;两腰($s''c''$ 和 $s''d''$)是圆锥最前、最后素线(SC 和 SD)的投影,也是左、右半圆锥的分界线。

（3）作图步骤［图3.7（c）］

①画轴线的三面投影（o、o'、o''），过o作中心线。轴和中心线都为单点长画线。

②在H面上画底圆的实形投影（以O为圆心，以OA为半径）；在V、W面上画底圆的积聚投影。

③画锥顶（S）的三面投影（s、s'、s''，由圆锥的高定s'、s''）。

④画出转向轮廓线，即画出最左、最右素线的V面投影（$s'a'$和$s'b'$）；画出最前、最后素线的W面投影（$s''c''$和$s''d''$）。

3）圆锥表面上取点

【例3.4】 如图3.8（a）所示，已知圆锥上一点M的V面投影m'（可见），求m及m''。

《工程设计图学》视频3-2 纬圆法求圆锥体表面上的点

【解】 （1）分析：由于m'可见，且在轴o'左侧，可知M点在圆锥面的前、左部分。由于圆锥面的3个投影都无积聚性，所缺投影不能直接求出，可利用素线法和纬圆法求解。利用素线法，即过锥顶S和已知点M在圆锥面上作一素线$S1$，交底圆于1点，求得$S1$的三面投影，则M点的H、W面投影必然在$S1$的H、W面投影上。利用纬圆法，即过M点作垂直于圆锥轴线的水平圆（其圆心在轴上），该圆与圆锥的最左、最右素线（SA和SB）相交于Ⅱ、Ⅲ点，以ⅡⅢ为直径在圆锥面上画圆，则M点的H、W面投影必然在该圆H、W面投影上如图3.8（b）所示。

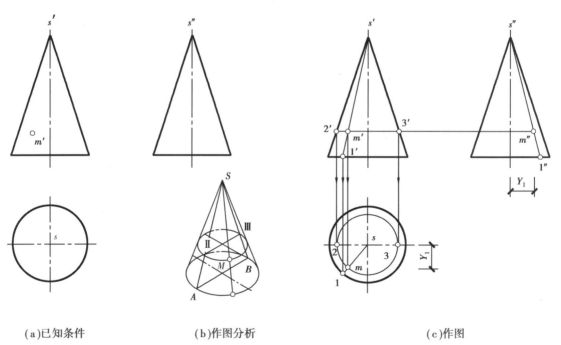

（a）已知条件　　　　　（b）作图分析　　　　　（c）作图

图3.8 圆锥体表面上取点

（2）作图：如图3.8（c）所示。

①素线法：连接$s'm'$并延长交底圆的积聚投影于$1'$；由$1'$向下作垂线交H面投影中圆周于1，连接$s1$；由m'向下作垂线交$s1$于m，和利用"高平齐"关系由Y_1求得m''。

②纬圆法：过m'作平行于OX轴方向的直线，交三角形两腰于$2'$、$3'$，线段$2'3'$就是所作纬

圆的 V 面积聚投影,也是纬圆的直径;再以 $2'3'$ 为直径在 H 面投影上画纬圆的实形投影;由 m' 向下作垂线,与纬圆前半部分相交于 m,由 m'、m 及 Y_1 得 m''。

③判别可见性:由于 M 点位于圆锥面前、左部分,故 m、m'' 均可见。

3.2.3 圆球体

1)形成

半圆面绕其直径(O 轴)为轴旋转运动的轨迹称为圆球体,如图 3.9(a)所示。半圆线旋转运动的轨迹是球面,即圆球的表面。

2)投影

(1)安放位置

由于圆球形状的特殊性(上下、左右、前后均对称),无论怎样放置,其三面投影都是相同大小的圆。

(2)投影分析[图 3.9(b)]

圆球的三面投影均为圆。

H 面投影的圆是可见的上半球面和不可见的下半球面投影的重合。圆周 a 是圆球面上平行于 H 面的最大圆 A(也是上、下半球面的分界线)的投影。

V 面投影的圆是可见的前半球面和不可见的后半球面投影的重合。圆周 b' 是圆球面上平行于 V 面的最大圆 B(也是前、后半球面的分界线)的投影。

W 面投影的圆是可见的左半球面和不可见的右半球面投影的重合。圆周 c'' 是圆球面上平行于 W 面的最大圆 C(也是左、右半球面的分界线)的投影。

三个投影面上的三个圆对应的其余投影均积聚成直线段,并重合于相应的中心线上,不必画出。

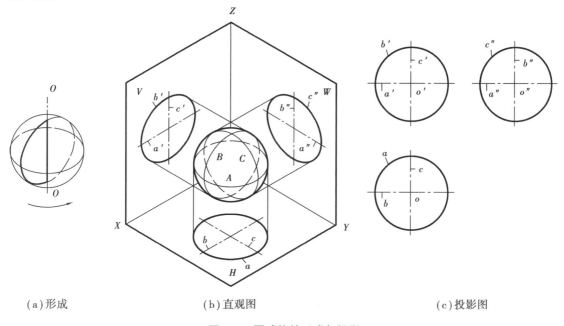

(a)形成   (b)直观图   (c)投影图

图 3.9 圆球体的形成与投影

（3）作图步骤［图3.9(c)］

①画球心的三面投影（o、o'、o''），过球心的投影分别作横、竖向中心线（单点长画线）。

②分别以o、o'、o''为圆心，以球的半径（即半球面的半径）在H、V、W面投影上画出等大的三个圆，即为球的三面投影。

3）圆球面上取点

【例3.5】 如图3.10(a)所示，已知球面上一点M的V面投影m'（可见），求m及m''。

《工程设计图学》视频
3—3 纬圆法
求圆球体表
面上的点

【解】 （1）分析：球的三面投影都没有积聚性，且球面上也不存在直线，故只有采用纬圆法求解。可设想过M点在圆球面上作水平圆（纬圆），该点的各投影必然在该纬圆的相应投影上。作出纬圆的各投影，即可求出M点的所缺投影。

（2）作图：如图3.10(b)所示。

①过m'作水平纬圆的V面投影，该投影积聚为一线段$1'2'$。

②以$1'2'$为直径，在H面上作纬圆的实形投影。

③由m'向下作垂线交纬圆的H面投影于m（因m'可见，M点必然在圆球面的前半部分）；由m、m'及Y_1求得m''。

④判别可见性：因M点位于圆球面的上、右、前半部分，故m可见，m''不可见。

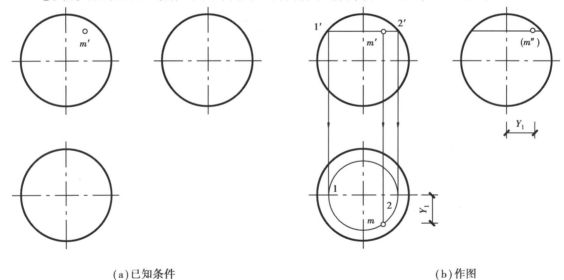

（a）已知条件   （b）作图

图3.10 圆球体表面上取点

3.3 常见工程形体的截交线

平面与立体相交，在立体表面产生交线，称为截交线。与立体相交的平面，称为截平面。截平面截切立体所得的由截交线围合成的图形，称为截断面，简称断面，如图3.11所示。

截平面有时不只一个，两相邻的截平面也有交线。图3.12就是截割体的示意图。

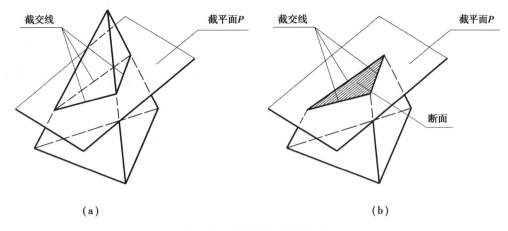

图 3.11　截平面与三棱锥相交

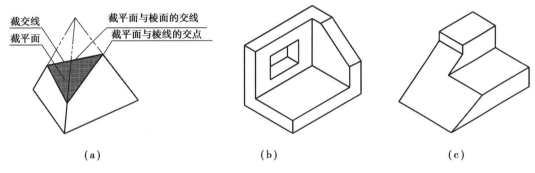

图 3.12　截割形成的立体

《工程设计
图学》视频
3-4　平面与
平面立体相
交求截交线
分析

3.3.1　截交线的性质与求截交线的方法

1）截交线的性质

如图 3.11 所示为截平面与三棱锥相交的情况。从图中不难看出,截交线的形状由截平面相对平面立体的位置来决定,任何截交线都具有两个共同性质:

①平面立体各表面均为平面,故截交线是封闭的多边形;多边形的各边是截平面与平面立体各表面的交线;多边形的各个顶点则是截平面与平面立体各条棱线的交点。

②截交线是截平面与平面立体的共有线,截交线上的每个点都是截平面与平面立体的共有点。

2）求截交线的方法

平面与平面立体相交的问题,实质上是平面立体各表面或各棱线与截平面相交产生交线或交点的问题。求截交线的方法,也可归纳为两种:

①交线法:求出截平面与平面立体各表面的交线,即得截交线。

②交点法:求出截平面与平面立体各棱线的交点,按照一定的连点原则将交点两两相连,也可得截交线。

3.3.2　平面立体的截交线

平面立体的截交线是封闭的平面多边形,多边形的顶点要么是棱上的点,如图 3.11(a)所示;要么是底面多边形边上的点,要么就是某个平面上的点。

【例 3.6】　如图 3.13(a)所示,求该形体的 H 投影。

【解】　(1)分析:根据已知的 V、W 面的投影,可以得知形体是一个四棱柱被正垂面 P 截切而得的。截平面 P 与棱柱的左底面和 3 个棱面相交,故交线为平面四边形,如图 3.13(c)所示。正垂面 V 投影积聚,截交线重合在 p'上,直接在四棱柱的 V 投影中标出 a'b'c'd',3 个棱面的 W 投影积聚。利用立体表面求点的方法求出其他两面投影。最后,连线、整理、判断可见性,完成形体 H 投影。由于 P 在立体的左上部,故 p 可见。注意,正垂面的 H、W 投影有类似性。

(2)作图:如图 3.13(b)所示。

①完成四棱柱的 H 投影,下方有一条棱线不可见。

②在 V 投影中标出 a'b'c'd',并在 W 投影中标出 a''b''c''d''。

③在 H 投影中,作四边形 abcd。

④整理四棱柱剩下部分的轮廓线,完成图形。

《工程设计图学》视频3-5　平面与四棱柱相交求截交线

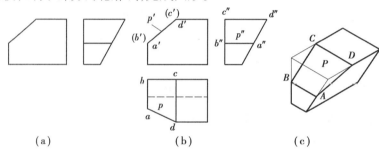

(a)　　　　　　(b)　　　　　　(c)

图 3.13　求四棱柱被截切后的 H 投影

《工程设计图学》视频3-6　平面与四棱锥相交求截交线

【例 3.7】　如图 3.14(a)所示,求正三棱锥被切割后的投影。

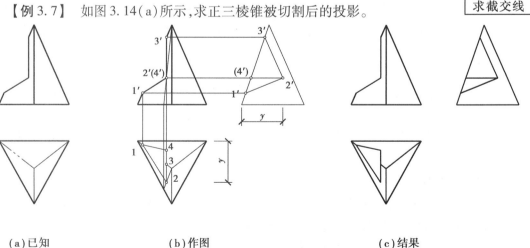

(a)已知　　　　　　(b)作图　　　　　　(c)结果

图 3.14　求正三棱锥被截切后的 H、W 投影

【解】　(1)分析:由图 3.14(a)可知,正三棱锥被两平面切割,这两个平面的 V 投影积聚,

且与左、后两个棱面投影重合。因此,这两个平面与棱面分别有两条交于左侧棱线的交线,交线的另一个端点在棱面上,两个截平面有一条交线,所以截交线是两个共一边的三角形。在 V 投影上标出 1′2′3′4′,如图 3.14(b)所示,并求其他两面投影,连线得到截交线。

(2)作图:如图 3.14(b)所示。

①完成正三棱锥的 H、W 投影。

②在 V 投影上标出 1′2′3′4′,如图 3.14(b)所示。并在三棱锥表面求这 4 个点得其他两面投影。

③将所求依次连线成△ⅠⅡⅣ与△ⅡⅢⅣ。注意:左侧棱线中间截断,Ⅰ与Ⅲ是左侧棱线上的点,不可以相连。

④整理截交线和三棱锥余下部分的轮廓线。截交线处于三棱锥的左前上方,故三面投影均可见,如图 3.14(c)所示。

3.3.3　曲面立体的截交线

1)圆柱体的截交线

根据圆柱体与平面的相对位置关系,它们的截交线有 3 种情况:两条素线、纬圆和椭圆,如表 3.1 所示。

表 3.1　平面与圆柱体的截交线

截平面与轴线的相对位置	平行	垂直	斜交
交线形状	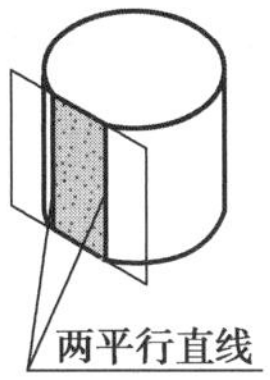 两平行直线	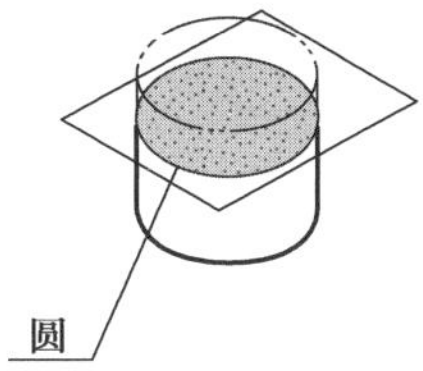 圆	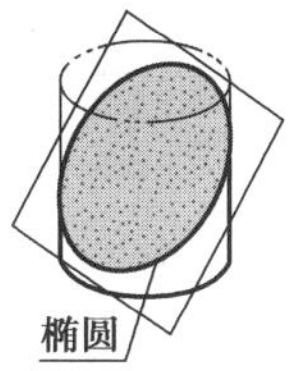 椭圆
投影图	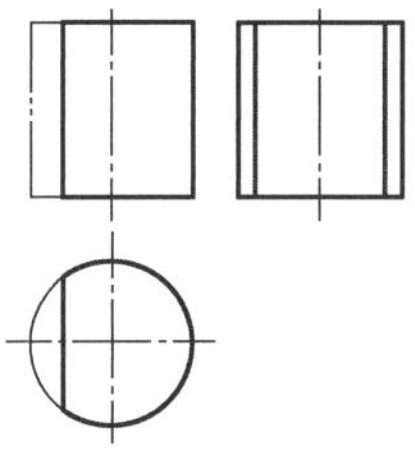	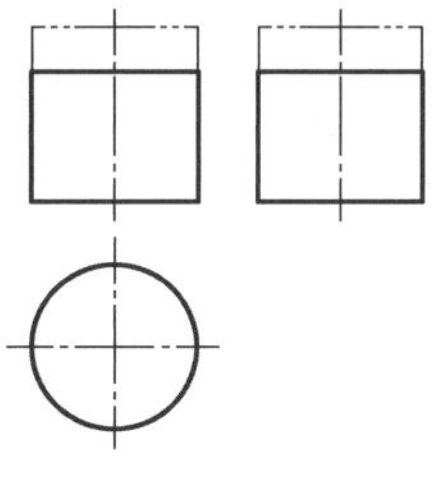	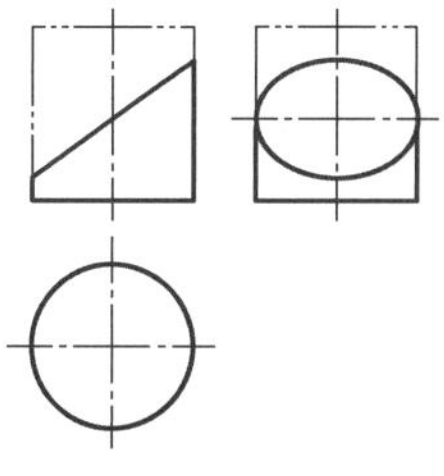

当截平面与圆柱轴线斜交时,夹角的大小不同,会影响截交线椭圆的长轴的大小。如图 3.15 所示,圆柱截交线的 W 投影因夹角的变化引起形状变化,当夹角为 45°时,截交线的 W 投影为圆,如图 3.15(b)所示。

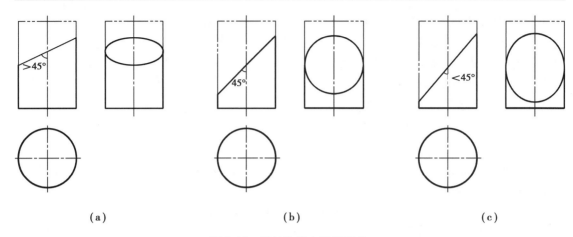

（a）   （b）   （c）

图 3.15　圆柱体截交线的变化

【例 3.8】　如图 3.16（a）所示，求圆柱切割后的 H、W 投影。

【解】　（1）分析：由图 3.16（a）可知，两个截平面与圆柱轴线的相对位置为平行与斜交，得到的截交线一个为一对素线，另一个为椭圆。由于斜交的平面与圆柱面的素线不全相交，得到的是椭圆弧。素线和椭圆弧的 V 投影积聚，W 投影就在圆上；素线 H 投影为直线，椭圆弧的 H 投影仍为椭圆弧。素线只需要求端点即可；而椭圆弧需要找到特殊点（长轴点、短轴点）、端点，以及 1～2 个一般位置点。

《工程设计图学》视频3-7　平面与圆柱体相交求截交线

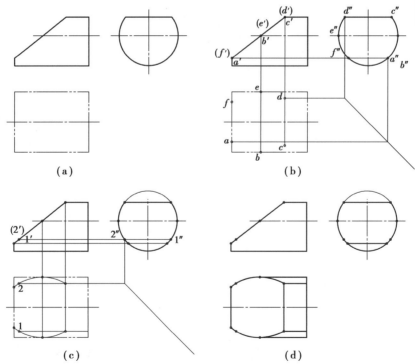

（a）　　　　　　　　（b）

（c）　　　　　　　　（d）

图 3.16　求圆柱被两个平面截切后的 H、W 投影

（2）作图：如图 3.16（b、c）所示。

①求椭圆弧段的特殊点 A、B、C、D、E、F 的三面投影，A、C、D、F 为弧段端点，B、E 为最前

最后素线上的点。如图 3.16(b)所示。

②求一般点Ⅰ、Ⅱ。

③将上述各点按 *a1bc* 及 *f2ed* 的顺序分别光滑连接,得到弧段的 *H* 投影;弧段的 *W* 投影就是圆。

④*CD* 点是两条素线的端点,完成其水平投影。

⑤由于截平面在切割图的上部,*H* 投影截交线可见,其他两面不需判别可见性。

⑥整理完成图形,如图 3.16(d)所示。

2)圆锥体的截交线

根据圆锥体与平面的相对位置关系,它们的截交线有 5 种情况:两条素线、纬圆、椭圆、双曲线和抛物线(如表 3.2 所示),它们统称为圆锥曲线。

表 3.2　平面与圆锥体的截交线

截平面与圆锥面的关系	过锥顶	垂直轴线	与所用素线相交且与轴线斜交	与一条素线平行	与两条素线平行
交线形状	两相交直线	圆	椭圆	抛物线	双曲线
投影图					

【例 3.9】　如图 3.17(a)所示,求圆锥切割后的 *H*、*W* 投影。

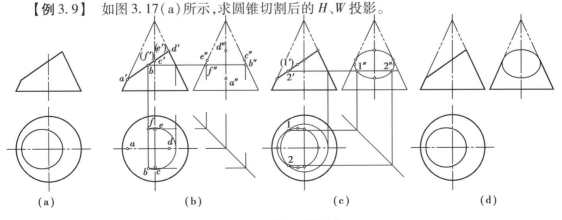

(a)　　　　　　(b)　　　　　　(c)　　　　　　(d)

图 3.17　截切后的圆锥

【解】 （1）分析：由图 3.17（a）可知，截平面与圆锥的相对位置可知的截交线为一个椭圆。椭圆的 V 面投影为直线 $a'd'$，在它上面取点。首先取特殊点：最高及最低点 A、D（也是椭圆的长轴点），转向素线上的点 C、E（决定 W 投影最前最后素线的端点，也是与椭圆的切点）；然后，取 $a'd'$ 连线的中点位置，为椭圆短轴点 B、F 的 V 投影；最后，求一个一般点。

（2）作图：如图 3.17（b）、（c）所示。

最后整理结果如图 3.17（d）所示。

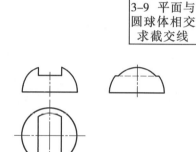

《工程设计图学》视频3-8 平面与圆锥体相交求截交线

3）圆求的截交线

圆球的截交线都是圆，但其投影结果与截平面与投影面的位置相关，可能是直线、圆或椭圆。

【例 3.10】 如图 3.18（a）所示，求带槽半球的 H、W 投影。

【解】 （1）分析：由图 3.18（a）可知，3 个截平面都与投影面平行，3 条交线都是圆。左右两个平面相对于球面对称相对于圆球左右对称，为侧平面，其交线为等大的侧平线；中间平面为水平面，其交线为水平线。

（2）作图：如图 3.18（b）所示。

《工程设计图学》视频3-9 平面与圆球体相交求截交线

最后整理结果如图 3.18（c）所示。

（a）　　　　　　　　　　（b）　　　　　　　　　　（c）

图 3.18　带槽半球

3.4　同坡屋面

坡屋顶建筑是我国传统的建筑形式，坡屋顶的屋面通常是由坡度相同的平面相交接而成的，两相对屋面凸交的交线称为平脊线（屋脊线）；两相邻屋面凸交的交线称为斜脊线；两相邻屋面凹交的交线称为斜沟线。坡度相同、檐口线等高的坡屋面称为同坡屋面（图 3.19）。

求同坡屋面的投影，实际上是特殊条件下求平面与平面的交线问题。

3.4.1　同坡屋面交线的投影规律

1）两相对屋面的交线为水平的屋脊线

如图 3.19（b）中屋檐 Ⅱ Ⅲ 与 Ⅰ Ⅵ、Ⅲ Ⅳ 与 Ⅴ Ⅵ，对应屋面的交线为 AB、CD 屋脊线。屋脊线的 H 投影与屋檐的 H 投影等距，如 ab 就是 23 与 16 的平行中线。

由于屋檐 Ⅱ Ⅲ 与 Ⅰ Ⅵ 的距离大于屋檐 Ⅲ Ⅳ 与 Ⅴ Ⅵ，所以屋脊线 AB 高于 CD 。屋脊线的 V

投影与平行屋檐平行。

2)两相邻屋面的交线为过檐角的斜线

两相邻屋面交线的 *H* 投影都是檐角的角平分线。图 3.19 中,由于檐角是直角,交线与屋檐成 45°。

3)屋面的交线的特点:一点三线,两斜一平

如图 3.19(b)所示,过点 *a* 有 3 条线,这 3 条线的分别是一条屋脊线和两条斜脊线,这一点是相邻屋面的公共点。

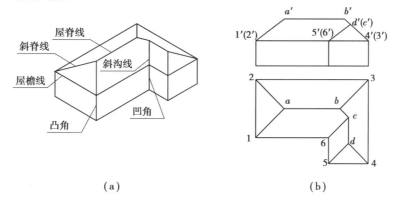

图 3.19　同坡屋面

3.4.2　同坡屋面交线作图步骤

《工程设计图学》视频 3—10　同坡屋面的投影分析

由于每个屋面都已知对应屋檐的投影,屋面要完成投影,关键是找到相邻屋面的公共点。我们从 *H* 投影入手求屋面投影。

1)求屋面 *H* 投影

①作所有檐角的角平分线。

②找到包含两个凸角且长度短的屋檐,其角平分线必交于一点。根据屋面交线的特点(一点三线,两斜一平),得知第三条线的方向一定这个屋面相邻屋檐的角平分线(或平行中线)。依次与过檐角的交线相交,依次封闭到屋面,完成屋面的 *H* 投影。

2)求屋面 *V*、*W* 投影

①先根据屋面的坡度,作垂面屋面积聚的投影。

②再求与垂屋面相交的屋脊线的投影。

③屋檐与投影面不垂直时,利用平面上取点求其 *V*、*W* 投影。

【**例 3.11**】　如图 3.20(a)所示,已知同坡屋面屋檐的 *H* 投影和屋面的坡度,求其屋面的 *H*、*W* 投影。

【**解**】　(1)先作 *H* 投影。

①作所有檐角的角平分线,如图 3.20(b)所示。

②Ⅰ Ⅱ 较短且包含两个凸角,得到交点 *a*,23、18 与 12 的屋面相邻,已经得到 1*a* 和 2*a* 斜脊线(求得 12 的屋面),过 *a* 的第 3 条线必为屋脊线,与 18 平行,如图 3.20(c)所示。

③依据依次封闭,与过 8 的角平分线交于 *b*,如图 3.20(d)所示,得到屋面 *ab*12;过 *b* 的第

三条线必为斜脊线,与屋面 *ab*12 相邻且待求的屋面,其屋檐为 78 与 23,由此得到 *bc*,如图 3.20(e)所示,这样依次封闭完成所有屋面的 *H* 投影,如图 3.20(f)所示。

(2)完成 *V* 投影。

①包含Ⅰ Ⅱ、Ⅶ Ⅷ、Ⅲ Ⅳ、Ⅴ Ⅵ的都是正垂面,*V* 投影积聚且反映坡度。完成 4 个正垂面的投影。

②完成 *AB*、*EF* 屋脊线的 *V* 投影,4 个端点都在正垂面上。

③判断可见性,整理完成如图 3.20(f)所示。

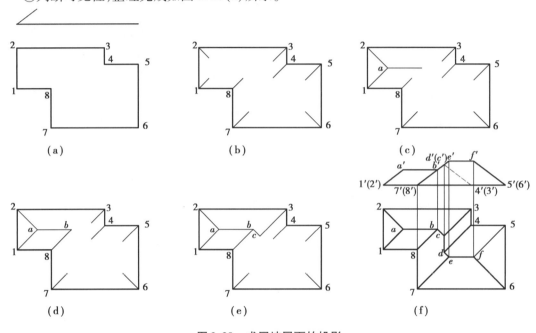

图 3.20　求同坡屋面的投影

3.5　组合体的视图

由基本体(如棱锥、棱柱、圆锥、圆柱、圆球等)按一定规律组合而成的形体,称为组合体。

3.5.1　组合体的组成方式

①叠加式:由基本体叠加而成,如图 3.21(a)所示。

②截割式:由基本体被一些面截割后而成,如图 3.21(b)所示。

③综合式:由基本体叠加和被截割而成,如图 3.21(c)所示。

3.5.2　组合体视图的名称及位置

形体一般用在 *V*、*H*、*W* 面上的正投影来表示,我们将该三面投影图称为三视图。当形体外形较复杂时,图中的各种图线易于密集重合,给读图带来困难。因此,在原来 3 个投影面的基础上,可再增加与它们各自平行的 3 个投影面(均为基本投影面),就好像由 6 个投影面组成了一个方箱,把形体放在中间,然后向 6 个投影面进行正投影,再按图 3.22 中箭头方向把它们展开到一个平面上,便得到形体的 6 个投影图。由于都属于基本投影面上的投影,所以都称为基本视图。各视图的名称、排列位置如图 3.23 所示。

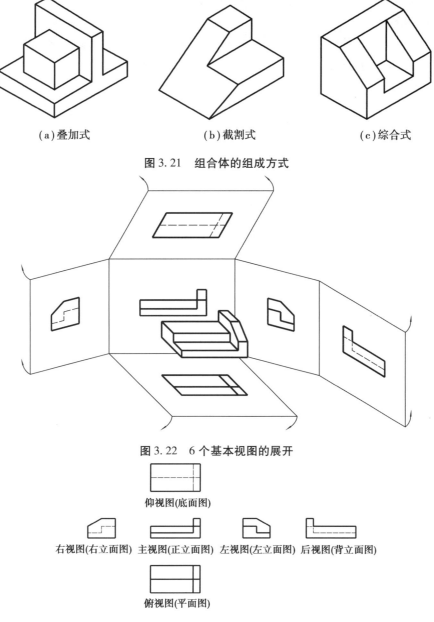

(a)叠加式   (b)截割式   (c)综合式

图 3.21　组合体的组成方式

图 3.22　6 个基本视图的展开

仰视图(底面图)

右视图(右立面图)　主视图(正立面图)　左视图(左立面图)　后视图(背立面图)

俯视图(平面图)

图 3.23　6 个基本视图的名称及位置

3.5.3　组合体视图的画法

画组合体的视图时,一般按下列步骤进行:

①形体分析;

②选择视图;

③画出视图;

④标注尺寸；

⑤填写标题栏及文字说明。

现以如图3.24(a)所示梁板式基础为例进行说明。

1)形体分析

将组合体分解成一些基本体，并弄清它们的相对位置，如图3.24(b)所示。梁板式基础可分解成最下边的长方形板，板正中央上方的四棱柱和柱四周的4根支撑的肋梁及肋板。4根支撑的肋梁及肋板在柱的四边，其位置前后左右对称，柱在长方形板的正中央。

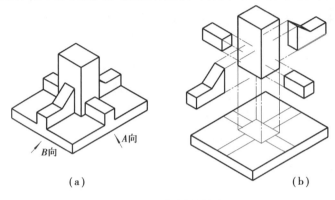

(a)　　　　　　　　　　　(b)

图3.24　梁板式基础

2)选择视图

选择视图主要包括两个方面：

①确定安放位置。主要考虑3点：一要将形体的主要表面平行或垂直于基本投影面，这样视图的实形性好，而且视图的形状简单、画图容易。基础的各个面均平行或垂直于H、V、W 3个投影面；二要使主视图反映出形体的主要特征，如图3.24(a)所示，将 A 向作主视图就好，将 B 向作主视图就差；三要使各视图中的虚线较少。

②确定视图数。其原则是：在保证完整清晰地表达出形体各部分形状和位置的前提下，视图数量应尽量少。如梁板式基础，由于梁柱前后左右对称，所以只需 H、V、W 三个视图。

3)画出视图

①根据形体大小和注写尺寸、图名及视图间的间隔所需面积，选择适当的图幅和比例。

②布置视图。先画出图框和标题栏线框，确定出图纸上可画图的范围，然后安排3个视图的位置，使每个视图在注完尺寸、写出图名后，它们之间的距离及它们与图框线之间的距离大致相等，如图3.25(a)所示。

③画底图。根据形体分析，先主后次、先大后小地逐个画出各基本体的视图，如图3.25所示。

注意：形体实际上是一个不可分割的整体，形体分析仅仅是一种假想的分析方法。当将组合体分解成各个基本体，又还原成组合体时，同一个平面上就不应该有交线，如图3.25(c)所示，梁和底板侧面之间就不应该有交线。

④加深图线。经检查无误后，擦去多余线，并按规定的线型加深，如图3.25(d)所示。如有不可见的棱线，就画成虚线。

4)标注尺寸

标注尺寸的具体要求详见第 3.5.4 节。

5)其他

最后,填写标题栏及必要的文字说明,完成全图。

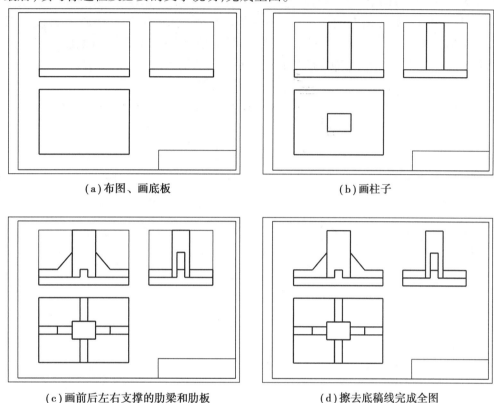

|(a)布图、画底板|(b)画柱子|
|(c)画前后左右支撑的肋梁和肋板|(d)擦去底稿线完成全图|

图 3.25　梁板式基础的作图步骤

3.5.4　组合体视图的尺寸标注

视图是表达形体形状的依据,尺寸是表达形体大小的依据,施工制作时缺一不可。

1)组合体的尺寸分类

组合体是由基本几何体所组成的,只要标注出这些基本几何体的大小及它们之间的相对位置,就完全确定了组合体的大小。

(1)定形尺寸

确定组合体中各基本几何体大小的尺寸,称为定形尺寸,一般按基本几何体的长、宽、高 3 个方向来标注。但有的形体由于其形状较特殊,也可只注 2 个或 1 个尺寸,如图 3.26 所示。

(2)定位尺寸

确定组合体中各基本几何体之间相对位置的尺寸,称为定位尺寸,一般按基本几何体之间的前后、左右、上下位置来标注。标注定位尺寸,先要选择尺寸标注的起点。视组合体的不同组成,一般可选择投影面的平行面、形体的对称面、轴线、中心线等作为尺寸标注的起点,并且可以有一个或多个这样的起点。

如图 3.27 所示,组合体平面图中圆柱定形尺寸为 $\phi 8$,矩形孔定形尺寸为 12×14。为确定圆柱和矩形孔在组合体中的位置,需要标出它们的定位尺寸。在长度方向上,以底板左端面为起点,标注出圆柱的定位尺寸是 10;再以此圆柱中心线为起点,标注出矩形孔左端面的定位尺寸是 8。在宽度方向上,对于圆柱和方孔,以中间对称面为基准就前后对称,所以可不标出定位尺寸。也可以底板前端面为起点,标注出矩形孔前面的定位尺寸是 3;再以该面为起点,标注出圆柱中心线的定位尺寸是 7,圆柱中心线也是矩形孔的对称线;最后标出矩形孔的另一半尺寸 7。在高度方向上,因为圆柱直接放在底板上,矩形孔是穿通的,所以无须标注定位尺寸。

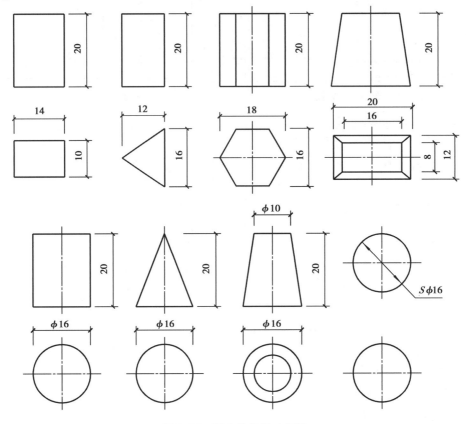

图 3.26 基本体的尺寸标注

（3）总尺寸

表示组合体总长、总宽、总高的尺寸,称为总尺寸。如图 3.27 中,长 × 宽 × 高 = 35 × 20 × 13 就是该组合体的总尺寸。当形体的定形尺寸与总尺寸相同时,只取一个表示即可。

2）尺寸的标注

一般按以下原则进行标注:

①尺寸标注明显。尺寸应尽可能地标注在最能反映形体特征的视图上。

②尺寸标注集中。同一基本体的定形、定位尺寸应尽量集中标注;与两视图有关的尺寸,应标在两视图之间的位置。

③尺寸布置整齐。大尺寸布置在外,小尺寸布置在内,各尺寸线之间的间隔大约相等,尺

寸线和尺寸界线应避免交叉。

　　④保持视图清晰。尺寸应尽量布置在视图之外,少布置在视图之内;虚线处不标注尺寸。

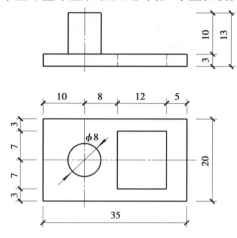

图 3.27　组合体的尺寸标注

3.5.5　组合体视图的阅读

　　读图是由视图想象出形体空间形状的过程,它是画图的逆过程。读图是增强空间想象力的一个重要环节,必须掌握读图的方法和多实践才能达到提高读图能力的目的。

1)读图的基本要素

　　①掌握形体三视图的基本关系,即"长对正、高平齐、宽相等"三等关系。

　　②掌握各种位置直线、平面的投影特性(全等性、积聚性、类似性)。

　　③联系形体各个视图来读图。形体表达在视图上,需两个或三个视图。读图时,应将各个视图联系起来,只有这样才能完整、准确地想象出空间形体来。如图 3.28 所示,它们的主视图、左视图都相同,但俯视图不同,所以其空间形体也各不相同。

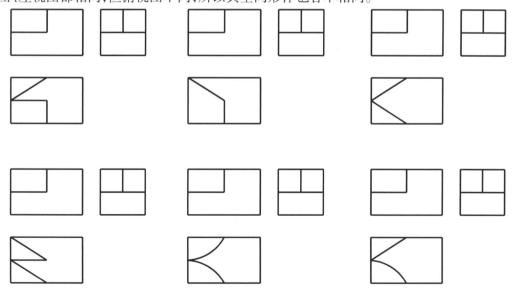

图 3.28　根据三视图判断形体的形状

《工程设计
图学》视频
3—11 叠加组
合体的形成

《工程设计
图学》视频
3—12 切割组
合体的形成

2)读图的方法

读图的方法一般可分为形体分析法和线面分析法。

(1)形体分析法

读图时,首先要对组合体做形体分析,了解它的组成,然后将视图上的组合体分解成一些基本体。根据各基本体的视图想象出它们的形状,再根据各基本体的相对位置,综合想象出组合体的形状。将组合体分解成几个基本体并找出它们相应的各视图,是运用形体分析法读图的关键。应注意,组成组合体的每一个基本体,其投影轮廓线都是一个封闭的线框,即视图上每一个封闭线框一定是组合体或组成组合体的基本体投影的轮廓线,对一个封闭的线框可根据"三等"关系找出它的各个视图来。此法多用于叠加式组合体。

【例3.12】 根据图3.29所示的组合体的三视图,想象其形状。

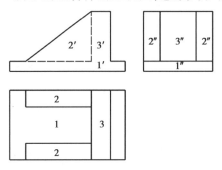

图 3.29　组合体的三视图

【解】 根据图3.29的主视图、左视图,了解到该组合体由3个部分所组成,因此将其分解为3个基本体。由组合体左视图中的矩形线框 $1''$,用"高平齐"找出其 V 投影为矩形线框 $1'$,用"长对正、宽相等"找出其 H 投影为矩形线框 1。把它们从组合体中分离出矩形的三视图,如图3.30(a)所示。由三视图想象出的形状是正四棱柱 Ⅰ,如图3.30(b)所示。

同理,由线框 $2''$ 找出其线框 2 和 $2'$,分离出形体的三视图,如图3.30(c)所示。由此想出的形状是三棱柱 Ⅱ,如图3.30(d)所示。

由线框 3 找出 $3'$ 和 $3''$,分离出形状的三视图,如图3.30(e)所示,由此想出的形状是正四棱柱 Ⅲ,如图3.30(f)所示。

把上述分别想得的基本体按照图3.19所给定的相对位置组合成整体,就得视图所表示的空间形体的形状,如图3.31所示。

(2)线面分析法

根据形体中线、面的投影,分析它们的空间形状和位置,从而想象出它们所组成的形体的形状。此法多用于截割式组合体。

用线面分析法读图,关键是要分析出视图中每一条线段和每一个线框的空间意义。

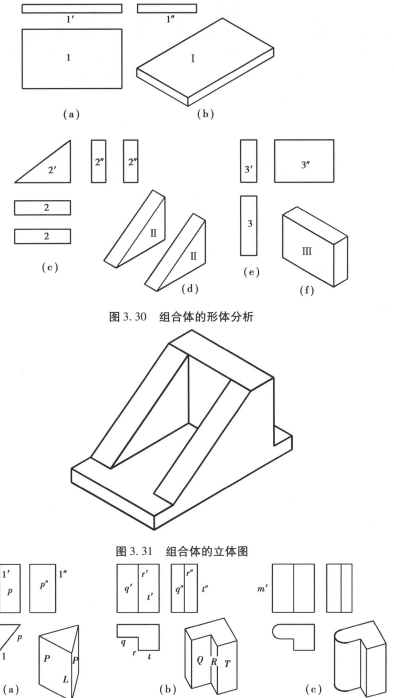

图3.30　组合体的形体分析

图3.31　组合体的立体图

图3.32　线条及线框的意义

①线条的意义。视图中的每一线条可以是下述3种情况之一:

a. 表示两面的交线,如图3.32(a)中的 L。

b. 表示平面的积聚投影,如图3.32(b)中的 R。

c. 表示曲面的转向轮廓线,如图 3.32(c)中立面图上的 m'。

若三视图中无曲线,则空间形体无曲面,如图 3.32(a)、(b)所示。

若三视图中有曲线,则空间形体有曲面,如图 3.32(c)所示。

②线框的意义。

a. 一般情况:一个线框表示形体上一个表面的投影,如图 3.32(b)中的 Q、T 都表示一个平面。

b. 特殊情况:一个线框表示形体上两个端面的重影,如图 3.32(a)中的 p'' 就表示了形体的两个棱面 P 在 W 面上的投影。

c. 相邻两线框表示两个面。若两线框的分界线是线的投影,则表示该两面相交,如图 3.32(a)的分界线是两面的交线 L;若两线框的分界线是面的积聚投影,则表示两面有前后、高低、左右之分,如图 3.32(b)的分界线是平面 R 的积聚投影,平面 Q 和 T 就有前后、左右之分。

【例 3.13】 试用线面分析法读图 3.33(a)所示形体的空间形状。

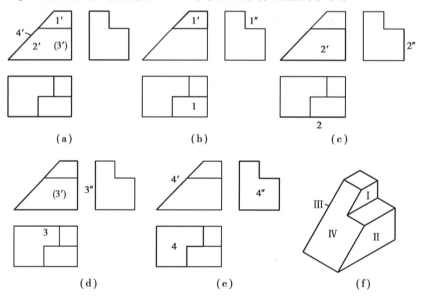

图 3.33 线面分析法读图

【解】 在主视图中,共有 3 个线框和 5 条线段。首先分析线框 $1'$,如图 3.33(b)所示,利用三等关系,由"高平齐"找到其侧面投影 $1''$,由"长对正、宽相等"找出其对应的水平投影 1;得出线框 I 是正平面。同理,可以根据投影图分析得出线框 II 和线框 III 也是正平面,其形状均为四边形,如图 3.33(c)、(d)所示。

再分析线段 $4'$,根据"长对正、高平齐"可知它是一个正垂面,对应的是水平投影 4 和侧面投影 $4''$,在空间呈 L 形,如图 3.33(e)所示。同理,可分析出主视图中其他线段的空间意义,要分析多少可根据需要确定。

根据对主视图中 3 个线框和 1 条线段的分析,想象出由它们所围成的形体的空间形状,如图 3.33(f)所示。

对于较复杂的综合式组合体,先以形体分析法分解出各基本体,然后用线面分析法读懂难点。

3)已知组合体的二视图,补画第三视图(简称"二补三")

由组合体的二视图补画第三视图,是培养读图能力和检验读图效果的一种重要手段,也是培养分析问题和解决问题能力的一种重要方法。

"二补三"的步骤是:先读图,后补图,再检查。

【例3.14】 如图3.34(a)所示,由组合体的主、左视图补画其俯视图。

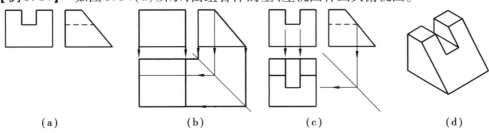

(a)　　　　　　　(b)　　　　　　　(c)　　　　　　　(d)

图3.34 二补三

【解】 (1)读图。从左视图的外轮廓看,其外形是一梯形体,也可看作一长方体被一侧垂面所截,在此基础上将形体中间再挖一个槽。以这样从"外"到"内"、从"大"到"小"、先"整体"后"局部"的顺序来读图。

(2)补图。根据三等关系,先补出外轮廓的俯视图,如图3.34(b)所示;然后再补出槽的俯视图,如图3.34(c)所示。经检查(用三等关系、形体分析、线面分析以及想象空间形体等来检查)无误后,加深图线完成所补,其空间形体如图3.34(d)所示。

【例3.15】 如图3.35(a)所示,由组合体的主、左视图,补画其俯视图。

【解】 (1)读图。从主视图的外轮廓看,它是一长方体左上部被两个平面所截后剩下的部分。从"高平齐"可看出,左边一截平面是侧垂面(W面上积聚为一直线);右边一截平面是一个一般位置平面(V、W面上均为类似图形)。由此来想象形体的形状。

(2)补图。先由三等关系画出俯视图的外轮廓,然后根据主、左视图上的相关点(这些点可自行标出番号,如$1'$、$2'$、$3'$、$4'$和$1''$、$2''$、$3''$、$4''$),补出俯视图上相应的点(1、2、3、4),连点成线。经检查无误后,加深图线即得所求,如图3.35(b)所示,其空间形状如图3.35(c)所示。

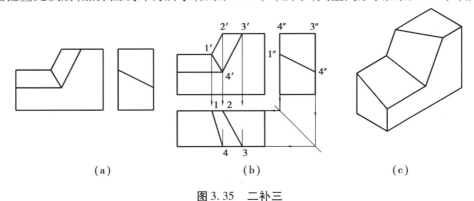

(a)　　　　　　　(b)　　　　　　　(c)

图3.35 二补三

【例3.16】 如图3.36(a)所示,由组合体的主、左视图补画其俯视图。

【解】 (1)读图。从主视图看,该形体外轮廓为一矩形体左上部分被一正垂面截掉了;从左视图看,也为矩形体的外轮廓其上部前后两侧各被截掉一个角,下部中间部分被挖去了一个矩形槽。由此想象出这个矩形体被截去、挖掉后的形状。

（2）补图。根据三等关系，先补出形体未被截割时的外轮廓的 H 投影——矩形线框，如图 3.36（b）所示。然后画出形体左上部分被截去后的 H 投影，如图 3.36（c）所示。再画出形体右上部分被截去两个角后的 H 投影，如图 3.36（d）所示。最后画出形体下部中间被挖去一个矩形槽后的 H 投影，经检查无误后加深图线即为所求，如图 3.36（e）所示。图 3.36（f）为形体的立体图。

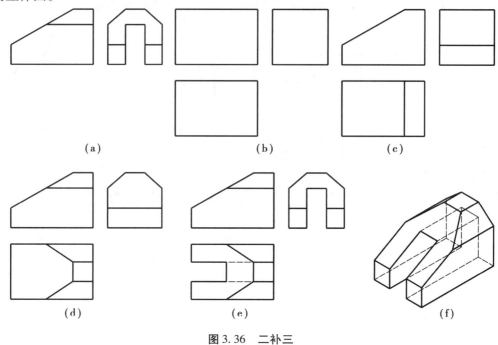

图 3.36　二补三

复习思考题

3.1　棱柱体是如何形成的？棱柱体的特点是什么？什么是直棱柱？

3.2　假设有一个三棱柱,如何放置将使它的投影尽可能的简单（答案不唯一）？并且简述在此放置位置时它的各面投影特性。

3.3　棱柱体表面取点的步骤是什么？

3.4　棱锥体是如何形成的？棱锥体的特点是什么？

3.5　假设有一个三棱锥,如何放置将使它的投影尽可能的简单（答案不唯一）？并且简述在此放置位置时它的各面投影特性。

3.6　棱锥表面取点的步骤是什么？

3.7　圆柱体是如何形成的？简述将圆柱体的轴线垂直于某一投影面放置时各投影特性。

3.8　简述圆柱体表面取点的步骤。

3.9　圆锥体是如何形成的？简述将圆锥体底面平行于 H 面放置时各投影特性。

3.10　简述圆锥体表面取点的步骤。

3.11　圆球体是如何形成的？简述圆球体的三面投影特性。

3.12 组合体的组成方式有哪几种？简述组合体 6 个基本视图的名称及位置。

3.13 简述组合体识图阅读中的两种方法。

3.14 线面分析法中线条有何意义？线框有何意义？

4

轴测投影

本章导读

轴测投影是一种可以很形象地表现出建筑物体立体感的辅助投影。用这种投影方式画出的图样称为轴测投影图,简称轴测图。本章将学习轴测图的形成与作用、轴间角和轴向伸缩系数、正等测图及其画法、斜轴测图及其画法、八点法和四心法的运用等。

4.1 轴测投影的基本知识

前面我们学习了多面正投影图,它能确切地表达形体的空间形状,并且作图简单,因此是工程中常用的图样。但它的缺点是立体感差,不易想象形体的空间形状。而轴测投影图是一种立体感较强的图样。

4.1.1 轴测图的形成与作用

将空间一形体按平行投影法投影到平面 P 上,使平面 P 上的图形同时反映出空间形体的三个面来,该图形就称为轴测投影图,简称轴测图。

为研究空间形体三个方向长度的变化,特在空间形体上设一直角坐标系 $O-XYZ$,以对应形体的长、宽、高三个方向,并随形体一并投影到平面 P 上。于是在平面 P 上得到 $O_1-X_1Y_1Z_1$,如图 4.1 所示。

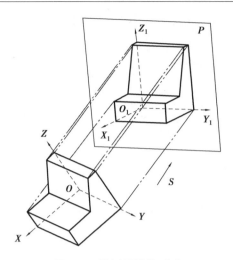

图 4.1 轴测投影的形成

图中:S 称为轴测投影方向。P 称为轴测投影面。$O_1 - X_1Y_1Z_1$ 称为轴测投影轴,简称轴测轴。

由于轴测投影面 P 上同时反映了空间形体的三个面,所以其图形富有立体感。这一点恰好弥补了正投影图的缺点。但它作图复杂,量度性较差,因此在工程实践中一般只用作辅助性图样。

4.1.2 轴测图的分类

①正轴测投影:坐标系 $O - XYZ$ 中的三个坐标轴都与投影面 P 相倾斜,投影线 S 与投影面 P 相垂直所形成的轴测投影。

②斜轴测投影:坐标系 $O - XYZ$ 中有两个坐标轴与投影面 P 相平行,投影线 S 与投影面 P 相倾斜所形成的轴测投影。

4.1.3 轴测图中的轴间角与伸缩系数

①轴间角:轴测轴之间的夹角称为轴间角,如图 4.1 中 $\angle X_1O_1Y_1$、$\angle Y_1O_1Z_1$、$\angle Z_1O_1Y_1$。

②轴向伸缩系数:形体在轴测轴(或其平行线)上定长的投影长度与实长之比,称为轴向伸缩系数,简称伸缩系数。

即:$p = \dfrac{O_1X_1}{OX}$,称为 X 轴向伸缩系数;$q = \dfrac{O_1Y_1}{OY}$,称为 Y 轴向伸缩系数;$r = \dfrac{O_1Z_1}{OZ}$,称为 Z 轴向伸缩系数。

轴间角确定了形体在轴测投影图中的方位,伸缩系数确定了形体在轴测投影图中的大小,这两个要素是作出轴测图的关键。

4.1.4 轴测投影图的特点

①因轴测投影是平行投影,所以空间一直线其轴测投影一般仍为一直线;空间互相平行的直线,其轴测投影仍互相平行;空间直线的分段比例在轴测投影中仍不变。

②空间与坐标轴平行的直线,轴测投影后其长度可沿轴量取;与坐标轴不平行的直线,轴

测投影后就不可沿轴量取,只能先确定两端点,然后再画出该直线。

③由于投影方向 S 和空间形体的位置可以是任意的,所以可得到无数个轴间角和伸缩系数,同一形体也可画出无数个不同的轴测图。

4.2 正等测图

正等测属正轴测投影中的一种类型,它是由坐标系 $O-XYZ$ 的 3 个坐标轴与投影面 P 所成夹角均相等时所形成的投影。此时,它的 3 个轴向伸缩系数都相等,故称正等轴测投影,简称正等测。由于正等测画法简单、立体感较强,所以在工程上较常用。

4.2.1 正等测的轴间角与伸缩系数

1)轴间角

三个轴测轴之间的夹角均为 120°。当 O_1Z_1 轴处于竖直位置时,O_1X_1、O_1Y_1 轴与水平线呈 30°,这样可方便利用三角尺画图。

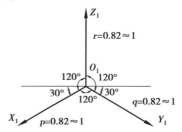

图 4.2　正等测的轴间角与伸缩系数

2)伸缩系数

三个轴向伸缩系数的理论值:$p=q=r\approx0.82$。为作图简便,常取简化值:$p=q=r=1$(画图时,形体的长、宽、高度都不变),如图 4.2 所示。这对形体的轴测投影图的形状没有影响,只是图形放大了 1.22 倍。如图 4.3 所示,图 4.3(a)为形体的正投影图;图 4.3(b)为 $p=q=r=0.82$ 时的轴测图;图 4.3(c)为 $p=q=r=1$ 时的轴测图。

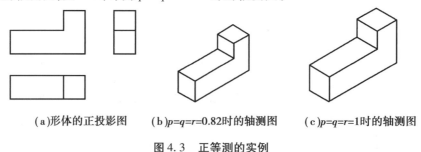

(a)形体的正投影图　　(b)$p=q=r=0.82$时的轴测图　　(c)$p=q=r=1$时的轴测图

图 4.3　正等测的实例

4.2.2 正等测的画法

【例 4.1】　作三棱柱的正等测图,其 V、H 面投影如图 4.4(a)所示。

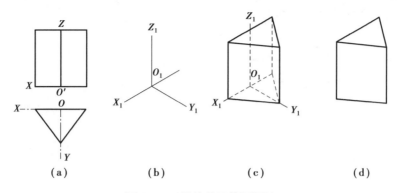

图 4.4　三棱柱的正等测画法

【解】　①定轴测轴。把坐标原点 O_1 选在三棱柱下底面的后边中点,且让 X_1 轴与其后边重合。这样可在轴测轴中方便量取各边长度,如图 4.4(a)所示。

②根据正等测的轴间角画出轴测轴 $O_1 - X_1 Y_1 Z_1$,如图 4.4(b)所示。

③根据三棱柱各角点的坐标(长度),画出底面的轴测图。

④根据三棱柱的高度,画出三棱柱的上底面及各棱线,如图 4.4(c)所示。

⑤ 擦去多余图线,加深图线即得所求,如图 4.4(d)所示。

画这类基本体,主要根据形体各点在坐标上的位置来画,这种方法称为坐标法。这种方法是轴测图中的最基本的画法。其中坐标原点 O_1 的位置选择较重要,如选择恰当,作图就简便、快捷。

【例 4.2】　已知台阶组合体的 V、H、W 面投影如图 4.5(a)所示,作其正等测图。

【解】　把该台阶组合体分为(上下两级台阶和右边的一个挡墙)3 个基本体,如图 4.5(g)所示。

《工程设计图学》视频 4-1 端面法绘制台阶的正等测图

①定坐标轴。把坐标原点 O_1 选在上面一级台阶顶面的右后角上,并根据正等测的轴间角及上面一级台阶的长、宽尺寸画出上面一级台阶顶面的 H 投影的轴测图,如图 4.5(b)所示。

②根据上面一级台阶的高度尺寸从台阶顶面的左、左前、右 3 个点分别往下画出上面一级台阶的高度并完成台阶左、前两个面的轴测图,如图 4.5(c)所示。

③根据下面一级台阶的长、宽尺寸,从上面一级台阶的左下、右前下点分别往左、往前画出下面一级台阶顶面的 H 投影的轴测图,并按第②步方法完成下一级台阶左、前两个面的轴测图,如图 4.5(d)所示。

④根据右边挡墙的高、宽尺寸从 O_1 往上,从下一级台阶的右前下点往前就可以画出挡墙左面的轴测图,如图 4.5(e)所示。

⑤分别从挡墙上面两个点及前面两个点往右画出挡墙的厚度,并完成挡墙的轴测图,如图 4.5(f)所示。

⑥加深图线即得所求,如图 4.5(g)所示。

画叠加类组合体的轴测图,应分先后、主次画出组合体各组成部分的轴测图,每一部分的轴测图仍用坐标法画出,但应注意各部分之间的相对位置关系。

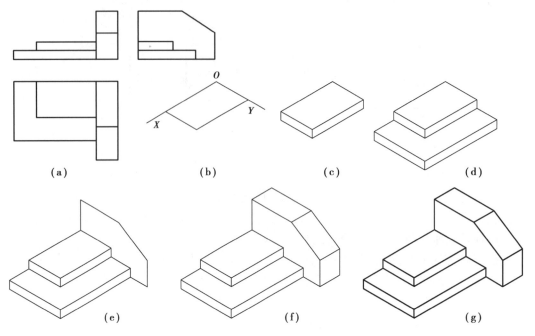

图 4.5　组合体的正等测图画法

【例 4.3】　已知形体的三面正投影如图 4.6(a)所示,作出其正等测图。

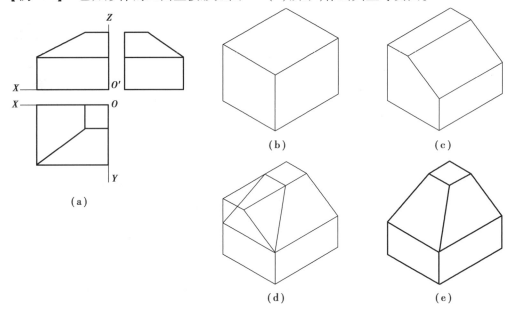

图 4.6　截割体正等测图画法

【解】　①定坐标轴,如图 4.6(a)所示。

②画出正等测的轴测轴,并在其上画出形体未截割时的外轮廓的正等测图,如图 4.6(b)所示。

③在外轮廓体的基础上,应用坐标法先后进行截割,如图 4.6(c)、(d)所示。

④擦去多余线,加深图线即得所求,如图 4.6(e)所示。

如图 4.6 所示,画轴测图的方法称为切割法。画这类由基本体截割后的形体的轴测图,应先画基本体的轴测图,再应用坐标法在该基本体内画各截交线。最后,擦掉截去部分即得所需图形。

4.3 斜轴测图

通常将坐标系 $O-XYZ$ 中的两个坐标轴放置在与投影面平行的位置,所以较常用的斜轴测投影有正面斜轴测投影和水平斜轴测投影。但无论哪一种,如果它的三个伸缩系数都相等,就称为斜等测投影,简称斜等测。如果只有两个伸缩系数相等,就称为斜二测轴测投影,简称斜二测。

4.3.1 正面斜轴测图

1)形成

如图4.7所示,当坐标面 XOZ(形体的正立面)平行于轴测投影面 P,而投影方向倾斜于轴测投影面 P 时,所得到的投影称为正面斜轴测投影,由该投影所得到的图就是正面斜轴测图。

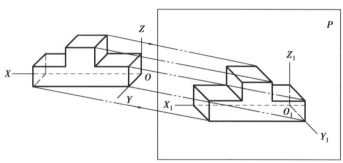

图4.7 正面斜轴测投影的形成

轴测轴:由于 OX、OZ 都平行于轴测投影面,其投影不发生变形。所以,$\angle X_1 O_1 Z_1 = 90°$,OY 轴垂直于轴测投影面。由于投影方向倾斜于轴测投影面,所以它是一条倾斜线,一般取与水平线成45°。

伸缩系数:当 $p = q = r = 1$ 时,称斜等测;当 $p = r = 1$,$q = 0.5$ 时,称斜二测,如图4.8所示。

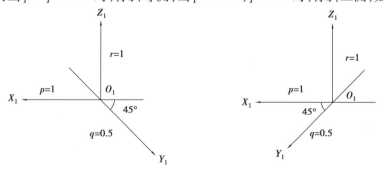

图4.8 正面斜二测轴间角和伸缩系数

2)应用

当形体的正平面形状较复杂或具有圆和曲线时,常用正面斜二测图;对于管道线路,常用正面斜等测图。

3)画法

【例4.4】 已知形体的三面正投影如图4.9(a)所示,作出其斜二测图。

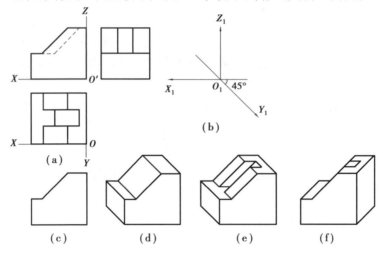

图4.9 形体的斜二测图画法

【解】 ①选择坐标原点 O 和斜二测的 $O_1 - X_1 Y_1 Z_1$,如图4.9(a)、(b)所示。

②将反映实形的 $X_1 Y_1 Z_1$ 面上的图形如实照画,如图4.9(c)所示。

③由各点引 Y_1 方向的平行线,并量取实长的一半(q 取0.5),连各点得形体的外形轮廓的轴测图,如图4.9(d)所示。

④根据被截割部分的相对位置定出各点,再连线,最后加深图线即得所求,如图4.9(e)所示。

注意:所画轴测图应充分反映形体的特征,如图4.9(e)所示。而图4.9(f)就不能充分反映形体的特征,应避免这个角度的画法。

【例4.5】 已知花格的 V、W 面投影如图4.10(a)所示,作出其斜二测图。

《工程设计图学》视频4-2 花格的正面斜二测图画法

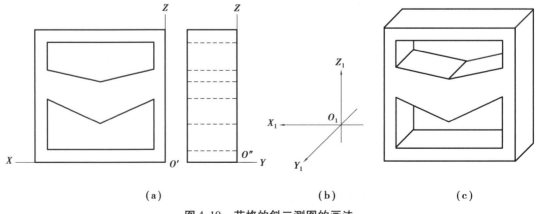

图4.10 花格的斜二测图的画法

【解】 ①选择坐标原点 O，如图 4.10(a)所示；作轴测轴如图 4.10(b)所示。

②将 $X_1O_1Z_1$ 面上的图形如实照画，然后过各点引 Y_1 方向的平行线，并在其上量取实长的一半($q=0.5$)，连各点成线。

③擦去多余线，加深图线即得所求，如图 4.10(c)所示。

【例4.6】 已知形体的 V、H 面投影如图 4.11(a)所示，作出其不同方向的斜二测图。

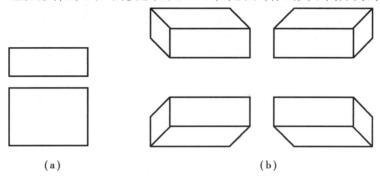

(a) (b)

图 4.11 长方体不同视角的斜二测图

【解】 为充分反映形体的特征，可根据需要选择适当的投影方向。图 4.11(b)就是形体 4 种不同投影方向的斜二测投影。具体作图时，除坐标原点 O 选择位置外，其他作法均不变。

4.3.2 水平斜轴测图

1)形成

当坐标面 XOY(形体的水平面)平行于轴测投影面，而投影方向倾斜于轴测投影面时，所得到的投影称为水平斜轴测投影，由该投影所得到的图就是水平斜轴测图。

轴测轴：OX、OY 轴都平行于轴测投影面，其投影不发生变形，所以 $\angle X_1O_1Y_1=90°$，OZ 轴的投影为一斜线，一般取 $\angle X_1O_1Z_1$ 为120°，如图 4.12(a)所示。为符合视觉习惯，常将 O_1Z_1 轴取为竖直线，这就相当于整个坐标旋转了30°，如图 4.12(b)所示。

伸缩系数：$p=q=r=1$。

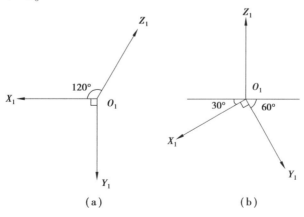

(a) (b)

图 4.12 水平斜轴测的轴间角

2)应用

水平斜轴测图通常用于小区规划的表现图。

3)画法

【例4.7】 已知一小区的总平面图,如图4.13(a)所示,作其水平斜轴测图。

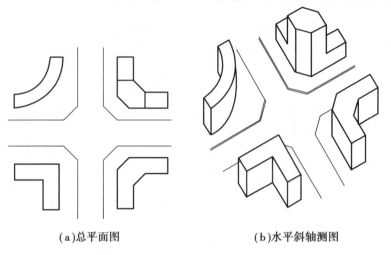

(a)总平面图　　　　　　　　(b)水平斜轴测图

图4.13 小区的水平斜轴测图

【解】 ①将 X 轴旋转,使与水平线成30°。

②按比例画出总平面图的水平斜轴测图。

③在水平斜轴测图的基础上,根据已知的各幢房屋的设计高度,按同一比例画出各幢房屋。

④根据总平面图的要求,还可画出绿化、道路等。

⑤擦去多余线,加深图线,如图4.13(b)所示。

完成上述作图后,还可着色,形成立体的彩色图。

4.4 坐标圆的轴测图

在正等测投影中,当圆平面平行于某一轴测投影面时,其投影为椭圆,如图4.14所示。其椭圆的画法可采用八点法和四心圆法。

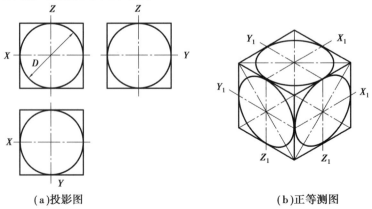

(a)投影图　　　　　　　　　(b)正等测图

图4.14 水平、正平、侧平圆的正等测图

4.4.1 八点法

以水平圆为例,如图4.15(a)所示。

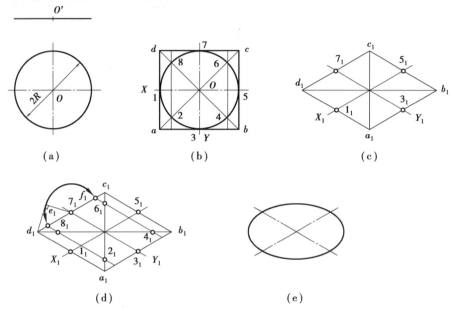

图4.15 八点法画椭圆(这种作图法,也适用于斜轴测图)

1)画法

①作出正投影圆的外切正方形 $ABCD$ 及对角线得8个点,其中1、3、5、7这4个点为切点,2、4、6、8这4个点为对角线上的点。这4个点恰好在圆半径与1/2对角线之比为 $1:\sqrt{2}$ 的位置上,如图4.15(b)所示。

②作圆的外切正方形及对角线的正等测投影,如图4.15(c)所示。

③过 O_1 点作两条分别平行于四边形两个方向的直径,得4个切点 1_1、3_1、5_1、7_1。

④根据平行投影中比例不变,在四边形一外边作一辅助直角等腰三角形,得 $1:\sqrt{2}$ 两点 e_1、f_1。然后过这两点作外边的平行线,得 2_1、4_1、6_1、8_1 这4个点,如图4.15(d)所示。

⑤光滑连接这8个点,即得所求圆的正等测投影图,如图4.15(e)所示。

2)应用

【例4.8】 试根据圆锥台的正投影图画出其正等测图,如图4.16(a)所示。

【解】 ①根据圆锥台的高 Z 画出其上下底圆的外切四边形的正等测图,如图4.16(b)所示。

②用八点法画出上下底圆的正等测投影图,如图4.16(c)所示。

③作上下两椭圆的公切线(外轮廓线),擦掉不可见线,即得所求,如图4.16(d)所示。

4.4.2 四心法

以水平圆为例,如图4.17(a)所示。

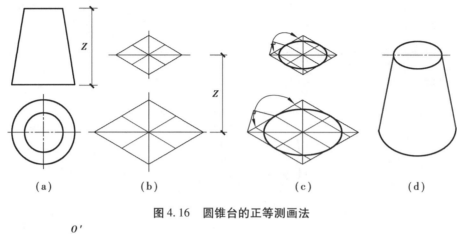

图 4.16　圆锥台的正等测画法

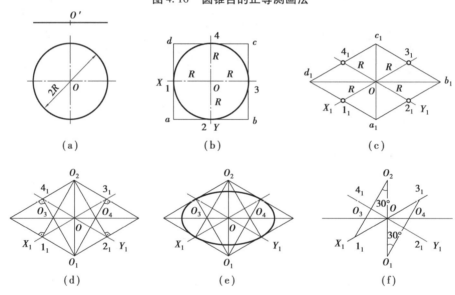

图 4.17　四心法画椭圆

1）画法

①作圆的外切正方形及对角线和过圆心 O 的中心线，并作它的正等测图，如图 4.17(b)、(c)所示。

②以短边对角线上的两顶点 a_1、c_1 为两个圆心 O_1、O_2，以 $O_1 4_1$、$O_1 3_1$ 与长边对角线的交点 O_3、O_4 为另两个圆心，求得 4 个圆心，如图 4.17(d)所示。

③分别以 O_1、O_2 为圆心，以 $O_1 4_1$ 和 $O_2 2_1$ 为半径画弧，又分别以 O_3、O_4 为圆心，以 $O_3 4_1$ 和 $O_4 2_1$ 为半径画弧。这 4 段弧就形成了圆的正等测图，如图 4.17(e)所示。

在实际作图时，可不必画出菱形，即过 1_1 作与短轴成 $30°$ 的直线，它交长、矩轴于 O_3、O_2，利用对称性可求得 O_4、O_1，如图(f)所示。再以上述第③步画出椭圆。

2）应用

【例 4.9】　已知带圆角的 L 形平板的三面正投影图，如图 4.18(a)所示，画出其正等测图。

【解】　①画出 L 形平板矩形外轮廓的正等测图，由圆弧半径 R 在相应棱线上定出各切点

1_1、2_1、3_1、4_1,如图 4.18(b)所示。

②过各切点分别作该棱线的垂线,相邻两垂线的交点 O_1、O_2 即为圆心。以 O_1 为圆心,以 $O_1 1_1$ 为半径画弧 $1_1 2_1$,以 O_2 为圆心,以 $O_2 3_1$ 为半径画弧 $3_1 4_1$,如图 4.18(c)所示。

③用平移法将各点(圆心、切点)向下和向后移 h 厚度,得圆心 k_1、k_2 点和各切点,如图 4.18(c)所示。

④以 k_1、k_2 为圆心,仍以 $O_1 1_1$、$O_2 3_1$ 为半径就可画出下底面和背面圆弧的轴测图(即上底面、前面圆弧的平行线),如图 4.18(c)所示。

⑤作右侧前边和上边两小圆弧的公切线,擦去多余图线,加深可见图线,如图 4.18(d)所示。

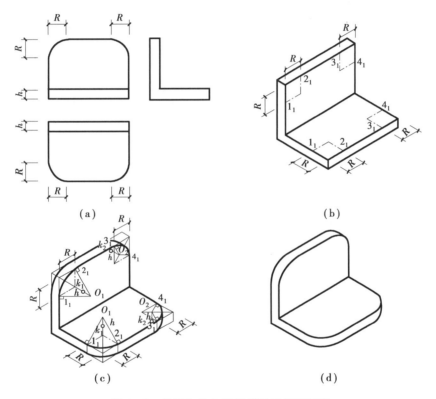

图 4.18 带圆角的 L 形平板的正等测投影

本章小结

(1)轴测图的形成与作用;
(2)轴测图的分类;
(3)轴测图中的轴间角与伸缩系数;
(4)正等测的画法;
(5)正面斜轴测图的画法;
(6)水平斜轴测图的画法;

（7）坐标圆的轴测图画法。

复习思考题

4.1　什么是轴测投影？如何分类？

4.2　什么是轴间角和轴向伸缩系数？

4.3　正等测的轴间角和轴向伸缩系数是多少？

4.4　斜等测的轴间角和轴向伸缩系数是多少？

4.5　试述正等测、斜二测的应用和范围。

5

工程图样画法

本章导读

工程图样是根据投影原理、标准或有关规定,表示工程对象,并有必要的技术说明的图。

在工程实际中,只采用三视图难以清楚地表达复杂物体的内外结构形状,而且视图中太多的虚线对看图不利,且结构表达不直接、层次多,也不便于标注。为了清楚表达内外结构复杂的物体,国家标准《技术制图》和《房屋建筑制图统一标准》规定了绘制物体技术图样的基本方法,包括视图、剖面图、断面图、局部放大图及简化画法等。掌握这些图样画法是正确绘制和阅读技术图样的基本前提。灵活运用这些图样画法,清楚、简洁地表达物体,是绘制技术图样的基本原则。

本章主要介绍工程图样的画法,如视图、剖面图、断面图、轴测图中的剖切画法、简化画法等。

5.1 基本视图

为了分别表达物体上下、左右、前后 6 个方向的结构形状,国家相关标准规定:在三投影面的对面再增加 3 个投影面,组成一个正六面体,正六面体的 6 个面作为 6 个投影面,这 6 个投影面称为基本投影面。将物体置于正六面体中间,分别向各基本投影面投射,所得的视图称为基本视图:主视图——由物体的前方向后投射得到的视图;俯视图——由物体的上方向下投射得到的视图;左视图——由物体的左方向右投射得到的视图;右视图——由物体的右方向左投射得到的视图;仰视图——由物体的下方向上投射得到的视图;后视图——由物体的后方向前投射得到的视图。建筑类制图中,把主视图、俯视图、左视图、右视图、仰视图和后视图也分别称为正立面图、平面图、左侧立面图、右侧立面图、底面图和背立面图。

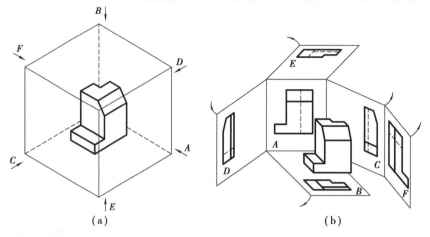

（a）　　　　　　　　　（b）

图 5.1　6 个基本视图的形成及展开

为了在同一平面上表示物体,必须将 6 个投影面展开到一个平面。展开时规定正立投影面不动,其余各投影面按图 5.1 所示,展开到正立投影面所在的平面。

投影面展开后,六面基本视图的位置如图 5.2 所示,一旦物体的主视图被确定后,其他基本视图与主视图的位置关系也随之确定,按该投影关系配置各视图位置时,可不标注视图的名称。

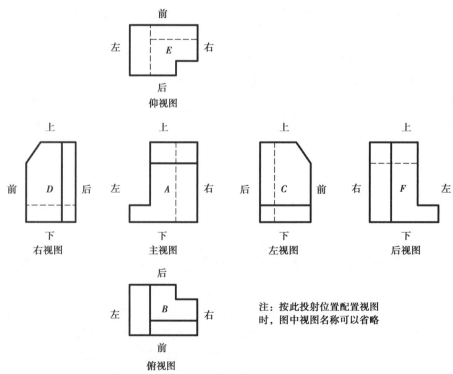

注:按此投射位置配置视图时,图中视图名称可以省略

图 5.2　基本视图的配置及方位关系

6个基本视图在度量上，满足"三等"对应关系：主、俯、仰视图"长对正"；主、左、右、后视图"高平齐"；俯、左、仰、右视图"宽相等"。这是读图、画图的依据和出发点。

在反映空间方位上，俯、左、仰、右视图中靠近主视图的一侧，是物体的后方，远离主视图的一侧，是物体的前方。

6个基本视图存在对称关系：右、左视图关于主视图互为对称，仰、俯视图关于主视图互为对称，主、后视图关于左视图互为对称。互为对称的图形中，外轮廓、投影方向完全贯穿的通槽和通孔等结构的线型不变，而其他结构的投影线可见性相反。

在实际绘制技术图样时，一般并不需要将物体的6个基本视图全部画出。除主视图外，应根据物体的结构特点和复杂程度，在完整、清晰地表达物体特征的前提下，选择必要的基本视图。优先选用主、俯、左视图，再考虑其他视图。

5.2 剖面图

如图5.3所示的钢筋混凝土杯形基础，其 V 面投影中就出现了表达其杯形空洞的虚线。为此，我们假想用一个剖切平面 P 沿前后对称平面将其剖开，如图5.4(a)所示，把位于观察者和剖切平面之间的部分移去，而将剩余部分向与 P 所平行的投影面进行投影，所得的图就称为剖面图，如图5.4(b)所示。

当剖切平面剖开物体后，其剖切平面与物体的截交线所围成的平面图形，就称为断面(或截面)。如果只把这个断面向与 P 所平行的投影面进行投影，所得的图则称为断面图，如图5.4(c)所示。

《工程设计图学》视频5-1 剖面图的形成

《工程设计图学》视频5-2 断面图的形成

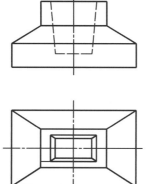

图5.3 杯形基础的投影图

5.2.1 剖面图的画法

1)确定剖切平面的位置

剖切平面应平行于投影面，且尽量通过物体的孔、洞、槽的中心线。如要将 V 面投影画成剖面图，则剖切平面应平行于 V 面；如果要将 H 面投影或 W 面投影画成剖面图时，则剖切平面应分别平行于 H 面或 W 面。

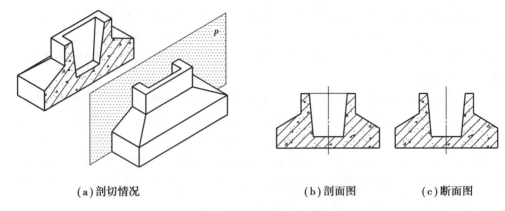

(a)剖切情况　　　　　　　　(b)剖面图　　　(c)断面图

图 5.4　杯形基础的剖面图和断面图

2)剖面图的图线及图例

如图 5.4(b)所示,物体被剖切后所形成的断面轮廓线,用中粗实线画出;物体未剖到部分的投影轮廓线用中实线画出;看不见的虚线,一般省略不画。

为使物体被剖到部分与未剖到部分区别开来,使图形清晰可辨,应在断面轮廓范围内画上表示其材料种类的图例。材料的图例应符合《房屋建筑制图统一标准》(GB/T 50001—2017)的规定要求,常用建筑材料图例见表 5.1。

表 5.1　常用建筑材料图例(摘自 GB/T 50001—2017)

序号	名称	图例	说明
1	自然土壤		包括各种自然土壤
2	夯实土壤		
3	砂、灰土		
4	砂砾石、碎砖三合土		
5	天然石材		
6	毛石		
7	普通砖		包括普通砖、多孔砖、混凝土砖等砌体

续表

序号	名称	图例	说明
8	耐火砖	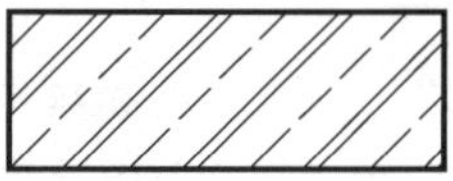	包括耐酸砖等砌体
9	空心砖		包括空心砖、普通或轻骨料混凝土小型空心砌块等砌体
10	加气混凝土	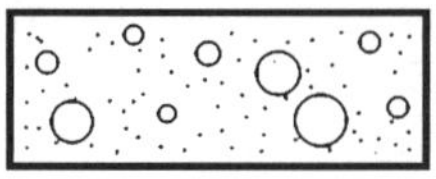	包括加气混凝土砌块砌体、加气混凝土墙板及加气混凝土材料制品等
11	饰面砖	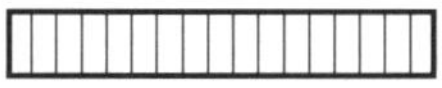	包括铺地砖、玻璃马赛克、陶瓷锦砖、人造大理石等
12	焦渣、矿渣	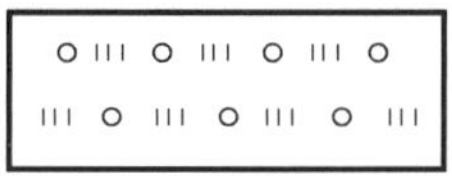	包括与水泥、石灰等混合而成的材料
13	混凝土	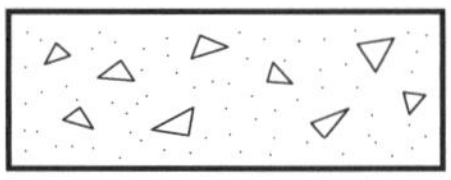	1. 包括各种强度等级、骨料、添加剂的混凝土; 2. 在剖面图上绘制表达钢筋时,则不需绘制图例线; 3. 断面图形较小,不易绘制表达图例线时,可填黑或深灰(灰度宜为70%)
14	钢筋混凝土	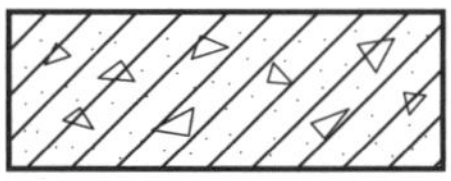	
15	多孔材料	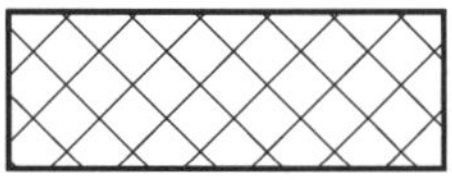	包括水泥珍珠岩、沥青珍珠岩、泡沫混凝土、软木、蛭石制品等
16	纤维材料	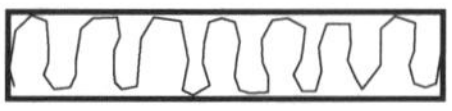	包括矿棉、岩棉、玻璃棉、麻丝、木丝板、纤维板等
17	泡沫塑料材料	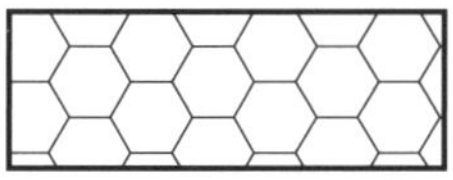	包括聚苯乙烯、聚乙烯、聚氨酯等多孔聚合物类材料
18	木材		1. 上图为横断面,左上图为垫木、木砖或木龙骨; 2. 下图为纵断面
19	胶合板	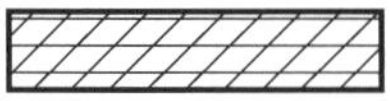	应注明×层胶合板
20	石膏板		包括圆孔或方孔石膏板、防水石膏板、硅钙板、防火石膏板等

续表

序号	名称	图例	说明
21	金属		1. 包括各种金属; 2. 图形小时,可填黑或深灰(灰度宜为70%)
22	网状材料		1. 包括金属、塑料等网状材料; 2. 应注明具体材料名称
23	液体		应注明具体液体名称
24	玻璃		包括平板玻璃、磨砂玻璃、夹丝玻璃、钢化玻璃、中空玻璃、夹层玻璃、镀膜玻璃等
25	橡胶		
26	塑料		包括各种软、硬塑料及有机玻璃等
27	防水材料		构造层次多或绘制比例大时,采用上面的图例
28	粉刷		本图例采用较稀的点

注:①图例线应间隔均匀、疏密适度。两条相互平等图例线,其净间隙或线中间隙不宜小于0.2 mm。

②两个相同的图例相接时,图例线宜错开或使倾斜方向相反的图例线,如图5.5(a)、(b)所示。

③不同品种的同类材料使用同一图例时,应在图上附加必要的说明,如图5.5(c)所示。

④当需画出的建筑材料图例过大时,可在断面轮廓线内,沿轮廓线作局部表示,如图5.5(d)所示。

⑤当不必指明材料种类时,应在断面轮廓范围内用细实线画上45°的剖面线,同一物体的剖面线应方向一致,间距相等。

⑥当一张图纸内的图样只用一种图例或图形较小无法画出建筑材料图例时,这两种情况可以不加图例,但是要加以文字说明。

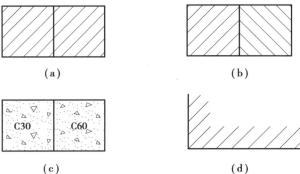

图5.5 图例的画法

3）剖面图的标注

为了看图时便于了解剖切位置和投影方向,寻找投影的对应关系,还应对剖面图进行以下的剖面标注。

（1）剖切符号

剖面的剖切符号,应由剖切位置线及剖视方向线组成,均应以粗实线绘制。剖切位置线的长度为 6~10 mm;剖视方向线应垂直于剖切位置线,长度应短于剖切位置线,宜为 4~6 mm;需要转折的剖切位置线,应在转角的外侧加注与该符号相同的编号,如图 5.6 所示。

绘图时,剖面剖切符号不应与图面上的图线相接触。

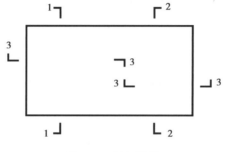

图 5.6　剖切符号

（2）剖面剖切符号的编号

在剖视方向线的端部宜按顺序由左至右,由下至上用阿拉伯数字编排注写剖面编号,并在剖面图的下方正中分别注写 1—1 剖面图、2—2 剖面图、3—3 剖面图……以表示图名。图名下方还应画上粗实线,粗实线的长度与图名字体的长度相等。

必须指出:剖切平面是假想的,其目的是表达出物体内部形状,故除了剖面图和断面图外,其他各投影图均按原来未剖时画出。一个物体无论被剖切几次,每次剖切均按完整的物体进行。

另外,对通过物体对称平面的剖切位置,或习惯使用的位置,或按基本视图的排列位置,则可以不注写图名,也无须进行剖面标注,如图 5.7 所示。

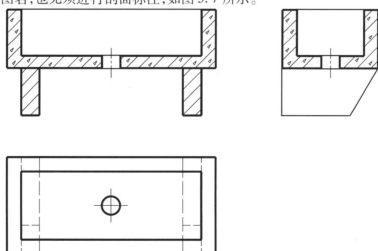

图 5.7　剖面图不注写编号的情况

5.2.2 剖面图的分类

1)全剖面图——用一个剖切平面将物体全部剖开

如图 5.8 所示为洗涤盆的投影。从图中可知,物体外形比较简单,但内部有圆孔。因此,剖切平面沿洗涤盆圆孔的前后、左右对称平面而分别平行于 V 面和 W 面把它全部剖开,然后分别向 V 面和 W 面进行投影,即可得到如图 5.8 所示的 1—1、2—2 剖面图。

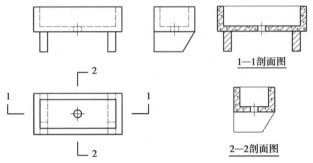

图 5.8 洗涤盆的投影及剖面图

如图 5.8 所示,将 V 面和 W 面投影取剖面后,用剖面图代替原 V 面投影和 W 面投影,并安放在它们的相应位置,此时不必进行标注。

应当注意:图 5.8 中洗涤盆的上部为钢筋混凝土盆,下部为砖墩,剖切后虽属同一剖切平面,但因其材料不同,故在材料图例分界处要用粗实线分开。

2)半剖面图——用两个相互垂直的剖切平面把物体剖开一半(剖至对称面止,拿去物体的1/4)

当物体的内部和外部均需表达,且具有对称平面时,其投影以对称符号为界,一半画外形,另一半画成剖面图,这样得到的图称为半剖面图,如图 5.9 所示。由于物体内部的矩形坑的深度难以从投影图中确定,且该物体前后、左右对称,故可采用半剖面图来表示。如图 5.10所示,画出半个 V 面投影和半个 W 面投影以表示物体的外形,再配上相应的半个剖面,即可知内部矩形坑的深度。

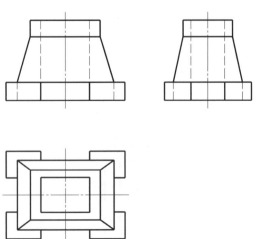

图 5.9 物体的投影图

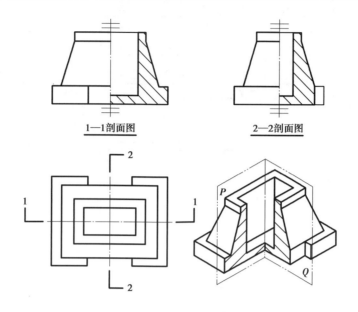

图 5.10 物体的半剖面图

按中华人民共和国国家标准《房屋建筑制图统一标准》（GB/T 50001—2017）的推荐,半剖面图如果是左右对称的,应该将左面画成外形右面画成剖面图;如果是上下对称的,则应该将上部画成外形,下部画成剖面图。另外,不仅剖面图中尽量不画虚线,表达外形的普通视图中也不画虚线。因为对称的关系,外形内形正好互补。由于半剖面图是一种简化画法,因此,半剖面图的剖切符号及图名仍应在平面图中标注。

半剖面图也可以理解为假想把物体剖去四分之一后画出的投影图,但外形与剖面的分界线应用对称符号画出,如图 5.11 所示。

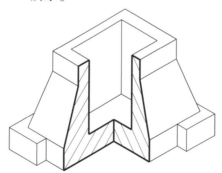

图 5.11 物体被剖去四分之一后的轴测图

3）阶梯剖面图——用两个或两个以上平行的剖切面剖切

当用一个剖切平面不能将物体需要表达的内部都剖到时,可以将剖切平面直角转折成相互平行的两个或两个以上平行的剖切平面,由此得到的图就称为阶梯剖面图。

如图 5.12 所示,双面清洗池内部有 3 个圆柱孔,如果用一个与 V 面平行的平面剖切,只能剖到一个孔。故将剖切平面按图 5.12 中 H 面投影所示直角转折成两个均平行于 V 面的剖切平面,分别通过大小圆柱孔,从而画出剖面图。如图 5.12 所示的 1—1 剖面图就是阶梯剖面图。

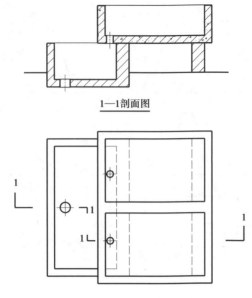

图 5.12　双面清洗池的剖面图

画阶梯剖面图时,在剖切平面的起始及转折处,均要用粗短线表示剖切位置和投影方向,同时应注上剖面名称。在不与其他图线混淆时,直角转折处可以不注写编写。另外,由于剖切面是假想的,因此,两个剖切面的转折处不应画分界线。

4)旋转剖面图——用两个或两个以上相交的剖切面剖切

用两个或两个以上相交的剖切面(剖切面的交线应垂直于某投影面)剖切物体后,将倾斜于投影面的剖面绕其交线旋转展开到与投影面平行的位置,这样所得的剖面图就称为旋转剖面图(或展开剖面图)。用此法剖切时,应在剖面图的图名后加注"展开"字样。

如 5.13 所示,其检查井的两圆柱孔的轴线互成 135°,若采用铅垂的两剖切平面并按图中 H 面投影所示的剖切线位置将其剖开,此时左边剖面与 V 面平行,而右边与 V 面倾斜的剖面就绕两剖切平面的交线旋转展开至与 V 面平行的位置,然后向 V 面投影画出的图,就得该检查井的剖面图。

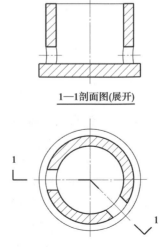

1—1剖面图(展开)

图 5.13　检查井的剖面图

画旋转剖画图时,应在剖切平面的起始及相交处,用粗短线表示剖切位置,用垂直于剖切线的粗短线表示投影方向。

5)分层剖切剖面图

为了表示建筑物局部的构造层次,并保留其部分外形时,可局部分层剖切,由此而得的图称为分层剖切剖面图。如图5.14所示,将杯形基础的 H 面投影局部剖开画成剖面图,以显示基础内部的钢筋配置情况。画这种剖面图时,其外形与剖面图之间,应用波浪线分界,剖切范围根据需要而定。

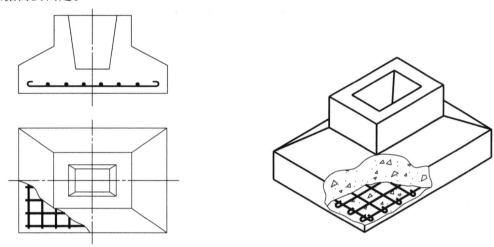

图5.14　杯形基础的分层剖切剖面图

如图5.15所示为在墙体中预埋的管道固定支架,图中只将其固定支架的局部剖开画成剖面图,以表示支架埋入墙体的深度及砂浆的灌注情况。

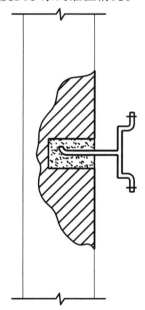

图5.15　墙体中固定支架处的分层剖切剖面图

如图5.16所示为板条抹灰隔墙的分层剖切剖面图,用于表示各层所用材料及做法。

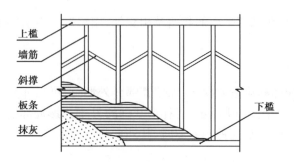

图 5.16 板条抹灰隔墙面分层剖切剖面图

5.3 断面图

当剖切平面剖开物体后,其剖切平面与物体的截交线所围成的截断面,就称为断面。如果只画出该断面的实形投影,则称为断面图。

5.3.1 断面图的画法

①断面的剖切符号,只用剖切位置线表示;并以粗实线绘制,长度为 6 ~ 10 mm。

②断面剖切符号的编号,宜采用阿拉伯数字,按顺序连续编排,并注写在剖切位置线的一侧,编号所在的一侧即为该断面的剖视方向。

③断面图的正下方只注写断面编号以表示图名(如 1—1、2—2……)并在编号数字下面画一粗短线,而省去"断面图"3 个字。

④断面图的剖面线及材料图例的画法与剖面图相同。

如图 5.17 所示为钢筋混凝土楼梯的梯板断面图。它与剖面图的区别在于:断面图只需画出物体被剖后的断面图形,而剖切后沿投影方向能见到的其他部分,则不必画出。显然,剖面图包含了断面图,而断面图则是剖面图的一部分。另外,断面的剖切位置线的外端,不用与剖切位置线垂直的粗短线来表示投影方向,而用断面编号数字的注写位置来表示。如图 5.17 所示,1—1 断面的编号注写在剖切位置线的右侧,则表示剖切后向右方投影。

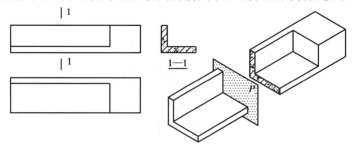

图 5.17 钢筋混凝土楼梯的梯板断面图

5.3.2 断面图的种类

断面图主要用于表达形体或构件的断面形状,根据其安放位置不同,一般可分为移出断面图、重合断面图和中断断面图 3 种形式。

1)移出断面图

将断面图画在投影图之外的称为移出断面图。当一个物体有多个断面图时,应将各断面图按顺序依次整齐地排列在投影图的附近,如图5.18所示为预制钢筋混凝土柱的移出断面图。根据需要,断面图可用较大的比例画出,图5.18就是放大一倍画出的。

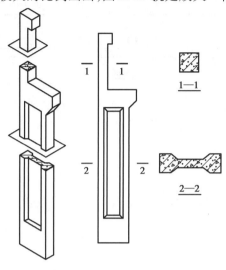

图 5.18　预制钢筋混凝土柱的移出断面图

2)重合断面图

断面图旋转90°后重合画在基本投影图上,称为重合断面图。其旋转方向可向上、向下、向左、向右。

如图5.19所示为墙面装饰线脚的重合断面图。其中图5.19(a)是将被剖切的断面向下旋转90°而成;图5.19(b)是将被剖切的断面向左旋转90°而成。画重合断面图时,其比例应与基本投影图相同,且可省去剖切位置线和编号。另外,为了使断面轮廓线区别于投影轮廓线,断面轮廓线应以粗实线绘制,而投影轮廓线则以中粗实线绘制。

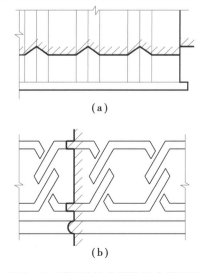

(a)

(b)

图 5.19　墙面装饰线脚的重合断面图

3)中断断面图

断面图画在构件投影图的中断处,就称为中断断面图。它主要用于一些较长且均匀变化的单一构件。如图 5.20 所示为角钢的中断断面图,其画法是在构件投影图的某一处用折断线断开,然后将断面图画在当中。

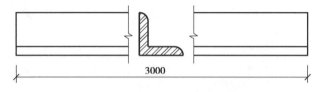

图 5.20　角钢的中断断面图

画中断断面图时,原投影长度可缩短,但尺寸应完整地标注。画图的比例、线型与重合断面图相同,也无须标注剖切位置线和编号。

5.4　轴测图中的剖切画法

5.4.1　剖切轴测图的概念

假想用轴测坐标面的平行面或其组合,将原本完整的轴测图切去一部分(常为形体的1/4),余下部分便是剖切轴测图,如图 5.21 中的右下图。剖切轴测图的要点是:应最能清楚地表达形体,被切开的实体断面,应能反映出形体的具体材料(图例)。

5.4.2　剖切轴测图的画法

绘制剖切轴测图,需具备以下几种能力:
①熟练的读图能力,保证对形体的正确理解。
②熟练的画轴测图的能力,具有绘制剖切轴测图的基础。
③熟练的线面分析能力,保证有能力分析出假想剖切平面与物体任意表面的交线,无论物体的表面处于什么位置,是什么形状。
下面以图 5.21 所示立体为例,详述其剖切轴测图的绘图方法。
本例题的形体为对称形体,如图 5.21(a)所示。根据形体原图及已经绘制好的轴测图,应用半剖剖面图的形式来表达较好。
在决定了具体的剖切位置和方式后,要逐一分析每一个假想剖切平面与物体表面的交线情况(剖切面与物体的哪些内外表面相交? 范围如何?)并逐一表示出来,如图 5.21 (b)所示。
在图 5.21(b)中,已经设定 P 平面位于前后对称位置,因此,该平面与物体左端相应棱线(正垂线)的交点都是该线条的中点(如图中的 1、2、3 等点),只要把各条相互平行的同方向棱线的中点找到,连接它们,便可得到相应的交线了。4 点是个例外,相应的棱线因为不可见而未画,剖切平面与 3、4 所在表面的交线一定是铅垂线,而该铅垂线的高度在原视图中是很明确的,所以在找到 3 点后,过该点作铅垂线并量取该铅垂线的高度等于原高即可确定 4 点。

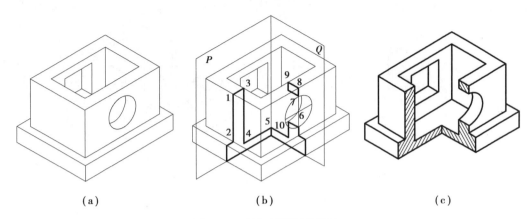

(a)　　　　　　　　　　　　(b)　　　　　　　　　　　　(c)

图5.21　剖切轴测图的画法

Q平面的剖切结果可以用相似的方法得到,也可以用上述坐标定点原理另外寻找出发点。Q平面是通过物体前方小圆孔中心线的侧平面,因此,找到最前面小圆的圆心6,就找到Q平面剖切该立体的出发点了。过6点作铅垂线,可以得到与圆周及上底面的交点7、8;过8点作正垂线可得9;过9点作铅垂线可得10,过10作正垂线与过4所作的侧垂线相交,可得到位于两个剖切平面交线上的交点5……两个剖切平面与物体表面的所有交线全部作出后,断面呈三个封闭的多边形。

去掉物体位于P平面之前Q平面之左的四分之一部分。绘图中具体体现为擦掉物体位于这一区域的所有线条,将剖切的断面及原来看不见的部分充分暴露出来,如图5.21(c)所示。检查无误后加粗即成。但应注意,切出的断面应该正确绘出图例,无论何种类型的轴测图,原来在投影图中呈45°的斜线,在剖切轴测图中应保持"轴测"意义上的角度"不变",但相邻两剖面上的斜线方向应该相反(图5.22)。

如果需要,也可用剖切平面对同一物体做其他位置的剖切,但作图方法仍然是相同的(图5.23)。

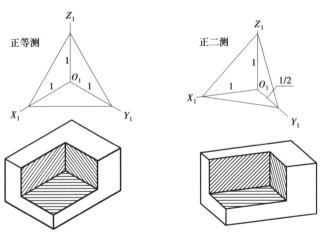

图5.22　剖切轴测图图例画法

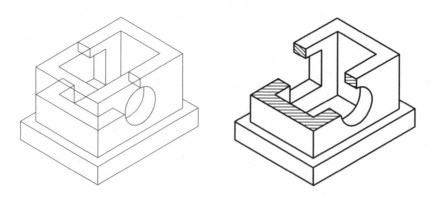

图 5.23　不同位置剖切

5.5　简化画法

简化表示法分为简化画法和简化注法,简化必须保证不致引起误解和不会产生理解的多意性,读图和绘图均方便。

5.5.1　对称形体的简化

对称形体可以根据其对称的程度进行合理简化:当形体有一条对称线时,可简化一半,如图 5.24(a)所示;当形体有两条对称线时,可简化成 1/4,如图 5.24(b)所示。

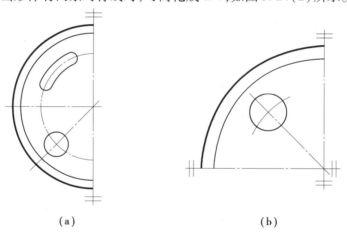

(a)　　　　　　　　　　　　　(b)

图 5.24　对称形体的简化画法(一)

对称形体需用剖切方式表现时,常以对称中心线为界,一半画视图(外貌),另一半画剖面图或断面图,如图 5.25 所示。

对称形体还可用非对称的方式来简化。这需要将对称形体关于对称中线的一半全部画出,另一半仅保留对称线附近的少许部分。在这样的处理方式中,不需要也不允许画出对称符号,如图 5.26 所示。

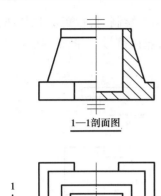

1—1剖面图

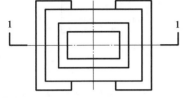

图5.25 对称形体的简化画法(二)

图5.26 对称形体的简化画法(三)

5.5.2 相同要素的简化

物体上多个完全相同且连续排列的形状要素,可在两端或其他适当位置画出其完整形状,其余以中心线或中心线交点表示其位置即可,如图5.27所示。但应注意,当纵横交叉的中心线网格交点处并不都有形状要素时,除了正常画出一两个外,其余要素的位置应用小黑点标明,如图5.28所示。

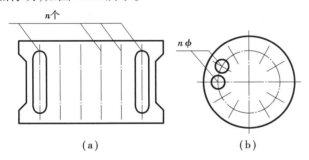

(a)   (b)

图5.27 相同要素简化画法(一)

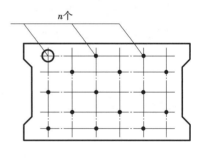

图5.28 相同要素简化画法(二)

5.5.3 折断简化

如图5.29(a)所示的处理方法,是折断简化的一种,即将物体中部无变化的部分折断,保留并移近两端有变化的部分。另外,按一定规律变化的形体,也可按如图5.29(b)所示的方法来简化表达。

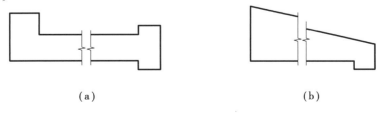

(a)   (b)

图5.29 折断简化画法

还有一种情况是,物体因太长等原因而无法在同一张图纸上绘制时,也可将物体折断并将两段各自单独绘制出来,但应在物体折断的同一位置绘制出连接符号,如图5.30(a)所示。

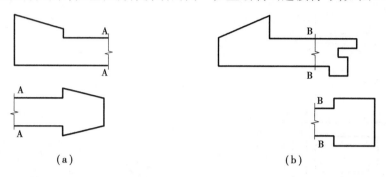

（a）　　　　　　　　　　　　　（b）

图5.30　连接简化画法

利用连接符号,还可将两个"部分"形状相同的物体进行简化。例如,乙物体左端与甲物体左端完全相同但右端不同,那么在绘出甲物体视图的基础上,绘制乙物体时可以只绘出不同部分,但在相同与不同的分界处,也应绘出连接符号,如图5.30(b)所示。

本章小结

(1)了解剖面图、断面图的形成。
(2)熟练掌握剖面图、断面图的概念、分类及画法;并明确剖面图与断面图的异同。
(3)熟悉轴测图的剖切画法。
(4)熟悉各种简化画法。

复习思考题

5.1　什么是图样？工程实践中常用的图样有哪些?
5.2　为什么要用剖面图或断面图?
5.3　剖面图与断面图分别是怎样形成的?
5.4　剖面图中的线型是如何规定的?
5.5　剖面图的剖切符号如何来画?
5.6　剖面图与断面图各分几种类型？各适用于什么对象?
5.7　剖面图与断面图的区别有哪些?

6

建筑施工图

本章导读

　　本章主要介绍建筑施工图的内容,包括组成建筑施工图的总平面图、各层平面图、立面图、剖面图及详图的形成、用途、比例、图线、图例、尺寸标注等要求和绘图方法。重点应掌握识读和绘制建筑施工图的方法和技巧。

6.1　概述

6.1.1　房屋的组成及房屋施工图的分类

1)房屋的组成

　　虽然各种房屋的使用要求、空间组合、外形处理、结构形式和规模大小等各有不同,但基本上是由基础、墙、柱、楼面、屋面、门窗、楼梯以及台阶、散水、阳台、走廊、天沟、雨水管、勒脚、踢脚板等组成的,如图6.1和图6.2所示是一幢3层的小别墅住宅。

　　基础起着承受和传递荷载的作用;屋顶、外墙、雨篷等起着隔热、保温、避风遮雨的作用;屋面、天沟、雨水管、散水等起着排水的作用;台阶、门、走廊、楼梯起着沟通房屋内外、上下交通联系的作用;窗则主要用于采光和通风;墙裙、勒脚、踢脚板等起着保护墙身的作用。

2)房屋施工图的分类

　　在工程建设中,首先要进行规划、设计,并绘制成图,然后照图施工。

遵照建筑制图标准和建筑专业的习惯画法绘制建筑物的多面正投影图,并注写尺寸和文字说明的图样,称为建筑图。建筑图包括建筑物的方案图、初步设计图(简称"初设图")和扩大初步设计图(简称"扩初图")以及施工图。

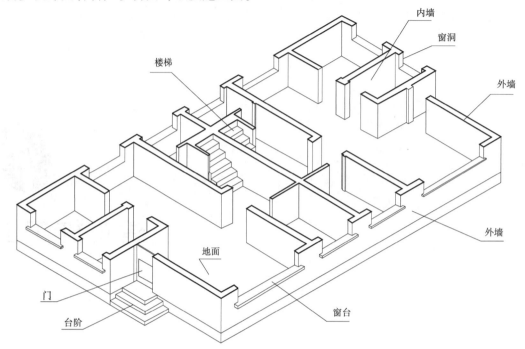

图6.1 房屋的组成(一)

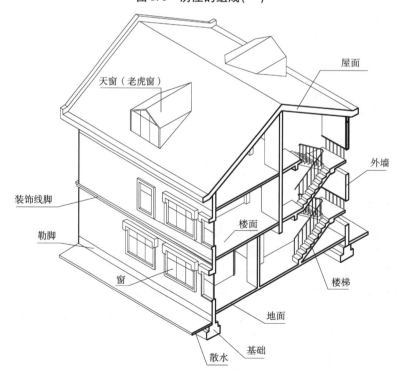

图6.2 房屋的组成(二)

施工图根据其内容和各专业工程的不同分为：

①建筑施工图(简称"建施图")。主要用来表示建筑物的规划位置、外部造型、内部各房间的布置、内外装修、构造及施工要求等。其内容主要包括施工图首页、总平面图、各层平面图、立面图、剖面图及详图。

②结构施工图(简称"结构图")。主要表示建筑物承重结构的结构类型、结构布置、构件种类、数量、大小及做法。其内容主要包括结构设计说明、结构平面布置图及构件详图。

③设备施工图(简称"设施图")。主要表达建筑物的给水排水、暖气通风、供电照明、燃气等设备的布置和施工要求等。其内容主要包括各种设备的布置图、系统图和详图等。

本章主要讲述建筑施工图的相关内容。

6.1.2 模数协调

为使建筑物的设计、施工、建材生产以及使用单位和管理机构之间容易协调,用标准化的方法使建筑制品、建筑构配件和组合件实现工厂化规模生产,从而加快设计速度,提高施工质量及效率,改善建筑物的经济效益,进一步提高建筑工业化水平,国家颁布了中华人民共和国国家标准《建筑模数协调标准》(GB/T 50002—2013)。

模数协调使符合模数的构配件、组合件能用于不同地区不同类型的建筑物中,促使不同材料、形式和不同制造方法的建筑构配件、组合件有较大的通用性和互换性,在建筑设计中能简化设计图的绘制,在施工中能使建筑物及其构配件和组合件的放线、定位和组合等更有规律、更趋统一、协调,从而便利施工。

模数是选定的尺寸单位,作为尺度协调的增值单位。模数协调选用的基本尺寸单位,称为基本模数。基本模数的数值为 100 mm,其符号为 M,即 M = 100 mm,整个建筑物和建筑物的一部分以及建筑组合件的模数化尺寸,应是基本模数的倍数。模数协调标准选定的扩大模数和分模数称为导出模数,导出模数是基本模数的整倍数和分数。

扩大模数应符合基数为 2M、3M、6M、12M、⋯⋯的规定,其相应的尺寸分别为 200、300、600、1 200、⋯⋯。

分模数应符合基数为 M/10、M/5、M/2 的规定,其相应的尺寸分别为 10、20、50。

建筑物的开间或柱距,进深或跨度,梁、板、隔墙和门窗洞口宽度等部分的截面尺寸宜采用水平基本模数和水平扩大模数数列,且水平扩大模数数列宜采用 $2n$M、$3n$M(n 为自然数)。

建筑物的高度、层高和门窗洞口高度等,宜采用竖向基本模数和竖向扩大模数数列,且竖向扩大模数数列宜采用 nM。

构造节点和分部件的接口尺寸等宜采用分模数数列,且分模数数列宜采用 M/10、M/5、M/2。

6.1.3 砖墙及砖的规格

目前在我国房屋建筑中的墙身,如为框架结构,墙体多以加气混凝土砌块和水泥空心砖及页岩空心砖。其墙体厚度一般为 100、150、200、250、300。如为墙体承重结构,墙体多以砖墙为主,另外有石墙、混凝土墙、砌块墙等。砖墙的尺寸与砖的规格有密切联系。墙体承重结构中墙身采用的砖,不论是黏土砖、页岩砖还是灰砂砖,当其尺寸为 240 × 115 × 53 时,这种砖称为标准砖。采用标准砖砌筑的墙体厚度的标志尺寸为 120(半砖墙,实际厚度 115)、240(一砖墙,实际厚度 240)、370(一砖半墙,实际厚度 365)、490(二砖墙,实际厚度 490)等。砖的强度等级是根据 10 块砖抗压强度平均值和标准值划分的,共有 5 个级别,即 MU30、MU25、MU20、MU15、MU10(图 6.3)。

砌筑砖墙的黏结材料为砂浆,根据砂浆的材料不同有石灰砂浆(石灰、砂),混合砂浆(石灰、水泥、砂)、水泥砂浆(水泥、砂)。砂浆的抗压强度等级有 M2.5、M5.0、M7.5、M10、M15 这 5 个等级。

在混合结构及钢筋混凝土结构的建筑物中,还常涉及混凝土的抗压强度等级。按照中华人民共和国国家标准《混凝土结构设计规范》(GB 50010—2010)的规定,普通混凝土的抗压强度等级分为 14 级,即 C15、C20、C25、C30、C35、C40、C45、C50、C55、C60、C65、C70、C75、C80。

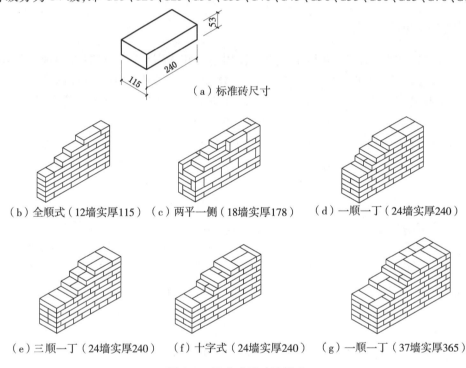

(a)标准砖尺寸

(b)全顺式(12墙实厚115)　(c)两平一侧(18墙实厚178)　(d)一顺一丁(24墙实厚240)

(e)三顺一丁(24墙实厚240)　(f)十字式(24墙实厚240)　(g)一顺一丁(37墙实厚365)

图 6.3　标准砖及砖墙厚度

6.1.4　标准图与标准图集

为了加快设计与施工的速度,提高设计与施工的质量,把各种常用的、大量性的房屋建筑及建筑构配件,按"国标"规定的统一模数,根据不同的规格标准,设计编出成套的施工图,以供选用。这种图样就称为标准图或通用图,将其装订成册即为标准图集。标准图集的使用范围限制在图集批准单位所在的地区。

标准图有两种:一种是整幢房屋的标准设计(定型设计);另一种是目前大量使用的建筑构配件标准图集。建筑标准图集的代号常用"建"或字母"J"表示。如国家建筑标准设计图集《小城镇住宅通用(示范)设计·重庆地区》代号为"05SJ917-8";西南地区(云、贵、川、渝、藏)《刚性、卷材、涂膜防水及隔热屋面构造图集》代号为"西南 03J201-1";山东省《06 系列山东省建筑标准图集·建筑工程做法》图集编号为 L06J002。

结构标准图集的代号常用"结"或字母"G"表示。如国家建筑标准设计图集《混凝土结构施工图平面整体表示方法制图规则和构造详图(现浇框架、剪力墙、梁、板)》代号为"11G101-1";四川省《空心板图集》代号为"川 G202";福建省建筑标准设计《人工挖孔灌注桩 DBJT13-68》代号为"闽 2004G107"等。

6.2　建筑施工图设计总说明及总平面图

6.2.1　建筑施工图设计总说明

建筑施工图设计总说明主要包括以下主要内容:

①设计依据:如设计合同、政府有关职能部门对本项目各设计阶段的批文、国际有关设计规范、采用的标准图集等。

②工程概况:如工程名称、建筑面积、层数、总高、结构形式、合理使用年限、耐火等级、屋面和地下室防水等级等。

③工程室内外装修做法表:地面、内外墙面、天棚、踢脚、屋面、等做法及材料。包含面层装饰材料、防水、保温节能材料。

④建筑施工图图纸目录。

⑤门窗统计表:包括门窗的种类、洞口尺寸、数量、材料等。

6.2.2　总平面图的用途

在画有等高线或坐标方格网的地形图上,加画上新设计的乃至将来拟建的房屋、道路、绿化(必要时还可画出各种设备管线布置以及地表水排放情况)并标明建筑基地方位及风向的图样,便是总平面图,如图 6.4 所示。

总平面图被用来表示整个建筑基地的总体布局,包括新建房屋的位置、朝向以及周围环境(如原有建筑物、交通道路、绿化、地形、风向等)的情况。总平面图是新建房屋定位、放线以及布置施工现场的依据。

6.2.3　总平面图的比例

由于总平面图包括地区较大,中华人民共和国国家标准《总图制图标准》(GB/T 50103—2010,以下简称"总图制图标准")规定:总平面图的比例应用 1∶500、1∶1 000、1∶2 000 来绘制。实际工程中,由于国土局以及有关单位提供的地形图常为 1∶500 的比例,故总平面图常用1∶500 的比例绘制(图 6.4)。

6.2.4　总平面图的图例

由于总平面图的比例较小,故总平面图上的房屋、道路、桥梁、绿化等都用图例表示。表 6.1 列出的为"总图制图标准"规定的总图图例(图例:以图形规定的画法即称为图例)。在较复杂的总平面图中,如用了一些"总图制图标准"上没有的图例,应在图纸的适当位置加以说明。总平面图常画在有等高线和坐标网格的地形图上,地形图上的坐标称为测量坐标,是用与地形图相同比例画出的 50 m×50 m 或 100 m×100 m 的方格网。此方格网的竖轴用 X 表示,横轴用 *Y* 表示。一般房屋的定位应注其 3 个角的坐标,如建筑物、构筑物的外墙与坐标轴线平行,可标注其对角坐标。

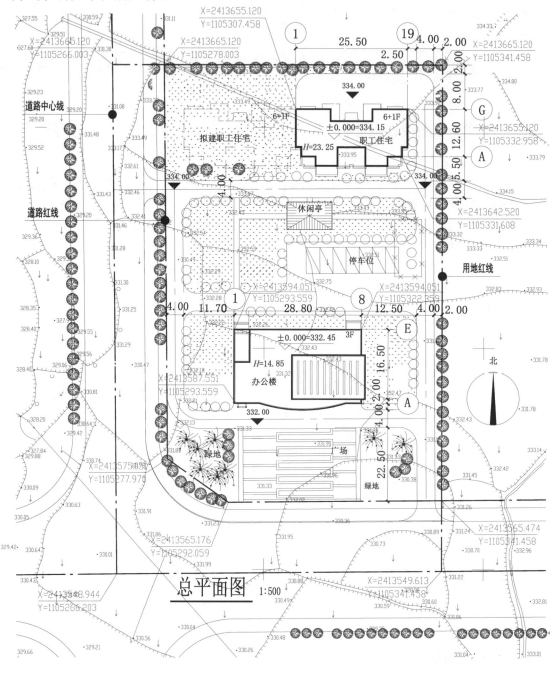

图 6.4　总平面图

新建房屋的朝向(朝向:对整个房屋而言,是指主要出入口所在墙面所面对的方向;对一般房间而言,则指主要开窗面所面对的方向称为朝向)与风向,可在图纸的适当位置绘制指北针或风向频率玫瑰图(简称"风玫瑰")来表示。指北针应按中华人民共和国国家标准《房屋建筑制图统一标准》(GB/T 50001—2010)规定绘制。如图 6.5 所示,指针方向为北向,圆用细实线,直径为 24 mm,指针尾部宽度为 3 mm,指针针尖处应注写"北"或"N"字。如需用较大直径绘制指北针时,指针尾部宽度宜为直径的 1/8。

风向频率玫瑰图在 8 个或 16 个方位线上用端点与中心的距离,代表当地这一风向在一年中发生频率,粗实线表示全年风向,细虚线范围表示夏季风向。风向由各方位吹向中心,风向线最长者为主导风向,如图 6.6 所示。

图 6.5　指北针　　　　图 6.6　风向频率玫瑰图

表 6.1　总平面图图例(摘自 GB/T 50103—2010)

序号	名称	图例	说明
1	新建的建筑物	①　12F/2D　H=59.00 m	新建建筑物以粗实线表示与室外地坪相接处 ±0.00 外墙定位轮廓线; 建筑物一般以 ±0.00 高度处的外墙定位轴线交叉点坐标点定位,轴线用细实线表示,并标明轴线编号; 根据不同设计阶段标注建筑编号,地上、地下层数,建筑高度,建筑出入口位置(两种表示方法均可,但同一图纸采用一种表示方法); 地下建筑物以粗虚线表示其轮廓; 建筑上部(±0.00 以上)外挑建筑以细实线表示; 建筑物上部连廊用细虚线表示并标注位置
2	原有的建筑物		用细实线表示
3	计划扩建的预留地或建筑物(拟建的建筑物)		用中粗虚线表示
4	拆除的建筑物		用细实线表示

续表

序号	名称	图例	说明
5	建筑物下面的通道	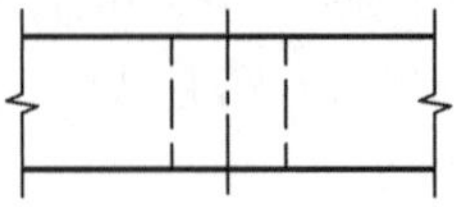	
6	散状材料露天堆场	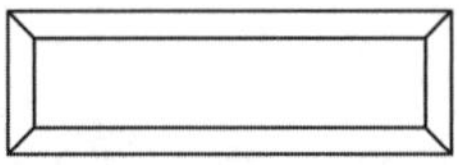	需要时可注明材料名称
7	其他材料露天堆场或露天作业场	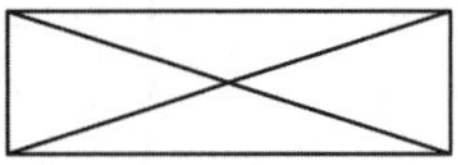	需要时可注明材料名称
8	铺砌场地	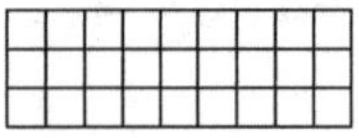	
9	烟囱		实线为烟囱下部直径,虚线为基础,必要时可注写烟囱高度和上、下口直径
10	台阶及无障碍坡道	1. 　2. 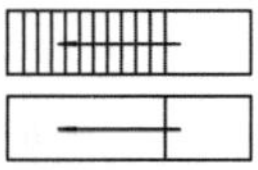	1. 表示台阶(级数仅为示意); 2. 表示无障碍坡道
11	围墙及大门	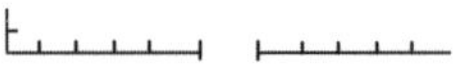	
12	挡土墙	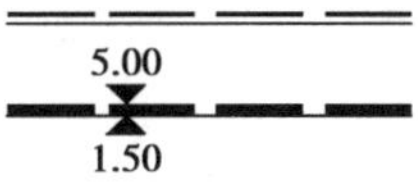 5.00 1.50	挡土墙根据不同设计阶段的需要标注 墙顶标高 墙底标高
13	挡土墙上设围墙		
14	坐标	1. X=105.00 Y=425.00　2. A=105.00 B=425.00 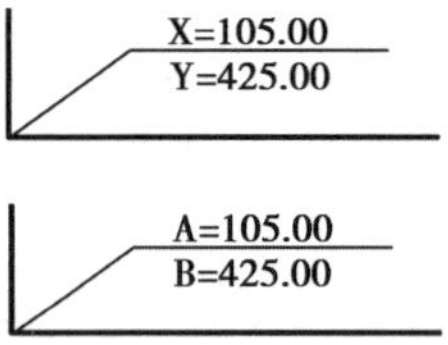	1. 表示地形测量坐标系; 2. 表示自设坐标系; 坐标数字平行于建筑标注
15	填挖边坡	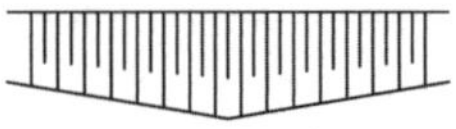	
16	雨水口	1.　2.　3. 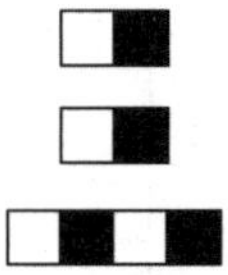	1. 雨水口; 2. 原有雨水口; 3. 双落式雨水口

序号	名称	图例	说明
17	消火栓井		
18	室内标高	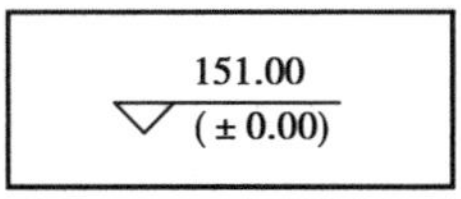 151.00 ▽ (±0.00)	数字平行于建筑物书写
19	室外标高	 143.00 ▼	室外标高也可采用等高线表示
20	地下车库入口	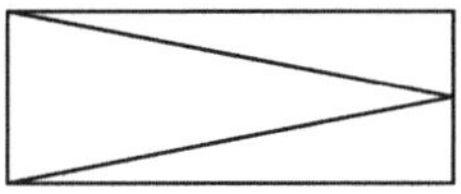	机动车停车场

6.2.5　总平面图的尺寸标注

　　总平面图上的尺寸应标注新建房屋的总长、总宽以及与周围房屋或道路的间距,尺寸以"米"为单位,标注到小数点后两位。新建房屋的层数在房屋图形右上角上用点数或数字表示。一般低层、多层用点数表示层数,高层用数字表示,如果为群体建筑,也可统一用点数或数字表示。

　　新建房屋的室内地坪标高为绝对标高(绝对标高:以我国青岛市外黄海海平面为±0.000的标高),这也是相对标高(相对标高:以某建筑物底层室内地坪为±0.000的标高)的零点。标高符号的规格及画法如图1.31所示。室外整平标高采用全部涂黑的等腰三角形"▼"表示,大小形状同标高符号。总平面图上标高单位为"米",标到小数点后两位。

6.2.6　总平面图的识读示例

　　图6.4为某县技术质量监督局办公楼及职工住宅所建地的总平面图。从图中可以看出,整个基地平面很规则,南边是规划的城市主干道,西边是规划的城市次干道,东边和北边是其他单位建筑用地。新建办公楼位于整个基地的中部,其建筑的定位已用测量坐标标出了3个角点的坐标,其朝向可根据指北针判断为坐北朝南。新建办公楼的南边是入口广场,北边是停车场及职工住宅,东边和西边都布置有较好的绿地,使整个环境开敞、空透,形成较好的绿化景观。用粗实线画出的新建办公楼共3层,总长28.80 m,总宽16.50 m,总高14.85 m,距东边环形通道12.50 m,距南边环形通道2.00 m。新建办公楼的室内整平标高为332.45 m,室外整平标高为332.00 m。从图中我们还可以看到,紧靠新建办公楼的北偏东方向停车场边有一需拆除的建筑。基地北边用粗实线画出的是即将新建的一个单元的职工住宅,该新建的职工住宅共6+1层(顶上两层为跃层),总长25.50 m,总宽12.60 m,总高23.45 m,距北边建筑红线10.00 m,距东边建筑红线8.50 m,距南边小区道路5.50 m。新建的职工住宅的室内整平标高为335.00 m,室外整平标高为334.00 m。而在即将新建的职工住宅的西边准备再拼建一个单元的职工住宅,故在此用虚线来表示的(拟建建筑)。

（1）经济技术指标

在实际施工图上，往往会在总平面图所在的图纸一角用表格的方式来说明整个建筑基地的经济技术指标。主要的经济技术指标如下：

①总用地面积；

②总建筑面积（可分别包含：地上建筑面积、地下建筑面积，或分为：居住建筑面积、公共建筑面积）；

③总户数；

④总停车位；

⑤容积率：总建筑面积÷总用地面积；

⑥绿地率：总绿地面积÷总用地面积×%；

⑦覆盖率（建筑密度）：每一栋建筑的投影面积总和÷总用地面积×%。

（2）总平面图的读图要点

总平面图的读图要点归纳如下：

①图名、比例；

②新建工程项目名称、位置、层数、指北针、风玫瑰、朝向、建筑室内外绝对标高；

③新建的道路的布置以及宽度和坡度、坡向、坡长，绿化场地、管线的布置；

④新建建筑的总长和总宽；

⑤原有建筑的位置、层数与新建建筑的关系；

⑥周围的地形地貌；

⑦定位放线依据（坐标）；

⑧主要的经济技术指标。

6.3 建筑平面图

6.3.1 建筑平面图的用途

建筑平面图是用以表达房屋建筑的平面形状，房间布置，内外交通联系，以及墙、柱、门窗等构配件的位置、尺寸、材料和做法等内容的图样，简称"平面图"。

平面图是建筑施工图的主要图样之一，是施工过程中，房屋的定位放线、砌墙、设备安装、装修及编制概预算、备料等的重要依据。

6.3.2 平面图的形成

平面图的形成通常是假想用一水平剖切面经过门窗洞口将房屋剖开，移去剖切平面以上的部分，将余下部分用直接正投影法投影到 H 面上而得到的正投影图。即平面图实际上是剖切位置位于门窗洞口处的水平剖面图，如图 6.7 所示。

《工程设计图学》视频6-1 平面图的形成

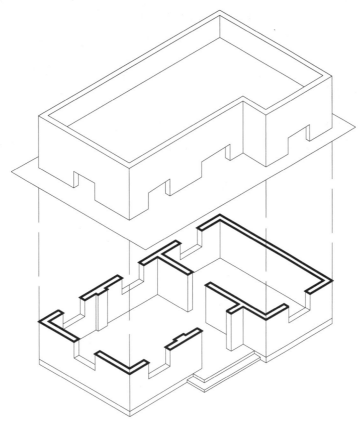

图 6.7　平面图的形成

6.3.3　平面图的比例及图名

1）比例

平面图用 1∶50、1∶100、1∶200 的比例绘制,实际工程中常用 1∶100 的比例绘制。

2）图名

一般情况下,房屋有几层就应画几个平面图,并在图的下方标注相应的图名,如"底层平面图""二层平面图"等。图名下方应加一条粗实线,图名右方标注比例。当房屋中间若干层的平面布局、构造情况完全一致时,则可用一个平面图来表达这相同布局的若干层,称之为标准层平面图。

6.3.4　平面图的图示内容

底层平面图应画出房屋本层相应的水平投影,以及与本栋房屋有关的台阶、花池、散水等的投影（图 6.8）;二层平面图除画出房屋二层范围的投影内容之外,还应画出底层平面图无法表达的雨篷、阳台、窗眉等内容,而对于底层平面图上已表达清楚的台阶、花池、散水等内容就不再画出;三层以上的平面图则只需画出本层的投影内容及下一层的窗楣、雨篷等这些下一层无法表达的内容。

建筑平面图由于比例较小,各层平面图中的卫生间、楼梯间、门窗等投影难以详尽表示,在施工图中便采用中华人民共和国国家标准《建筑制图标准》(GB/T 50104—2010,以下简称"建筑制图标准")规定的图例来表达(表6.2),而相应的详尽情况则另用较大比例的详图来表达。

6.3.5　平面图的图线

建筑平面图的图线,按"建筑制图标准"规定,凡是剖到的墙、柱的断面轮廓线,宜用粗实线,门扇的投影示意线用中粗实线表示,其余可见投影线则用细实线表示,如图6.8所示。

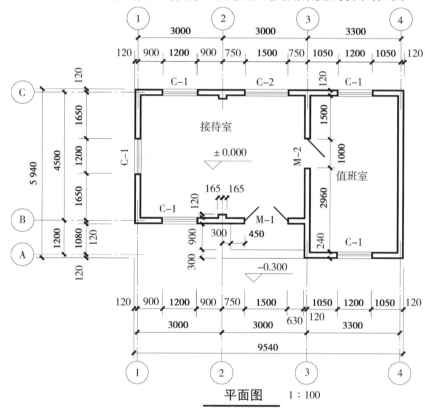

图6.8　平面图

6.3.6　建筑平面图的轴线编号

为了适应建筑工业化,在建筑平面图中采用轴线网格划分平面,使房屋的平面布置以及构件和配件趋于统一,这些轴线称为定位轴线,它是确定房屋主要承重构件(墙、柱、梁)位置及标注尺寸的基线。中华人民共和国国家标准《房屋建筑制图统一标准》(GB/T 50001—2017)规定:水平方向的轴线自左至右用阿拉伯数字依次连续编为①、②、③……;竖直方向自下而上用大写英文字母连续编写Ⓐ、Ⓑ、Ⓒ……,并除去I、O、Z三个字母,以免与阿拉伯数字中1、0、2三个数字混淆。如建筑平面形状较特殊,也可以采用分区编号的形式来编注轴线,其方式为"分区号—该区轴线号"(图6.9)。

如果平面为折线形,定位轴线的编号也可用分区,也可以自左至右依次编注(图6.10)。

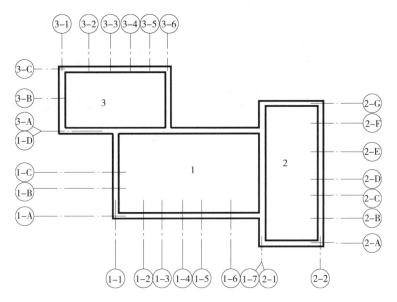

图 6.9　定位轴线分区编号标注方法

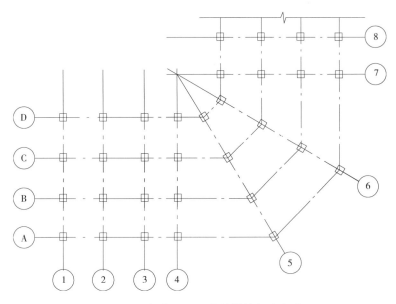

图 6.10　折线形平面定位轴线标注方法

表6.2　构造及配件图例(摘自 GB/T 50104—2010)

序号	名称	图例	说明
1	墙体	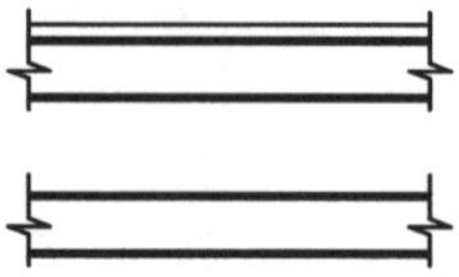	1.上图为外墙,下图为内墙; 2.外墙细线表示有保温层或有幕墙; 3.应加注文字或涂色或图案填充表示材料的墙体; 4.在各层平面图中防火墙应着重以特殊图案填充表示
2	隔断		1.加注文字或涂色或图案填充表示材料的轻质隔断; 2.适用于到顶与不到顶的隔断
3	玻璃幕墙		幕墙龙骨是否表示由项目设计决定
4	栏杆		
5	楼梯	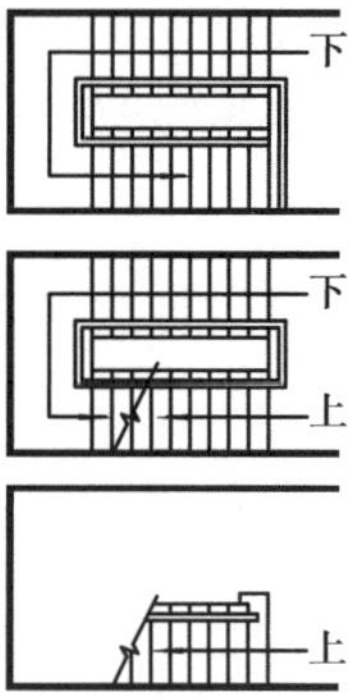	1.上图为顶层楼梯平面,中图为中间层楼梯平面,下图为底层楼梯平面; 2.需设置靠墙扶手或中间扶手时,应在图中表示
6	坡道	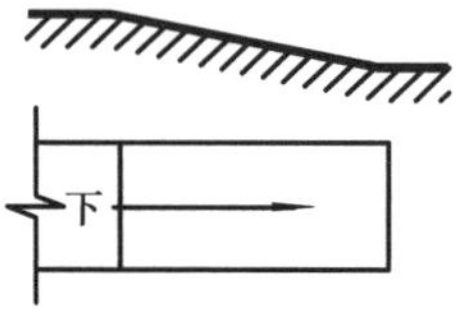	长坡道
		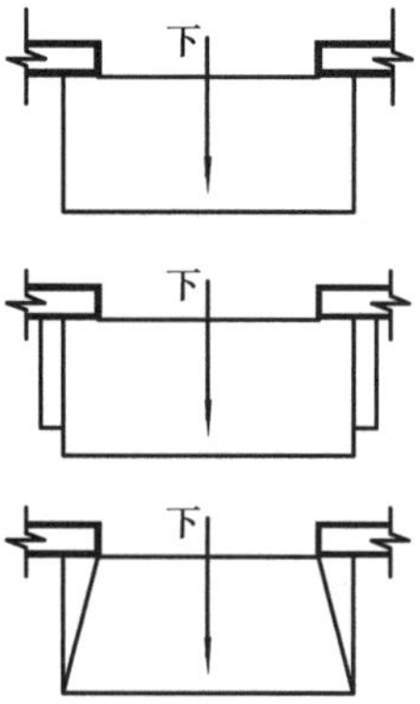	上图为两侧垂直的门口坡道,中图为有挡墙的门口坡道,下图为两侧找坡的门口坡道

续表

序号	名称	图例	说明
7	台阶	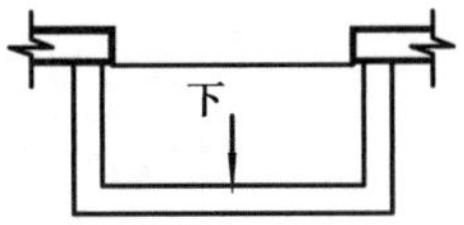	
8	平面高差	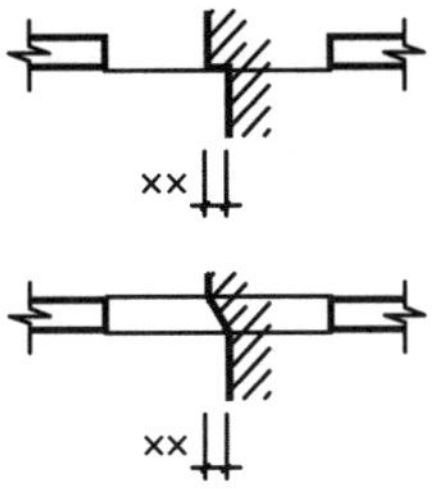	用于高差小的地面或楼面交接处,并应与门的开启方向协调
9	检查孔		左图为可见检查孔,右图为不可见检查孔
10	孔洞		阴影部分也可填充灰度或涂色代替
11	坑槽		
12	墙预留洞	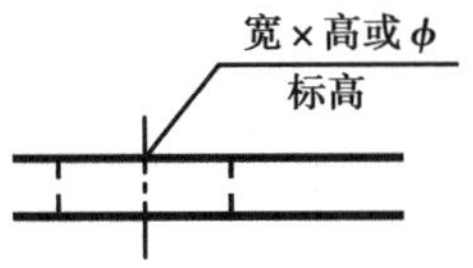	1.上图为预留洞,下图为预留槽; 2.平面以洞(槽)中心定位; 3.宜以涂色区别墙体和留洞(槽)
13	墙预留槽	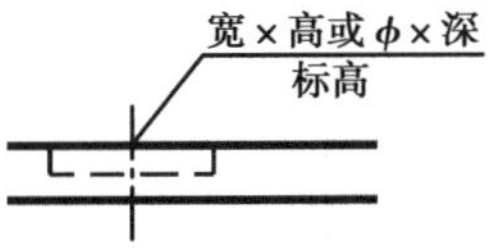	
14	烟道	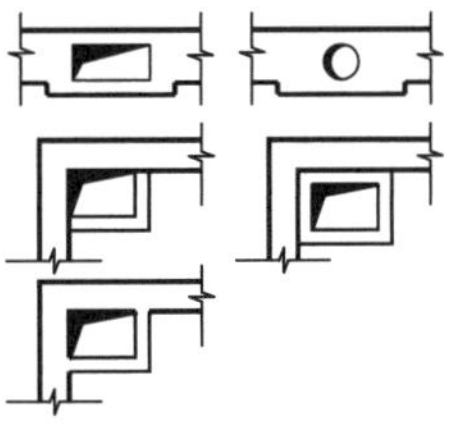	1.阴影部分可以涂色代替; 2.烟道与墙体为同一材料,其相接处墙身线应断开
15	风道	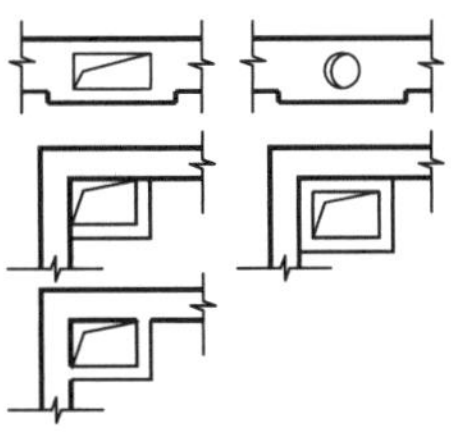	

续表

序号	名称	图例	说明
16	空门洞	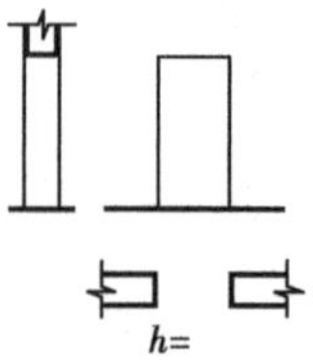	h 为门洞高度
17	单扇开启单扇门（包括平开或单面弹簧）	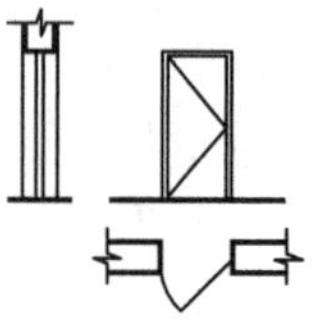	1.门的名称代号用 M 表示； 2.平面图中,下为外、上为内,门开启线交 90°、60° 或 45°,开启弧线宜画出； 3.立面图中,开启线实线为外开,虚线为内开,开启线交角的一侧为安装合页一侧,开启线在建筑立面图中可以不表示,在立面大样图中可根据需要画出； 4.剖面图中,左为外、右为内； 5.附加纱窗应以文字说明,在平、立、剖面图中均不表示； 6.立面形式应按实际情况绘制
18	双面开启单扇门（包括双面平开或双面弹簧）	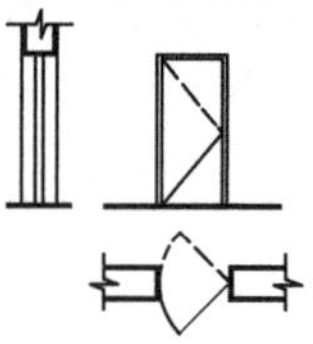	
19	双层单扇平开门	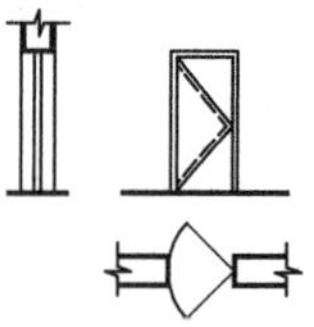	
20	单面开启双扇门（包括平开或单面弹簧）	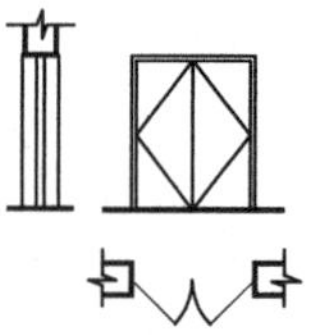	
21	双面开启双扇门（包括双面平开或双面弹簧）	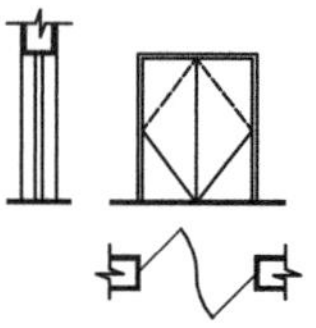	
22	双层双扇平开门	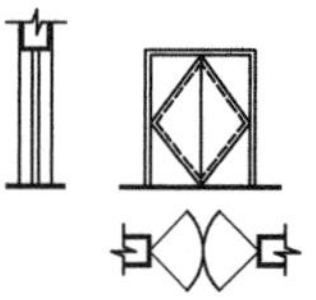	
23	折叠门	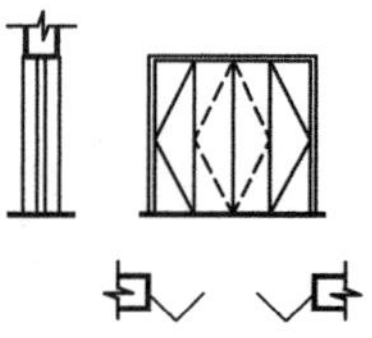	1.门的名称代号用 M 表示； 2.平面图中,下为外、上为内； 3.立面图中,开启线实线为外开,虚线为内开,开启线交角的一侧为安装合页一侧； 4.剖面图中,左为外、右为内； 5.立面形式应按实际情况绘制

续表

序号	名称	图例	说明
24	墙洞外单扇推拉门	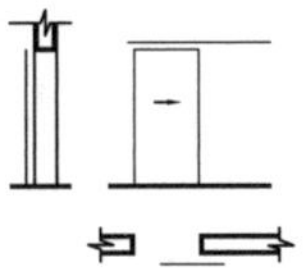	1.门的名称代号用 M 表示； 2.平面图中,下为外、上为内； 3.剖面图中,左为外、右为内； 4.立面形式应按实际情况绘制
25	墙洞外双扇推拉门	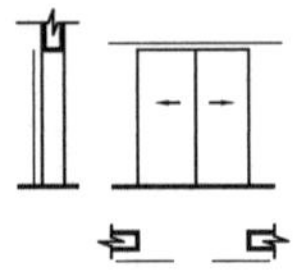	
26	墙中单扇推拉门	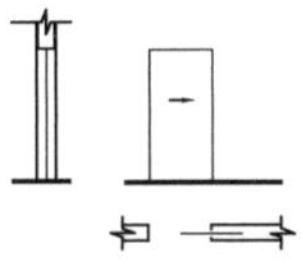	1.门的名称代号用 M 表示； 2.立面形式应按实际情况绘制
27	墙中双扇推拉门	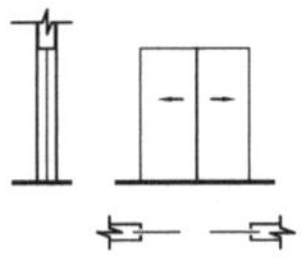	
28	推杠门	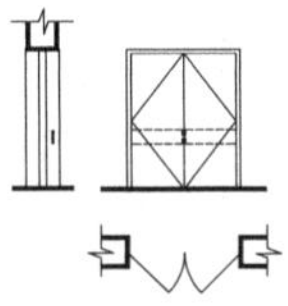	1.门的名称代号用 M 表示； 2.平面图中,下为外、上为内,门开启线交90°、60°或45°,开启弧线宜画出； 3.立面图中,开启线实线为外开,虚线为内开,开启线交角的一侧为安装合页一侧,开启线在建筑立面图中可以不表示,在立面大样图中可根据需要画出； 4.剖面图中,左为外、右为内； 5.立面形式应按实际情况绘制
29	门连窗	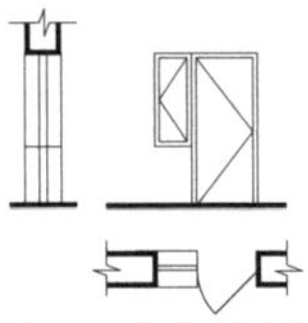	
30	自动门	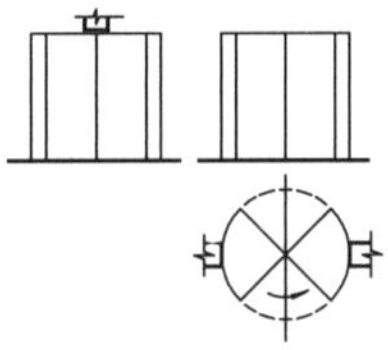	1.门的名称代号用 M 表示； 2.立面形式应按实际情况绘制
31	竖向卷帘门	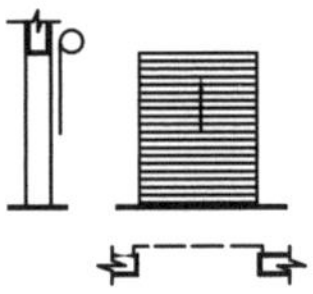	
32	自动门	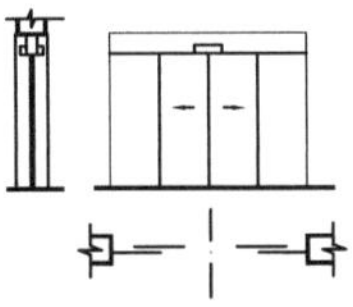	

续表

序号	名称	图例	说明
33	固定窗	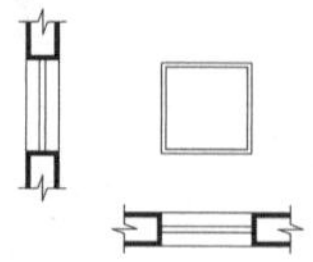	1. 窗的名称代号用 C 表示; 2. 平面图中,下为外、上为内; 3. 立面图中,开启线实线为外开,虚线为内开,开启线交角的一侧为安装合页一侧,开启线在建筑立面图中可不表示,在门窗立面大样图中需画出; 4. 剖面图中,左为外、右为内,虚线仅表示开启方向,项目设计不表示; 5. 附加纱窗应以文字说明,在平、立、剖面图中均不表示; 6. 立面形式应按实际情况绘制
34	上悬窗	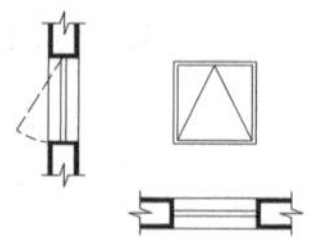	
35	中悬窗	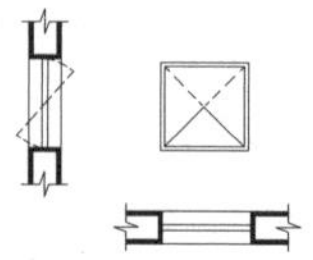	
36	下悬窗	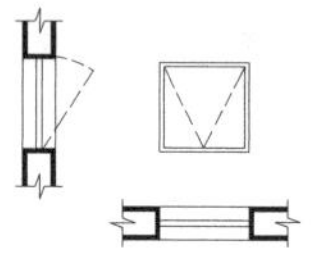	
37	立转窗	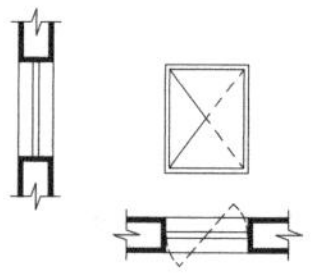	
38	单层外开平开窗	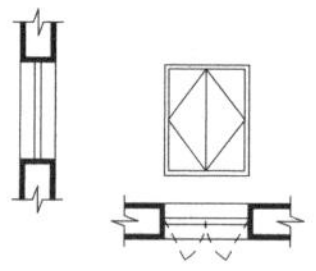	
39	单层内开平开窗	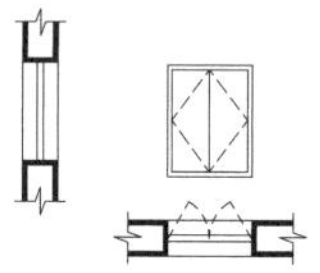	
40	双层内外开平开窗	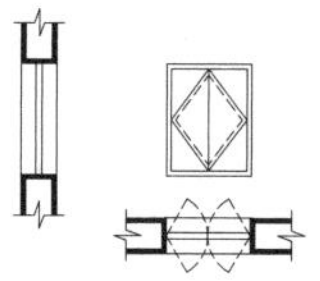	
41	单层推拉窗	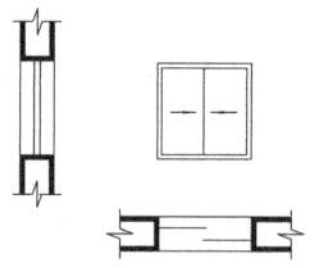	1. 窗的名称代号用 C 表示; 2. 立面形式应按实际情况绘制
42	双层推拉窗	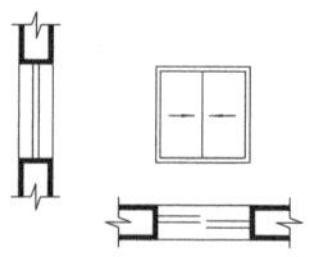	

续表

序号	名称	图例	说明
43	百叶窗		1. 窗的名称代号用 C 表示； 2. 立面形式应按实际情况绘制
44	高窗	$h=$	1. 窗的名称代号用 C 表示； 2. 立面图中，开启线实线为外开，虚线为内开，开启线交角的一侧为安装合页一侧，开启线在建筑立面图中可不表示，在门窗立面大样图中需画出； 3. 剖面图中，左为外、右为内； 4. 立面形式应按实际情况绘制； 5. h 表示高窗底距本层地面高度； 6. 高窗开启方式参考其他窗型

如为圆形平面，定位轴线则应以圆心为准成放射状依次编注，并以距圆心距离决定其另一方向轴线位置及编号（图 6.11）。

一般承重墙柱及外墙编为主轴线，非承重墙、隔墙等编为附加轴线（又称分轴线）。第一号主轴线①或Ⓐ前的附加轴线编号为 ⑴/01 或 ⑶/0A，如图 6.12 所示。轴线线圈用细实线画出，直径为 8 ~ 10 mm。

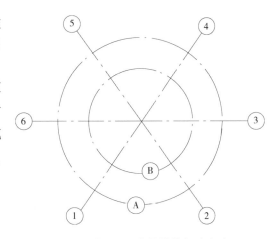

图 6.11　圆形平面定位轴线标注方法

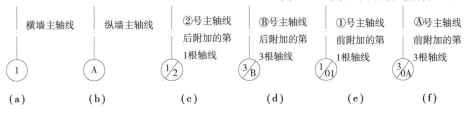

横墙主轴线	纵墙主轴线	②号主轴线后附加的第1根轴线	Ⓑ号主轴线后附加的第3根轴线	①号主轴线前附加的第1根轴线	Ⓐ号主轴线前附加的第3根轴线
①	Ⓐ	⑴/②	⑶/Ⓑ	⑴/01	⑶/0A
（a）	（b）	（c）	（d）	（e）	（f）

图 6.12　轴线编号

6.3.7　建筑平面图的尺寸标注

建筑平面图标注的尺寸有外部尺寸和内部尺寸。

（1）外部尺寸（在水平方向和竖直方向各标注 3 道）

①最外一道尺寸标注房屋水平方向的总长、总宽，称为总尺寸。

②中间一道尺寸标注房屋的开间、进深，称为轴线尺寸（注：一般情况下两横墙之间的距离称为"开间"；两纵墙之间的距离称为"进深"）。

③最里边一道尺寸标注房屋外墙的墙段及门窗洞口尺寸,称为细部尺寸。

如果建筑平面图图形对称,宜在图形的左边、下边标注尺寸,如果图形不对称,则需在图形的各个方向标注尺寸,或在局部不对称的部分标注尺寸。

(2)内部尺寸

应标注各房间长、宽方向的净空尺寸,墙厚及轴线的关系、柱子截面、房屋内部门窗洞口、门垛等细部尺寸。

(3)标高、门窗编号

平面图中应标注不同楼地面高度房间及室外地坪等标高。为编制概预算的统计及施工备料,平面图上所有的门窗都应进行编号。门常用"M1""M2"或"M-1""M-2"等表示,窗常用"C1""C2"或"C-1""C-2"表示,也可用标准图集上的门窗代号来标注门窗,如"X-0924""B.1515"或"M1027""C1518"等。

(4)剖切位置及详图索引

为了表示房屋竖向的内部情况,需要绘制建筑剖面图,其剖切位置应在底层平面图中标出。

如图中某个部位需要画出详图,则在该部位要标出详图索引标志(详图索引标志要求见第6.6.3节),表示另有详图表示。平面图中各房间的用途,宜用文字标出,如"卧室""客厅""厨房"等。

6.3.8 建筑平面图识读示例

图6.13为某县技术质量监督局职工住宅的的一层平面图;图6.14为其标准层(二～五层)平面图;图6.15、图6.16为其六层平面图及六加一层平面图;图6.17为其屋顶平面图。这些图在实际的施工图中都是按国家制图标准用1:100比例绘制的。

从图6.13中可以看出,该职工住宅平面形状为矩形。该职工住宅总长为25 740,总宽为16 440。住宅单元的出入口设在建筑的北端⑨～⑪轴线间的⑩轴线墙上。通过出入口处门斗下的平台进入楼梯间内再由楼梯间上至各层住户。楼梯间内地坪标高为－0.900,室外地坪标高为－1.000,故楼梯间室内外高差为100。一层室内地坪标高设为±0.000,与室外地坪的高差为1 000,是通过楼梯间内6级台阶来消化此高差的。剖面图的剖切位置在⑨～⑪轴线之间的楼梯间位置。楼梯间的开间尺寸为2 700,进深尺寸为5 700。楼梯间入口门的宽度为1 500,高度为2 100,编号为M1521。由于该单元是一梯两户的平面布置,两户的户型完全一致。因此,我们只要看懂任何一户的平面布置即可。

下面我们以左边一户为例进行读图。该户型从⑨轴线墙上、⑧到$\frac{1}{⑧}$轴线间的编号为M1021的门进入户内的玄关。该层的平面布置有客厅、餐厅、厨房、餐厅、一间带有卫生间和衣帽间的主卧室、一间次卧室及一间书房。客厅的开间尺寸为4 800,进深尺寸为6 300;在客厅的⑧轴线墙上开有一个通向阳台的宽3 600、高2 400的推拉门。从客厅与餐厅连接处上三级台阶上到居住区(故这是一错层式户型),居住区的主卧室是通过$\frac{1}{⑧}$轴线上的编号为M0921的门进入到衣帽间,然后再进入主卧室。主卧室的面积也较大,其开间尺寸为3 900,进深尺寸为5 100;卧室的窗是编号为"TC2119"的阳光窗;窗的旁边是室外空调机的安放位置;主卧室带的卫生间称为主卫,该主卫的开间、进深尺寸为2 100×2 700,并开有一个编号为C0915的窗;主卧室衣帽间的开间、进深尺寸为1 800×3 600。次卧室的门开在⑧轴线墙上,编号为 M0921,其开间尺寸为 3 300,进深尺寸为 4 200,其窗的编号为"TC1519"的阳光窗,窗的旁边也有室外空调机的安放位置。还有一个次卧室紧挨着入户门,平面布置与另一次卧室对称。进入餐厅和厨房的门都是推拉门,从餐厅到生活阳台的门编号为 M0924(门窗编号中的数字,一般表示门窗洞口的宽度和高度,如"TM1821"表示进入餐厅的门洞口的宽度为 1 800、高度为 2 100。以后不再解释);餐厅的开间尺寸为 3 200,进深尺寸为 3 600;厨房的开间、进深尺寸为 2 400×3 600(尺寸可从左边户型中读到)与餐厅连着公共卫生间,其开间、进深尺寸为 1 800×2 700,门洞口的尺寸为 700×2 100。从图 6.13 一层平面图中还可以看出,沿该建筑的外墙都设有宽度为 1 000 的散水。

在图 6.14 标准层(二~五层)平面图中,我们看到的内容除标高及楼梯间表现形式与一层平面图不同外,其余平面布置完全一致,不再赘述,但在楼梯间外由于只有二层有雨篷,故在此部位有一引出线说明:"仅二层有",以区别除此部位外的其他部位在三~五层都相同。由于该图是同时表示二~五层的平面布置,故在右边户型的客厅、主卧室中由下向上分别标注了二~五层该处的标高,同时在楼梯间的中间平台处也由下向上分别标注了二~五层楼梯间的中间平台处的标高。

图 6.15、图 6.16 是六层平面图及六加一层平面图,即该户型为跃层式户型。从图 6.15 中可以看到六层该跃层式户型的下层平面图。它是将原一~五层的平面图中的靠书房的次卧室一分为二,前半部分作楼梯间,后半部分作室外屋顶花园,而靠入口的次卧室却全改为了室外屋顶花园。图 6.16 是该跃层式户型的上层平面图。从图中我们可以看到,从该跃层式户型的下层楼梯间上到本层后,左边保留了书房,后边保留了主卧室。原餐厅位置改为休闲厅,原客厅位置和服务阳台及公卫位置都改为了室外屋顶花园。另外,原靠公共楼梯间位置及入户门的次卧室位置就架空了。

图 6.17 为该住宅的屋顶平面图。屋顶平面图是用来表达房屋屋顶的形状、女儿墙位置、屋面排水方式、坡度、落水管位置等的图形。屋顶平面图是屋顶的 H 面投影,除少数伸出屋面较高的楼梯间、水箱、电梯机房被剖到的墙体轮廓用粗实线表示外,其余可见轮廓线的投影均为细实线表示。屋顶平面图的比例常用 1∶100,也可用 1∶200 的比例绘制。平面尺寸可只标轴线尺寸。

从图 6.17 该住宅的屋顶平面图可看出,该屋顶为平屋面,雨水顺着屋面从中间分别向前后的⑭、Ⓔ轴线方向墙处排,经④、⑤、⑮、⑯轴线墙外的雨水口排入落水管后排出室外。从以上的各图中我们还可看出,一层、中间层、顶层平面图中的楼梯表达方式是不同的,要注意区分。

通过以上的详细识读,平面图的读图要点可以归纳如下:
①图名、比例。
②总长、总宽、纵横各几道轴线。
③房间布置情况、使用功能及交通组织,包括水平和垂直交通、楼梯间的位置、出入口的位置。
④主要房间开间、进深尺寸,面积大小。
⑤门窗情况:门窗位置、种类、编号、数量、尺寸和开启形式。
⑥各房间地面标高情况。
⑦墙体厚度及柱子大小尺寸和定位。
⑧若是底层平面图,室外散水宽度和范围、室外台阶位置和步数、指北针方向等。若是屋顶平面图,应有屋面排水坡度和坡向、屋面挑檐宽度和位置等。

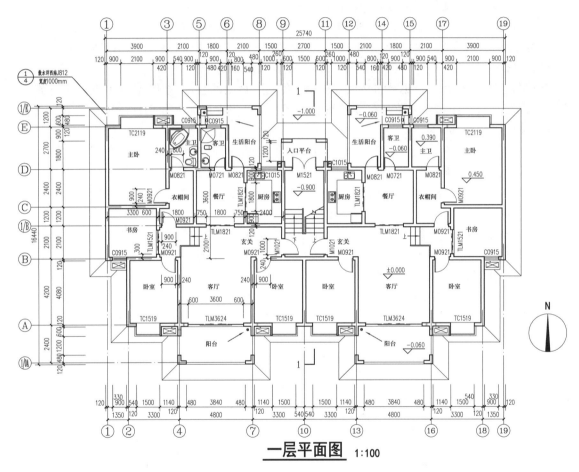

一层平面图 1:100

图 6.13　一层平面图

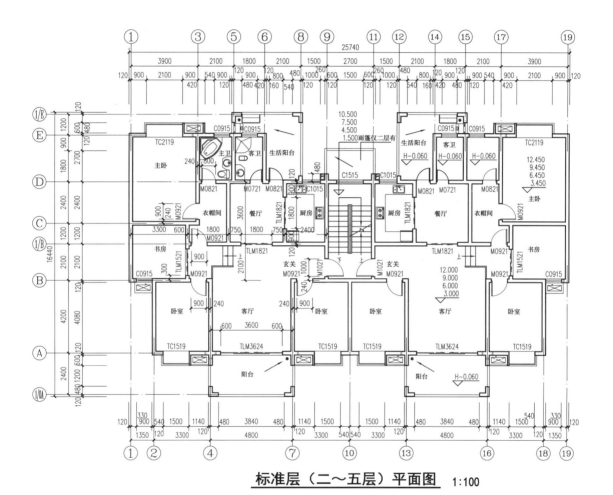

标准层（二～五层）平面图 1:100

图6.14 标准层平面图

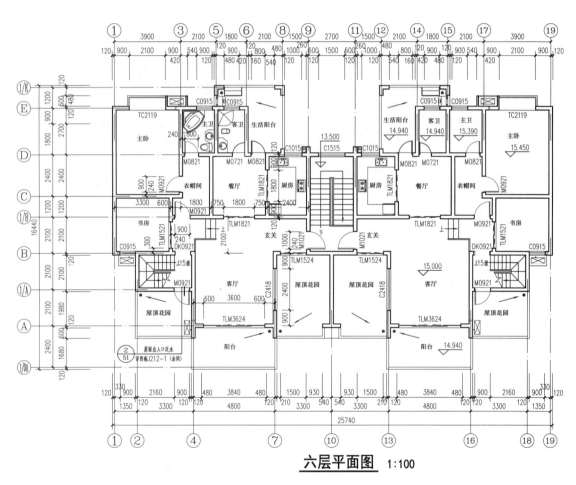

六层平面图 1:100

图 6.15　六层平面图

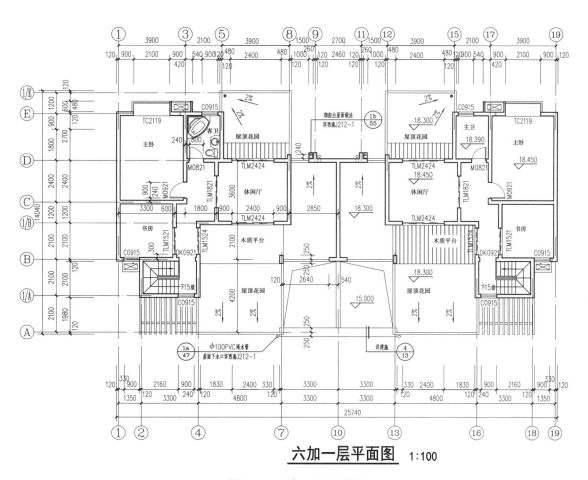

六加一层平面图 1:100

图 6.16　六加一层平面图

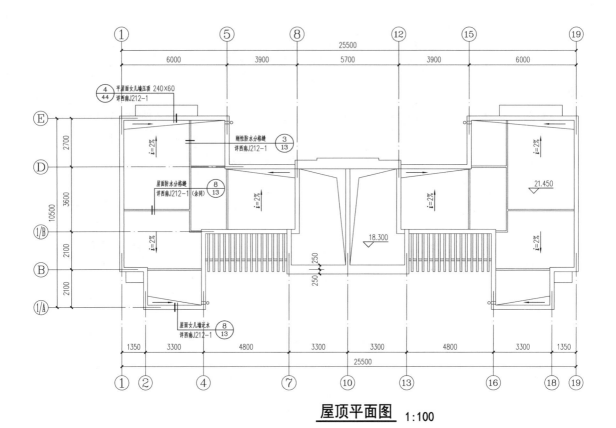

屋顶平面图 1:100

图 6.17 屋顶平面图

6.3.9 平面图的画图步骤

在画图之前,首先应考虑选择适当的比例,决定图幅的大小。有了图样的数量和大小,再考虑图样的布置。在一张图纸上,图样布局要匀称合理,且布置图样时应考虑注尺寸的位置。上述 3 个步骤完成以后便可开始绘图。平面图的画图步骤如下:

①画墙柱的定位轴线 ,如图 6.18(a) 所示。

②画墙厚、柱子截面、定门窗位置 ,如图 6.18 (b) 所示。

③画台阶、窗台、楼梯(本图无楼梯)等细部位置,如图 6.18 (c)所示。

④画尺寸线、标高符号,如图 6.18(d)所示。

⑤检查无误后、按要要求加深各种图线并标注尺寸数字、书写文字说明等,如图 6.18 (d) 所示。

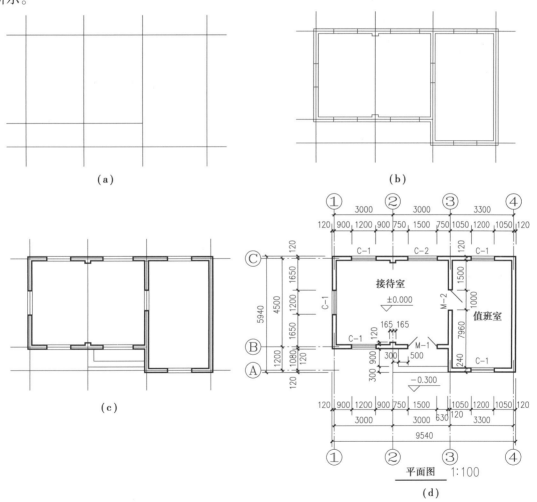

图 6.18 平面图的画图步骤

6.4　建筑立面图

6.4.1　建筑立面图的用途

建筑立面图主要用来表达房屋的外部造型、门窗位置及形式,墙面装修、阳台、雨篷等部分的材料和做法,如图6.19所示。

6.4.2　建筑立面图的形成

立面图是用正投影法将建筑各个墙面进行正投影所得到的投影图,如图6.19所示。某些平面形状曲折的建筑物、圆形或多边形平面的建筑物,可分段展开绘制立面图,但均应在图名后加注"展开"二字。

《工程设计
图学》视频
6-2　立面图
的形成

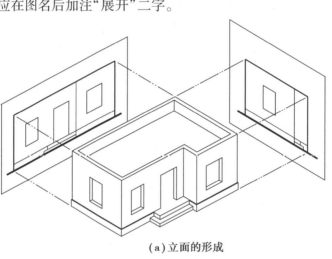

(a)立面的形成

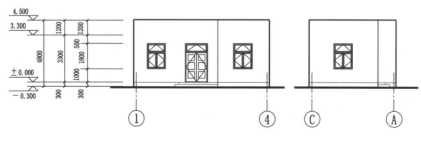

(b)　①—④立面图　　　　(c)　ⓒ—Ⓐ立面图

图6.19　立面图

6.4.3　建筑立面图的比例及图名

建筑立面图的比例与平面图一致,常用 1∶50、1∶100、1∶200 的比例绘制。

建筑立面图的图名,常用以下三种方式命名:

①以建筑墙面的特征命名,常把建筑主要出入口所在墙面的立面图称为正立面图,其余

几个立面相应的称为背立面图、侧立面图。

②以建筑各墙面的朝向来命名,如东立面图、西立面图、南立面图、北立面图。

③以建筑两端定位轴线编号命名,如①—⑲立面图,Ⓓ—Ⓐ立面图等。"国标"规定:有定位轴线的建筑物,宜根据两端轴线号编注立面图的名称(图6.20、图6.21)。

6.4.4 建筑立面图的图示内容

立面图应根据正投影原理绘出建筑物外墙面上所有门窗、雨篷、檐口、壁柱、窗台、窗楣及底层入口处的台阶、花池等的投影。由于比例较小,立面图上的门、窗等构件也用图例表示(表6.2)。相同的门窗、阳台、外檐装修、构造做法等,可在局部重点表示,绘出其完整图形,其余部分可只画轮廓线。如立面图中不能表达清楚,则可另用详图表达(图6.20)。

6.4.5 建筑立面图的线型

为使立面图外形更清晰,通常用粗实线表示立面图的最外轮廓线,而凸出墙面的雨篷、阳台、柱子、窗台、窗楣、台阶、花池等投影线用中粗线画出,地坪线用加粗线(粗于标准粗度的1.5~2倍)画出,其余如门、窗及墙面分格线、落水管以及材料符号引出线、说明引出线等用细实线画出(图6.20)。

6.4.6 建筑立面图的尺寸标注

①竖直方向:应标注建筑物的室内外地坪、门窗洞口上下口、台阶顶面、雨篷、房檐下口、屋面、墙顶等处的标高,并应在竖直方向标注三道尺寸。里边一道尺寸标注房屋的室内外高差、门窗洞口高度、垂直方向窗间墙、窗下墙高、檐口高度尺寸,称为细部尺寸;中间一道尺寸标注各层层高尺寸,称为层高尺寸;外边一道尺寸标注从室外地坪到建筑最高处墙顶尺寸,称为总高尺寸。

②水平方向:立面图水平方向一般不注尺寸,但需要标出立面图最外两端墙的轴线及编号,并在图的下方注写图名、比例。

③其他标注:立面图上可在适当位置用文字标出其装修,也可以不注写在立面图中,以保证立面图的完整美观,而在建筑设计总说明中列出外墙面的装修。

6.4.7 建筑立面图的识读示例

图6.20至图6.22为某县技术质量监督局职工住宅的立面图。从图6.20 ①—⑲立面图中可看出,该建筑为纯住宅,共7层,总高为23 250。其中一到四层立面造型及装修材料都一致;五层造型与一到四层一致,但装修材料及色彩不同于一到二层;六到七层(六加一层)为跃层式住宅,即每户都拥有两层空间。该住宅各层层高均为3 000。整个立面明快、大方。排列整齐的窗户反映了住宅建筑的主题;上下贯通的百叶装饰,既是各户室外空调机的统一位置,又与明快的凸出墙面的阳光窗一起,使整个建筑立面充满现代建筑的气息。立面装修中,下面两层主要墙体用暖灰色石材贴面,配上三到顶层的其他颜色外墙乳胶漆的网格线条及防腐木处理形成对比,使整个建筑色彩协调、明快、更加生动。

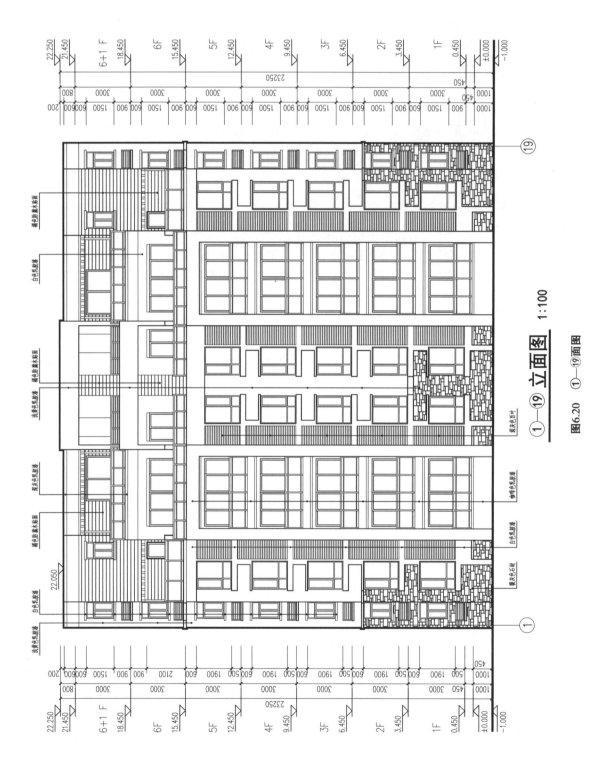

①—⑲立面图 1:100

图6.20 ①—⑲面图

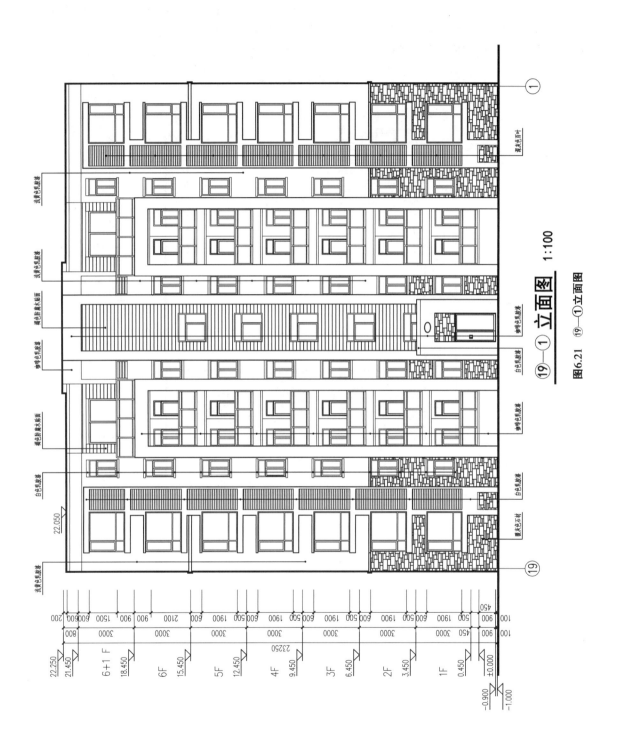

⑲—① **立面图** 1:100

图6.21 ⑲—① 立面图

从图6.21⑲—①立面图中可看出,住宅入口处楼梯间的门斗,以及与各层错开的窗洞高度,反映了楼梯间中间平台的高度位置和特征。从该图左边的尺寸标注中可以看到,楼梯间入口处的室内外高差为100,左边细部尺寸在1楼地坪标高±0.000以上的450,在立面上反映了楼梯间左右的房间与两端部房间的地面标高不同,即我们常说的错层式平面布置。

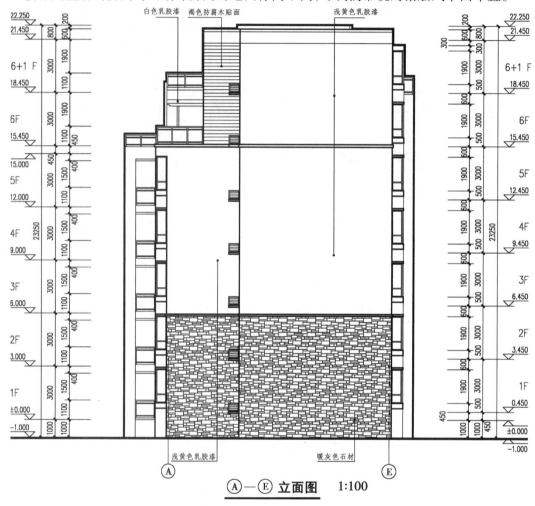

图6.22　Ⓐ—Ⓔ立面图

从图6.22Ⓐ—Ⓔ立面图中还可以看到:六到七层(六加一层)跃层式住宅退台的屋顶花园位置。

通过对以上立面图的详细识读,建筑立面图的读图要点可以归纳如下:

①图名、比例。

②立面形式和外貌风格,外墙装修色彩分隔和材料。

③建筑物的高度尺寸,建筑的总层数,底层室内外地面的高差、各层的层高。

④室外台阶、勒脚、窗台、雨篷等的位置、材料、尺寸等。

6.4.8 立面图的画图步骤

①画室外地坪线、门窗洞口、檐口、屋脊等高度线,并由平面图定出门窗洞口的位置,画墙(柱)身的轮廓线,如图6.23(a)所示。

②画勒脚线、台阶、窗台、屋面等各细部,如图6.23(b)所示。

③画门窗分隔、材料符号,并标注尺寸和轴线编号,如图6.23(c)所示。

④加深图线,并标注尺寸数字,书写文字说明,如图6.23 (c)所示 。

注意:侧立面图的画图步骤同正立面图,画图时可同时进行,本图的侧立面图只画了第一步。

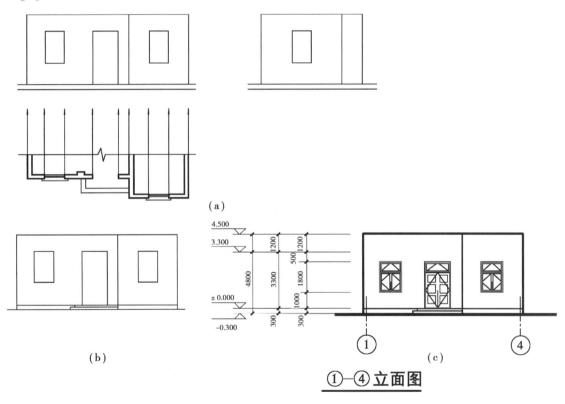

图6.23 立面图的画图步骤

6.5 建筑剖面图

6.5.1 建筑剖面图的用途

建筑剖面图主要用来表达房屋内部竖直方向的结构形式、沿高度方向分层情况、各层构造做法、门窗洞口高、层高及建筑总高等,如图6.24所示。

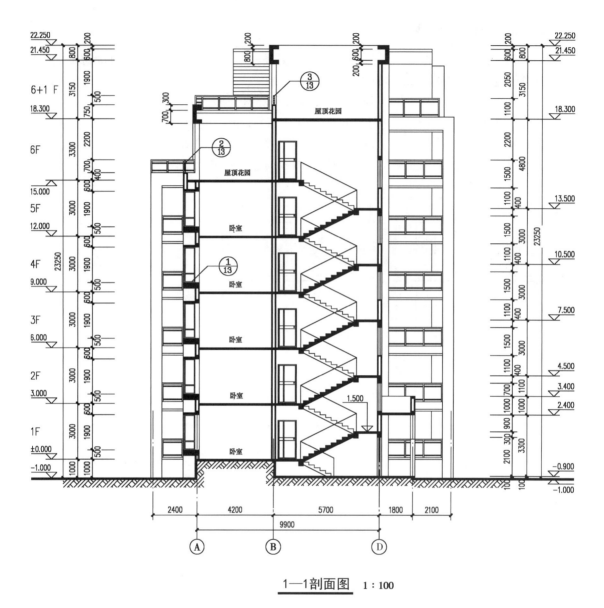

1—1剖面图 1：100

图 6.24 1—1 剖面图

6.5.2 建筑剖面图的形成

建筑剖面图(后简称"剖面图")是一假想剖切平面,平行于房屋的某一墙面,将整个房屋从屋顶到基础全部剖切开,把剖切面与观察者之间的部分移开,将剩下部分按垂直于剖切平面的方向投影而画成的图样,如图 6.25 所示。

《工程设计图学》视频6-3 建筑剖面图的形成

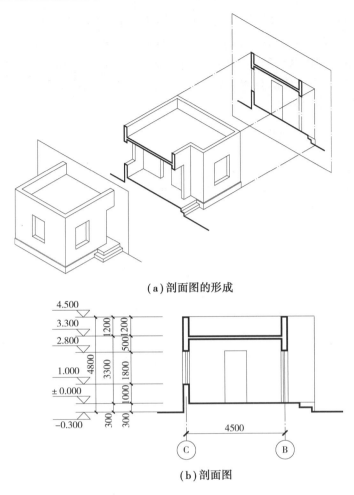

（a）剖面图的形成

（b）剖面图

图6.25　建筑剖面图的形成

6.5.3　建筑剖面图的剖切位置及剖视方向

1）剖切位置

剖面图的剖切位置是标注在同一建筑物的底层平面图上的。剖面图的剖切位置应根据图纸的用途或设计深度,在平面图上选择能反映建筑物全貌、构造特征以及有代表性的部位剖切,实际工程中剖切位置常选择在楼梯间并通过需要剖切的门、窗洞口位置,如图6.13所示。

2）剖面图的剖视方向

平面图上剖切符号的剖视方向宜向后、向右(与我们习惯的 V、W 投影方向一致),看剖面图应与平面图相结合,并对照立面图一起看。

6.5.4　建筑剖面图的比例

剖面图的比例常与同一建筑物的平面图、立面图的比例一致,即采用 1:50、1:100 和 1:200绘制（图6.25）。由于比例较小,剖面图中的门窗等构件也是采用中华人民共和国国家标准《建筑制图标准》(GB/T 50104—2010)规定的图例来表示,见表6.2。

为了清楚地表达建筑各部分的材料及构造层次,当剖面图比例为1∶50或大于1∶50时,应在剖到的构件断面画出其材料图例(材料图例见表5.1)。当剖面图比例小于1∶50时,则不画具体材料图例,而用简化的材料图例表示其构件断面的材料,如钢筋混凝土构件可在断面涂黑以区别砖墙和其他材料。

6.5.5 建筑剖面图的线型

剖面图的线型按中华人民共和国国家标准《房屋建筑制图统一标准》(GB/T 50001—2017)规定,凡是剖到的墙、板、梁等构件的剖切线用粗实线表示;而没剖到的其他构件的投影,则常用细实线表示(图6.25)。

6.5.6 建筑剖面图的尺寸标注

①剖面图的尺寸标注在竖直方向上图形外部标注三道尺寸及建筑物的室内外地坪、各层楼面、门窗洞口的上下口及墙顶等部位的标高。图形内部的梁等构件的下口标高也应标注,且楼地面的标高应尽量标注在图形内。外部的三道尺寸,最外一道为总高尺寸,从室外地平面起标到墙顶止,标注建筑物的总高度;中间一道尺寸为层高尺寸,标注各层层高(层高:两层之间楼地面的垂直距离称为层高);最里边一道尺寸称为细部尺寸,标注墙段及洞口高度尺寸。

②水平方向:常标注两道尺寸。里边一道标注剖到的墙、柱及剖面图两端的轴线编号及轴线间距;外边一道标注剖面图两端剖到的墙、柱轴线总尺寸,并在图的下方注写图名和比例。

③其他标注:由于剖面图比例较小,某些部位如墙脚、窗台、过梁、墙顶等节点不能详细表达,可在剖面图上的该部位处,画上详图索引标志,另用详图来表示其细部构造尺寸。此外,楼地面及墙体的内外装修,可用文字分层标注。

6.5.7 建筑剖面图的识读示例

图6.24为某县技术质量监督局职工住宅的的剖面图。从图中可看出,此建筑物共7层,室内外高差为1 000;各层层高均为3 000;该建筑总高为23 250。从图6.24中右边竖直方向的外部尺寸还可以看出,楼梯间入口处室内外高差为100,从室外通过标高为−0.900的门斗平台再进入楼梯间室内,然后上6级台阶上到一层地坪。楼梯间各层中间平台(楼梯间中标高位于楼层之间的平台称为中间平台,又称休息平台)处,外墙窗台距中间平台面的高度均为1 100,窗洞口高均为1 500。从图6.24中楼梯间Ⓑ轴线墙右边还可以看到,各层楼层平台(楼梯间中标高与楼层一致的平台称为楼层平台)处是住户的入户门。Ⓐ轴线墙上的窗为各层平面图上入户后次卧室中对应的Ⓐ轴线墙上的阳光窗,窗台距楼面的高度为500,窗洞口高为1 900。图6.24中还表达了楼梯间六层Ⓑ轴线墙外为六层住户的屋顶花园露台;楼梯间屋顶也为七层(六加一层)住户的屋顶花园露台。另外,凸窗、阳台栏板、女儿墙的详细做法,另有①、②、③号详图详细表达。由于本剖面图比例为1∶100,故构件断面除钢筋混凝土梁、板涂黑表示外,墙及其他构件不再加画材料图例。

建筑剖面图的读图要点归纳如下:

①图名、比例。

②剖面图的剖切位置。

③建筑物的总高度尺寸,建筑的总层数,底层室内外地面的高差、各层的层高。

④楼梯形式、各构件之间的关系。

上面我们讲述了建筑的总平面图及平面图、立面图和剖面图,这些都是建筑物全局性的图样。在这些图中,图示的准确性是很重要的。我们应力求贯彻国家制图标准,严格按制图标准规定绘制图样。其次,尺寸标注也是非常重要的,应力求准确、完整、清楚,并弄清各种尺寸的含义。

·建筑平面图中总长、总宽尺寸,立面图和剖面图中的总高尺寸,为建筑的总尺寸。

·建筑平面图中的轴线尺寸,立面图、剖面图及下节要介绍的建筑详图中的细部尺寸为建筑的定量尺寸,也称定形尺寸,某些细部尺寸同时也是定位尺寸。

另外,每一种建筑构配件都有 3 种尺寸,分别是标志尺寸、构造尺寸和实际尺寸。

·标志尺寸符合模数数列的规定,用以标注建筑物定位线或基准面之间的垂直距离以及建筑部件、建筑分部件、有关设备安装基准面之间的尺寸。

·构造尺寸是制作部件或分部件所依据的设计尺寸。由于建筑构配件表面较粗糙,考虑到施工时各个构件之间的安装搭接方便,构件在制作时要考虑两构件搭接时的施工缝隙,故构造尺寸 = 标志尺寸 – 缝宽。

·实际尺寸是部件、分部件等生产制作后实际测得的尺寸。

由于制作时存在误差,故实际尺寸 = 构造尺寸 ± 允许误差。

6.5.8 剖面图的画图步骤

图 6.26 剖面图的画图步骤如下:

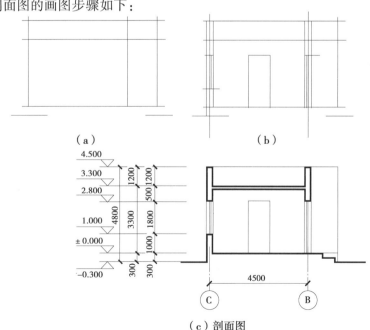

（a）　　　　　　　　　　　（b）

（c）剖面图

图 6.26　剖面图的画图步骤

①画室内外地平线、最外墙(柱)身的轴线和各部高度,如图6.26(a)所示。
②画墙厚、门窗洞口及可见的主要轮廓线,如图6.26(b)所示。
③画屋面及踢脚板等细部号,如图6.26(c)所示。
④加深图线,并标注尺寸数字、书写文字说明,如图6.26(c)所示。

6.6 建筑详图

6.6.1 建筑详图的用途

房屋建筑平、立、剖面图都是用较小的比例绘制的,主要表达建筑全局性的内容,但对于房屋细部或构、配件的形状、构造关系等无法表达清楚。因此,在实际工作中,为详细表达建筑节点及建筑构、配件的形状、材料、尺寸及做法,而用较大的比例画出的图形,就称为建筑详图或大样图。

6.6.2 建筑详图的比例

中华人民共和国国家标准《建筑制图标准》(GB/T 50104—2010)规定:详图的比例宜用1∶1、1∶2、1∶5、1∶10、1∶15、1∶20、1∶25、1∶30、1∶50绘制。

6.6.3 建筑详图标志及详图索引标志

为了便于看图,常采用详图标志和详图索引标志。详图标志(又称详图符号)画在详图的下方,相当于详图的图名;详图索引标志(又称索引符号)则表示建筑平、立、剖面图中某个部位需另画详图表示,故详图索引标志是标注在需要画出详图的位置附近,并用引出线引出。

图6.27为详图索引标志,其水平直径线及符号圆圈均以细实线绘制,圆的直径为8~10 mm,水平直径线将圆分为上下两半[图6.27(a)],上方注写详图编号,下方注写详图所在图纸编号[图6.27(c)],如详图绘在本张图纸上,则仅用细实线在索引标志的下半圆内画一段水平细实线即可[图6.27(b)],如索引的详图是采用标准图,应在索引标志的水平直径的延长线上加注标准图集的编号[图6.27(d)]。索引标志的引出线宜采用水平方向的直线或与水平方向成30°、45°、60°、90°的直线,以及经上述角度再折为水平方向的折线。文字说明宜注写在引出线横线的上方,引出线应对准索引符号的圆心。

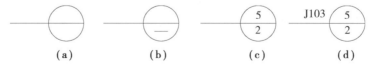

图6.27 详图索引标志

图6.28为用于索引剖面详图的索引标志。应在被剖切的部位绘制剖切位置线,并以引出线引出索引标志,引出线所在的一侧应视为剖视方向,如图6.28所示。图中的粗实线为剖切位置线,表示该图为剖面图。

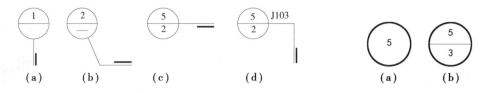

图 6.28　用于索引剖面详图的索引标志　　　　图 6.29　详图标志

详图的位置和编号,应以详图符号(详图标志)表示。详图标志应以粗实线绘制,直径为 14 mm。详图与被索引的图样,同在一张图纸内时,应在详图标志内用阿拉伯数字注明详图的编号[图 6.29(a)]。如不在同一张图纸内时,也可以用细实线在详图标志内画一水平直径,上半圆中注明详图编号,下半圆内注明被索引图纸的图纸编号[图 6.29 (b)]。

屋面、楼面、地面为多层次构造。多层次构造用分层说明的方法标注其构造作法。多层次构造的引出线,应通过图中被引出的各个构造层次。文字说明宜用 5 号或 7 号字注写在横线的上方或横线的端部,说明的顺序由上至下,并应与被说明的层次相互一致。如层次为横向排列,则由上至下的说明顺序应与由左至右的层次相互一致,如图 6.30 所示。

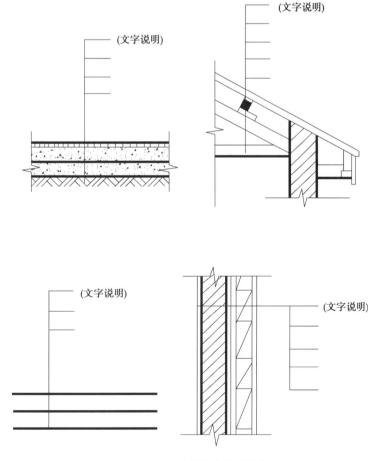

图 6.30　多层次构造的引出线

一套施工图中,建筑详图的数量视建筑工程的体量大小及难易程度来决定。常用的详图有外墙身详图、楼梯间详图、卫生间、厨房详图、门窗详图、阳台、雨篷等详图。由于各地区都编有标准图集,故在实际工程中,有的详图可直接查阅标准图集。

6.6.4　楼梯详图

《工程设计
图学》视频
6-4　楼梯的
组成

楼梯是楼层建筑垂直交通的必要设施。

楼梯由梯段、平台和栏杆(或栏板)扶手组成,如图6.31所示。

常见的楼梯平面形式有:单跑楼梯(上下两层之间只有一个梯段)、双跑楼梯(上下两层之间有两个梯段、一个中间平台)、三跑楼梯(上下两层之间有三个梯段、两个中间平台)等,如图6.32所示。

楼梯间详图包括楼梯间平面详图、剖面详图、踏步栏杆等详图,主要表示楼梯的类型、结构形式、构造和装修等。楼梯间详图应尽量安排在同一张图纸上,以便于阅读。

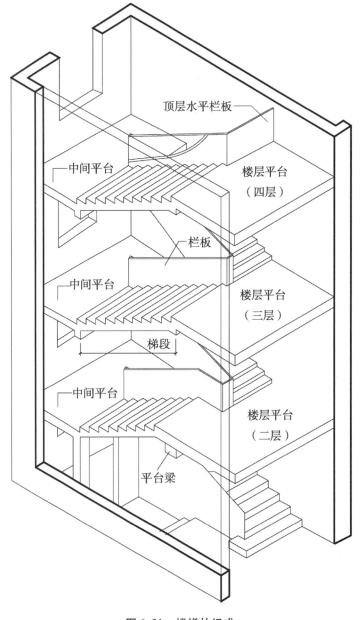

图 6.31　楼梯的组成

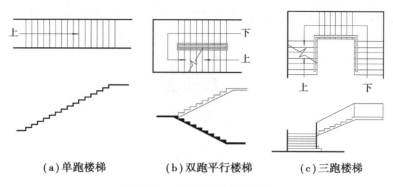

(a)单跑楼梯　　　(b)双跑平行楼梯　　　(c)三跑楼梯

图6.32　楼梯平面图的形成

1)楼梯平面详图

楼梯平面详图常用1∶50的比例画出。

《工程设计
图学》视频
6-5 楼梯各
层平面图的
形成

楼梯平面详图的水平剖切位置,除顶层在安全栏板(或栏杆)之上外,其余各层均在上行第一跑中间(图6.33)。各层被剖切到的上行第一跑梯段,都在楼梯平面图中画一条与踢面线成30°的折断线(踏面:构成梯段的踏步中与楼地面平行的面称为踏面;踢面:踏步中与楼地面垂直的面称为踢面)。各层下行梯段不予剖切。而楼梯间平面图则为房屋各层水平剖切后的直接正投影,如同建筑平面图,如中间几层构造一致,也可只画一个标准层平面图。故楼梯平面详图常常只画出底层、中间层和顶层3个平面图。

各层楼梯平面详图宜上下对齐(或左右对齐),这样既便于阅读又便于尺寸标注和省略重复尺寸。平面详图上应标注该楼梯间的轴线编号、开间和进深尺寸,楼地面和中间平台的标高,以及梯段长、平台宽等细部尺寸。梯段长度尺寸标为:踏面宽×踏面数＝梯段长。

2)楼梯剖面详图

楼梯剖面详图常用1∶50的比例画出。其剖切位置应选择在通过第一跑梯段及门窗洞口,并向未剖切到的第二跑梯段方向投影(如图6.34中的剖切位置)。图6.35为按图6.34剖切位置绘制的剖面图。

《工程设计
图学》视频
6-6 楼梯剖
面图的形成

剖到梯段的步级数可直接看到,未剖到梯段的步级数因栏板遮挡或因梯段为暗步梁板式等原因而不可见时,可用虚线表示,也可直接从其高度尺寸上看出该梯段的步级数。

《工程设计图学》视频6-7 楼梯剖面图的画法

多层或高层建筑的楼梯间剖面图,如中间若干层构造一样,可用一层表示这相同的若干层剖面,此层的楼面和平台面的标高可看出所代表的若干层情况,也可全部画完整。楼梯间的顶层楼梯栏杆以上部分,由于与楼梯无关,故可用折断线折断不画,如图6.35的顶部。

楼梯间剖面图的标注如下:

① 水平方向应标注被剖切墙的轴线编号、轴线尺寸及中间平台宽、梯段长等细部尺寸。

②竖直方向应标注剖到墙的墙段、门窗洞口尺寸及梯段高度、层高尺寸。梯段高度应标成:踢面高×步级数=梯段高。

③标高及详图索引:楼梯间剖面图上应标出各层楼面、地面、平台面及平台梁下口的标高。如需画出踢步、扶手等的详图,则应标出其详图索引符号和其他尺寸,如栏杆(或栏板)高度。

3)楼梯详图识读示例

图6.34为某县技术质量监督局职工住宅的楼梯平面详图。底层平面图中只有一个被剖到的梯段。从⑨、⑪轴线墙上的入户门出到标高为±0.000一层楼层平台,再通过6级台阶下到楼梯间入口及门斗的标高为-0.900的平台上,从连接室内外的门斗平台处下到室外。

标准层平面图中的上下两个梯段都是画成完整的;上行梯段的中间画有一与踢面线成30°的折断线。折断线两侧的上下指引线箭头是相对的,在箭尾处分别写有"上20级"和"下20级",是指从二层上到二层以上的各层及从二层下到一层的踏步级数均为20级,每级踏步宽300,说明各层的层高是一致的。由于只有二层平面图上才能看到一层门斗上方的雨篷的投影,故此处用"仅二层有"加以说明。

六层(顶层)平面图的踏面是完整的,只有下行,故梯段上没有折断线。楼面临空的一侧装有水平栏杆。

从图6.35中可以看到:从图的右方标高为-1.000的室外地坪上到标高为-0.900的连接室内外的门斗内,再进入楼梯间,通过室内5级台阶上到标高为±0.000一层楼层平台。每层都有两个梯段,且每个梯段的级数都是10级,每级踢面高150。楼梯间栏杆高1 050。楼梯间的顶层楼梯栏杆以上部分以及竖直方向⑥轴线以左客厅部分,由于与楼梯无关,故都用折断线折断不画。

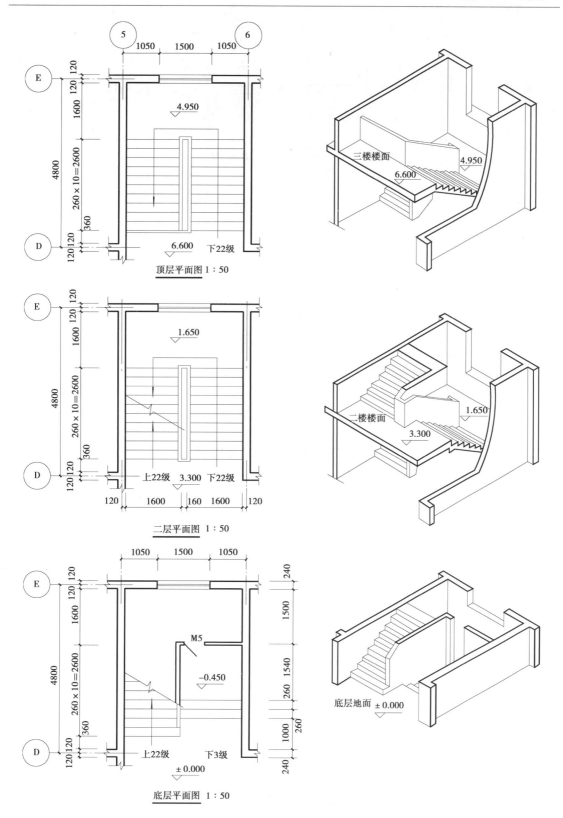

顶层平面图 1:50

二层平面图 1:50

底层平面图 1:50

图 6.33 楼梯平面图的形成

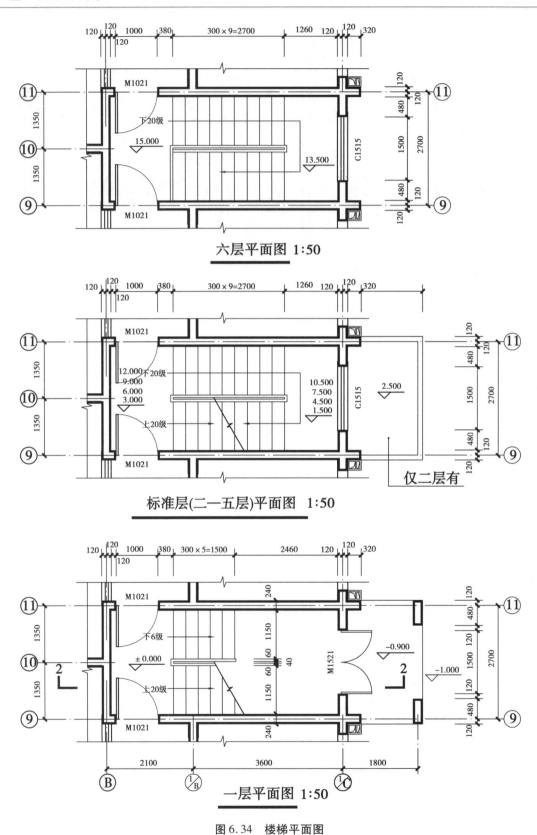

六层平面图 1:50

标准层(二一五层)平面图 1:50

一层平面图 1:50

图6.34 楼梯平面图

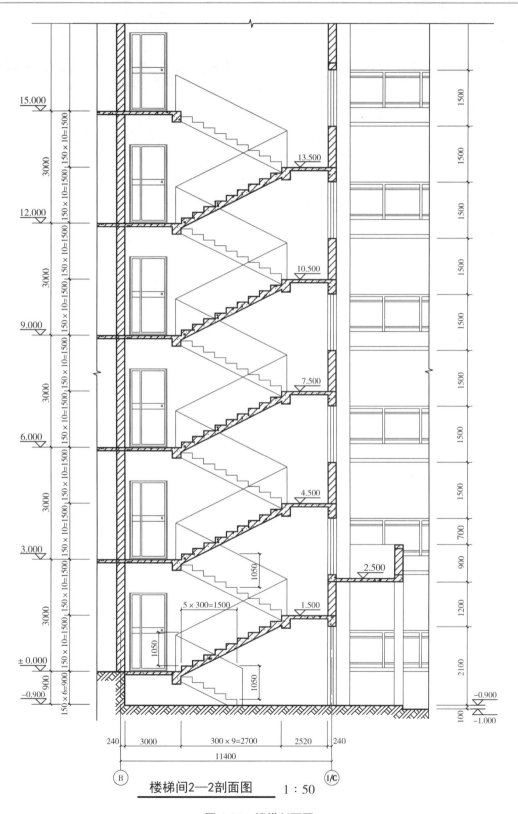

楼梯间2—2剖面图   1 : 50

图 6.35 楼梯剖面图

6.6.5 门窗详图

门在建筑中的主要功能是交通、分隔、防盗,兼作通风、采光。窗的主要作用是通风、采光。

1)木门、窗详图

木门、窗是由门(窗)框、门(窗)扇及五金件等组成,如图6.36、图6.37所示。

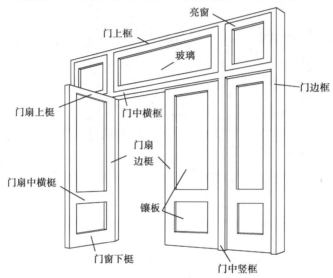

图 6.36 木门的组成

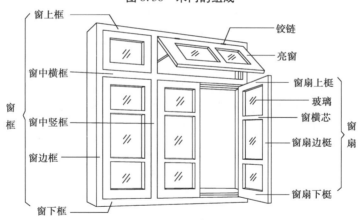

图 6.37 木窗的组成

门、窗洞口的基本尺寸,1 000 mm 以下时按 100 mm 为增值单位增加尺寸;1 000 mm 以上时,按 300 mm 为增值单位增加尺寸。

门、窗详图,一般都有分别由各地区建筑主管部门批准发行的各种不同规格的标准图供设计者选用。若采用标准图集上的标准详图,则在施工图中只需说明该详图所在标准图集中的编号即可。如果未采用标准图集时,则必须画出门、窗详图。

门、窗详图有立面图、节点图、断面图和门窗扇立面图等组成。

①门、窗立面图,常用 1∶20 的比例绘制。它主要表达门、窗的外形、开启方式和分扇情

况,同时还标出门窗的尺寸及需要画出节点图的详图索引符号,如图 6.38 所示。

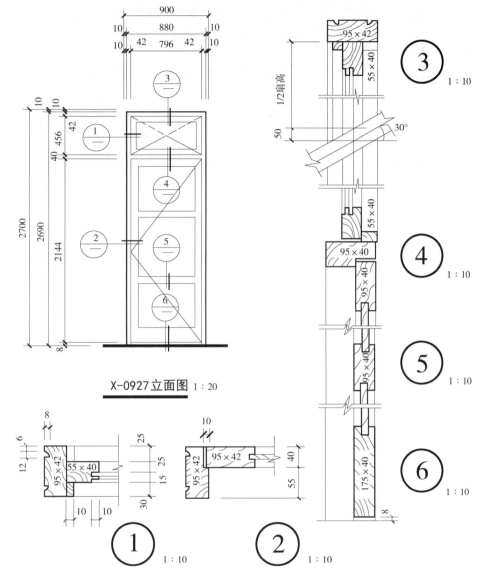

图 6.38　木门详图

　　一般以门、窗向着室外的面作为正立面。门、窗扇向室外开者称外开,反之为内开。《建筑制图标准》规定:门、窗立面图上开启方向外开用两条细斜实线表示,如用细斜虚线表示,则为内开。斜线开口端为门、窗扇开启端,斜线相交端为安装铰链端。如图 6.39 中门扇为外开平开门,铰链装在左端,门上亮窗为中悬窗,窗的上半部分转向室内,下半部分转向室外。

　　门、窗立面图的尺寸一般在竖直和水平方向各标注 3 道;最外一道为洞口尺寸,中间一道为门窗框外包尺寸,里边一道为门窗扇尺寸。

　　②节点详图:节点详图常用 1∶10 的比例绘制。节点详图主要表达各门窗框、门窗扇的断面形状、构造关系以及门、窗扇与门窗框的连接关系等内容。

　　习惯上将水平(或竖直)方向上的门、窗节点详图依次排列在一起,分别注明详图编号,并相应地布置在门、窗立面图的附近,如图 6.38 所示。

门、窗节点详图的尺寸主要为门、窗料断面的总长、总宽尺寸。如 95×42、55×40、95×40 等为"X-0927"代号门的门框、亮窗的上下梃、门扇上梃、中横梃、下梃及边梃的断面尺寸。除此之外,还应标出门、窗扇在门、窗框内的位置尺寸。如图 6.38 所示②号节点图中,门扇进门框 10 mm。

③窗料断面图:常用 1∶5 的比例绘制,主要用以详细说明各种不同门、窗料的断面形状和尺寸。断面内所注尺寸为净料的总长、总宽尺寸(通常每边要留 2.5 mm 厚的加工裕量),断面图四周的细线即为毛料的轮廓线,断面外标注的尺寸即为决定其断面形状的细部尺寸(图 6.39)。

④门、窗扇立面图:常用 1∶20 比例绘制,主要表达门、窗扇形状及上梃、中横梃、下梃及边梃、镶板或玻璃的位置关系(图 6.39)。

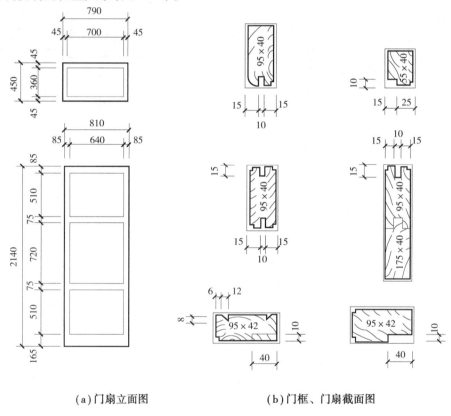

(a)门扇立面图　　　　(b)门框、门扇截面图

图 6.39　木门门扇详图

门、窗扇立面图在水平和竖直方向各标注两道尺寸,外边一道为门、窗扇的外包尺寸,里边一道为扣除裁口的边梃或各横梃的尺寸,以及芯板、纱芯或玻璃的尺寸(也是边梃或横梃的定位尺寸)。

2)铝合金门、窗及塑钢门、窗详图

铝合金门窗及塑钢门、窗和木制门、窗相比,在坚固、耐久、耐火和密闭等性能上都较优越,而且节约木材,透光面积较大,各种开启方式如平开、翻转、立转、推拉等都可适应,因此已大量用于各种建筑上。铝合金门、窗及塑钢门、窗的立面图表达方式及尺寸标注与木门、窗的立面图表达方式及尺寸标注一致,其门、窗料断面形状与木门、窗料断面形状不同。但图示方法及尺寸标注要求与木门、窗相同。各地区及国家已有相应的标准图集。如"图家建筑标准设计"图集有：

92SJ605　平开铝合金门

92SJ606　推拉铝合金门

92SJ607　铝合金地弹簧门

92SJ712　平开铝合金窗

92SJ713　推拉铝合金窗

铝合金门、窗的代号与木制门、窗代号稍有不同，如"HPLC"为"滑轴平开铝合金窗"，"TLC"为"推拉铝合金窗"、"PLM"为"平开铝合金门"，"TLM"为"推拉铝合金门"等。

塑钢门、窗的代号与木制门、窗代号也有所不同，如"SGC.0915"为"塑钢单框双玻中空窗"，"SGTM.1521"为"塑钢单框双玻中空推拉门"，"SGMC.1224"为"塑钢单框双玻中空带窗门"等。

6.6.6　卫生间、厨房详图

卫生间、厨房详图主要表达卫生间和厨房内各种设备的位置、形状及安装做法等。

卫生间、厨房详图有平面详图、全剖面详图、局部剖面详图、设备详图、断面图等。其中，平面详图是必要的，其他详图根据具体情况选取采用，只要能将所有情况表达清楚即可。

卫生间、厨房平面详图是将建筑平面图中的卫生间、厨房用较大比例，如1∶50、1∶40、1∶30等，把卫生设备及厨房的必要设备一并详细地画出的平面图。它表达出各种卫生设备及厨房的设备在卫生间及厨房内的布置、形状和大小。图6.40为某县技术质量监督局职工住宅的厨房、卫生间及生活阳台的平面详图。由于两户的卫生间、厨房布置完全一致，故只画出右边户型的详图，但从水平方向尺寸标注的轴线的标注上可以看出该图同时表示了两户的厨房、卫生间平面的详细布置。

卫生间、厨房的平面详图的线型与建筑平面图相同，各种设备可见的投影线用细实线表示，必要的不可见线用细虚线表示。当比例≤1∶50时，其设备按图例表示。当比例＞1∶50时，其设备应按实际情况绘制。

平面详图除标注墙身轴线编号、轴线间距和卫生间、厨房的开间、进深尺寸外，还要注出各卫生设备及厨房的必要设备的定量、定位尺寸和其他必要的尺寸，以及各地面的标高等；平面图上还应标注剖切线位置、投影方向及各设备详图的详图索引标志等。

6.6.7　其他详图

根据工程不同需要，还可以加画其他如墙体、凸窗、阳台、阳台栏板、线脚、女儿墙、卫及雨篷等详图，以表达这些部分的材料、位置、形状及安装做法等。如图6.41、图6.42所示。为某县技术质量监督局职工住宅的凸窗、阳台栏板及女儿墙栏板的剖面详图，具体表达了凸窗、阳台栏板及女儿墙栏板各部分构造的剖面尺寸及材料和做法。其他详图的表达方式、尺寸标注等，都与前面所述详图大致相同，故不再重复。

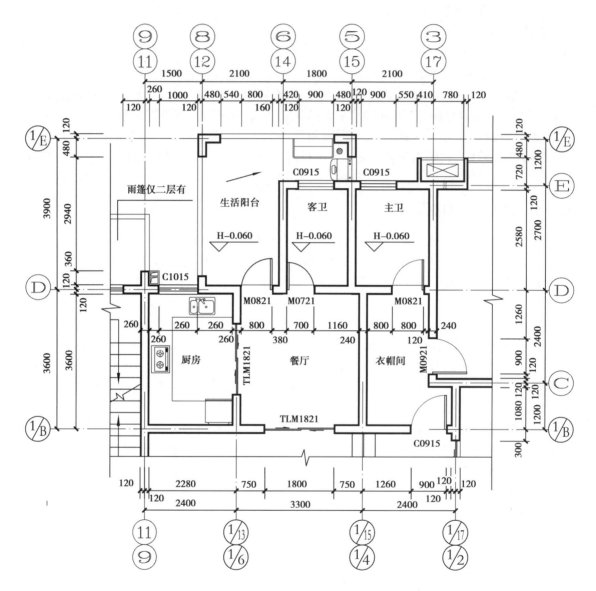

厨房、卫生间及生活阳台平面详图 1：50

图 6.40 厨房、卫生间平面详图

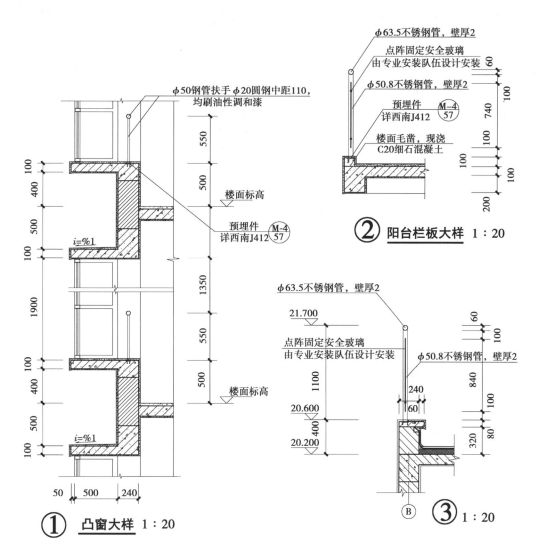

图 6.41　凸窗及阳台栏板的剖面详图

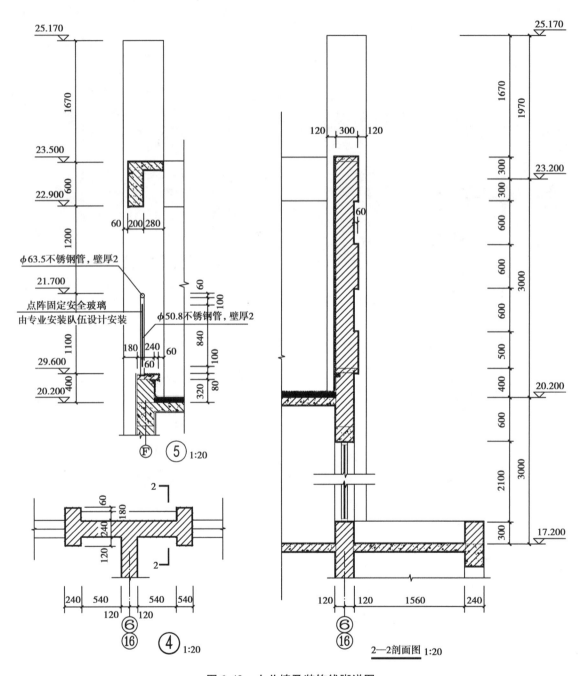

图 6.42　女儿墙及装饰线脚详图

复习思考题

6.1 施工图根据其内容和各工种不同分为哪几种?

6.2 建筑施工图的用途是什么?

6.3 建筑施工图包括哪几种图纸?

6.4 建筑平面图的用途是什么?

6.5 建筑立面图的用途是什么?

6.6 建筑剖面图的用途是什么?

6.7 什么是定位轴线?定位轴线怎样进行编号?

6.8 什么是开间?什么是进深?

6.9 总平面图、各层平面图、立面图、剖面图及详图的常用比例是多少?

6.10 总平面图、各层平面图、立面图、剖面图及详图的尺寸单位是什么?

6.11 总平面图、各层平面图、立面图、剖面图及详图的标高单位是什么?标到小数点后几位?

6.12 各层平面图的外部尺寸一般标注几道?各道尺寸分别标注什么内容?分别称为什么尺寸?

结构施工图

本章导读

通过本章的学习,应明确结构施工图的基本概念,熟悉结构施工图的组成、内容和相应制图规范;掌握结构施工图的阅读方法,理解图示内容,能够用尺规及计算机绘制结构施工图;认识结构平法施工图的表达方式,重点掌握梁平法施工图的平面注写方式,并能够读懂施工图实例,写出读图纪要。

7.1 概述

建筑结构是指在建筑物(或构筑物)中,由建筑材料制成用来承受各种荷载或者作用的空间受力体系。组成这个体系的各种构件就称为结构构件。其中一些构件,如基础、承重墙、柱、梁、板等,是建筑物的主要承重构件,它们互相支承并联结成整体,构成了建筑物的承重骨架。

7.1.1 结构施工图的作用

设计一幢房屋,除了进行建筑设计外,还要进行结构设计。结构设计的基本任务,就是根据建筑物的使用要求和作用于建筑物上的荷载,选择合理的结构类型和结构方案;进行结构布置;经过结构计算,确定各结构构件的几何尺寸、材料等级及内部构造;以最经济的手段,使建筑结构在规定的使用期限内满足安全、适用、耐久的要求。把结构设计的成果绘成图样,以表达各结构构件的形状、尺寸、材料、构造及布置关系,称为"结构施工图",简称"结施图"。

它是建筑工程施工放线、基槽(坑)开挖、支模板、钢筋绑扎、浇筑混凝土、结构安装、施工组织、编制预算的重要依据。

7.1.2 常用构件代号

由于结构构件的种类繁多,为了便于读图和绘图,在结构施工图中常用代号来表示构件的名称(代号后面的数字表示构件的型号或者编号)。常用构件的名称、代号如表 7.1 所示。

表 7.1 常用构件代号(摘自 GB/T 50105—2010)

序号	名称	代号	序号	名称	代号	序号	名称	代号	序号	名称	代号
1	板	B	11	框架梁	KL	21	托架	TJ	31	桩	ZH
2	屋面板	WB	12	屋面框架梁	WKL	22	天窗架	CJ	32	梯	T
3	空心板	KB	13	框支梁	KZL	23	框架	KJ	33	雨篷	YP
4	槽形板	CB	14	吊车梁	DL	24	刚架	GJ	34	阳台	YT
5	折板	ZB	15	圈梁	QL	25	支架	ZJ	35	梁垫	LD
6	密肋板	MB	16	过梁	GL	26	柱	Z	36	预埋件	M
7	楼梯板	TB	17	连系梁	LL	27	构造柱	GZ	37	天窗端壁	TD
8	墙板	QB	18	基础梁	JL	28	框架柱	KZ	38	钢筋网	W
9	梁	L	19	楼梯梁	TL	29	基础	J	39	钢筋骨架	G
10	屋面梁	WL	20	屋架	WJ	30	设备基础	SJ	40	挡土墙	DQ

注:①预应力钢筋混凝土构件代号,应在构件代号前加注"Y-",如 Y-KB 表示预应力空心板。

②本表摘录了常用的部分构件代号,其余构件代号请读者根据需要查阅《建筑结构制图标准》(GB/T 50105—2010)。

7.2 混合结构民用建筑结构施工图

混合结构民用建筑的结构施工图一般包括结构设计说明、基础施工图(基础平面布置图、基础断面详图和文字说明)、楼层结构布置图(楼层结构布置平面图、屋顶结构布置平面图、楼梯间结构布置平面图、圈梁结构布置平面图)、构件详图等。

7.2.1 建筑结构的组成和分类

建筑结构主要由梁、板、墙、柱、楼梯和基础等构件组成,按主要承重构件所采用的材料不同,可分为木结构、混合结构(如砖混结构)、钢筋混凝土结构、型钢混凝土结构和钢结构等,如图 7.1 所示。不同的结构类型,其结构施工图的具体内容及编制方式也各有不同。

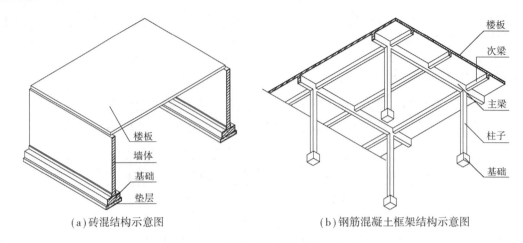

(a)砖混结构示意图　　　　　　(b)钢筋混凝土框架结构示意图

图 7.1　砖混结构与框架结构示意图

7.2.2　钢筋混凝土结构及构件

钢筋混凝土结构是目前应用最广泛的建筑结构类型。混凝土是用水泥作胶凝材料,砂、石作集料;与水(加或不加外加剂和掺合料)按一定比例配合,经搅拌、成型、养护而得的人工石材。混凝土具有较高的抗压强度和良好的耐久性能,但抗拉能力较差,容易因受拉而断裂。按照中华人民共和国国家标准《混凝土结构设计规范》(GB 50010—2010)规定,普通混凝土的抗压强度等级分为 14 级,即 C15、C20、C25、C30、C35、C40、C45、C50、C55、C60、C65、C70、C75、C80。C 后面的数值越大,表示混凝土的抗压强度越高。

为了增强混凝土的抗拉性能,通常在混凝土构件里面加入一定数量的钢筋。钢筋不但具有良好的抗拉能力,而且与混凝土有良好的黏接能力,它的热膨胀系数与混凝土也很接近,二者结合成整体,共同承受外力。例如,一简支素混凝土梁在荷载作用下将发生弯曲,其中性层以上部分受压,中性层以下部分受拉。由于混凝土抗拉能力较差,在较小荷载作用下,梁的下部就会因拉裂而折断。若在该梁下部受拉区布置适量的钢筋,由钢筋代替混凝土受拉,由混凝土承担受压区的压力(有时也可在受压区布置适量钢筋,以帮助混凝土受压),这就能够有效提高梁的承载能力,如图 7.2 所示。

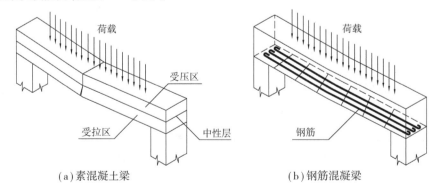

(a)素混凝土梁　　　　　　(b)钢筋混凝梁

图 7.2　混凝土梁受力示意图

配有钢筋的混凝土构件称为钢筋混凝土构件,如钢筋混凝土梁、板、柱等。钢筋混凝土构件按施工方式分为预制钢筋混凝土构件和现浇钢筋混凝土构件。此外,在制作钢筋混凝土构件时,可通过张拉钢筋,对混凝土施加预应力,以提高构件的强度和抗裂性能,这样的构件称为预应力钢筋混凝土构件。

钢筋可按其轧制外形、力学性能、生产工艺等分为不同类型,普通钢筋一般采用热轧钢筋,其表示符号见表7.2。

表7.2 常用钢筋种类

种类		符号	直径(mm)	强度标准值(N/mm²)
热轧钢筋	HPB235(Q235)	Φ	8～20	235
	HRB335(20MnSi)	Φ	6～50	335
	HRB400(20MnSiV、20MnSiNb、20MnTi)	Φ	6～50	400
	RRB400(20MnSi)	Φ^R	8～40	400

钢筋混凝土构件的钢筋,按其作用可分为以下几类(如图7.3所示):

①受力筋:也称为主筋,主要承受由荷载引起的拉应力或者压应力,使构件的承载力满足结构功能要求,可分为直筋和弯筋两种。

②箍筋:主要承受一部分剪力,并固定受力筋的位置,多用于梁、柱等构件。

③架立筋:用于固定箍筋位置,将纵向受力筋与箍筋连成钢筋骨架。

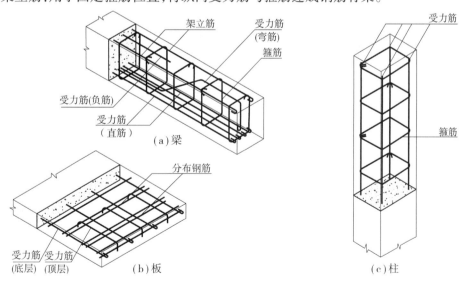

图7.3 钢筋混凝土构件配筋示意图

④分布筋:用于板内,与板内受力筋垂直布置,其作用是将板承受的荷载均匀地传递给受力筋,并固定受力筋的位置。此外,它还能抵抗因混凝土的收缩和外界温度变化在垂直于板跨方向的变形。

⑤构造筋:由于构件的构造要求和施工安装需要而设置的钢筋,如吊筋、拉结筋、预埋锚固筋等。

7.2.3　结构设计说明

结构设计说明是以文字的形式表示结构设计所遵循的规范、主要设计依据(如地质条件,风、雪荷载,抗震设防要求等)、设计荷载、统一的技术措施、对材料和施工的要求等。结构设计说明的主要内容包括:工程概况,结构的安全等级、类型、材料种类,相应的构造要求及施工注意事项等。对于一般的中小型建筑,结构设计说明可以与建筑设计说明合并编写成施工图设计总说明,置于全套施工图的首页。

7.2.4　基础施工图

1)基础的组成

基础是建筑底部与地基接触的承重构件,埋置在地下并承受建筑的全部荷载。地基是建筑下方支撑基础的土体或岩体,分为天然地基和人工地基两类。基础按材料可分为砖基础、毛石基础、素混凝土基础和钢筋混凝土基础等;按其构造方式不同可分为独立基础、墙(柱)下条形基础、桩基础、筏板基础和箱型基础等,如图7.4所示。

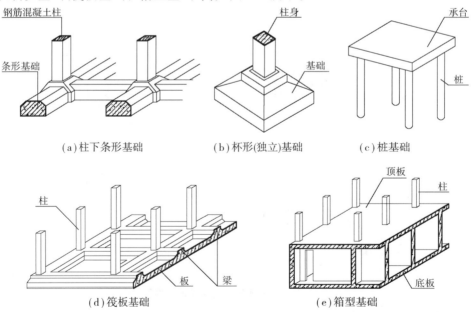

(a)柱下条形基础　　(b)杯形(独立)基础　　(c)桩基础

(d)筏板基础　　　　　(e)箱型基础

图7.4　基础形式示意图

　　墙下条形基础是砖混结构民用建筑常用的基础形式之一,如图7.5所示。其中:基坑(槽)是为进行基础或地下室施工所开挖的临时性坑井(槽),坑底与基础底面或地下室底板相接触。埋入地下的墙体称为基础墙(±0.000标高以下)。基础墙下阶梯状的砌体称为大放脚。在基坑和条基底面之间设置的素混凝土层称为垫层。防潮层是为了防止地面以下土壤中的水分进入砖墙而设置的防水材料层。

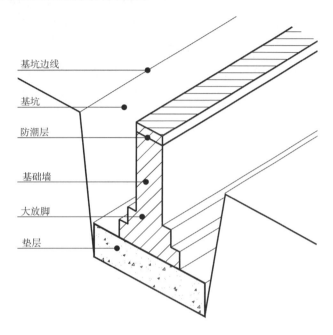

　　基坑边线
　　基坑
　　防潮层
　　基础墙
　　大放脚
　　垫层

图7.5　墙下条形基础示意图

　　基础施工图一般包括基础平面图、基础断面详图和文字说明三部分。为了查阅图纸和施工的方便,一般应将这三部分编绘于同一张图纸上。现以某工程墙下(素)混凝土条形基础为例,说明基础图的图示内容及其特点,如图7.6所示。

　　2)基础平面图

　　基础平面图是假想用一水平剖切面,沿建筑物底层地面将其剖开,移去剖切面以上的建筑物并假想基础未回填土前所作的水平投影。

　　基础平面图通常采用与建筑平面图相同的比例,如1:50、1:100、1:150、1:200等。其图示内容如下(图7.6、图7.7):

　　①线型:基础、基础墙轮廓线为中粗实线或中实线,基础底面、基础梁轮廓线为细实线,地沟为暗沟时为细虚线,其他线型与建施图一致。

　　②轴线及尺寸:结施图中的轴线编号和轴间尺寸必须与建筑平面图相一致,还应标注基础、基础梁与轴线的关系尺寸。

　　③基础墙:图7.6中基底轮廓线内侧的两条中粗实线为基础墙轮廓线,表示条形基础与地面上墙体交接处的宽度(一般与地面上墙体等宽)。

　　④桩基础:图中中粗实线绘制的线圈即桩基础的轮廓线,代号"WZ"表示人工挖孔桩,线圈内的十字表示桩孔圆心的位置。

⑤基础梁:图中连接桩基础的两条细实线表示基础梁轮廓线,基础梁承担其上方墙体的荷载,并加强结构的刚度。

⑥断面剖切符号:在基础的不同位置,其断面的形状、尺寸、配筋、埋置深度及相对于轴线的位置等都可能不同,需分别画出它们的断面图,并在基础平面图的相应位置画出断面剖切符号,如图7.6所示。从图7.7可以看出基础的平面布置情况及基础、基础梁相对于轴线的位置关系等。例如,整栋住宅的基础均采用人工挖孔桩,以①轴线为例,在该轴线上编号为WZ1、WZ2的桩基础和基础梁的中心都与轴线重合,而⑤轴线上⑴/Ⓑ⑴/Ⓒ轴线间的基础梁就没有居中而是偏心布置,梁中心距轴线为300 mm。此外,在基础平面布置图中可不画出基础的细部投影,而后在基础详图中将其细部形状反映出来。

3)基础详图(图7.8)

基础详图主要表示基础的断面形状、尺寸、材料及相应的做法。如图7.8所示为上述住宅的桩基础详图,包括基础设计说明、桩身配筋详图、桩护壁配筋详图和桩断面及配筋表。

基础详图的线型表达为:构件轮廓线为细实线,主筋为粗实线,箍筋为中实线。

基础设计说明可以放在基础详图中,也可以放在施工图设计总说明中,其主要内容有:

①基础形式;

②持力层选择;

③地基承载力;

④基础材料及其强度;

⑤基础的构造要求;

⑥防潮层做法及基础施工要求;

⑦基础验收及检验要求。

在桩基础详图中由于不同编号的桩其尺寸规格和配筋构造大致相同,因此可以用一个桩身详图来统一表示,而对于各桩的特殊尺寸、配筋、承载力等则列表注明,即桩断面及配筋表。

如图7.8所示,各桩桩顶标高均为 - 1.150 m;沿桩身长度方向均配有钢筋规格为HPB235级,直径为8 mm的螺旋箍筋,距桩顶1 800 mm范围内为箍筋加密区,螺旋箍筋的间距为100 mm,而非加密区螺旋箍筋的间距为200 mm;此外,沿桩身长度方向还配有钢筋规格为HRB335,直径为16 mm,间距为2 000 mm的加劲箍筋。各桩的几何尺寸、主筋(纵筋)的配置情况和单桩承载力等则列表注明,如各桩桩径 d 为800 mm,WZ2、WZ3 为扩底桩(桩底部直径大于上部桩身直径),扩底直径 D 分别为1 200 mm 和1 400 mm。而对于桩 WZ4(不做扩底),由于其截面形状与其他各桩不同,所以单独画出其桩身断面图,以表达其截面尺寸和配筋情况。另外,图中还画出了桩身护壁详图,从图中可以详细了解护壁的截面尺寸和配筋情况。

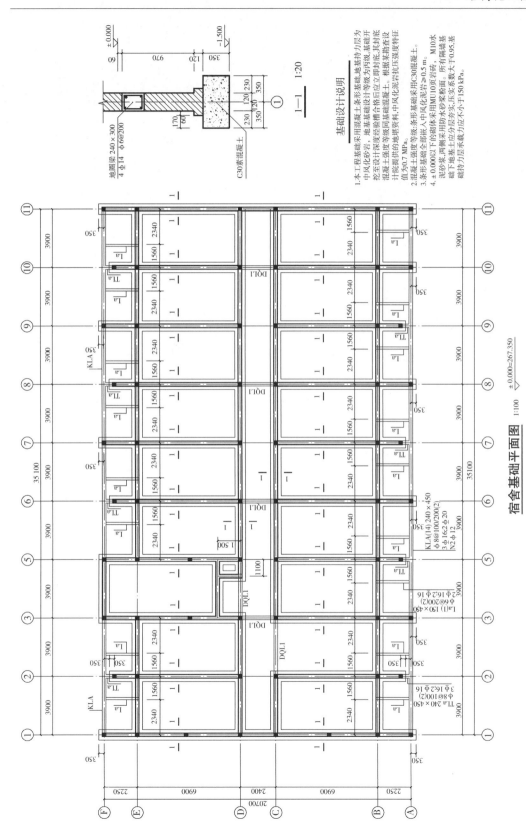

地圈梁 240×300
4 φ14 φ6@200

1—1 1:20

C30素混凝土

基础设计说明

1. 本工程基础采用混凝土条形基础,地基持力层为中风化砂岩。地基基础设计等级为丙级,基础开挖至设计深度经验槽合格后应立即封底,其封底混凝土强度等级同基础垫层混凝土。根据某勘查院提供的地堪资料,中风化泥岩抗压强度特征值为0.7 MPa。
2. 混凝土强度等级:条形基础采用C30混凝土。
3. 条形基础全部嵌入中风化泥岩≥0.5 m。
4. ±0.000以下的砌体采用MU10页岩砖,M10水泥砂浆,两侧采用防水砂浆粉面。所有隔墙基础下地基土应分层夯实,压实系数大于0.95,基础持力层承载力应不小于150 kPa。

宿舍基础平面图 1:100

±0.000=267.350

图7.6 某宿舍墙下条形基础平面布置图

·173·

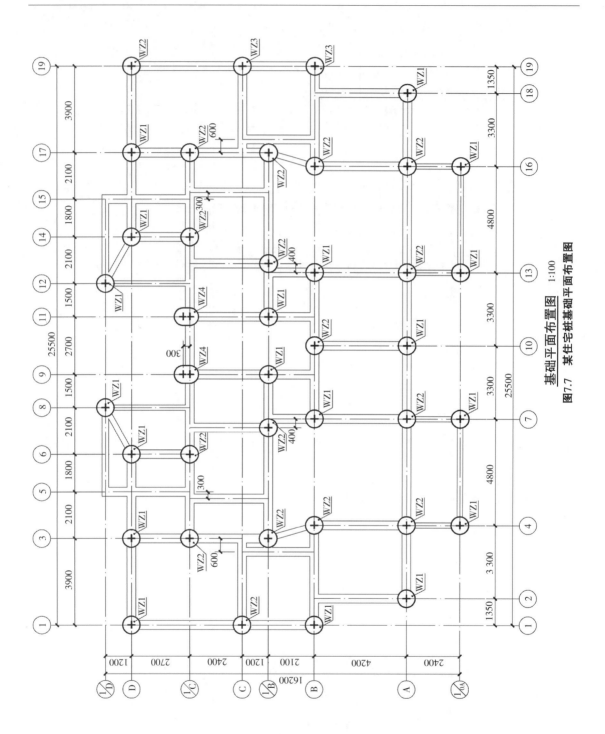

基础平面布置图 1:100

图7.7 某住宅桩基础平面布置图

基础设计说明

1. 本工程基础采用人工挖孔扩底灌注桩基础,桩端持力层为中风化泥岩,要求桩端进入持力层不小于1倍桩径,桩长根据中风化泥岩深度确定且不小于6 m。根据地勘资料,中风化泥岩层的天然湿度单轴料,中风化泥岩层的天然湿度单轴抗压强度标准值取f_{rk}=4.5 MPa。尚应进行可靠的成桩质量检查和单桩竖向极限承载力标准值检测。

2. 桩身混凝土为C25;混凝土护壁为C20混凝土,进入基岩后可不做桩身护壁。

3. 桩身纵筋保护层厚度为50 mm;地梁纵筋保护层厚度为40 mm。

4. 地梁及柱纵筋均须锚入桩内40d,桩间距≤2 100 mm时应采用跳挖施工。

5. 各桩未注明定位尺寸时,桩中心与柱中心重合;地梁未注明定中心线均与轴线重合。

6. 挖孔桩施工时必须采取可靠的降排水措施,孔内不得有积水,及时清除护壁上的泥浆和孔底残渣,并及时通知设计及相关人员检验验收,经验收合格成孔后,方可浇筑桩身混凝土。

7. ±0.000以下砌体采用MU10页岩砖,M10水泥砂浆砌筑,两侧采用防水砂浆粉面。

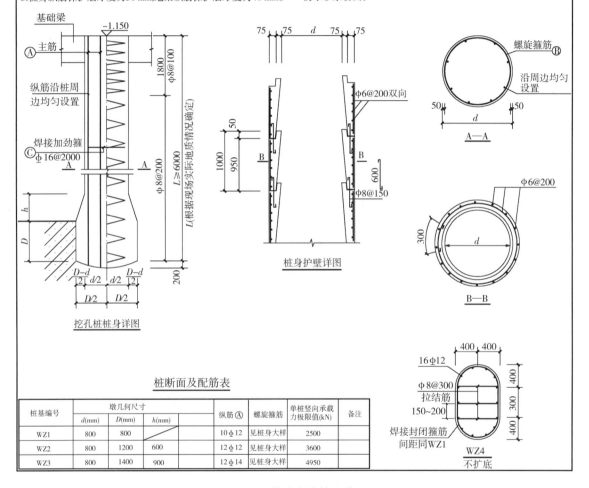

桩断面及配筋表

桩基编号	墩几何尺寸			纵筋Ⓐ	螺旋箍筋	单桩竖向承载力极限值(kN)	备注
	d(mm)	D(mm)	h(mm)				
WZ1	800	800		10φ12	见桩身大样	2500	
WZ2	800	1200	600	12φ12	见桩身大样	3600	
WZ3	800	1400	900	12φ14	见桩身大样	4950	

图7.8 某住宅桩基础详图

7.2.5 楼层结构布置图

楼层(屋面)结构布置图是假想沿楼面(屋面)将建筑物水平剖切后所得的楼面(屋面)的水平投影,剖切位置在楼板处。它反映出每层楼面(屋面)上板、梁及楼面(屋面)下层的门窗过梁、圈梁等构件的布置情况以及现浇楼面(屋面)板的构造及配筋情况。绘制楼层结构布置图时采用正投影法。钢筋混凝土楼层结构一般采用预制装配式和现浇整体式两种施工方法。

1)小型预制构件装配式楼层结构布置图的内容和画法

小型预制构件装配式是指将预制厂生产好的建筑构件运送到施工现场进行连接安装的

施工方法。其楼层结构采用预制钢筋混凝土楼板压住墙、梁。构件一般采用其轮廓线表示：预制板轮廓线用细实线表示，被楼板挡住的墙体轮廓线用中虚线表示，而没有被挡住的墙体轮廓线用中实线表示，梁（单梁、圈梁、过梁）用粗点划线表示，门、窗洞口的位置用细虚线表示。为了便于确定墙、梁、板和其他构件的施工位置，楼层结构布置图画有与建筑施工图完全一致的定位轴线，并标出轴线间尺寸和总尺寸。

小型预制构件装配式结构的常用构件如板、过梁、楼梯、阳台等多采用国家或各地制定的标准图集，读图时应首先了解其图集规定的构件代号的含义，然后再看结构布置平面图，这样对构件的布置情况才可以完全了解。例如，国家建筑标准图集（03G322-1）中所给出的钢筋混凝土过梁代号的注写方式如图7.9所示。

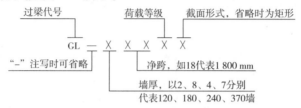

图7.9　钢筋混凝土过梁代号注写方式

下面以图7.10为例，说明小型预制构件装配式楼层结构布置图的基本内容。图中⑧轴线上标有"GL-4102"的粗点画线表示该处门洞口上方有一根过梁，过梁所在的墙厚为240 mm，净跨度（洞口宽度）为1 000 mm，荷载等级为2级；外墙轴线上的粗点画线表示圈梁，编号为"QL"，截面尺寸为240×240；细实线绘制的矩形线框表示钢筋混凝土预制板，常见的类型有平板、槽形板和空心板，由于预制楼板大多数是选用标准图集，因此在施工图中应标明预制板的代号、跨度、宽度及所能承受的荷载等级，如图中"3Y-KB395-3"表示3块预应力空心板，板跨度为3 900，宽度为500（常用板宽为500、600和900等），荷载等级3级。

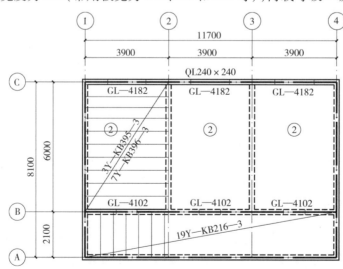

图7.10　某宿舍楼层小型预制构件装配式楼盖结构布置图（局部）

2)现浇整体式楼层结构布置图的内容和画法

现浇整体式钢筋混凝土楼盖由楼板、次梁和主梁构成,三者在施工现场用混凝土整体浇注,结构刚度较好,适应性强,但模板用量较多,现场湿作业量大,施工工期较长,成本比预制装配式楼层要高。

现浇整体式楼层布置图的线型表达为:中实线表示未被楼面构件挡住的墙体,而被楼面构件挡住的墙体则用中虚线表示,未被楼面构件挡住的梁为细实线,被楼面构件挡住的梁为细虚线,柱截面按实际尺寸绘制,需要用图例填充,当绘图比例小于 1∶50 时可以直接涂黑,而屋顶柱用中实线绘制,不用涂黑。下层的门窗洞口及雨篷为细实线,现浇楼板有高差时,其交界线为细实线,并以粗实线画出受力钢筋,每种规格的钢筋可只画一根,并应注明其规格、直径、间距和数量等。

楼层结构布置图的读图方法和步骤为:

①看图名、轴线、比例弄清各种文字、字母和符号的含义,了解常用构件的代号。

②弄清各种构件的空间位置,如该楼层中哪个房间有哪些构件,构件数量多少。

③构件数量、构件详图的位置,采用标准图的编号和位置。

④弄清各种构件的关系及相互的连接和构造。

⑤结合设计说明了解设计意图和施工要求。

图 7.11—图 7.15 分别为本教材第 6 章中建施图中所示住宅的顶板结构平面布置图,下面以其为例介绍现浇整体式楼层结构布置图的基本内容。如图 7.11 所示,本层(一层)现浇板钢筋采用规格为 HRB500 热轧带肋钢筋,板厚为 100 mm。楼层结构布置图中应标注轴线编号、轴间尺寸、轴线总尺寸以及各梁与轴线的关系尺寸,此外,还应标注该层的楼面标高,图中在图名右侧注有一层楼面标高为 3.000 m,对于与楼面标高存在高差的房间,应将其高差注写在图中该房间位置,如⑮—⑰轴线间的卫生间板面标高为 $h-0.060$ m,表示该房间相对于本层楼面标高降低了 60 mm,又如位于楼层两端的卧室、书房等房间的板面标高为 $h+0.450$ m,表示这些房间相对于本层楼面抬升了 450 mm。当个别房间的板厚与设计说明中的板厚不同时应单独将其厚度注写在该房间位置,如图中①—③轴线间的卧室板厚为 110 mm,④—⑦轴线间的客厅板厚为 120 mm。对与楼层平面中的梁、柱等构件还应进行编号,如图中阳台转角柱 Z-1 等。

由于该住宅单元的两个户型完全相同,结构布置也完全相同,因此左边的户型内仅绘制顶层的钢筋,而在右边的户型内绘制底层的钢筋和标高标注。在楼层结构布置图中表达楼板的双层配筋时,底层钢筋弯钩应向上或向左,如图 7.16(a)所示;顶层钢筋则向下或向右,如图 7.16(b)所示。

现浇楼板中的钢筋应进行编号。对型号、形状、长度及间距相同的钢筋采用相同的编号,底层钢筋与顶层钢筋应分开编号。图 7.11 中注明了各种钢筋的编号、规格、直径间距等,如④Φ8@200(图左上方)表示编号为 4 号的钢筋,直径为 8 mm,规格为 HRB500,间隔 200 mm 布置一根。5 号钢筋与 4 号钢筋在直径、规格、间距等方面都相同,仅长度不同,所以也要对其另外编号。在布置板钢筋时还应注明钢筋切断点到梁边或墙边的距离,如 4 号钢筋切断点到墙边的距离为 530 mm。相同编号的钢筋可以仅对其中一根的长度、型号、间距和切断点位置进行标注,其他钢筋注明序号即可。

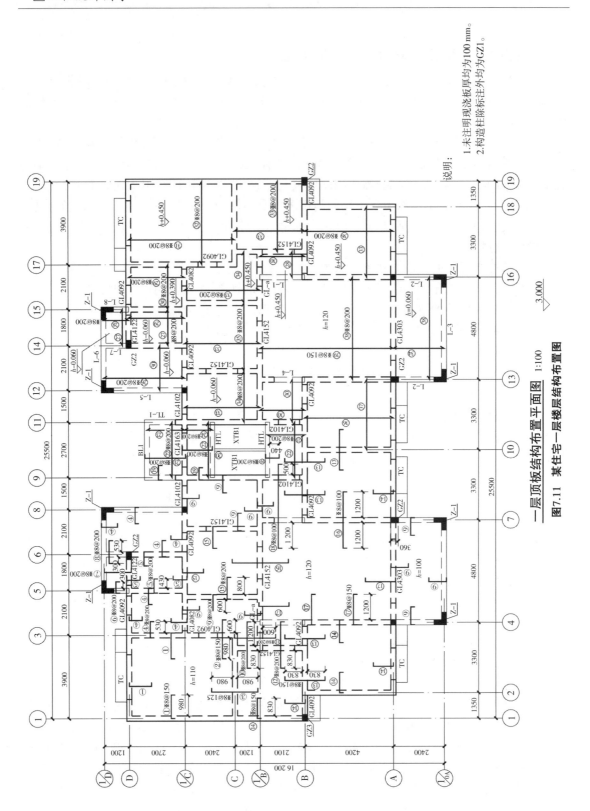

一层顶板结构布置平面图 1:100

图7.11 某住宅一层楼层结构构置图

说明：
1. 未注明现浇板厚均为100 mm。
2. 构造柱标注除注明外均为GZ1。

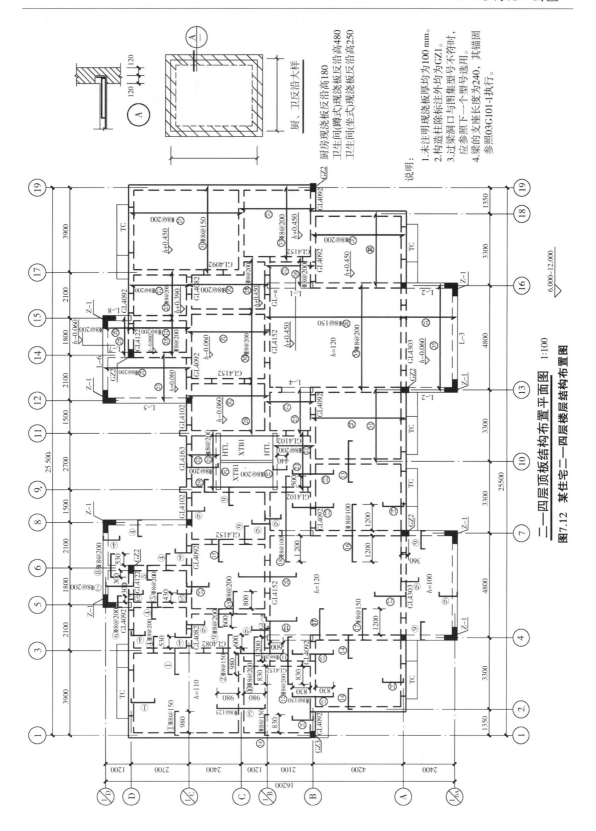

二—四层顶层板结构布置平面图 1:100

图7.12 某住宅二—四层楼层结构布置图

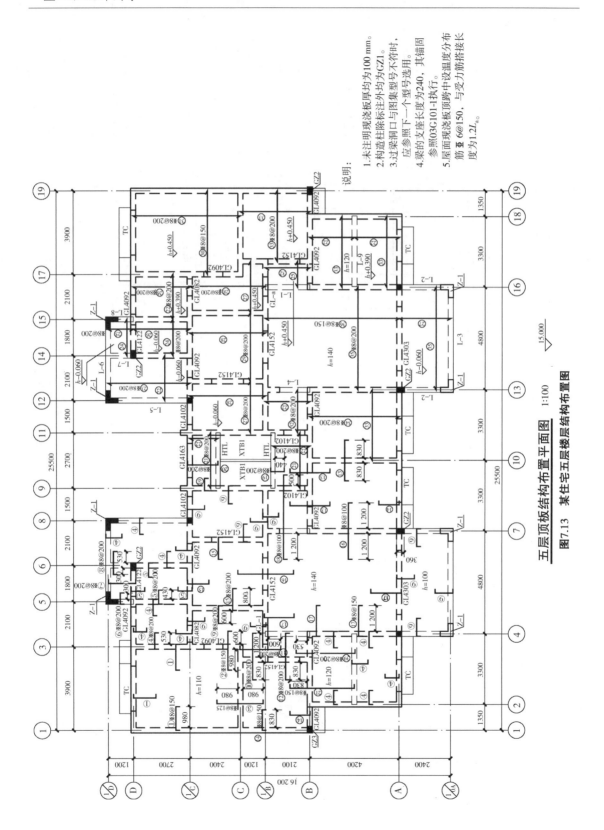

说明：

1. 未注明现浇板厚均为100 mm。

2. 构造柱除标注外均为GZ1。

3. 过梁洞口与图集型号不符时，应参照下一个型号选用。

4. 梁的支座长度为240，其锚固参照03G101-1执行。

5. 屋面现浇板顶跨中设温度分布筋 Φ6@150，与受力筋搭接长度为1.2l_a。

五层顶板结构布置平面图 1:100

图7.13 某住宅五层楼层结构布置图

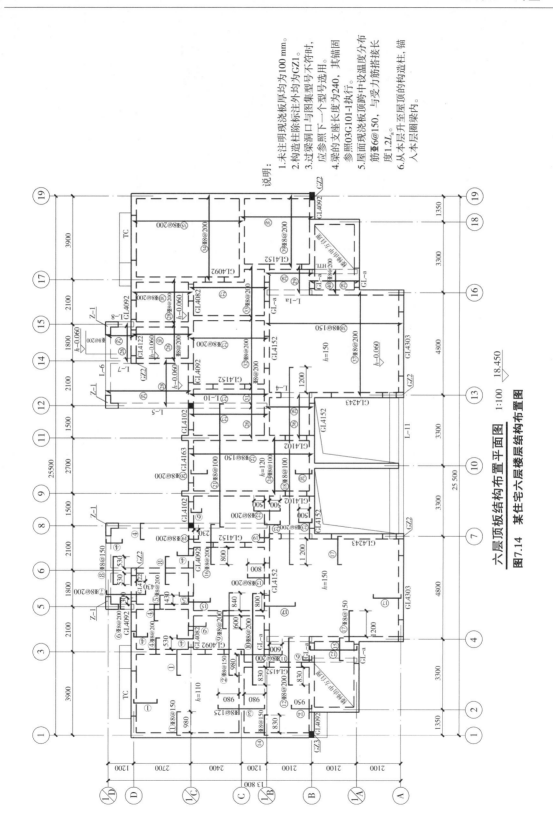

说明:

1. 未注明现浇板结构厚度均为100 mm。
2. 构造柱除标注外均为GZ1。
3. 过梁洞口与图集选型号不符时,应参照下一个型号选用。
4. 梁的支座长度为240,其锚固参照03G101-1执行。
5. 屋面现浇板顶跨中设温度分布筋 $\phi 6@150$,与受力筋搭接长度 $1.2L_a$。
6. 从本层升至屋顶的构造柱,锚入本层圈梁内。

六层顶板结构布置平面图 1:100 ▽18.450

图7.14 某住宅六层楼层结构布置图

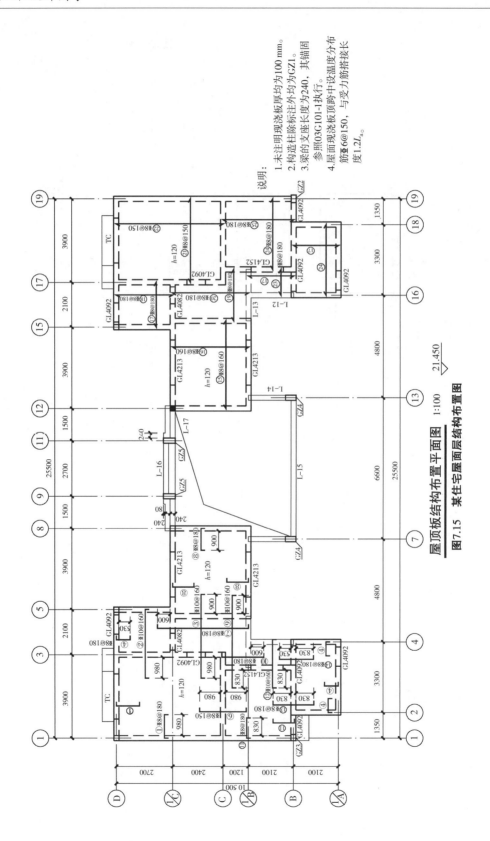

说明：
1.未注明现浇板厚均为100 mm。
2.构造柱除标注外均为GZ1。
3.梁的支座长度为240，其锚固参照03G101-1执行。
4.屋面现浇板顶跨中设温度分布筋φ6@150，与受力筋搭接长度1.2Lₐ。

屋顶板结构布置平面图 1:100
图7.15 某住宅屋面层结构布置图

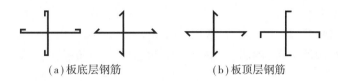

（a）板底层钢筋　　　　　（b）板顶层钢筋

图7.16　板双层配筋画法

在结构布置平面图中还应画出过梁的位置,从图7.11可以看出,门洞口和一些窗洞口上方均设有过梁,如Ⓑ轴线上的窗洞口过梁GL4092;Ⓓ轴线上①—③轴线间的TC为凸窗梁;⑨—⑪轴线间有雨篷和楼梯,雨篷顶板由挑梁TL-1和边梁BL1承担;HTL为楼梯横梁,XTB1为1号现浇楼梯板。

当楼层若干层结构布置情况完全相同时,这些楼层可用同一结构布置平面图来表示,称为结构标准层,如图7.12所示,二至四层的顶板结构布置情况相同,为一个结构标准层,与一层顶板结构布置图相比,结构标准层的区别只是在⑨—⑪轴间无雨篷,其他大致相同。

图7.13为五层顶板结构平面布置图,和结构标准层相比,不同之处在于图中②—④轴交Ⓐ—Ⓑ轴线房间内增设由六层通向六加一层的楼梯。由于Ⓐ/0A轴线上的柱Z-1已位于屋顶处,用中实线绘制,不用涂黑,其他结构布置情况大体相同。

图7.14为六层顶板结构布置平面图,其中⑦—⑧轴线交Ⓐ—Ⓑ轴线处为孔洞,孔洞周边的墙可见,画成中粗实线;Ⓐ轴线、Ⓓ/D及Ⓓ轴线上的柱已位于屋顶处,用中实线绘制,不用涂黑。屋顶板结构布置平面图如图7.15所示,⑦—⑬轴线间为孔洞,孔洞周边的墙可见,画成中粗实线;屋顶柱用中实线绘制,不用涂黑。

7.2.6　构件详图

钢筋混凝土构件详图是加工钢筋,制作、安装模板,浇筑混凝土的依据。包括模板图、配筋图、钢筋明细表及文字说明。

（1）模板图

模板图是为安装模板、浇筑构件而绘制的图样,主要表示构件的形状、尺寸、预埋件位置及预留洞口的位置和大小等,并详细标注其定位尺寸。对于外形较简单的构件,一般不必单独画模板图,只需在配筋立面图中将构件的外形尺寸表示清楚即可。

（2）配筋图

配筋图主要表示构件内部各种钢筋的布置情况,以及各种钢筋的形状、尺寸、数量、规格等,其内容包括配筋立面图、断面图和钢筋详图。具内容及要求如下:

①梁的可见轮廓线以细实线表示,其不可见轮廓线以细虚线表示。

②图中钢筋一律以粗实线绘制,钢筋断面以小黑圆点表示。箍筋若沿梁全长等距离布置,则在立面图中部画出三、四个即可,但应注明其间距。钢筋与构件轮廓线应有适当距离,以表示混凝土保护层厚度(按照规范规定,梁的保护层厚度为25 mm,板为15～20 mm)。

③断面图的数量应视钢筋布置的情况而定,以将各种钢筋布置表示清楚为宜。

④尺寸标注:在钢筋立面图中应标注梁的长度和高度,在断面图中应标注梁的宽度和高度。

⑤对于配筋较复杂的构件,应将各种编号的钢筋从构件中分离出来,在立面图下方以与立面图相同的比例画出钢筋详图,并在图中分别标注各种钢筋的编号、根数、直径以及各段的长度(不包括弯钩长度)和总长。

（3）钢筋明细表

为便于预算编制和现场加工钢筋,常用列表的方式表示结构图中的钢筋形式及数量。其内容包括构件名称、构件数量、钢筋图（需画出钢筋形式）、钢筋根数、单根重量、总重等。

（4）文字说明

其作用是以文字形式说明该构件的材料、规格、施工要求、注意事项等。

下面以上述住宅的构件详图为例,说明构件详图的图示内容。

如图7.19所示,在楼层结构布置平面图中进行过编号的构件都画出了其相应的构件详图,其中有各种构件的断面图,如梁、柱、楼梯板、梁垫、凸窗梁等,以及圈梁的大样图和连接做法等内容。

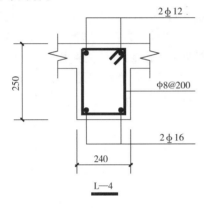

图 7.17　梁 L—4 断面图

从断面图中可以详细地看出构件的宽度、高度及配筋情况。例如,从梁 L—4（图7.17）的断面图中可以看出,该梁宽度为 240 mm,高度为 250 mm,梁顶配有两根直径为 12 mm,规格为 HRB335 的纵向钢筋,梁底配有直径为 16 mm,规格为 HRB335 的纵向钢筋,梁沿长度方向通长配有间距 200 mm,直径为 8 mm,规格为 HPB235 的箍筋。

又如,从楼梯板 XTB1 的配筋断面图（图7.18）可以看出,梯段长 2 430 mm,梯段高 1 500 mm,踏步宽 270 mm,踢面高 150 mm,梯段板厚 100 mm。梯段板距梯段端部 800 mm 范围内配有板顶钢筋,梯段板下部配有通长的板底钢筋;梯段板所有钢筋钢筋直径为 8 mm,钢筋规格为 HRB500 热轧带肋钢筋,其中 1 号板底钢筋沿梯段板长度方向通长布置,间距为 100 mm,2 号钢筋沿梯段宽度方向布置,间距为 200 mm,3 号、4 号钢筋分别位于板下端与上端,沿板长方向布置,钢筋间距均为 100 mm。

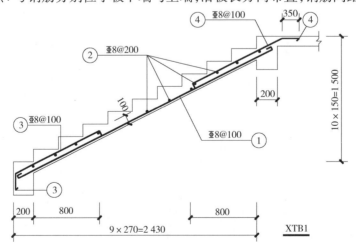

图 7.18　楼梯板 XTB1 的配筋断面图

构件详图中还可以加入必要的文字说明,如图7.19中说明了梁伸入支座的构造要求,以及空调板的配筋情况。

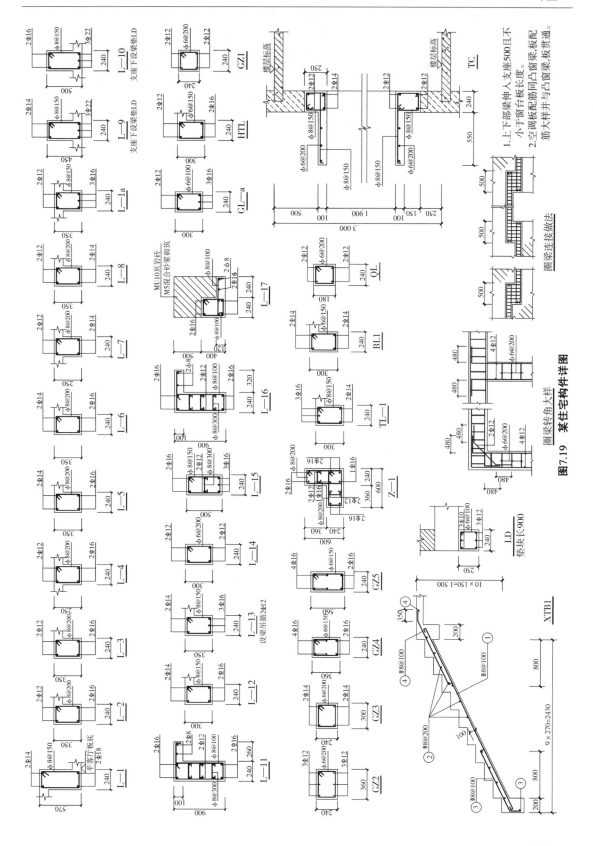

图7.19 某住宅构件详图

7.3 钢筋混凝土结构施工图平面整体表示方法简述

7.3.1 概述

钢筋混凝土结构施工图平面整体表示方法,简称平法,是我国对钢筋混凝土结构施工图设计方法所做的重大改革,也是目前广泛应用的结构施工图画法。它是把结构构件的尺寸、形状和配筋按照平法制图规则直接表达在各类结构构件的平面布置图上,再与标准构件详图结合,构成一套完整的结构设计图。该方法表达清晰、准确,主要用于绘制现浇钢筋混凝土结构的梁、板、柱、剪力墙等构件的配筋图。

平法施工图是根据国家建筑标准设计图集《混凝土结构施工图平面整体表示方法制图规则和构造详图》(16G101-1)中的制图规则绘制的。

7.3.2 梁平法施工图的表示方法

梁平法施工图是在梁平面布置图上采用平面注写方式或截面注写方式表达的梁构件配筋图,钢筋构造要求按图集要求执行,并据此进行施工。

绘制梁平法施工图时,应分别按不同结构层将梁和与其相关的柱、墙、板一起采用适当的比例绘制,并注明各结构层的顶面标高及相应的结构层号。图中梁应进行编号,梁宽根据按实际尺寸按比例绘制,梁平面位置要与轴线定位,对轴线未居中的梁,应标注其偏心定位尺寸,贴柱边的梁可不标注。

梁平法施工图的表示方法分为截面注写方式和平面注写方式。本教材主要介绍平面注写方式。

1)截面注写方式

截面注写方式是在分标准层绘制的梁平面布置图上,分别在不同编号的梁中各选择一根梁用剖面号引出配筋图,并在其上注写配筋尺寸和配筋具体数值的方式来表达梁平法施工图。

2)平面注写方式(图7.21)

平面注写方式是在梁平面布置图上,将不同编号的梁各选一根为代表,在其上面注写截面尺寸、配筋情况及标高。平面注写法又分为集中标注与原位标注。集中标注表达梁的通用数值,原位标注表达梁的特殊数值。当集中标注的某项数值不适用于梁的某部位时,则将该数值原位标注,施工时,原位标注取值优先。

梁编号由梁类型、代号、序号、跨数及有无悬挑组成,应符合表7.3的规定。

表7.3 梁编号表

梁类型	代号	序号	跨数及有无悬挑
楼面框架梁	KL	××	(××)、(××A)或(××B)
屋面框架梁	WKL	××	(××)、(××A)或(××B)
框支梁	KZL	××	(××)、(××A)或(××B)
非框架梁	L	××	(××)、(××A)或(××B)
悬挑梁	XL	××	
井字梁	JZL	××	(××)、(××A)或(××B)
基础梁	JL	××	(××)、(××A)或(××B)

注:(××A)为一端悬挑,(××B)为两端悬挑,悬挑不计入跨数。例如,JL19(2A)表示第19号基础梁2跨,一端悬挑;L9(7B)表示第9号非框架梁,7跨,两端悬挑。

下面以上述住宅的基础梁平法施工图为例,介绍平面注写方式的主要内容,如图7.20所示。

①梁集中标注的内容有5项必注值及1项选注值(集中标注可以从梁的任意一跨引出),其中5项必注值及其标注规则如下:

a.梁的编号:按表7.3规定执行。

b.梁截面尺寸:等截面梁用 $b \times h$ 表示(其中 b 为梁宽,h 为梁高);加腋梁用 $b \times h$、$YC_1 \times C_2$ 表示,其中 C_1 为腋长,C_2 为腋高;对于悬挑梁,当根部和端部高度不同时,用 $b \times h_1/h_2$ 表示,其中 h_1 为根部截面高度,h_2 为端部截面高度。

c.梁箍筋:包括钢筋级别、直径、加密区与非加密区间距及肢数。箍筋加密区与非加密区的间距及肢数不同时需要用斜线"/"分隔;当梁箍筋为同一间距及肢数时则不需用斜线;当加密区与非加密区的箍筋肢数相同时,则将肢数注写一次;箍筋肢数应写在括号内。加密区范围见相应抗震等级的标准构造详图。如图7.22(a)中,"φ10@100/200(4)"表示箍筋为HPB235钢筋,直径为φ10,加密区间距为100 mm,非加密区间距为150 mm,且均为四肢箍筋。

d.梁上部通长钢筋或架立钢筋配置:当同排纵筋中既有通长筋又有架立筋时,应用加号"+"将通长筋和架立筋相连,注写时须将角部纵筋写在加号前面,架立筋写在加号后面的括号内,以示不同直径及与通长筋的区别,当全部采用架立筋时,则将其写入括号内。如图7.22(a)中,"2Φ20+(2Φ12)"表示梁上部配有两根Φ20通长筋,并配有两根Φ12架立筋。当梁的上部纵筋和下部纵筋为全跨相同,且多数跨配筋相同时,此项可加注下部纵筋的配筋值,用分号";"将上部与下部纵筋的配筋值分隔开来,少数跨不同者,采用原位标注处理。如图7.22(b)中,"4Φ18;5Φ25"表示梁上部配有4根Φ18通长筋,梁下部配有5根Φ25通长筋。

e.梁侧面纵向构造钢筋或受扭钢筋配置:梁侧面纵向构造钢筋的注写值以大写字母"G"打头,接续注写配置在梁两个侧面的总配筋值,且对称配置。如图7.22(c)中,"G4φ12"表示梁的两个侧面共配置4根φ12的纵向构造钢筋,每侧各配置两根。当梁侧面配置有受扭纵向钢筋时,注写值以大写字母"N"打头,接续注写配置在梁两个侧面的总配筋值,且对称配置。受扭纵向钢筋应满足梁侧面纵向构造钢筋的间距要求,且不再重复配置纵向构造钢筋。如图7.22(b)中,"N8φ12"表示梁的两侧共配置8根φ12的受扭纵向钢筋,每侧各配置4根。

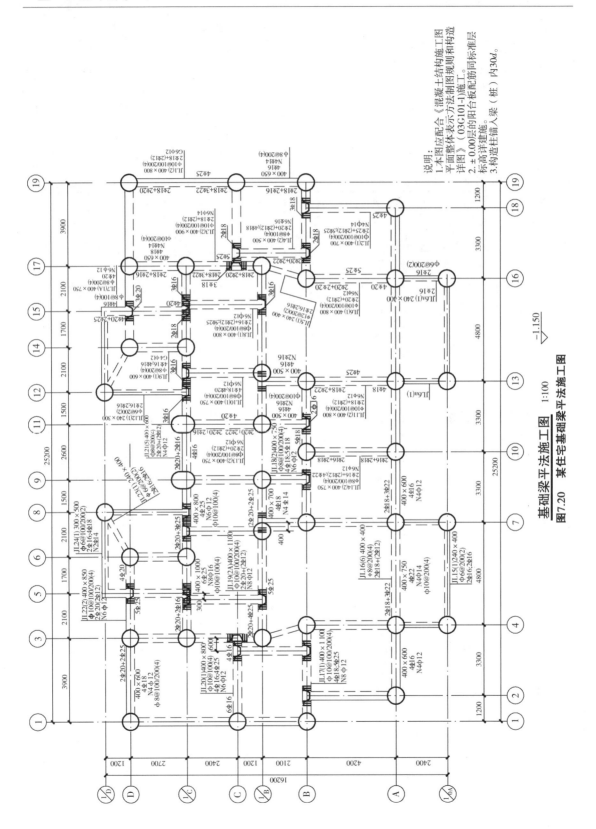

基础梁平法施工图 1:100

图7.20 某住宅基础梁平法施工图

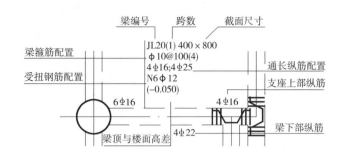

图 7.21 梁平面注写方式示意图

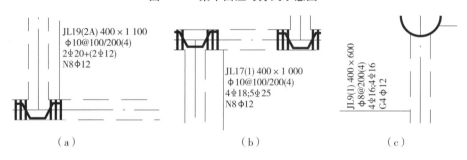

(a)   (b)   (c)

图 7.22 梁集中标注示意图(本图从图 13.20 中截取放大)

梁集中标注中的一项选注值为梁顶面标高与楼面标高的差值,当没有高差时无此项。如图 7.21 所示,(-0.050)表示该梁顶面标高比楼面标高低 50 mm。

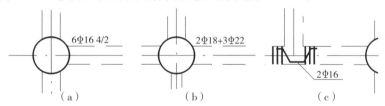

(a)   (b)   (c)

图 7.23 梁原位标注示意图(本图从图 7.19 中截取放大)

②梁原位标注就是在控制截面处标注,其内容规定如下:

A.梁支座上部纵筋,该部位含通长钢筋在内的所有纵筋:

a.当上部纵筋多于一排时,用斜线"/"将各排纵筋自上而下分开。如图 7.23(a)中,梁上部纵筋注写为 6Φ16 4/2,则表示上一排纵筋为 4Φ16,下一排纵筋为 2Φ16。

b.当同排纵筋有两种直径时,用加号" + "将两种直径的纵筋相连,注写时将角部纵筋写在前面。如图 7.23(b)中,"2Φ18 + 3Φ22"表示梁支座上部纵筋为 4 根,2Φ18 放在角部,3Φ22 放在中部。

c.当梁中间支座两边的上部纵筋不同时,须在支座两边分别标注;当梁中间支座两边的上部纵筋相同时,可仅在支座的一边标注钢筋值,另一边省去不注,如图 7.23(b)所示。

B.梁下部纵筋:

a.当梁下部纵筋多于一排时,用斜线"/"将各排纵筋自上而下分开。例如,梁下部纵筋注写为 6Φ22 2/4,则表示上一排纵筋为 2Φ22,下一排纵筋为 4Φ22,全部伸入支座。

b.当同排纵筋有两种直径时,用加号" + "将两种直径的纵筋相连,注写时将角部纵筋写在前面。

c. 当梁下部纵筋不全部伸入支座时,将梁下部纵筋减少的数量写在括号内。例如,梁下部纵筋注写为 6Φ25 2(−2)/4,则表示上排纵筋为 2Φ25,且不伸入支座,下排纵筋为 4Φ25,全部伸入支座。

d. 当梁的集中标注中已注写了梁上部和下部均为通长纵筋时,且此处的梁下部纵筋与集中标注相同时则不需在梁下部重复做原位标注。

C. 当在梁上集中标注的内容(即梁截面尺寸、箍筋、上部通长筋或架立筋,梁侧面纵向构造钢筋或受扭纵向钢筋,以及梁顶面标高高差的某一项或几项数值)不适用于某跨或某悬挑部分时,则将其不同数值原位标注在该跨或该悬挑梁部位,施工时应按原位标注数值取用。

D. 附加箍筋或吊筋,将其直接画在平面图中的主梁上,用引线引注总配筋值(附加箍筋的肢数注写在括号内)。当多数附加箍筋或吊筋相同时,可在梁平法施工图上统一注明,少数与统一注明值不同时,再原位引注,如图 7.23(c)所示。

7.3.3 柱平法施工图的表示方法

柱平法施工图是在柱平面布置图上,采用列表注写方式或截面注写方式表示柱的截面尺寸和配筋情况的结构施工图。柱平面布置图可采用适当比例单独绘制,也可以与剪力墙平面布置图合并绘制。在柱平法施工图中应注明各结构层的楼面标高、结构层高及相应的结构层号。

列表注写方式是在柱的平面布置图上,分别在同 ·编号的柱中选择一个(有时需选择几个)截面标注几何参数代号:在主表中注写柱号、柱段起止标高、几何尺寸(含柱截面对轴线的偏心情况)与配筋具体数值,并配以各种柱截面形状及其箍筋类型图的方式来表达柱平法施工图,如图 7.24 所示。

截面注写方式是在柱平面布置图的柱截面上,分别在统一编号的柱中选择一个截面,以直接注写截面尺寸和配筋具体数值的方式来表达柱平法施工图,如图 7.25 所示。

关于柱平法施工图的具体绘制要求以及剪力墙平法施工图的内容,请读者根据专业需要查阅国家建筑标准设计图集《混凝土结构施工图平面整体表示法制图规则和构造详图》(16G101-1),本教材不再作介绍。

本章小结

(1)了解结构施工图的作用。

(2)了解基础施工图、楼层结构施工图、构件详图的组成及各部分图纸的名称。

(3)了解钢筋混凝土结构施工图平面整体表示方法的制图规则和绘图技巧。

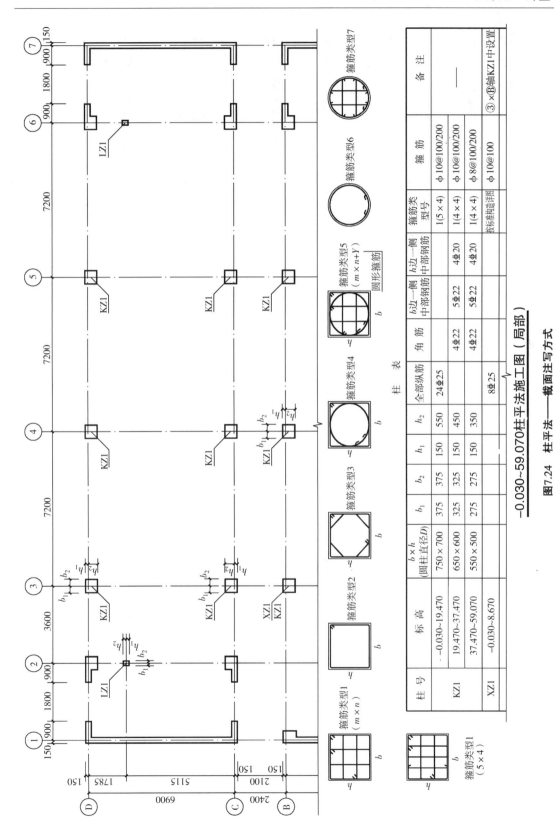

柱 表

柱号	标高	$b \times h$（圆柱直径D）	b_1	b_2	h_1	h_2	全部纵筋	角筋	b边一侧中部钢筋	h边一侧中部钢筋	箍筋类型号	箍筋	备注
KZ1	-0.030~19.470	750×700	375	375	150	550	24Φ25				1(5×4)	φ10@100/200	—
	19.470~37.470	650×600	325	325	150	450		4Φ22	5Φ22	4Φ20	1(4×4)	φ10@100/200	
	37.470~59.070	550×500	275	275	150	350		4Φ22	5Φ22	4Φ20	1(4×4)	φ8@100/200	
XZ1	-0.030~8.670						8Φ25				按标准构造详图	φ10@100	③×Ⓑ轴KZ1中设置

−0.030~59.070柱平法施工图（局部）

图7.24 柱平法——截面注写方式

· 191 ·

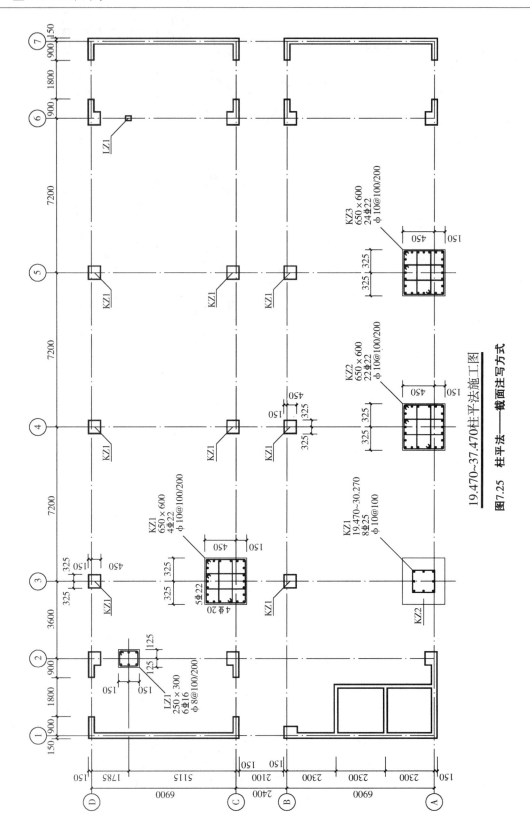

19.470~37.470柱平法施工图

图7.25 柱平法——截面注写方式

复习思考题

7.1 什么是建筑物的结构构件？其中的哪些构件是主要承重构件？

7.2 混合结构民用建筑的结构施工图包括哪些基本内容？

7.3 钢筋混凝土构件的钢筋，按其作用可分为哪几类？

7.4 何为基础平面图？其中的桩基础在图中用什么线型绘制？

7.5 在基础详图中，如何进行构件的线型表达？

7.6 在某工程的预制装配式楼层结构布置图中的一门洞口上方标有"GL4303"，在其隔壁房间的中部标有"7Y-KB336-4"，请分别解释这两个代号的含义。

7.7 简述现浇楼板双层配筋的画法，并结合图示表达。

7.8 构件详图包括哪些基本内容？

7.9 构件详图中的钢筋应如何绘制？

7.10 何为结构平法施工图？

7.11 梁平法施工图有哪些表示方法？何为平面注写方式？

7.12 集中标注包含哪些注写项目？其中哪些为必注值，哪些为选注值？

7.13 下图为一钢筋混凝土框架结构的梁平法施工图，根据框架梁 KL2 的集中标注与原位标注内容写出该梁的基本情况。

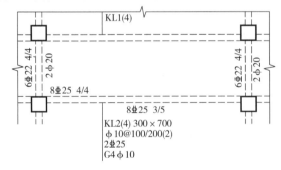

建筑给水排水施工图

本章导读

了解建筑给水排水系统的主要组成；了解给水排水总平面图的主要构成内容、常用比例；了解室内给水排水平面图、系统图、大样图的主要构成内容、常用比例；熟悉室内给水排水管道和设备的表示方法、常用图例；熟悉室内给水排水图纸的绘制方法。

8.1 概述

建筑设备是房屋的重要组成部分，安装在建筑物内的给水、排水管道，与强电、弱电线路，燃气管道，暖通、空调等管道，以及相应的设施、装置都属于建筑设备工程，是一栋房屋能正常使用的必备条件。它们都是服务于建筑物，但不属于其土建部分。因此，建筑设备施工图是在已有的建筑施工图基础上来绘制的。

建筑设备施工图，无论是水、电、暖通中的任意一种专业图，一般都是由平面图、系统图、详图及统计表、文字说明组成。在图示方法上有两个主要特点：第一，建筑设备的管道或线路是设备施工图的重点，通常用单粗线绘制；第二，建筑设备施工图中的建筑图部分不是为土建施工而绘制的，而是作为建筑设备的定位基准而画出的，一般用细线绘制，不画建筑细部。

建筑设备施工图简称"设施图"。其中，为房屋系统地供给生产、生活、消防用水以及排除生活、生产污废水、雨水而建设的一整套工程设施的图样总称为建筑给水排水施工图，简称"水施图"。它一般由目录、设计说明、材料表、给水排水平面图、给水系统图、排水系统图及必要的详图等组成。本章将介绍建筑给水排水系统的组成、建筑给水排水常用图例、给水排水平面图及系统(原理)图的阅读及绘制方法。

8.1.1　建筑给水排水系统组成

1)建筑给水

民用建筑给水通常分生活给水系统和消防给水系统。生活给水系统一般含冷热水系统;消防给水系统一般含消火栓给水系统与自动喷水灭火系统等。现以生活、消防给水为例说明建筑给水的主要组成,如图8.1所示。

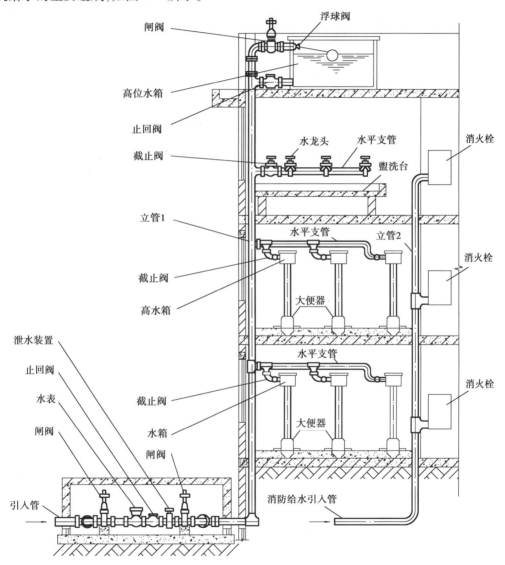

图8.1　建筑给水系统的组成

(1)引入管

引入管又称进户管,从室外供水管网接出,一般穿过建筑物基础或外墙,引入建筑物内的给水连接管段。每条引入管应有不小于3‰的坡度坡向外供水管网,并应安装阀门,必要时还要设泄水装置,以便管网检修时放水用。

（2）配水管网

配水管网即将引入管送来的给水输送给建筑物内各用水点的管道,包括水平干管、给水立管和支管。

（3）配水器具

配水器具包括与配水管网相接的各种阀门、给水配件（放水龙头、皮带龙头等）。

（4）水池、水箱及加压装置

当外部供水管网的水压、流量经常或间断不足,不能满足建筑给水的水压、水量要求时,需设贮水池或高位水箱及水泵等调节增压装置。

（5）水表

水表被用于记录用水量。根据具体情况可在每个用户、每个单元、每幢建筑物或一个居住区内设置水表。需单独计算用水量的建筑物,水表应安装在引入管上,并装设检修阀门、旁通管、池水装置等。通常把水表及这些设施通称为水表节点。室外水表节点应设置在水表井内。

2）建筑排水

民用建筑排水主要是排出生活污水、屋面雨（雪）水及空调冷凝水等。一般民用建筑物如住宅、办公楼等可将生活污（废）水合流排出,雨水管单独设置。现以排出生活污水为例,说明建筑排水系统的主要组成,如图 8.2 所示。

（1）卫生器具及地漏等排水泄水口

卫生器具指的是供水并接受、排出污废水或污物的容器或装置。按其作用分为以下几类:

①便溺用卫生器具:如大便器、小便器等;

②盥洗、淋浴用卫生器具:如洗脸盆、淋浴器等;

③洗涤用卫生器具:如洗涤盆、污水盆等;

④专用卫生器具:如医疗、科学研究实验室等特殊需要的卫生器具。

地漏是地面与排水管道系统连接的排水器具。地漏具有防臭气、防堵塞、防病毒、防返水、防干涸等主要功能。

（2）排水管道及附件

①存水弯（水封段）。存水弯的水封将隔绝和防止有异味、有害、易燃气体及虫类通过卫生器具泄水口侵入室内。常用的管式存水弯有 S 形和 P 形。

②连接管。连接管即连接卫生器具及地漏等泄水口与排水横支管的短管（除坐式大便器、直通式地漏外,均包括存水弯）,也称卫生器具排水管。

③排水横支管。排水横支管接纳连接管的排水并将排水转送到排水立管,且坡向排水立管。若与大便器连接管相接,排水横支管管径应不小于 100 mm,坡向排水立管的通用坡度为 0.02。

④排水立管。排水立管即接纳排水横支管的排水并转送到排水排出管（有时送到排水横干管）的竖直管段,其管径不能小于 DN50 或所连横支管管径。

⑤排出管。排出管是将排水立管或排水横干管送来的建筑排水排入室外检查井（窨井）并坡向检查井的横管。其管径应大于或等于排水立管（或排水横干管）的管径,坡度为 1% ~ 3%,最大坡度不宜大于 15%,在条件允许的情况下,尽可能取高限,以利尽快排水。

⑥出户检查井。建筑排水检查井在室内排水出户管与室外排水管的连接处设置,将室内排水顺畅地输送至室外排水管道中。

⑦伸顶通气管。伸顶通气管是位于顶层检查口以上的立管管段,它排出有害气体,并向排水管补充空气,利于水流畅通,保护存水弯水封。其管径一般与排水立管相同。通气管口高出屋面的高度不得小于 0.3 m ,且应大于屋面最大积雪厚度,在经常有人停留的平屋面上,通气管口应高出屋面 2 m 。

⑧管道检查、清堵装置,如清扫口、检查口。清扫口可单向清通,常用于排水横管上。检查口则为双向清通的管道维修口。立管上的检查口之间距离不大于 10 m ,通常每隔一层设一个检查口(住宅每层设一个检查口),但底层和顶层必须设置检查口。其中心应在相应楼(地)面以上 1.00 m 处,并应高出该层卫生器具上边缘 0.15 m 。

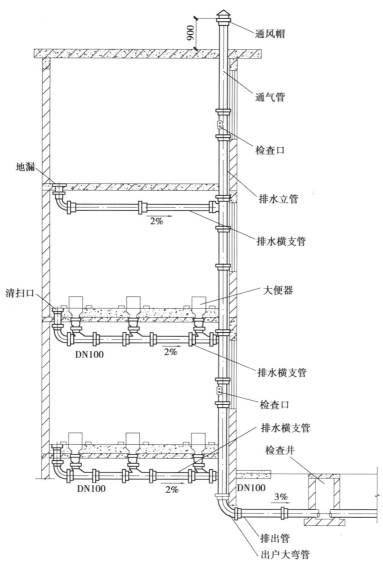

图 8.2　建筑排水系统的组成

8.1.2 建筑给水排水图例

按照中华人民共和国国家标准《建筑给水排水制图标准》（GB/T 50106—2010），建筑给水排水常见线型和图例见表8.1和表8.2。

表8.1 建筑给水排水常见线型

名称	线型	笔宽	备注
粗实线		b	新设计的各种排水和其他重力流管线
粗虚线		b	新设计的各种排水和其他重力流管线的不可见轮廓线
中粗实线		$0.7b$	新设计的各种排水管和其他压力流管线；原有的各种排水管和其他重力流管线
中粗虚线		$0.5b$	新设计的各种排水管和其他压力流管线；原有的各种排水管和其他重力流线管的不可见轮廓线
中实线		$0.5b$	给水排水设备、零（附）件的可见轮廓线；总图中新建的建筑物和构筑物的可见轮廓线；原有的各种给水和其他压力流管线
中虚线		$0.5b$	给水排水设备、零（附）件的不可见轮廓线；总图中新建的建筑物和构筑物的不可见轮廓线；原有的各种给水和其他压力流管线的不可见轮廓线
细实线		$0.25b$	建筑的可见轮廓线；总图中新建的建筑物和构筑物的可见轮廓线；制图中的各种标注线
细虚线		$0.25b$	建筑的不可见轮廓线；总图物的不可见轮廓线
单点长画线		$0.25b$	中心线、定位轴线
折断线		$0.25b$	断开界线
波浪线		$0.25b$	平面图中水面线；局部构造层次范围线；保温范围示意线

表8.2 建筑给水排水图例（摘自 GB/T 50106—2010）

序号	名称	图例	备注
1	给水管	—— J ——	
2	热水给水管	—— RJ ——	
3	通气管	—— T ——	
4	污水管	—— W ——	
5	雨水管	—— Y ——	
6	排水明沟	坡向 ——→	
7	排水暗沟	坡向 ——→	

续表

序号	名称	图例	备注
8	立管检查孔		
9	圆形地漏	平面　系统	
10	清扫口	平面　系统	
11	P形存水弯		
12	S形存水弯		
13	通气帽	蘑菇形　成品	
14	水表		
15	浮球阀	平面　系统	
16	闸阀		
17	截止阀		
18	放水龙头/感应龙头		
19	淋浴器		
20	脚踏/感应冲洗阀		
21	消防给水管	——XH——	
22	室内单栓消火栓	平面　系统	白色为开启面
23	室内双栓消火栓	平面　系统	
24	室外消火栓		
25	挂式洗脸盆		
26	台式洗脸盆		
27	厨房洗涤盆		

续表

序号	名称	图例	备注
28	壁挂式小便器		
29	座式大便器	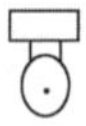	
30	蹲式大便器	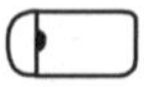	
31	浴盆	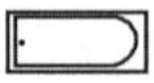	
32	矩形化粪池	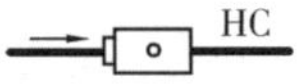 HC	

8.2 平面图

8.2.1 平面图的图示特点

为方便读图和画图,把同一建筑相应的给水平面图和排水平面图画在同一张图纸上,称其为建筑给水排水平面图,如图 8.3、图 8.4、图 8.5、图 8.6、图 8.7 为某县质量技术监督局职工住宅的给水排水平面图。

建筑给水排水平面图应按直接正投影法绘制,它与相应的建筑平面图、卫生器具以及管道布置等密切相关,具有如下图示特点。

1) 比例

常用比例有:1:200、1:150、1:100。一般采用与其建筑平面图相同的比例,如 1:100、1:150。有时可将有些公共建筑中及居住建筑的集中用水房间,单独抽出用较其建筑平面图大的比例绘制,如图 8.8 为某县质量技术监督局职工住宅卫生间及厨房给水排水平面详图,详图比例常用为 1:50、1:30、1:20、1:10、1:5 等。

2) 布图方向

按照中华人民共和国国家标准《房屋建筑制图统一标准》(GB/T 50001—2017)的规定"不同专业的单体建(构)筑物的平面图,在图纸上的布图方向均应一致"。因此,建筑给水排水平面图在图纸上的布图方向应与相应的建筑平面图一致。

3) 平面图的数量

建筑给水排水平面图原则上应分层绘制,并在图下方注写其图名。若各楼层建筑平面、卫生器具和管道布置、数量、规格均相同,可只绘标准层、底层给水排水平面图和屋面给水排水平面图。

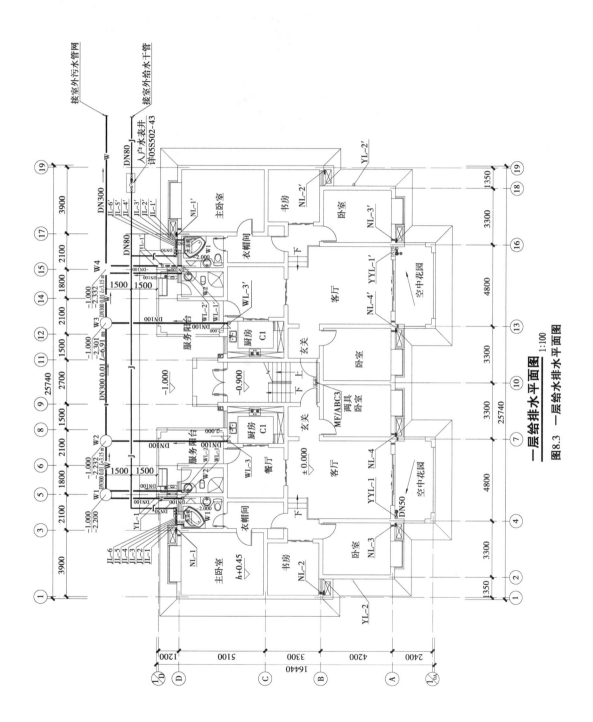

一层给水排水平面图 1:100

图8.3 一层给水排水平面图

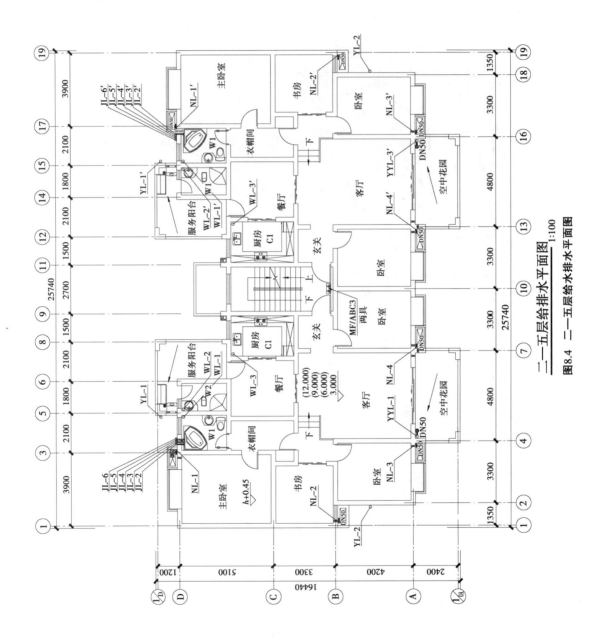

二—五层给排水平面图 1:100

图8.4 二—五层给水排水平面图

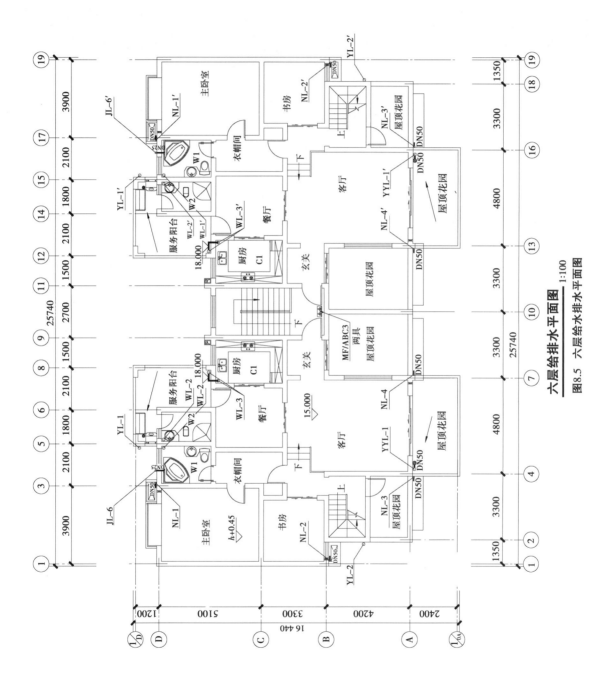

六层给排水平面图 1:100

图8.5　六层给排水平面图

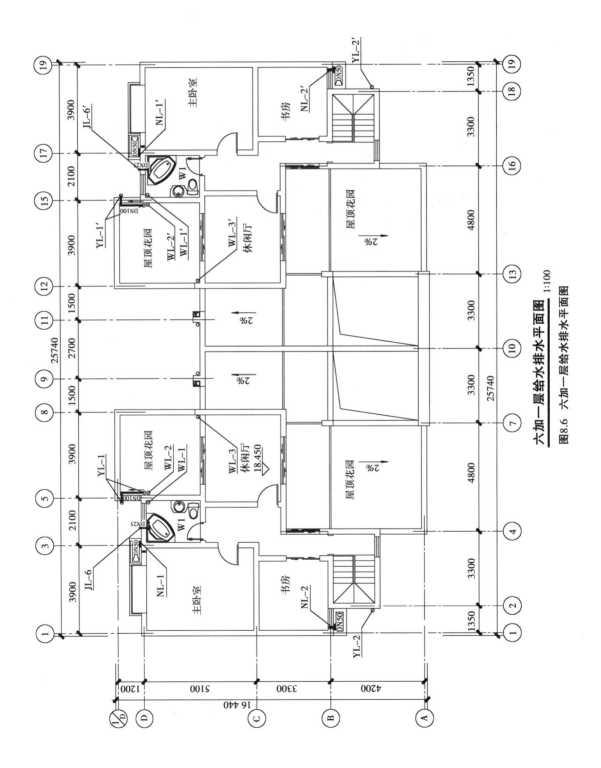

六加一层给水排水平面图 1:100

图8.6 六加一层给水排水平面图

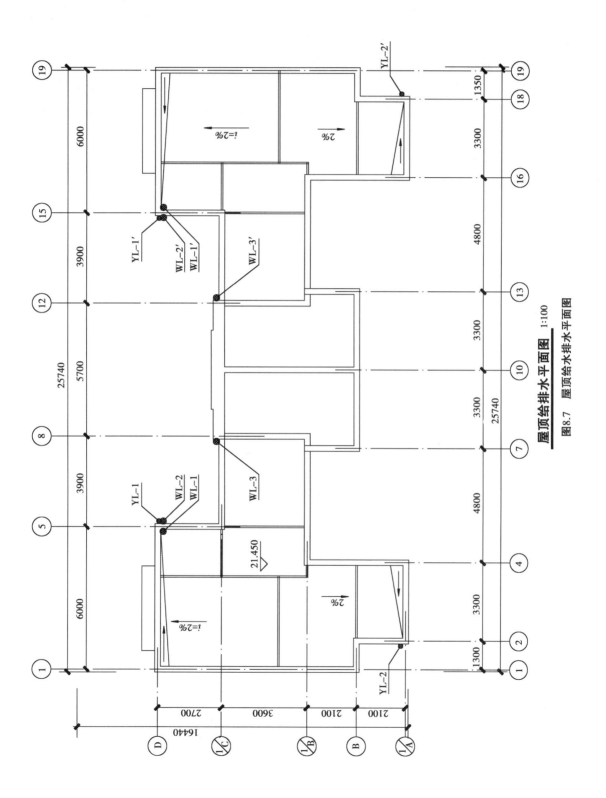

屋顶给水排水平面图 1:100

图8.7 屋顶给水排水平面图

底层给水排水平面图一般应画出整幢建筑的底层平面图,其余各层则可以只画出装有给水排水管道及其设备的局部平面图,以便更好地与整幢建筑及其室外给水排水平面图对照阅读。标准层给水排水平面图通常也画标准层全部。

4)建筑平面图

绘制与标注建筑物轮廓线、轴线号、房间名称、楼层标高、门、窗、梁柱、平台和绘图比例等,且应与建筑专业一致,但图线应用细实线(0.25b)绘制。不必画建筑细部,不标注门窗代号、编号等,底层平面图一般要画出指北针。

5)卫生器具平面图

卫生器具如大便器、小便器、洗脸盆等皆为定型生产产品,而大便槽、小便槽、污水池等虽非工业产品,却是现场砌筑,其详图由建筑设计提供,所以卫生器具均不必详细绘制,定型工业产品的卫生器具用细线画其图例(表8.2),需现场砌制的卫生设施依其尺寸,按比例画出其图例,若无标准图例,一般只绘其主要轮廓。如图8.8所示。

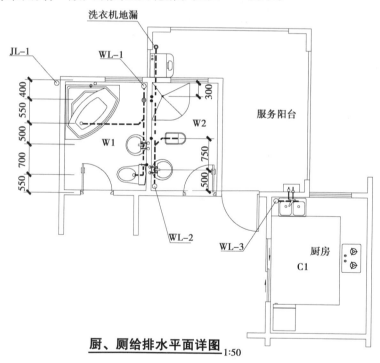

厨、厕给排水平面详图 1:50

图8.8 厨房卫生间给水排水平面详图

6)给水排水管道平面图

给水排水管道及其附件无论在地面上或地面下,均可视为可见,按其图例绘制(表8.2)。位于同一平面位置的两根或两根以上的不同高度的管道,为图示清楚,习惯画成平行排列的管道。管道无论明装和暗装,平面图中的管道线仅表示其示意安装位置,并不表示其具体平面定位尺寸。但若管道暗装,图上除应有说明外,管道线应画在墙身断面内。

当两根水管交叉时候,位置较高的可通过,位置较为低的在交叉投影处断开。当给水管与排水管交叉时,应该连续画出给水管,断开排水管。

7)标注

①尺寸标注。标注建筑平面图的轴线和编号和轴线间尺寸,若图示清楚,可仅在底层给水排水平面图中标注轴线间尺寸。标注与用水设施有关的建筑尺寸,如隔墙尺寸等。标注引入管、排出管的定位尺寸,通常注其与相邻轴线的距离尺寸。沿墙敷设的卫生器具和管道一般不必标注定位尺寸,若必须标注,应以轴线和墙(柱)面为基准标注。卫生器具的规格可用文字标注在引出线上,或在施工说明中或在材料表中注写。管道的长度一般不标注,因为在设计、施工的概算和预算以及施工备料时,一般只需用比例尺从图中近似量取或专业软件导出,在施工安装时则以实测尺寸为依据。平面图中,一般只注立管、引入管、排出管的管径,管径标注的要求见表8.3。除此以外,一般管道的管径、坡度等习惯标注在其系统图中,常不在平面图中标注。

②标高标注。底层给水排水平面图中须标注室内地面标高及室外地面整平标高。标准层、楼层给水排水平面图应标注适用楼层的标高,有时还要标注用水房间附近的楼面标高。所注标高均为相对标高,并应取至小数点后3位。

③符号标注。对于建筑物的给水排水进口、出口,宜标注管道类别代号,其代号通常采用管道类别的第一个汉语拼音字母,如"J"即给水,"W"即污水。当建筑物的给水排水进、出口数量多于1个时,宜用阿拉伯数字编号,以便查找和绘制系统图。编号宜按图8.9的方式表示(该图表示1号排出管或1号排出口)。

表8.3 管径标注

管径标准	用公称直径 DN 表示①	用外径 D × 壁厚表示	用公称外径 Dw② 表示	用公称外径 dn 表示	用内径 d 表示
适用范围	1. 水煤气输送管(镀锌或非镀锌); 2. 铸铁管	1. 无缝钢管; 2. 焊接钢管②	1. 铜管; 2. 不锈钢管	排水塑料管	1. 耐酸陶瓷管; 2. 混凝土管; 3. 钢筋混凝土管; 4. 陶土管(缸瓦管)
标注举例	DN25	D108×4	Dw18	dn110	d300

注:①公称直径是工程界对各种管道及附件大小的公认称呼,对各类管子的准确含义是不同的。如对普通压力铸铁管等DN 等于内径的真值;而普通压力钢管的 DN 比其内径略小。

②摘自《建筑给水排水制图标准》(GB/T 50106—2010)。

对于建筑物内穿过一层及多于一层楼层的竖管,用小圆圈表示,直径约为2 mm,称为立管,并在旁边标注立管代号,如"JL""WL"分别表示给水立管、污水立管。当立管数量多于1个时,宜用阿拉伯数字编号。编号宜按图8.10的方式表示(该图即表示1号给水立管)。

图8.9 给水排水进出口编号表示法　　图8.10 平面图上立管编号表示法

④文字注写。注写相应平面的功能及必要的文字说明。

8.2.2　建筑给水排水平面图的绘制

绘制建筑给水排水施工图,通常首先绘制给水排水平面图,然后绘其系统图。绘制建筑给水排水平面图时,一般先绘标准层给水排水平面图,再画其余楼层及一层给水排水平面图。绘制给水排水平面图的画图步骤如下:

①画建筑平面图。建筑给水排水平面图的建筑轮廓应与建筑专业一致,先画定位轴线,再画墙身和门窗洞,最后画必要的构配件。

②画卫生器具平面图。在已完成的建筑平面图中需要用水的房间里相应位置画上卫生器具。

③画给水排水设备房平面图。给水排水设备房平面图一般多见于地下层及屋顶层,有些简单建筑没有给水排水设备房。绘制设备房平面图时宜按实际尺寸在设备房内相应位置画上设备及构筑物。因为设备房在给水排水专业中的重要性,通常在平面图之外还需绘制设备房大样图。

④画给水排水管道平面图。画建筑给水排水平面图时,一般先画立管,然后画给水引入管和排水排出管,最后按照水流方向画出各干管、支管及管道附件。

⑤布置应标注的尺寸、标高、编号和必要的文字。

⑥画必要的图例。若只用了《建筑给水排水制图标准》(GB/T 50106—2010)中的标准图例,一般可不另画图例,否则必须列出图例(可将图例集中画在专门一张图纸里)。

8.3　系统图

给水排水系统图(各个系统单独绘制)反映给水排水管道系统的连接关系,水流的来源、去向;各系统的编号及立管编号;各管段的管径、坡度标高以及管道附件位置;设备的型号参数等。它与建筑给水排水平面图一起表达建筑给水排水工程空间布置情况。系统图一般分为系统轴测图和系统原理(展开)图。

8.3.1　系统轴测图

系统轴测图应以45°正面斜轴测的投影规则绘制。图中标明管道走向、管径、仪表及阀门、控制点标高和管道坡度,各系统编号,各楼层卫生设备和工艺用水设备的连接点位置。如某几层卫生设备及用水点接管情况完全相同时,在系统轴测图上可只绘一个有代表性楼层的接管图,其他各层注明同该层即可。在系统轴测图上,应注明建筑楼层标高、层数、室内外建筑平面标高差。卫生间给水排水系统大样图应绘制管道轴测图。

下面简要介绍一下给水排水系统轴测图的绘制。其具有下列主要特点:

1)比例

通常采用与之对应的给水排水平面图相同的比例,常用的有1:150、1:100、1:50。当局部管道按比例不易表示清楚时,例如在管道和管道附件被遮挡,或者转弯管道变成直线等情况下,这些局部管道可不按比例绘制。

2）布图方向

给水排水系统图的布图方向应该与相应的给水排水平面图一致，如图8.11所示。

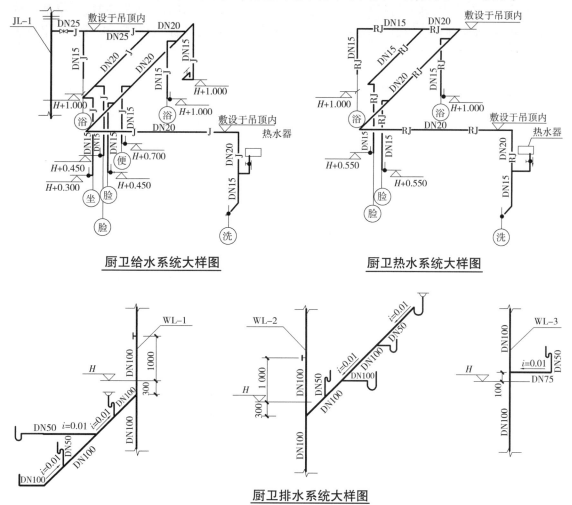

厨卫给水系统大样图　　　　　　　厨卫热水系统大样图

厨卫排水系统大样图

图8.11　厨房卫生间给水排水系统轴测图

3）给水排水管道

给水管道系统图一般按各条给水引入管分组，排水管道系统图一般按各条排水排出管分组。引入管和排出管以及立管的编号均应与其平面图的引入管、排出管及立管对应一致，编号表示法同前。

系统图中给水排水管道沿 x_1、y_1 向的长度直接从平面图上量取，管道高度一般根据建筑层高、门窗高度、梁的位置以及卫生器具、配水龙头、阀门的安装高度等来决定。例如，洗涤池（盆）、盥洗槽、洗脸盆、污水池的放水龙头一般离地（楼）面0.80 m，淋浴器喷头的安装高度一般离地（楼）面2.100 m。设计安装高度一般由安装详图查得，亦可根据具体情况自行设计。有坡向的管道按水平管绘制出。管道附件、阀门及附属构筑物等仍图例表示，见表8.2。

当空间交叉的管道在图中相交时,应判别其可见性,在交叉处,可见管道连续画出,不可见管道线应断开画出。

当管道相对集中,即使局部不按比例也不能清楚地反映管道的空间走向时,可将某部分管道断开,移到图面合适的地方绘制,在两者需连的断开部位,应标注相同的大写拉丁字母表示连接编号,如图8.12所示。

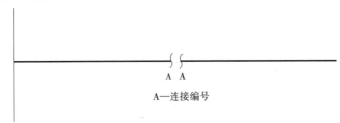

A—连接编号

图8.12　管道连接符号

4)与建筑物位置的关系的表示

为反映给水排水管道与相应建筑物的位置关系,系统图中要用细实线(0.25b)画出管道所穿过的地面、楼面、屋面及墙身等建筑构件的示意位置,所用图例见表8.2。

5)标注

①管径标注。管径标注的要求见表8.3。可将管径直径注写在管道旁边,如图8.11中"DN25""DN100"等。有时连续多段相同管径时,可只注出始、末段管径,中间管段管径可省略不标注。

②标高标注。系统图仍然标注相对标高,并应与建筑图一致。对于建筑物,应标注室内地面、各层楼面及建筑屋面等部位的标高。对于给水管道,标注管道中心标高,通常要标注横管、阀门和放水龙头等部位的标高。对于排水管道,一般要标注立管或通气管的顶部、排出管的起点及检查口等的标高;其他排水横管标高通常由相关的卫生器具和管件尺寸来决定,一般可不标注其标高。必要时,一般标注横管起点的管内底标高。系统图中标高符号画法与建筑图的标高画法相同,但应注意横线要平行于所标注的管线。

8.3.2　系统原理(展开)图

随着经济的迅速发展,建筑项目的功能与体量日趋复杂、庞大,用传统的"系统轴测图"画法绘制给水排水系统图绘制方法相对烦琐,不同层次的管线相互重叠,图面凌乱,表示起来费时费力且难以看懂。现已由绘制简单、图面简化的"系统原理图"所取代。原理图不按比例绘制,对轴测图的画线进行了简化,而在系统的原理及功能表述方面做了加强。系统图原理图反映并规定整个系统的管道及设备连接状况,如立管的管径、各层横管与立管及给水排水点的连接、设备及构筑物(如水池、水泵等)的设计,反映系统的工艺及原理,如图8.13—图8.15所示。

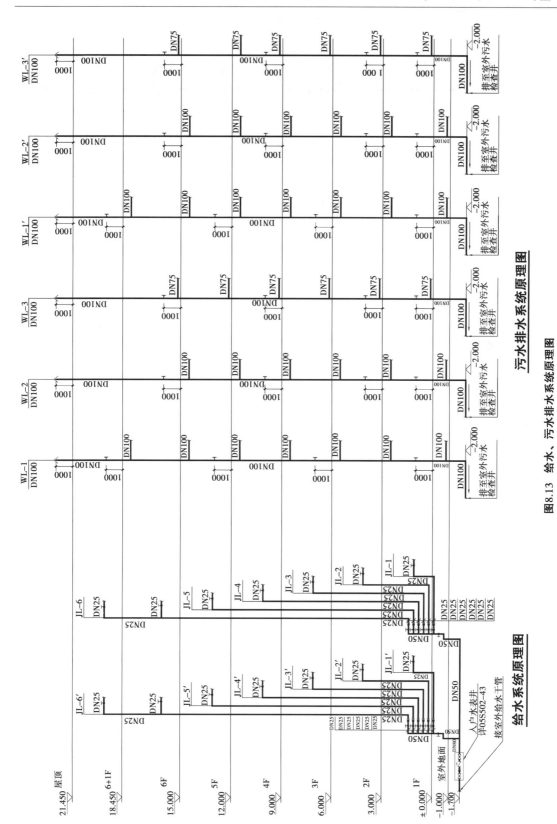

图8.13　给水、污水排水系统原理图

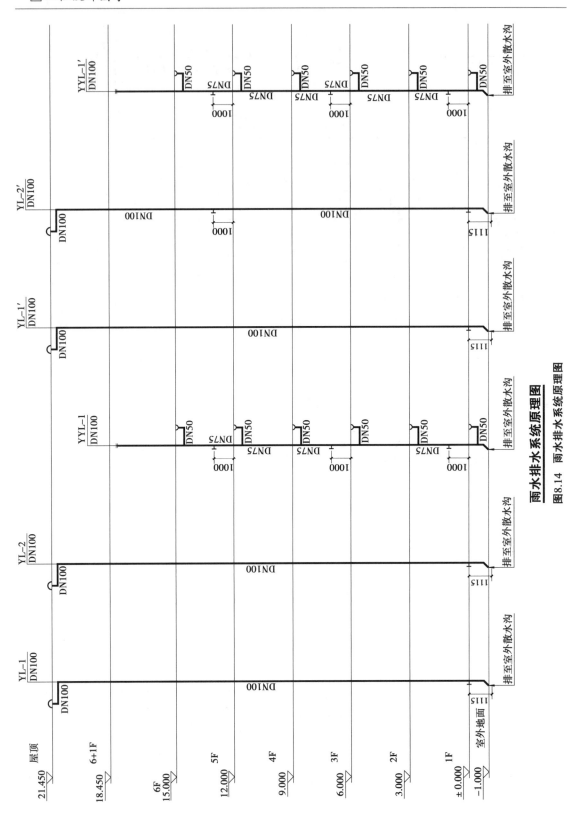

雨水排水系统原理图

图8.14 雨水排水系统原理图

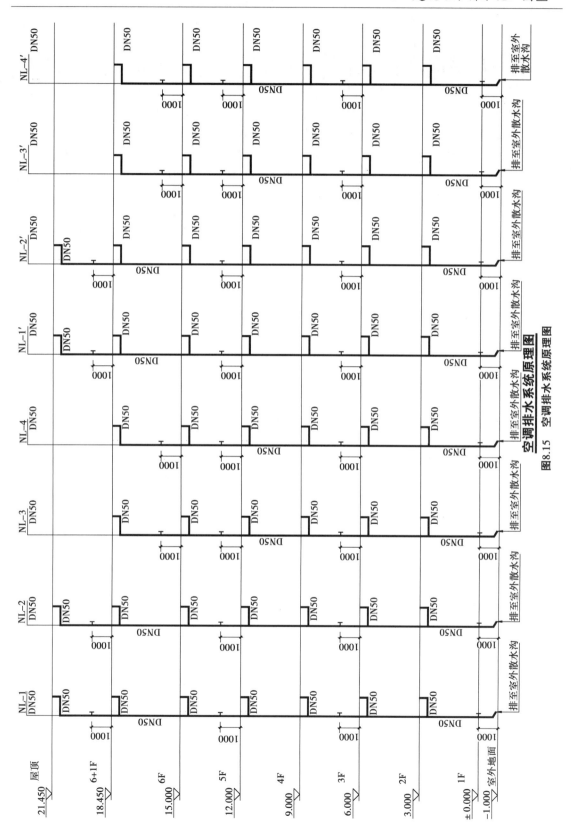

图8.15 空调排水系统原理图

8.4 总平面图

建筑给水排水总平面图,在给水排水各阶段图纸设计中,是非常重要的一个组成部分。通常情况下,给水、污水、雨水、消防等管道宜绘制在一张图纸内。当管道种类较多,地形复杂,在同一张图纸内将全部管道表达不清楚时,宜按压力流管道、重力流管道等分类进行绘制。

建筑给水排水总平面图的绘制比例一般同建筑图,实际工程中常用比例为 1:500,如必要时也可以采用大于建筑总平面图的比例绘制。常用的建筑给水排水总图图例如表 8.4 所示。

表 8.4 建筑给水排水总图图例

序号	名称	图例	备注
1	给水管	—— J ——	
2	室内消火栓给水管	—— X ——	
3	室外消防给水管	—— XH ——	
4	喷淋给水管	—— ZP ——	
5	消防水池至取水口给水管	—— Xq ——	
6	污水管	—— W ——	
7	废水管	—— F ——	
8	雨水管	—— Y ——	
9	阀门井		
10	水表井		
11	管道倒流防止器		
12	室外消火栓		
13	消防水泵接合器		
14	室外消防取水口		
15	排气阀井		
16	排泥阀井		
17	室外污水处理设施	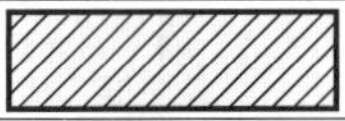	
18	隔油池	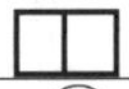 YC	
19	污水检查井	W	
20	雨水检查井	Y	
21	雨水口		

在给水排水总平面图中,需要重点表达给水排水构筑物(消防水池、水箱、水泵房、污水处理设施等)的位置、设计参数;需要表达室外消火栓、室外消防车取水口、水泵接合器等消防设施的布置情况;需要表达市政给水排水管道与本项目给水排水管道的衔接、红线内各单体建筑间室外给水排水管道的衔接;需要表达场地雨污水的组织排放、雨水口、检查井等的布置情况。

上述管道及构筑物,可以采用标注尺寸、标注管径、标高的方式进行表达;也可以采用标注坐标、列检查井标高、列坐标表、列材料表的方式来表达,如图 8.16 所示。

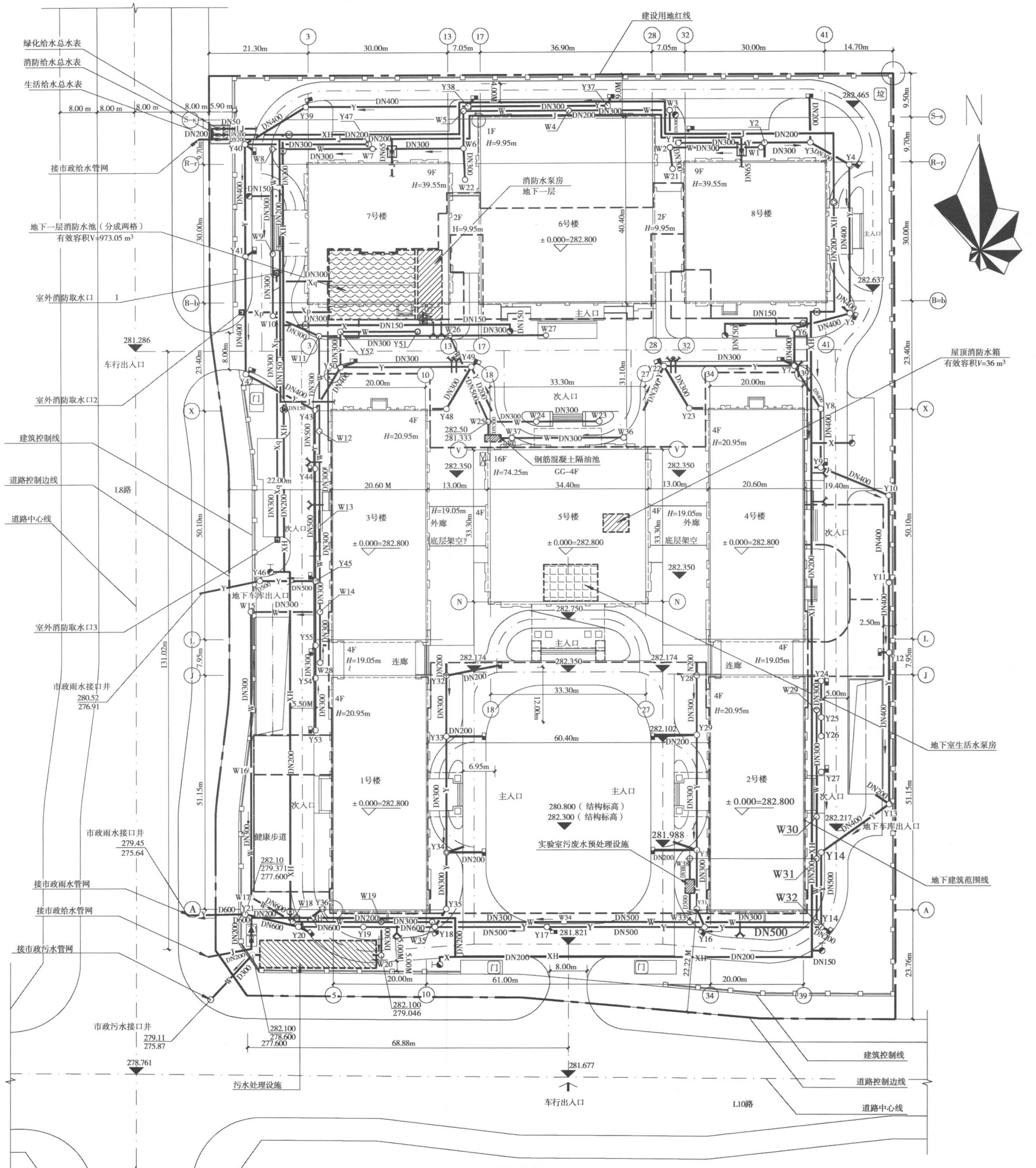

给排水总平面图 1:500

图 8.16　某项目给水排水总平面图

本章小结

（1）了解建筑给水排水施工图的组成及各部分图纸的内容。

（2）了解建筑给水排水系统的组成及常用的图例。

（3）熟悉建筑给水排水平面图、系统图、详图及总平面图的形成、用途、比例、线型、图例、尺寸标注等要求。

（4）掌握识读和绘制建筑给水排水平面图、系统图、详图及总平面图的方法和技巧。

复习思考题

8.1　给水排水施工图制图的现行国家标准是什么？

8.2　一套完整的给水排水施工图主要由哪些图纸组成？

8.3　给水排水平面图的主要内容有哪些？

8.4　给水排水系统的主要内容有哪些？给水排水系统轴测图是按哪种投影法绘制的？

8.5　给水排水总平面图的主要内容有哪些？

计算机绘制建筑施工图

本章导读

本章主要介绍 AutoCAD 软件的基本操作方法,并运用 AutoCAD 软件绘制建筑平面图、立面图、剖面图。重点熟悉 AutoCAD 软件基本命令,掌握运用 AutoCAD 软件绘制建筑施工图的步骤和技巧。

9.1 AutoCAD 软件基本操作

AutoCAD 软件现已经成为广泛使用的绘图工具,应用于土木建筑、机械制造、服装加工等诸多领域。

9.1.1 AutoCAD 软件介绍

1)AutoCAD 的工作界面

启动 AutoCAD 后进入图9.1 所示的工作界面。该工作界面主要包括十字光标、下拉菜单、绘图区、选项板、工具栏、命令行窗口、状态栏、坐标系图标、滚动条等。菜单、选项板、工具栏都可以根据自己的习惯和需求增减和调整。

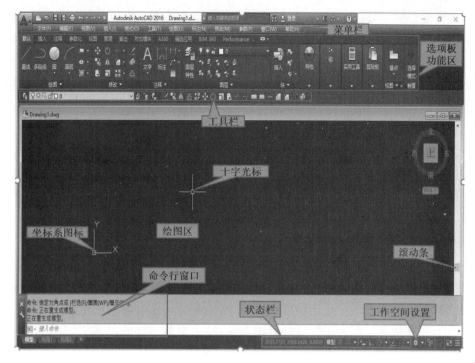

图 9.1　AutoCAD 工作界面

● 标题栏——位于界面的最上部横排。显示软件的名称和正在编辑的文件名称。最右端 3 个窗口控制按钮分别实现窗口的最小化、还原和最大化。

● 菜单栏——多项下拉菜单组成(子菜单,对话窗口、快捷键)。

● 选项板——默认情况下,选项板功能区包括"默认""插入""注释""参数化""视图""管理""输出"等选项卡,每个选项卡集成了相关的操作工具,方便使用。可以单击功能区选项后面的按钮控制功能的展开与收缩。

● 工具栏——多组按钮工具的集合,快速执行命令的一种方式。界面上任一工具栏上右击,可以得到各种已定义的工具栏。

● 绘图区——显示绘制的图形。默认背景颜色是黑色,根据个人习惯可以更改,方法为选择菜单栏中的"工具"→"选项",在弹出的"选项"对话框中单击"窗口元素"区域中的"颜色"按钮,修改"界面原素"下"统一背景"的颜色即可。

①坐标系:默认世界坐标系 WCS,可以根据需要设置用户坐标系 UCS。

②十字光标:可在绘图区的任意位置移动,十字光标的大小默认为屏幕大小的 5%,可以根据习惯和需要更改。选择菜单栏中的"工具"→"选项"命令,弹出"选项"对话框。打开"显示"选项卡,在"十字光标大小"文本框中直接输入数值,或者拖动编辑框后的滑块,即可对十字光标的大小进行调整。

③滚动条:拖动滚动条可以进行视图的上下和左右移动,以观察图纸的任意部位。

● 状态栏——位于屏幕的底部,依次有"坐标""模型空间""栅格""捕捉模式""推断约束""动态输入""正交模式""极轴追踪"等多个功能按钮,是当前十字光标的坐标和辅助绘图工具的切换按钮。各功能的打开或关闭可用单击状态栏按钮的方式实现切换。

● 命令行窗口——输入命令,接受命令,显示提示信息。

●工作空间设置——由于行业、专业不同,每个人使用的工作空间可能不同。软件定义了3个工作空间供大家选择,分别是"二维草图与注释""三维基础""三维建模"。使用工作空间时,只会显示与任务相关的菜单、工具栏和选项板。例如,在创建三维模型时,可以选择"三维建模"工作空间,界面上仅显示与三维相关的工具栏、菜单和选项板,三维建模不需要的界面项会被隐藏,使得工作屏幕区域最大化。图9.1界面即为"二维草图与注释"工作空间。另外,还可以根据个人的工作习惯修改默认空间创建自己的工作空间。

2)输入设备的使用方法

输入设备包括键盘和鼠标。键盘主要用于命令行输入信息或命令,按回车键或空格键表示确认。鼠标的左键是拾取键;右键是确认键,等同于键盘上的回车键或空格键;中间滚轮为实时放缩,按下中间滚轮拖动鼠标相当于实时平移。

3)AutoCAD 命令的调用方法

AutoCAD 绘制图形通过调用命令的方式来完成,一般有4种调用方法,分别是菜单栏调用、工具栏调用、选项板调用和命令行窗口输入。前3种的调用方法基本相同,通过移动鼠标在屏幕上找到相应菜单或图标点击即可执行指令;而命令行窗口输入则是通过在命令行直接输入命令名来完成指令。无论采用哪种调用方法,结果都是一样的。本章讲述以命令行窗口输入命令名的方式为主。

4)图形文件管理

图形文件管理一般包括新建图形文件、打开图形文件、关闭图形文件、保存图形文件等,通过命令行窗口分别输入"New,Open,Close,Save(Saveas)"来实现。

5)坐标的输入方法

通过坐标的输入方法一般有以下几种:

①用鼠标在屏幕上拾取点。移动鼠标,将光标移到所需要的位置上,然后单击鼠标左键。状态栏中打开坐标显示开关,鼠标移动的时候,可以观察到坐标的变化。

②通过键盘输入点的坐标。点的坐标输入有绝对坐标和相对坐标两种方式,绝对坐标是相对于原点的坐标,直角坐标输入格式为"x 坐标,y 坐标";也可用极坐标输入,格式为"距离 < 角度";相对坐标是相对前一点的坐标,用直角坐标输入格式为"@ x 坐标,y 坐标",也可用极坐标输入,格式为"@ 距离 < 角度"。

③在指定的方向上通过给定距离确定点。当提示输入一个点时,可以通过鼠标将光标移动到希望输入点的方向上,然后再从键盘上输入一个距离值,那么这个在指定的方向上给定距离的点就是输入点。

6)AutoCAD 常用功能键

AutoCAD 软件使用过程中,有一些常用的功能键,可以帮助快速查询某些信息和实现某些功能。

F1——帮助;

F2——文本/图形窗口切换;

F3——打开或关闭对象捕捉(中点、端点等);

F7——打开或关闭栅格;

F8——打开或关闭正交模式；

F9——打开或关闭捕捉（与 F7 联用,捕捉栅格点）；

F10——极轴追踪；

F11——对象捕捉追踪(F3 与 F10 的综合)。

9.1.2　基本绘图命令

常用的基本绘图命令如表9.1 所示,各命令详细操作步骤请参见软件说明书。

表9.1　常用绘图命令

命令	简化命令	作用	命令	简化命令	作用
LINE	L	绘制直线	POINT	PO	绘制点
CIRCLE	C	绘制圆形	DONUT	DO	绘制圆环和填充圆
ARC	A	绘制圆弧	RECTANG	REC	绘制矩形
ELLIPSE	EL	绘制椭圆	POLYGON	POL	绘制正多边形
PLINE	PL	绘制多义线	SOLID	SO	绘制实心多边形
SPLINE	SPL	绘制样条曲线	MLINE	ML	绘制平行线
RAY		绘制射线	XLINE	XL	绘制无限长直线
SKETCH		徒手绘图			

9.1.3　图形编辑命令

1)编辑对象的选择

在执行编辑命令时需要选择被编辑的对象,其选择方式有多种,可以使用下列任一种方式来选择,选中的对象将以虚线显示。

①单点选择方式:直接用鼠标点取对象。

②窗口方式:光标从左到右拖动组成矩形窗口,对象完全位于窗口内,则被选中。

③交叉窗口方式:光标从右到左拖动组成矩形窗口,对象完全位于窗口内或者对象与窗口相交均被选中。

④全部选择方式:输入一条编辑命令后,命令行窗口输入"ALL",除冻结及锁定层以外的所有对象均被选中。

⑤栏选方式:输入一条编辑命令后,通过输入"F"指定栏选点,两个栏选点构成一条栅栏线或者多个栏选点构成栅栏多边形,凡是栅栏线所触及的对象都被选中。

⑥快速选择对象命令 QSELECT 或者下拉菜单"工具"/"快速选择"——快速选中具有相同特征的多个对象,并可在对象特性管理器中建立并修改快速选择参数。

2)常用的编辑命令

常用的编辑命令如表9.2 所示,各命令详细操作步骤请参见软件说明书。

表9.2　常用编辑命令

命令	简化命令	作用	命令	简化命令	作用
U		撤销最近一次操作	OOPS		恢复最后一次用 ERASE 命令删除的对象
ERASE	E	删除	MOVE	M	移动
COPY	CO	复制	SCALE	SC	缩放
ROTATE	RO	旋转	STRETCH	S	拉伸
TRIM	TR	修剪	FILLET	F	圆角
EXTEND	RC	延伸	ARRAY	AR	阵列
OFFSET	O	偏移	MIRROR	MI	镜像
HATCH	H	填充	BREAK	BR	图线打断
ARRAY	AR	阵列	EXPLODE	X	图块炸开
PEDIT	PE	编辑多段线	MLEDIT		编辑多线
CHAMFER	CHA	倒角	JOIN	J	合并
MATCHPROP	MA	特性匹配	PROPERTIES	PR	特性修改

9.1.4　绘图环境设置

绘图之前,应预先对绘图环境进行设置。

1)图形界限设置

绘图界限作用是在绘图区域中设置不可见的矩形边界,可以通过命令行窗口输入命令"LIMITS"进行设置。

2)绘图单位的设置

AutoCAD 是一种适用于世界各地各行各业的绘图软件,它对长度和角度的类型和精度提供了多种选择,可以通过命令行窗口输入命令"UNITS"来控制坐标、距离和角度的精度和显示格式。

3)绘图辅助工具

(1)正交模式

绘图时可以通过热键 F8 或者状态栏的正交模式图标来交替打开或者关闭正交功能。正交功能打开时,只能绘制水平线和竖直线。

(2)捕捉与栅格设置

可以通过键盘热键 F7 或者状态栏的显示图形栅格图标来交替打开或者关闭栅格功能。启用栅格后,在绘图区中会显示间隔均匀的网点,其作用类似于坐标纸,仅供定位用,打印时不输出栅格。网点间距可以通过命令窗口输入命令"SE",在打开的"草图设置对话框"里选择"捕捉和栅格"选项卡中输入需要的栅格间距。

捕捉用于设定光标移动的间距,以便准确绘图。如果启用捕捉,光标只能落在预先设置的栅格网点上。可以通过键盘热键 F9 或者状态栏的捕捉图形栅格图标来交替打开或者关闭捕捉功能

(3)极轴追踪

可以通过键盘热键 F10 或者状态栏的极轴追踪图标来交替打开或者关闭极轴追踪功能。启用极轴追踪后,光标移动将限制在指定的极轴角度上。该角度可以在"草图设置对话框"里选择"极轴追踪"选项卡中输入增量角数值。

(4)填充设置

可以通过执行命令 FILL 选择填充功能开或关。填充功能打开时,用"PLINE、SOLID、DONUT"等命令绘制的对象全部填充,关闭时,只绘轮廓线。

9.1.5 图形显示和绘图技巧

1)AutoCAD 图形显示控制

(1)视图缩放命令"ZOOM(Z)"

类似于放大镜,放大或者缩小屏幕所显示的范围,而对象的实际尺寸并不发生变化。命令行窗口输入 Z 命令之后,会出现多个提示选项,对应不同的显示功能。

(2)平移命令"PAN(P)"

在不改变图形的显示大小的情况下通过移动图形开观察当前视图中的不同部分。

(3)通过鼠标滚轮实时缩放图形

通过滚动鼠标滚轮可以对视图进行放缩,十字光标的中点将成为缩放的中点,按下中间滚轮拖动鼠标相当于实时平移。

(4)图形重新生成"EDRAW(R)/REGEN"

前者用于快速刷新显示,清除所有绘图痕迹;后者用于重新计算重新生成整个图形。

2)对象捕捉

用鼠标在屏幕上拾取点的时候,有时候希望能够拾取到某些特殊点(如端点、中点、交点、切点、象限点、圆心点、垂足等),这时候必须使用对象捕捉功能。利用对象捕捉功能可以无须知道特殊点的坐标而用鼠标精准无误地捕捉到其准确位置,从而迅速地绘出图形。AutoCAD 常用的对象捕捉模式如表 9.3 所示。

绘图时,当命令窗口提示输入一点时,可输入相应捕捉模式的关键词,然后按回车键或空格键,根据提示操作即可。

还可以通过命令行窗口输入"SE"或者"OSNAP(OS)"指令,调出"对象捕捉设置"对话框,根据需要选择对象捕捉模式,再选择"启用对象捕捉"框,则绘图时就能自动捕捉到已设捕捉模式的特殊点,如果有多个对象捕捉可用,可以按"TAB"键在它们之间循环选择。

键盘上的 F3 可以打开或关闭对象捕捉功能。也可以通过点取状态栏上的对象捕捉图标打开或关闭对象捕捉功能。

表 9.3　对象捕捉模式

模式	关键词	功能
圆心点	CEN	圆或圆弧的圆心
端点	END	线段或圆弧的端点
延长线	EXT	捕捉到圆弧或直线的延长线
插入点	INS	块或文字的插入点
交点	INT	线段、圆弧、圆等对象之间的交点
中点	MID	线段或圆弧上的中点
最近点	NEA	离拾取点最近的线段、圆弧、圆等对象上的点
节点	NOD	用 POINT 命令生成的点
垂足	PER	与一个点的连线垂直的点
象限点	QUA	四分圆点
切点	TAN	与圆或圆弧相切的点
追踪	TK	相对于指定点,沿水平或垂直方向确定另外一点

9.1.6　图层管理

AutoCAD 提出了图层的概念。图层是用于绘图的层面,把若干个图层想象为若干张没有厚度的透明纸,各层之间完全对齐,每一图层都分别赋予某种线型、线宽、颜色等特性,绘图时,在各对应的图层上绘图,最后把这些透明纸重叠起来就是一幅完整的图纸。

1)图层的特征

①AutoCAD 软件系统初始只有一个图层,其图层名为"0"。但是在绘图中,可以根据使用者需要新建任意数量的图层,每个图层可以按照行规或者习惯来定义图层名,并设置各图层的线型、颜色、线宽等特性。

②各图层具有相同的坐标系、绘图界限、显示时的缩放倍数。

③一幅图中虽然可以有很多个图层,但是当前图层只有一个,可以设置任意图层作为当前层,绘图只能在当前图层上进行。可以根据绘图需要随时更改当前图层。

④在某个图层上绘制新对象,软件默认该对象的颜色、线型、线宽等特性均为"随层"(bylayer),也即该对象的颜色、线型、线宽都是由该图层的颜色、线型、线宽确定的。当然可以通过编辑命令"PR"打开特性修改对话框,选择要修改的对象,把对象的颜色、线型等特性修改为除 bylayer 以外的类型。

⑤可以对位于不同图层上的对象同时进行编辑操作。

⑥图层状态可以为开/关、冻结/解冻、锁定/解锁。可以对各图层进行开(ON)、关(OFF)、冻结(FREEZE)、解冻(THAW)、锁定(LOCK)与解锁(UNLOCK)等操作,决定各层的可见性与可操作性。上述各种操作的含义如下:

A. 开(ON)与关(OFF)图层

如果图层被打开,则该图层上的图形可以在图形显示器上显示或在绘图仪上绘出。被关闭的图层仍然是图的一部分,它们不被显示或绘制出来。可根据需要,随意打开或关闭图层。

B. 冻结(FREEZE)与解冻(THAW)

如果图层被冻结,该层上的图形实体不能被显示出来或绘制出来,而且也不参加图形之间的运算。被解冻的图层则正好相反。从可见性来说,冻结的层与关闭的层是相同的,冻结的层不参加处理过程中的运算,关闭的图层则要参加运算。所以在复杂的图形中冻结不需要的层可以大大加快系统重新生成图形时的速度。需注意的是,当前图层不能被冻结。

C. 锁定(LOCK)与解锁(UNLOCK)

锁定并不影响图层上图形对象的显示,即处在锁定层上的图形仍然可以显示出来,也可以在锁定层上使用查询命令和对象捕捉功能,但是不能对锁定层上的对象进行编辑操作。注意,如果锁定层是当前层,可以在该层上绘图。

2)图层的线型和线型比例

绘图时,需要采用不同的线型,如虚线、点画线、中心线等。图层的线型是指在图层上绘图时图形对象采用的线型。不同的图层可以设置成不同的线型,也可以设置成相同的线型。AutoCAD 提供了标准的线型库,可以根据需要从中选择线型,也可以自己定义专用的线型。

线型比例用来控制虚线、点画线等不连续的线型的比例,线型比例的大小必须合适。如果线型比例数值越小,单位距离内图案重复数目就会越多,短线会显得越碎。如该数值太小或太大的话,都会使得屏幕上显示成为实线。线型比例可以通过命令行窗口输入命令"LTSCALE(LTS)"来调整。

3)图层的颜色

为了区别不同图层,给不同图层都设置不同的颜色。所谓图层的颜色,是指在该图层上绘图时图形对象的颜色。图层的颜色用颜色号表示,颜色号为从 1 至 255 的整数。不同的图层可以设置相同的颜色,也可以设置成不同的颜色。

4)图层的线宽

线宽可以帮助我们表达图形中的对象所要表达的信息,例如可以用粗线表示横截面的轮廓线,并用细线表示横截面中的填充图案。AutoCAD 拥有多种有效的线宽值。图层的线宽指该图层上线的宽度。

新建图层、删除图层、指定当前层以及上面所述图层的状态、线型、颜色、线宽均可以通过图层管理对话框进行操作或设置。命令行窗口输入"LAYER(LA)"或者通过工具栏等都可以调出图层管理对话框。

9.1.7 文字标注与编辑

在绘图中除了图形绘制之外,还需要在图形上标注一些文字符号。文字往往具有一定的样式,包括字体、字高、宽度系数、倾斜角度、颠倒等效果。写文字之前要先定义文字样式。

1)文字样式的定义

通过命令窗口栏输入命令 STYLE(ST),可以调出文字样式对话框。除了软件系统默认的 standard 样式,还可以新建多个文字样式,每个文字样式可以自由命名,对每个文字样式都可以指定文字的字体、文字的大小及效果。开始文字标注以前,应该选择恰当的文字样式,并把它置为当前文字样式。

2)文字的标注

命令窗口栏输入命令"TEXT/DTEXT(DT)/MTEXT(MT)",均可以在指定点使用当前文字样式进行文字标注。大家可以根据提示进行操作。

3)控制码与特殊字符

实际绘图时,有时需要标注一些特殊字符(如希望在一段文字的上方或下方加画线、标注"°"(度)、"±"、"ϕ"等)。这些特殊字符不能从键盘上直接输入,AucoCAD 提供了各种控制码,用来实现这些要求。AutoCAD 的控制码由两个百分号(英文输入法%%)以及在后面紧接一个字符构成,用这种方法可以表示特殊字符。表 9.4 列出了常用的控制码。

表9.4　常用的控制码

符号	功能
%%O	打开或关闭文字上画线
%%U	打开或关闭文字下画线
%%D	标注"度"符号(°)
%%P	标注"正负公差"符号(±)
%%C	标注"直径"符号(ϕ)

注:%%O 或%%U 分别是上画线与下画线的开关,即当第一次出现此符号时,表明打开上画线或下画线,而当第二次出现该符号时,则会关掉上画线或下画线。

4)文字编辑

在命令窗口栏输入命令"TEXTEDIT(DDEDIT)",可以对文字内容进行修改;也可以在命令窗口栏输入命令"PROPERTIES(PO)"调出特性修改对话框,选择文字对象,利用该对话框对文字内容、文字样式、文字的颜色、图层、大小及其效果等进行修改。

9.1.8　尺寸标注与编辑

尺寸标注是绘图设计中的一项重要内容。图纸上各图形实体的位置,大小都是通过尺寸标注来实现的。一个完整的尺寸标注由尺寸线、尺寸界线、尺寸起止符、尺寸文字 4 个部分组成。

1)尺寸样式的定义

命令窗口栏输入命令 DDIM 将打开一个"标注样式管理器"对话框,此对话框可以对尺寸标注的样式进行设置和管理。

跟定义文字样式一样,可以新建多个尺寸样式,每个尺寸样式可以自由命名。对每个尺寸样式指定符合专业要求和绘图要求的格式,包括设置尺寸线、尺寸界线、尺寸起止符、尺寸数字的字体、单位、位置等内容。在"标注样式管理器"中点取"新建"按钮,打开创建新标注样式对话框,命名后设置如下:

(1)线

在"线"选项卡中,可设置尺寸线和尺寸界线的颜色、线型、线宽。"超出标记"表示尺寸线超出尺寸界线的距离。"基线间距"即采用基线标注时相邻两尺寸线之间的距离。"起点偏移量"即确定尺寸界线的实际起始点相对于指定尺寸界线起始点的偏移量,"隐藏"特性右侧的两个复选框用于确定是否省略尺寸界线。

（2）符号和箭头

在"符号和箭头"选项卡里有多个选项组。其中，"箭头"选项组里，可设置尺寸起止符的形式和大小，"圆心标记"选项组里，可设置圆心标记的形式和大小。

（3）文字

在"文字"选项卡中，可设置尺寸文字的外观、位置和对齐等特性。其中，在"文字外观"选项组中，在"文字样式"下拉列表框中可选择尺寸文字的样式，在"文字颜色"下拉列表中，可设置尺寸文字的颜色，在"文字高度"调整框中，可设置尺寸文字的字高，在"分数高度比例"调整框中，可确定分数高度的比例，选中或清除"绘制文字边框"复选框，可确定是否在尺寸文字周围加上边框。

在"文字位置"选项组中，可设置尺寸文字的位置。其中在"水平"下拉列表框中，可确定尺寸文字的水平位置，包括"居中""第一条尺寸界线""第二条尺寸界线""第一条尺寸界线上方"和"第二条尺寸界线上方"等。在"从尺寸线偏移"微调框中，可确定尺寸文字距尺寸线的距离。

在"文字对齐"选项中，可确定尺寸文字的对齐方式。其中包括，选中"水平"单选按钮，则尺寸文字始终沿水平方向放置，选中"与尺寸线对齐"单选按钮，则尺寸文字沿尺寸线的方向放置，选中"IOS 标准"单选按钮，则尺寸文字的放置方向符合 IOS 标准。

（4）调整

在"调整"选项卡中，可调整尺寸文字和尺寸箭头的位置。其中包括"调整选项"选项组、"文字位置"选项组、"标注特性比例"选项组和"优化"选项组。

在"调整选项"选项组中，主要是考虑如果尺寸界线之间没有足够空间同时放置文字和箭头时，应该怎么选择效果。

在"文字位置"选项组中，主要是考虑文字不在缺省位置时，应该放置于何处。

在"标注特征比例"选项组中，可选择"将标注缩放到布局"或者"使用全局比例"，全局比例的数值主要控制尺寸数字及箭头符号大小的缩放倍数。

在"优化"选项组中，可设置"标注时手动设置文字"和"始终在尺寸界线之间绘制尺寸线"。

（5）主单位

在"主单位"选项卡的"线性标注"选项组中，可对线性标注的主单位进行设置。其中"单位格式"用来确定单位格式；"精度"用来确定尺寸的精度；"分数格式"用来设置分数的形式；"小数分隔符"用来设置小数的分隔符；"前缀"用与为尺寸文字设置固定前缀；"后缀"用与为尺寸标注设置固定后缀。

在"测量单位比例"选项组中，其"比例因子"用来设置对象的绘图尺寸与标注尺寸的比例。

在"角度标注"选项组中，可设置角度标注的单位和精度。

在"消零"选项组中，可确定是否省略尺寸标注中的0。比如 0.500 0，勾选"前导"后，则显示.500 0，勾选"后续"后，则显示 0.5。

（6）换算单位

"显示换算单位"可向标注文字中添加换算测量单位，在"换算单位"选项卡中，可设置换算单位格式、精度、换算单位倍数等选项进行设置。例如,要将 mm 转换为 m,换算单位倍数里就输入 0.001。

(7)公差

在机械制图中常需要进行公差标注,此时需要在这里进行设置。在"公差"选项卡中,可设置公差标注的格式。在"公差格式"选项组中,可设置公差的方式、公差文字的位置等特性。

2)尺寸标注方法

选择一个定义好的尺寸样式置为当前可以使用当前标注样式进行尺寸标注了。

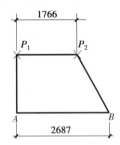

图9.2　线性标注

(1)线性标注

线型标注一般用来标注两个点之间的水平距离和垂直距离。命令行窗口输入命令 DIMLINEAR(DLI),回车后根据提示输入。有两种方式,如图9.2 所示。

第一种方法:选择两个点标注

命令:DLI ↵

指定第一条尺寸界线原点或 <选择对象>:(选择 P1 点)

指定第二条尺寸界线原点:(选择 P2 点)

指定尺寸线位置或[多行文字(M)/文字(T)/角度(A)/水平(H)/垂直(V)/旋转(R)]:(向上拖动鼠标确定尺寸线的位置)

标注的文字 =1 766

上述最后一步,1 766 是软件自动测得的 P1 点和 P2 点之间的水平距离。

第二种方法:选择一条边标注(选择图9.2 中的 *AB* 边)

命令: DLI ↵

指定第一条尺寸界线原点或 <选择对象>: ↵

选择标注对象:(选择直线 AB)

指定尺寸线位置或[多行文字(M)/文字(T)/角度(A)/水平(H)/垂直(V)/旋转(R)]:(拖动鼠标确定尺寸线的位置)

标注文字 =2 687

上述命令最后一步,2 687 是软件自动测得的 *AB* 边的水平长度。

(2)对齐标注

对齐标注用于标注两个点之间的直线距离。命令行窗口输入命令"DIMALIGNED(DAL)",回车后根据提示输入。通常有两种方法,如图9.3 所示。

第一种方法:选择两个点标注(选择图9.3)中的 *A* 和 *B* 点)

命令:DAL ↵

指定第一条尺寸界线原点或 <选择对象>:(选择 *A* 点)

指定第二条尺寸界线原点:(选择 *B* 点)

指定尺寸线位置或

[多行文字(M)/文字(T)/角度(A)]:(选择尺寸线的位置)

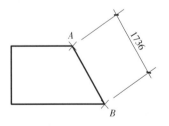

图9.3　对齐标注

标注文字 = 1 736

第二种方法：选择一个边标注(选择图9.3中的 *AB* 边)

命令:DAL ↵

指定第一条尺寸界线原点或 <选择对象>: ↵

选择标注对象:(选择 *AB* 边)

指定尺寸线位置或

[多行文字(M)/文字(T)/角度(A)/水平(H)/垂直(V)/旋转(R)]:(选择尺寸线的位置)

标注文字 = 1 736

(3)连续标注

连续标注用于标注同一方向上连续的线性标注或角度标注。命令行窗口输入命令"DIMCONTINUE(DCO)",可以进行连续标注。往往先进行对齐标注或者线性标注,然后使用连续标注命令,从前一个标注的尺寸界线开始接着往后点取需要标注的点,多个标注首尾相连。

(4)基线标注

命令行窗口输入命令"DIMBASE(DBA)",可以进行基线标注。通常在对齐标注或者线性标注之后进行。在已有尺寸标注的基础上,以前一道尺寸标注的起点或重新指定标注的起点为基准再标注与其平行的另一道尺寸,两道平行尺寸之间的间距由前述标注样式中的基线间距参数来控制的。

(5)角度标注

利用角度标注命令"DIMANGULAR(DIMANG)",可以标注一段圆弧的中心角、圆上某一段弧的中心角、两条不平行的直线间的夹角,或根据已知的三点来标注角度,如图9.4所示。

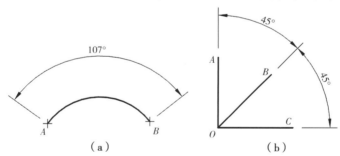

图9.4 角度标注

(6)半径标注和直径标注

利用半径标注命令"DIMRADIUS(DIMRAD)"和直径标注命令"DIMDIAMETER(DIMDIA)",可以标注出圆或圆弧的半径和直径。

3)尺寸编辑

对尺寸进行编辑有如下两种方式:

(1)利用特性修改对话框编辑尺寸

调用命令"PROPERTIES(PR)"打开特性修改对话框,选择尺寸标注对象,则可以对尺寸的特性进行修改或调整。通过修改对话框的内容,可以改变尺寸的图层、颜色、线型、尺寸样式、尺寸文字、单位等诸多内容。

（2）用修改命令编辑尺寸

AutoCAD 的一些编辑命令可以对尺寸进行修改，下面简单地介绍几种方法。

①用 STRETCH(S) 命令(拉伸)编辑尺寸。

在绘图过程中，我们经常会改变图形的几何尺寸，在改变几何尺寸的同时又需要改变尺寸，我们就可以用 STRETCH 命令来完成这种操作。在"选择对象"的提示下，按图 9.5(a)中虚线窗口所示的范围选择对象，选择基点，打开正交开关向右拉伸 1 000。执行结果如图 9.5(b)所示，四边形 *ABCD* 的 *AB* 边和 *DC* 边由 3 000 加长到了 4 000，尺寸也同时变为 4 000。

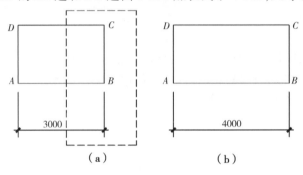

图 9.5　用 STRETCH 编辑尺寸

②用 Trim(T)命令(修剪)编辑尺寸。

如图 9.6 所示，若将 *AC* 点之间的尺寸 3 000 改为标注 *AB* 点之间的尺寸 1 500，我们可以用 TRIM 命令修剪。执行该指令，在"选择修剪边"提示下，选择 *BE* 边，在"选择要修剪的对象提示下"，选择 *AC* 点之间尺寸线的右端，则尺寸被修剪为 *AB* 点之间的尺寸。

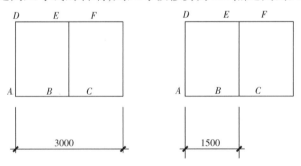

图 9.6　用 Trim、EXTEND 编辑尺寸

③用 EXTEND 命令(延伸)编辑尺寸。

在图 9.6 中，若将 *AB* 点之间的尺寸 1 500 改为标注 *AC* 点之间的尺寸 3 000，我们可以用 EXTEND 命令进行延伸。执行该命令，在"选择延伸边"提示下，选择 *CF* 边，在"选择要延伸的对象提示下"，选择 *AB* 点之间的尺寸的右端，则尺寸被延伸为 *AC* 点之间的尺寸 3 000。

④用 DDEDIT 命令修改尺寸文字。

如果我们要对尺寸文字内容进行直接修改，可以执行 DDEDIT 命令，选取尺寸，系统会"打开多行文字编辑器"。在编辑栏中可以修改尺寸值，增加前缀或后缀，删除尺寸文字，输入需要修改的尺寸值或文字，按确定键，尺寸值就被修改。在尺寸文字前输入的文字即为前缀，在其后输入的文字即为后缀。

用 DDEDIT 命令修改过的尺寸不能调整线性比例,也不会随着尺寸的几何尺寸调整而变化。若想恢复真实尺寸,可以采用如下方法:

利用特性修改对话框,选取修改过的尺寸,删除话框中"文字"选项卡中的"文字替代"项的内容,尺寸值就可以恢复为真实尺寸。

9.1.9 查询命令与绘图实用命令

AutoCAD 提供了查询功能,利用该功能,用户可以方便地计算图形对象的面积、两点之间的距离、点的坐标值、时间等数据。AutoCAD 中文版将查询命令放在了"工具"下拉菜单的"查询"子菜单中。另外,利用"查询"工具栏也可以实现数据查询。

1)查询命令

调用求距离命令 DIST,可以查询指定的两个点之间的距离以及有关的角度,以当前的绘图单位显示。

调用求面积命令 AREA,可以查询由若干个点所确定区域或由指定对象所围成区域的面积与周长,还可以进行面积的加、减运算。

调用显示对象特性命令 LIST,选定对象后,可以列出描述该对象特征的相关信息。所显示的信息,取决于对象的类型,它包括对象的名称、对象在图中的位置、坐标,对象所在图层和对象的颜色等。除了对象的基本参数外,由它们导出的扩充数据也被列出。

2)图案填充

图案填充是指在一个封闭的图形中(或区域)填充预定义的图形。AutoCAD 给用户准备了很多这样的图案,图案文件存入在 ACAD. APT 中。图案填充时,先画一个封闭的图形(或者一个封闭的区域),再调用图案填充命令 HATCH 进行填充。填充什么图案,填充的比例、填充的方式,填充的角度,填充的位置等诸多信息,需要在对话框"图案填充和渐变色"(图9.7)中进行设置。执行命令 HATCH 之后,在提示后面输入"T"(设置)即可进入该对话框;对于高版本的软件,在执行命令 HATCH 之后,上述相关内容可以直接在选项板功能区中设置。

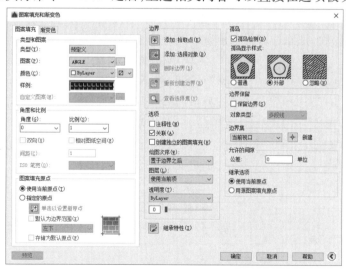

图9.7　图案填充和渐变色对话框

3)图块的操作

图块是将一组图形(如点、线、圆、弧、多用线、文字等)集合起来做成一个整体,并赋予名称保存起来,以便在图纸中插入。图块在插入时可以进行放大、缩小、旋转等操作,是进行图形拼装的一个重要操作。

图9.8　图块定义对话框

①图块定义。

可以通过输入命令BLOCK(B)调出"块定义"对话框(图9.8)来进行定义图块,对话框操作如下:

• 名称:输入定义的图块名称,或者点击名称框中的"▼"按钮,下拉出已经定义的图块名,点取之后可以重新定义该图块。

• 基点:输入定义图块的基准点可以修改对话框中基点坐标值 $X,Y,$;也可以单击拾取点按钮,返回图形界面用鼠标点取基点。

• 对象:选取作为图块的对象。单击"选择对象",用鼠标在图形中选取对象;单击"保留",将定义图块以后,把原对象保留;点击"转换为块",把原来选取的对象转换为块;点取"删除",定义图块以后,把原选取对象删除。这三种方式只能选取一种。

图9.9　写块对话框

(图9.9)中进行操作:

• 块单位:指图块插入的图形单位,点击块单位框的"▼"按钮,将下拉式显示各种图形单位,有元、英寸、英尺、英里、毫米、厘米、米、千米……光年、秒差距,从中选取单位,一般为毫米。

• 说明:可以输入必要的说明。最后单击"确定"按钮,则定义好一个内部图块。

②块存盘。

块存盘是指定义图块后,以DWG文件方式存盘,作为永久性外部图块文件,该图块文件可以插入到任意图形中。

块存盘用WBLOCK命令,在弹出的"写块"对话框

● 源:包括图块选取源对象。单击"块"将选取已经定义的内部图块存盘;单击"整个图形"将把整个图形存盘;单击"对象"将重新选取图块对象。三种方式只能选取一种。

● 基点:可以修改对话框中的 X,Y,Z 坐标,定义基点;可以单击"拾取点"按钮,进入绘图窗口用鼠标选取。

● 对象:选择图块对象,点取"保留"将对原对象保留;点取"转换为块"将把原对象转换为块;点取"从图形中删除"将把原对象删除。三种方式只能选择一种。

单击"选择对象"按钮,可以用鼠标在原图形中选择图块对象。

● 目标:对图块存盘的文件名、路径、插入单位进行定义。"文件名和路径",输入图块文件的文件名和存盘的路径;"插入单位",与定义内部图块一样,选取插入的单位。

以上操作完成以后,单击"确定"按钮,将把指定的图块按指定的文件名.DWG 的图形文件保存。

③图块的插入。

图块的插入通过调用命令 INSERT 来实现。使用该命令,可以在当前图形中插入用BLOCK 定义好的图块,还可以在任意图形中插入 WBLOCK 定义的 dwg 文件或者直接插入dwg 文件。

调用 INSERT 命令后,将弹出图块插入对话框,如图9.10 所示,插入对话框操作如下:

● 名称:选取插入图块的名称。对于内部图块,点击名称框内的"▼"按钮,将下拉显示全部内部图块的图块名,用鼠标点取名称即可。对外部图块,单击"浏览"按钮,将弹出文件对话框,可以选取路径、文件名,以确定外部图块。值得注明的是:所有图形文件 ∗.DWG 都可以作为外部图块。

图 9.10　图块插入对话框

● 路径:指插入时的参数选择。"插入点",可以修改该插入点 X、Y、Z 的坐标;也可以点取由"屏幕确定",将在屏幕上由鼠标选定插入点。"缩放比"可以修改图块缩放的 X、Y、Z 的比例,默认值为:1,1,1;也可以点击"由屏幕确定",将在屏幕上插入图块时由键盘输入。"旋转角"用来修改旋转角度的值,默认值为 0;也可以点取"由屏幕确定",将在插入时在屏幕上用鼠标或者从键盘输入角度值。以上操作完成之后,单击"确定"按钮,将进行图块插入或者进行相关操作之后,把图块插入。

4)简化命令

简化命令是在命令提示窗口栏下输入的代替整个命令名的缩写字母。例如,可以输入"C "代替" CIRCLE "来启动画圆命令;输入"L"代替"LINE"来启动画线命令,这样使输入更方便快捷。

AutoCAD 提供了部分命令名的默认简化命令,前述所提及的命令名后面括号内的字母就是该命令的简化名。除此之外,还可以根据自己的习惯自行添加或者修改命令名的简化名。鼠标单击"工具"下拉菜单下面的"自定义"下面的"编辑程序参数(acad. pgp)",程序将自动调用记事本软件打开 acad. pgp 文件,该文件的第二部分专门用于编写命令的简化名,添加或者修改之后存盘退出即可。

5)绘图比例与出图比例

AutoCAD 是没有单位的,但是它又可以代表任意单位,单位在使用者心中。绘制建筑施工图通常默认的单位是 mm,因此使用 AutoCAD 计算机绘图时,可在打印时设置图上的 1 个单位代表 1 mm。为了方便,我们计算机绘图通常采用的绘图比例为 1∶1,也就是按对象的实际尺寸来进行绘制。比如一扇窗户实际宽度 1 500 mm,我们在 AutoCAD 绘图时就画窗户宽度为 1 500,如果用 DIST 命令测量距离,测出来的结果就是 1 500。绘图比例就相当于对象的计算机绘图尺寸跟对象的实际尺寸的比值。

出图比例指的是最后打印出图时,对象在图纸上的尺寸跟绘图尺寸的比值。比如上述窗户,如果采用 1∶1 的绘图比例,采用 1∶10 的出图比例,则打印在图纸上的窗户宽度就为 150 mm;如果采用 1∶1 的绘图比例,采用 1∶100 的出图比例,则打印在图纸上的窗户宽度就为 15 mm。

9.2　计算机绘制建筑平面图

计算机绘制建筑施工图的过程与手工绘图的过程大致相同,也是先平面再立面、剖面,最后详图,先主要轮廓线后次要轮廓线,先绘制图线再标注说明。

建筑平面图绘制的基本顺序是:轴线→墙线→柱子→门窗→楼梯→其他细部→尺寸→文字标注。下面以本书图 6.13 为例,介绍建筑平面图的常用绘制过程。

1)图层设定

良好的图层控制习惯可以帮助操作者更方便地对图纸进行修改编辑,结合《房屋建筑制图统一标准》(GB/T 50001—2017)的要求,建筑平面图中某些内容的常用图层名及规范推荐图层名如表 9.5 所示。

表 9.5　建筑平面图常用图层设置

图层内容	常用图层名	常用颜色	常用线型	国标推荐图层名
轴线	DOTE	1	ACAD_IS004W100	A-ANNO-DOTE
墙线	WALL	255	CONTINUOUS	A-WALL
柱子	COLUMN	255	CONTINUOUS	A-COLU
门窗	WINDOW	4	CONTINUOUS	A-DOOR
楼梯	STAIR	2	CONTINUOUS	A-FLOR-STRS
尺寸	PUB_DIM	3	CONTINUOUS	* -DIMS
文字	PUB_TEXT	7	CONTINUOUS	A-ANNO-TEXT
填充	HATCH	5	CONTINUOUS	* -HATCH
图框	PUB_TITLE	4	CONTINUOUS	A-ANNO-TTLB
阳台、雨篷、散水等	OTHER	6	CONTINUOUS	A-FLOR-#
配景(家具、厨卫用具等)	TOTHER	9	CONTINUOUS	A-FLOR-#(厨卫用具类) A-FURN-#(家具类)

注:①本表中"*"代表尺寸填充等根据所标、所填的内容,在图层名前段作具体对应;

　　②"#"表示根据阳台配景等具体内容,图层名后段有具体对应变化。

从表 9.5 中可以看出,在国标推荐图层名中图层均以"A-"开头,"A"是建筑专业代码名称,以显示与其他工种的区别,并将各种不同的构件和符号类别全部单独设层,详细的分层方式将有利于与其他工种的图纸配合。而常用图层名则体现出较为简洁的图层控制,对于单独绘制建筑图纸能够提高效率。本节为配合初学者的理解和叙述方便,采用常用图层名进行讲解。

2)建立轴网

绘制建筑平面图一般从建立轴网开始,以此作为墙体的定位基准,常用方式是画线偏移法。

选择 DOTE 层为当前图层,使用 LINE 命令绘制一条水平直线和一条铅垂直线,得到红色的单点长画线,线的长度分别以略长于横、竖两个方向总长度为佳。

使用偏移 OFFSET 命令,依照本书图 6.13 中开间和进深数据画出轴网,调整内部的局部短墙轴线,绘制出轴网。为避免混淆,还可以同时标注出轴线圈及轴线号,如图 9.11 所示。

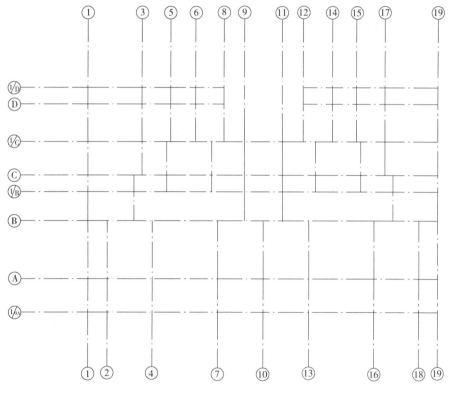

图 9.11　绘制轴网

3)绘制墙体

轴网绘制完成后,就可以在其上进行墙线的绘制,使用 MLINE 指令是比较快速有效的方法。

MLINE 指令有三种对齐方式:"上""下"和"无",分别代表光标位于多线的上方,中央,下方。此处可选"无",然后直接沿轴线绘制;平行线的宽度应设置为墙的厚度。设置当前层为 WALL,开始绘制。

由于剖到的墙体应画为粗线,所以应加粗线宽,为了让绘图者更清晰地掌握线宽关系,可以进入粗线层(THICK),使用 PLINE 指令设置好宽度以后沿墙线加粗一圈。但要注意的是,在一些比较复杂的建筑图中,图线加粗后,会影响屏幕上图线的显示速度和效果,所以实际操作过程中,往往是在打印出图的时候按颜色来设置线宽,以达到输出各种线宽的目的。

为了减少作图工作量,在平面图左右对称的情况下,一般只画出其中的一半,然后使用镜像命令直接生成另外的部分。本图的两单元平面布置大体相同,故在本步骤先画出其中的一个单元,待完成其余部分后再进行镜像和复制,如图 9.12 所示。

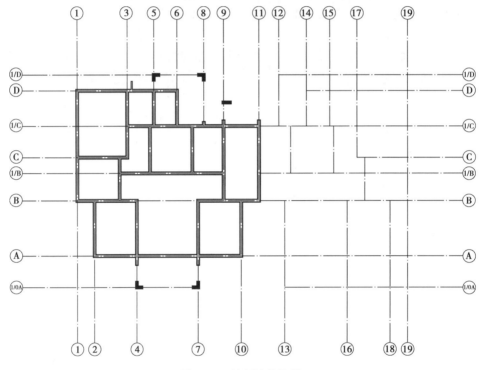

图 9.12 绘制墙体和柱

4)绘制柱子

设置当前层为 COLUMN,开始绘柱。可利用多段线指令 PLINE 按柱子形状尺寸绘出封闭轮廓线,然后设置 HATCH 图层为当前层,调用图案填充命令 HATCH,选择柱轮廓线,内部涂黑或者填充材料图案。

5)绘制门窗

在已经画好的墙线上加入门窗,绘制窗户主要使用 LINE 指令,绘制门主要用到 LINE 和 ARC 指令,建议使用 BLOCK 指令将不同的门窗分别制作成图块,然后插入到所需的位置,如图 9.13 所示。

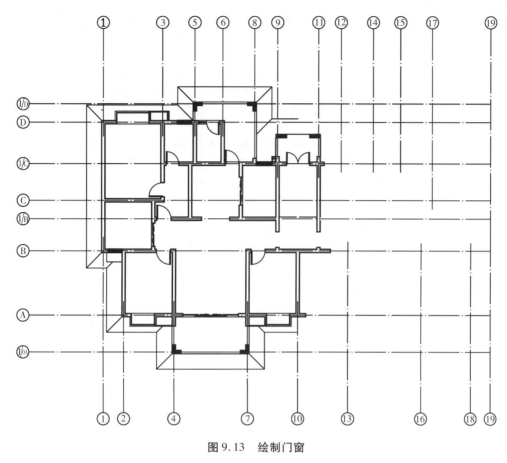

图9.13　绘制门窗

6）绘制楼梯

先按照画墙线的方法补出楼梯端部所缺墙段,如有需要还应开启门窗,然后开始楼梯梯段的平面绘制。

设置 STAIR 层为当前层,梯段部分可以使用 ARRAY 和 OFFSET 指令进行绘制,在折断线处使用 TRIM 命令修剪,然后作出箭头,完善图形。为避免遗漏,一般在绘制楼梯的同时就应该在箭头尾部标明上下方向,如图9.14 所示。设计中如有坡道、电梯等垂直交通部分通常也在这一步骤完成。

7）镜像对称

由于建筑图纸中常有对称形态,因此往往只画出其中的一半,要得到完整的图形必须通过镜像指令作出对称部分,并用 TRIM 和 ERASE 指令修整对称结合处轴线的图形,完成对称作图,如图9.15 所示。

8）配景及家具绘制

本例需要完善的是空调和落水管等细节,同时根据图纸的深度添加洁具和家具。建议在各次绘图中都建立家具与洁具图块存档,完善自己的图库,以便日后在别的图纸中直接调用,减少重复工作,完成后的图样如图9.16 所示。

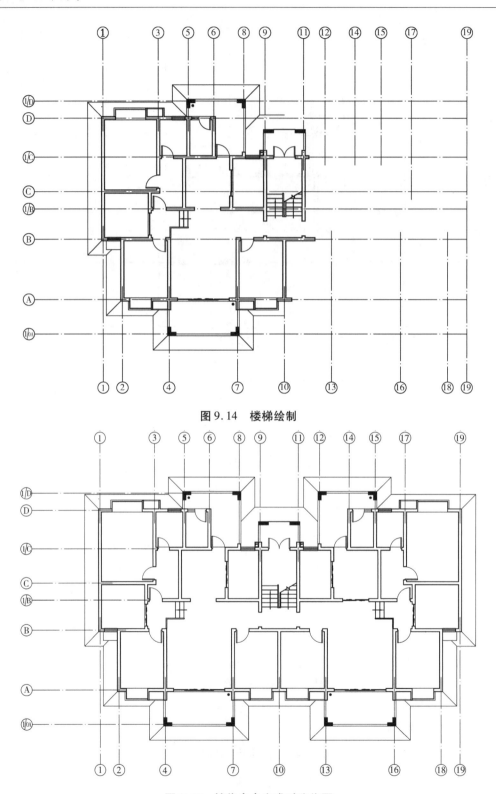

图 9.14 楼梯绘制

图 9.15 镜像命令完成对称作图

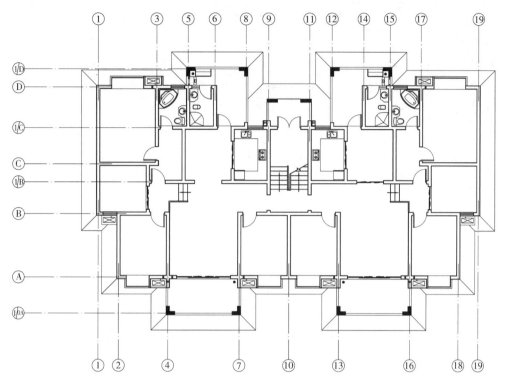

图9.16 补充配景细节

9)尺寸及标高标注

尺寸标注分为轴线标注和墙段标注两个主要部分,应严格按照制图规范的要求绘制轴线圈,注写轴线编号,同时标注 3 道尺寸,并完成包括详图索引在内的图纸中所需内外直墙段的各种细部标注。

绘制标高符号,注写本层的标高。

以上操作均在 PUB_DIM 层进行,全部调整以后所得结果如图 9.17 所示。

10)文本注写

图纸中的文本填写主要包括两个部分:门窗标注和房间名称等文字填写。绘制建筑工程施工图常用的文字样式和文字高度可以参照表 9.6 及表 9.7 的定义。

表 9.6 中文字体参考表(按出图比例 1:100)

文字类型	字体	字高	参考字形文件
说明文字	细线汉字	500~600	HZTXT. SHX,HZTXTW. SHX
平面图名	粗线汉字	800~1 000	STI64S. SHX,宋体,黑体
大样图名	粗线汉字	500~700	STI64S. SHX,宋体,黑体
图签文字	自选	自选	HZTXTW. SHX,宋体,黑体

表9.7　数字、英文字体参考表（按出图比例1∶100）

文字类型	字体	字高	参考字形文件
说明文字	细线英文	400～500	SI-FS.SHX，SIMPLEX.SHX
平面图名	粗线汉字	800～1 000	COMPLEX.SHX，宋体，黑体
大样图名	粗线汉字	500～700	COMPLEX.SHX，宋体，黑体
图签文字	自选	自选	COMPLEX.SHX，宋体，黑体
尺寸文字	细线英文	300	SIMPLEX.SHX
钢筋文字	细线英文	350	TSSDENG.SHX

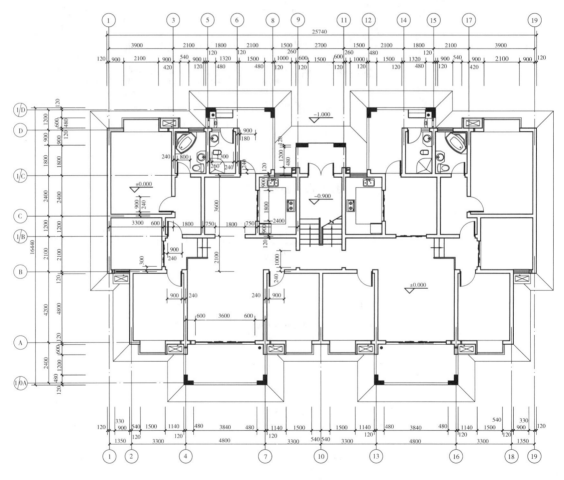

图9.17　尺寸及标高标注

建筑施工图中的门窗必须进行编号，为了让对应状态更加清楚，可以在使用 WBLOCK 指令自行制作门窗的图块时将门窗标注的字样直接写进该门窗块中，在插入门窗块的时候自带标注；也可以在绘制的最后根据需要逐一填写，后者的好处是可以随时自由移动编号位置，以避免与其他标注相互遮挡，发生冲突。

楼梯的上下行及步数也应在这一步完成标注，图中汉字使用 TEXT 指令，在 PUB_TEXT 层注写。完成此项操作后即可得到图9.13的建筑平面图。

11)图框插入及布图调整

图纸绘制基本完成以后就必须插入图框了。首先要确定图幅。根据前面 9.1.9 中所讲到的绘图比例和出图比例的概念,图框的大小需要由出图比例来控制。

本例平面图要求的比例是 1∶100,打印 A2 图幅图纸,由于采用的绘图比例为 1∶1,则需要在打印时缩小 100 倍,即可确定出图比例为 1∶100。A2 图幅图框大小为 594 mm×420 mm,那么在 1∶100 出图比例下,AutoCAD 计算机绘制的 A2 图框大小应为为长 59 400、宽 42 000。

一定要注意调整尺寸标注参数和文字的大小。例如,在 1∶100 的出图比例下,要使打印出来的图纸上文字为 5 号字,则字体的高度应为 500。而前面所进行的尺寸标注等也需要根据出图比例在尺寸样式中设置比例参数以满足出图后尺寸正常大小。

进入 PUB_TITLE 层,使用矩形命令 RECTANG 或者直线命令 LINE 画出 59 400 长、42 000 宽的外框,然后绘制内框和图标。实际工程中各设计单位都有自己固定的图框图标格式,可以调整好比例直接插入调用。

接下来需要完成的工作是对整张图纸的完善修整,包括使用文字标注指令填写图标各项、注写图名、根据需要添加详图索引。如果是底层平面图,则需要画出剖切符号和指北针等。

所有调整完成检查无误以后整张建筑工程平面图便绘制完成,如图 9.18(本例只插入了图框边线,会签栏及图标格式根据各设计单位要求的固定格式自行添加)所示。

9.3　计算机绘制建筑立面图

建筑立面图的绘制最重要的是先要对图形本身的特征有足够的理解。下面以本书图 6.20 为例,介绍建筑立面图的常用绘制过程。

1)图层设定

由于立面图的图层设定没有较为统一通用的设置方式,因此立面图的图层可以根据绘制者习惯进行设置。常见的有两种设定方式,一种是根据线型的粗细区分设置;另一种则是根据立面图中不同的构件来设置不同的图层。建议使用第二种,如表 9.8 所示。

表9.8　建筑立面图常用图层及属性

构件名	图层名	颜色	线型
外墙轮廓	WALL	255	CONTINUOUS
门窗轮廓、立面装饰	D&W	YELLOW	CONTINUOUS
分格、引条线	DETAIL	WHITE	CONTINUOUS
楼梯	STAIR	YELLOW	CONTINUOUS
尺寸	PUB_DIM	GREEN	CONTINUOUS
文本	PUB_TEXT	WHITE	CONTINUOUS
轴线	DOTE	RED	CENTER2
填充	HATCH	BLUE	CONTINUOUS

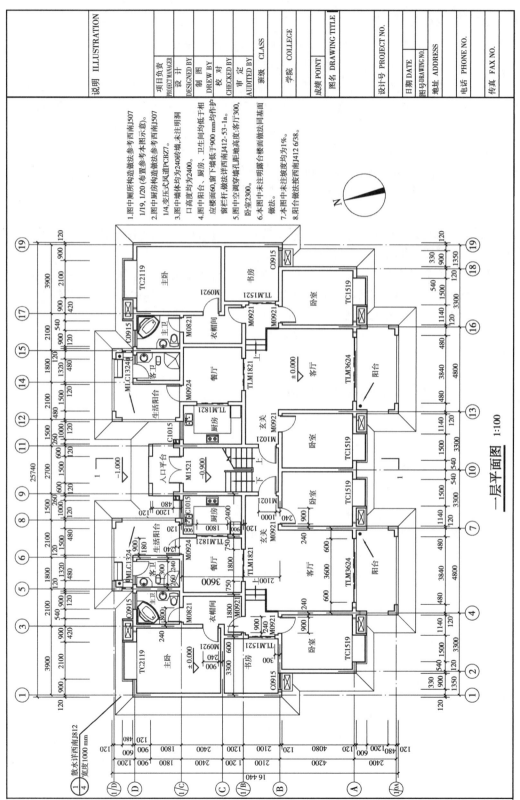

一层平面图 1:100

图9.18 插入图框完成平面图

2）制作门窗及阳台图块

门窗和阳台的形式常常是建筑设计的亮点,几乎每个建筑的立面图门窗和阳台的形式都有所不同,个性化的门窗和阳台设计应该使用 WBLOCK 指令制作独立的图块存放入指定的目录里。

3）绘制基本关系框架

这一步骤需要画地坪特粗线、立面外形轮廓粗线,重要的立面转折轮廓线、层高及窗高等辅助基准线。其关键在于绘制出立面的基本关系,同时确定窗块和阳台块的插入位置。这一步骤中有大量的辅助基准线,它们并不在最后的成图结果里,应该单独设置图层,以便在后期进行统一删除或隐藏,为了与成图结果线作出区分,通常会将该图层线型设为 DOTE,并设置特殊的颜色,避免混淆。

遇到具备对称关系的立面图,还应该在这一步骤画出对称轴线,然后重点处理其中一半的图形,另一半在合适的时候镜像获得,本例立面图的基本关系框架完成后得到如图 9.19 所示。

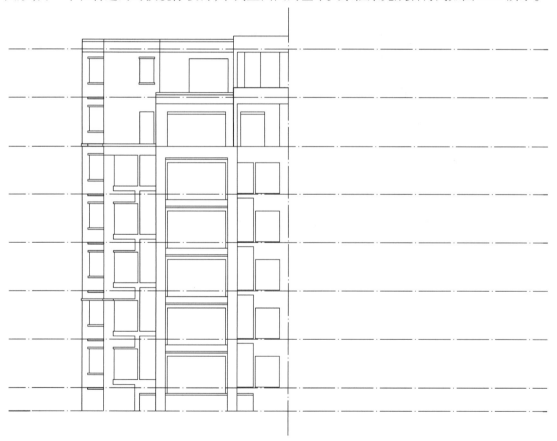

图 9.19 绘制基本关系框架

4）插入窗块、阳台、画台阶、栏杆和室外空调机格栅百叶和屋顶构架等建筑细部

设置 STAIR 为当前层,使用 LINE 和 ARRAY 等指令完成台阶绘制。

设置 D&W 为当前层,根据先前作出的窗插入基准线,用 INSERT 指令依次插入已定义的窗块。补入阳台的图块,然后用 ERASE 命令擦除所有的基准线。接下来使用 LINE 等指令绘制出立面各种细部和其他所缺部分,必要时候采用 TRIM、OFFSET 等指令编辑和修改图形。

对于有多层窗户完全位置形式都一致的立面,可以先画出其中一层,然后使用 ARRAY 指令完成相同部分,以提高作图效率。

继续完善栏杆、室外空调机格栅百叶、屋顶构架等细部,完善之后基准线可以隐去,如图 9.20 所示。

图 9.20　补充完善细部

5)镜像对称

使用 MIRROR 指令作出镜像对称图形,使用 ERASE 指令擦除对称轴线,获得效果如图 9.21 所示。

6)标注尺寸、标高、定位轴线、注写文字

此部分与平面图操作类似,使用菜单提供的按钮或者 AutoCAD 的指令都可以依次完成,如图 9.22 所示。

7)填充图形、完善图纸

本例中墙面砖块图案及百叶需要使用 HATCH 命令填充完成。由于图案的填充会自动亮出填充范围内的文字和尺寸等内容以使图面清晰,因此填充工作常常放在文字标高等注写完毕之后再进行。同时,为了使填充的图线在出图的时候方便使用更细的线型以体现层次,通常把图形填充单独设置一层,选用和其他各层不同的颜色,填充完成后即可获得本书图 6.20

的建筑立面图。

图 9.21　对称作图

9.4　计算机绘制建筑剖面图

　　建筑剖面图的作图过程与立面图类似,均以 LINE(直线)、OFFSET(偏移)、TRIM(修剪)、HATCH(填充)等命令为主进行绘图与编辑。

　　现以本书第 6 章中建筑物的墙身局部剖面详图(图 6.41)为例,简要地说明建筑剖面图的计算机绘图过程。

　　①仿照平面图、立面图进行初始设置,命名、存盘,并根据本书图 6.41 的特征建立图层及其属性关系,如表 9.9 所示。

表 9.9　墙身局部剖面图的图层及其属性关系

构件名	图层名	颜色	线型
墙身及其他剖线(粗线)	THICK	255	CONTINUOUS
可视细线	THIN	YELLOW	CONTINUOUS
材料填充	HATCH	GREEN	CONTINUOUS

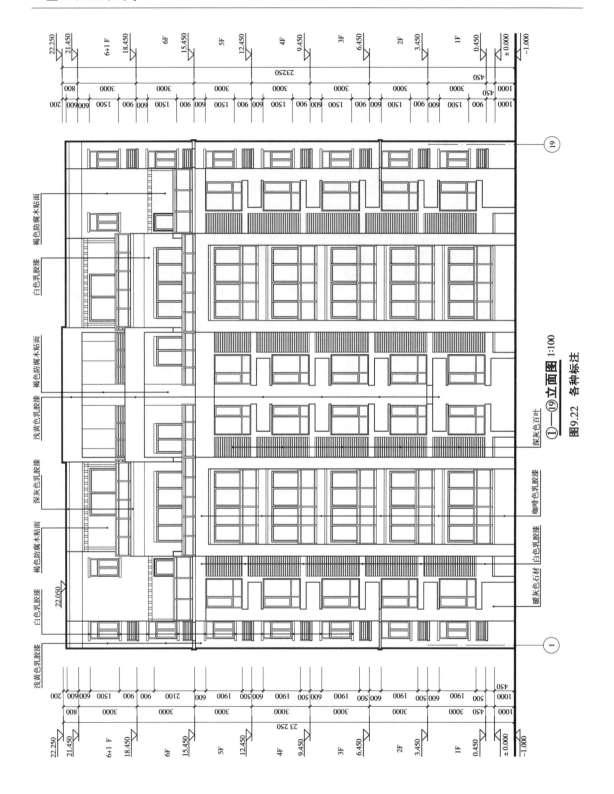

①—⑲**立面图** 1:100

图9.22 各种标注

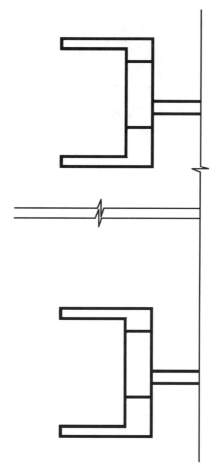

图9.23 画剖面图中剖切所得粗线

②设置粗线层 THICK 为当前层,用多义线 PLINE 命令按照剖切到的线条位置作出各构件断面图的组合,也可以用 LINE 命令画线,然后用多义线 PEDIT 命令编辑成分别的连续折线,结果如图 9.23 所示。

③用 OFFSET 偏移命令取适当间距偏移拷贝出墙身粉刷的厚度线,并用修改特性指令将其改到细线层上。

将当前层设置成细线层 THIN,使用 LINE 等基本作图指令完成其余可视细线,并完成剖断线作图,如图 9.24 所示。

④使用 HATCH 指令填充材料符号,不同的材料选择对应的图例予以填充。这里需要注意填充的比例,并非所有图例都能用完全相同的比例进行填充,在每次填充的时候都应先调整其比例并进行预演观察效果,在确认比例合适之后再单击确定,如图 9.25 所示。另外,虽然本例没有出现钢筋混凝土的填充,但由于有部分低版本软件系统提供图库中没有完整的钢筋混凝土图例,在此特别说明在遇到此种情况时可以先后选择斜向线条图例和普通混凝土图例进行两次填充组合获得。

使用 MIRROR 指令作出镜像对称图形,使用 ERASE 指令擦除对称轴线。

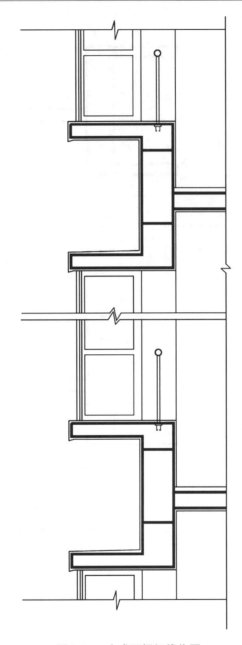

图 9.24　完成可视细线作图

　　⑤标注尺寸、标高、定位轴线、画出详图符号、填写文字,完成全图(本书图 6.41)。

　　为了绘图更加方便快捷,一般常将平、立、剖及相关详图按比例的相同选择放置进相同的文件,方便对比;而一些相同的图形和文字,完全可以从一个图形复制、粘贴到另一个图形上,从而提高作图效率。

　　此外,熟练地掌握绘图、修改、捕捉等基本操作是计算机绘图达到应用水平的基本保证,使用时候相应功能图标的点击也可以提高作图效率,键盘输入与图标点击的操作配合可以帮助使用者更快捷地完成绘图工作。

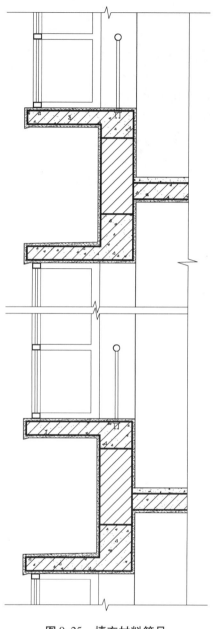

图 9.25　填充材料符号

本章小结

　　(1)熟悉 AutoCAD 工作界面、图形文件管理、绘图命令、编辑修改命令、文字输入、尺寸标注、图层管理、查询命令、图案填充、块操作以及软件的常规设置。

　　(2)掌握利用 AutoCAD 软件绘制各种施工图的方法和技巧。

复习思考题

9.1 计算机绘图有哪些特点和优势?

9.2 AutoCAD 常用的绘图命令有哪些?

9.3 AutoCAD 常用的编辑修改命令有哪些?

9.4 AutoCAD 中如何定义文字样式及标注文字?

9.5 AutoCAD 中如何定义尺寸样式及标注尺寸?

9.6 AutoCAD 中如何建立图层,图层有哪些特性?

9.7 AutoCAD 中如何定义图层的颜色、线型及线宽?

9.8 绘图比例与出图比例有何区别?

9.9 建筑平面图的绘图过程及操作要点是哪些?

9.10 建筑立面图的绘图过程及操作要点是哪些?

9.11 建筑剖面图的绘图过程及操作要点是哪些?

10

透视图基础

本章要点

本章要点包括透视投影的基本原理及图形特点、透视作图的基本术语、点及直线的透视规律及其透视作图方法、透视图的分类及具体作图方法、透视图基本参数的选择等。

10.1 透视投影的基本概念

10.1.1 基本原理及特点

照片之所以能"真实"地表现对象,是因为其成像符合人们的视觉习惯。照相机通过镜头将对象聚焦于"底片"上而成像就如同人眼通过眼球水晶体将对象聚焦于视网膜上而成像(图 10.1)。还可以做这样一个实验,当透过窗上玻璃单眼观察室外景物比如建筑物时,若将所见建筑在玻璃上沿相应轮廓描画下来,就可以在玻璃上得到该建筑的"图像"(图 10.2)。该图像与相机的成像原理也是相当的,所不同者,仅在于承受图像的载体在材料上和位置上有所变化。无论上述哪一种成像方式,它们均基于一个共同的投影原理——中心投影。

中心投影又称透视投影,其所形成的投影图便称为透视图。这一称谓是根据透视作图类似于上述实验而形象地得出的。无论是在胶片上、玻璃上,还是在纸上,当对象被"表现"后,对象最终都落在或画在了平面上。当原本处于"三维空间"中的对象之形状、体积、距离,乃至纵深效果等都被表现在平面上时,图上所呈现出的最典型的特征是"近大远小",空间原来相互平行的直线最终将交汇于一点,除非这些彼此平行的线条同时也平行于画面(如胶片、玻璃等)。如图 10.3 所示的某世博馆室内的透视就十分直观地表现了透视图的这一特点。

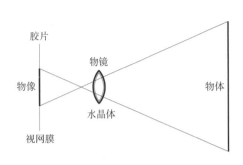

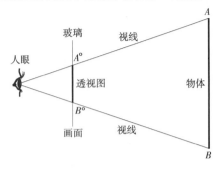

图 10.1　相机及人眼成像示意　　　　　图 10.2　透视的实验

图 10.3　透视实例

　　回到刚才的实验中,当笔在玻璃上描画所见对象的轮廓时,实际上是将眼睛与对象上"着眼点"之间的连线即视线与玻璃的交点确定下来并不断重复此过程直至完成全图。实际的透视作图在本质上也正是如此——求视点和对象之间的连线与画面的交点。简言之,求直线与平面的交点即可。并且,我们将这种交点称为点的"透视投影",简称透视。

10.1.2　基本术语及其代号

　　在透视投影的学习乃至工作实践中,为了讨论和叙述方便,经常涉及以下十几个概念,请先行熟悉它们的意义及相应代号(图 10.4)。它们分别是:

　　①画面 P:形象地说,画面就是用来绘制透视图的平面。多数情况下它处于铅垂位置,画面相当于正投影中的 V 面。但我们在绘制透视图时,一般将它置于人眼(光源)与被投影的物体之间(类似于第三角投影)。

　　②基面 G:可以假设基面就是地面,是用于放置建筑物的水平面。绘图中,也可以认为建筑底层平面图所在的水平投影面为基面。

　　③基线 g-g:基线是画面与基面的交线,它相当于"投影面体系"中的 X 轴。求作透视时,它是基面上的投影与画面上的透视的联系媒介。

④视点 S:中心投影的光源位置,即投影中心。求作透视时,可将其设想成人眼的位置。

⑤站点 s:视点在基面上的正投影即站点,因其相当于人站立的位置。

⑥视线:一切过视点即光源的直线均称为视线。其中最有意义的是垂直于画面的视线以及平行于基面的视线;最"无"意义的是平行于画面的视线,因为它与画面不相交而无灭点。

⑦主视线 Ss':上述视线中垂直于画面者即为主视线。

⑧视心 s':视点在画面上的正投影即视心。它是视线的中心,也是上述主视线的画面垂足。视心又称为心点或主点。

⑨水平视平面:过视点 S 的水平面,即所有水平视线的集合。

⑩视平线 h-h:上述水平视平面与画面的交线,多数情况下为通过视心 s' 的水平线。

⑪视高:视点到基面的垂直距离,即图中 Ss 的高度。

⑫视距:视点到画面的垂直距离。即图中主视线 Ss' 的长度。

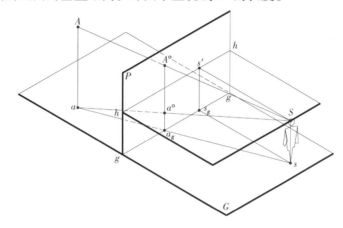

图 10.4　基本术语及其代号

⑬空间被投影的物体:如图中的 A 点。

⑭基点:空间 A 点在基面上的正投影 a 称为 A 的基点。

⑮点的透视:空间点 A 和视点 S 的连线 SA 与画面的交点即为 A 点的透视,用 $A°$ 示之。

⑯基透视:空间点 A 的水平投影 a 的透视,用 $a°$ 示之。

除以上术语及代号外,学习透视投影还有必要重申在《画法几何》中提到的"中心投影"与"平行投影"的共性:①点的影⋯;②线的影⋯;③点在线上⋯;④重影和积聚(当投影对象为线或面时)。

10.2　点与直线的透视投影规律

10.2.1　点的透视规律

点作为最基本的空间几何元素,讨论它的规律可以获知透视图作为中心投影的特殊法则。与正投影法需要同时获知至少两面投影方能确定点的空间位置一样,在透视投影中,点的位置需要同时由其透视与基透视共同确定。

规律1：点的透视与其基透视位于同一铅垂线上。

如图10.5（a）所示，空间 A 点与其基点 a 的连线 Aa 垂直于基面 G。将连线 Aa 与其线外 S 点即视点组成一平面，该平面容纳了包括过 A 点及 a 点所作视线在内的所有通过 Aa 线上任一点的视线，故可称为过 Aa 线的视平面。由于 $Aa \perp G$，故该视平面也 $\perp G$，此视平面与画面的交线自然也是垂直于 G 的了。

规律2：点的基透视是判别空间点的位置的依据。

图中，B 点与 A 点在空间位于同一视线上，事实上，类似于 B 而与 A 处于同一视线上的点还有无穷多。按点的透视定义，它们具有完全相同的透视。由此可见，仅仅根据某点的透视，是无法确定其空间位置的。但是，如果注意到这些点的基点及其透视（基透视）便会发现：当点位于画面之后时（如 A 点），其基透视在基线 $g\text{-}g$ 之上方；当点位于画面之前（即人与画面之间，如 B 点）时，其基透视在基线 $g\text{-}g$ 之下方。

规律2的3个有意义的推论是：

①当空间点位于画面前时，其基透视必在基线下方。

②当点位于画面上时，其基透视应在基线上。

③当点离开画面无穷远时，其基透视及透视均在视平面上。

规律3：点的基透视是确定空间点透视高度的起点。

空间点到基面的距离（即点的高度）被透视以后称为透视高度，该透视高度就是点的透视与其基透视之间的垂直距离。若将点的基透视看成已知，则点的透视高度可以其基透视为起点而垂直向上量取。通过此规律可以获得后续直线规律中的真高线概念，并以真高线为基础在已有点的基透视的情况下求出其透视。

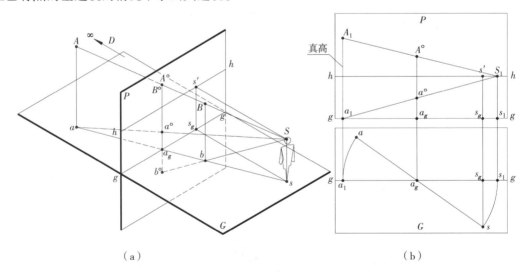

（a）　　　　　　　　　　　　　　　　　（b）

图10.5　点的透视规律及作图

观察点的基透视位置，可以产生的推论是：

①当空间点位于画面前时，其透视高大于真高。

②当空间点位于画面上时，其透视高等于真高。

③当空间点位于无穷远时，其透视高等于零。

10.2.2 直线的透视及其迹点和灭点

1)直线透视定义及基本求作方法

理论上,直线的透视即直线上所有点的透视的集合。因此,直线的透视可通过求作过直线的视线平面(图中带阴影的三角形)与画面的交线而获得。但实际作图时,可直接求作直线端点的透视后,连线即可得到直线的透视,如图10.6所示。

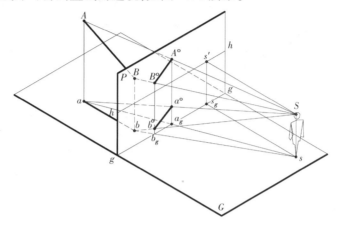

图 10.6 直线的透视

直线的透视及其基透视在一般情况下仍为直线,但以下两种情形例外:其一,当直线延长后通过视点 S 时,直线的透视为一点,其基透视为铅垂线;其二是当直线垂直于基面时,其透视为一铅垂线,而其基透视成为一点。前者如图10.7中的 AB 直线,后者如图10.7中的 CD 直线。

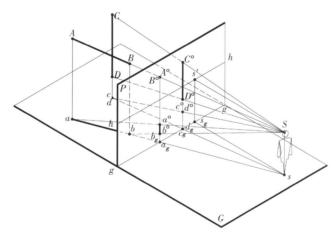

图 10.7 特殊位置直线的透视

2)直线的画面迹点

空间中凡与画面不平行的直线均会与画面相交,直线与画面的交点称为直线的"画面迹点"。在图10.7中,AB 直线延长后将交画面于 A° 或 B° 点。在图10.8中,AB 直线延长后与画面的交点不再与 A° 或 B° 重合而是交于 T。但它们均为迹点,只不过前者较特殊罢了。"迹点"作为画面上的点,其透视自然是其自身。

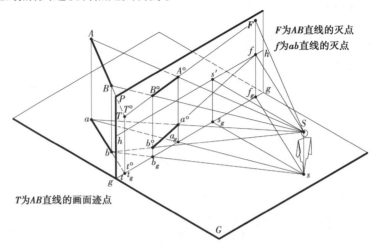

图 10.8　直线的迹点及灭点

3)直线的灭点

若 *AB* 直线的 *A* 点沿 *BA* 方向移向无穷远,则称此点为直线上离画面无穷远的点,其透视称为该直线的灭点(或称消失点)。欲求此灭点,理论上可按点的透视定义,将无穷远的 *A* 点与视点 *S* 连线,该连线与画面相交的交点即为 *A* 点的透视。但请注意:当连线 *SA* 与 *AB* 直线上的 *A* 点交于无穷远时,根据初等几何原理,*SA* 直线与 *AB* 直线是平行的。于是,真正求作直线灭点的方法便简化为:过视点 *S* 作 *AB* 直线的平行线且交画面于 *F* 点,此 *F* 点即 *AB* 直线的"灭点",如图 10.8 所示。

与直线灭点相关的另一个概念是"基灭点",它是直线基面投影的灭点。因直线的基面投影属于基面,故:按灭点的作法,所作直线基面投影的平行线当然是过视点的水平线,属于水平视平面,故必与视平线相交。考虑到空间直线与其基面投影可构成一铅垂面,因此空间直线的灭点与其基面投影的灭点二者必位于同一铅垂线上且基灭点还应位于视平线上。如图10.8 中,*f* 点即是 *AB* 直线的基灭点。

10.2.3　直线的透视投影规律

空间直线相对于画面的位置,不外乎两种情况,要么平行,要么相交,如图 10.9 所示。

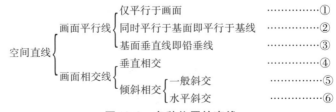

图 10.9　各种位置的直线

规律 1:画面平行线的透视与自身平行,其基透视平行于基线或视平线。

画面平行线因平行于画面而无迹点和灭点,见图 10.10(铅垂线前已述及)。

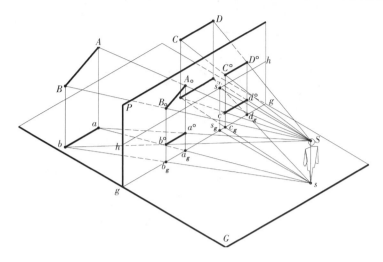

图 10.10　画面平行直线的透视

规律 2：与画面相交的直线在透视图上是有限的长度，一组平行线共灭点。

由于灭点的定义为直线上离画面无穷远点的透视，因此空间无限长的直线，当其与画面相交时，透视图上将表现为有限的长度，以灭点为结束端。

同时从图 10.8 中灭点的作图过程可以看出，对于一组平行直线，从视点 S 只能作出它们的一条平行线，只会和画面获得一个共同的交点。因此，一组平行直线有一个共同的灭点。同理，其基透视也有一个共同的基灭点。所以，一组平行线的透视及其基透视，分别相交于它们的灭点和基灭点。图 10.3 中所表现的透视现象即反映出这一规律。

根据直线与画面相交角度的不同，又可以将此规律细化出以下几种不同情况：

①画面垂直线的画面垂足为其迹点，视心 s' 为其灭点。如图 10.11 所示。由图可见，画面垂直线的透视永远位于其迹点 T 与灭点 s' 的连线 Ts' 上；其基透视始终在迹点的基点 t 与灭点 s' 的连线 ts' 上。

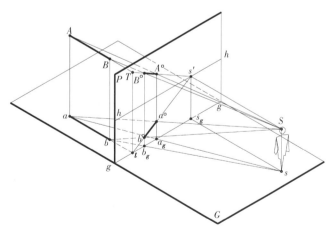

图 10.11　画面垂直线的透视

②画面水平相交线因平行于基面，故其透视与基透视具有共同的灭点（F,f 重合于视平线上）。在图 10.12 中，该灭点在画面的有限轮廓范围之外。

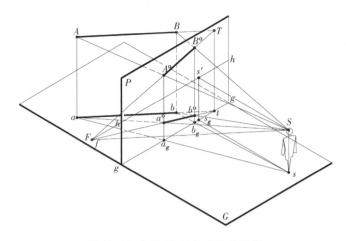

图 10.12　画面水平相交线的透视

③一般位置的画面相交线：一般位置的画面相交线如图 10.13 所示，当 A 点高于 T 点时称为"上行直线"；当 A 点低于 T 点时称为"下行直线"。它们的灭点位于过基灭点的同一铅垂线上。其中上行直线的灭点在视平线上方，下行直线的灭点则在视平线的下方。在图 10.13 中，AB 直线的灭点与基灭点也超出了画面 P 的图示有限范围。

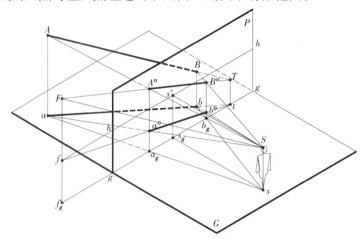

图 10.13　画面一般相交线的透视

规律 3：垂直于基面的直线可以利用透视高度还原出真实高度。

当点位于画面上时，其透视为其自身，直线亦然。因此，当直线位于画面上时，其长度是真实的。这种能反映真实长度的直线中，有一种垂直相交于基线的画面铅垂线，因其反映直线的真实高度而被称为真高线。利用真高线，可以解决空间点的高度问题，也可以还原作出基面垂直线的真实高度。

在图 10.14(a)中，过 A 点作任意方向的水平线 AB 与画面相交于 T，求出 T 点的基点 t，则 Tt 就是一条能反映 A 点真实高度 Aa 的"真高线"。

为了求出 A 点被透视以后在画面上呈现出的"透视高度"$A°a°$，可以先求出 AT 及 at 的透视 TF 及 tf。然后在求出 A 点的基透视 $a°$（在 tf 上）后，过 $a°$ 向上作铅垂线与 TF 相交即可得到 A 点的透视高度 $A°a°$。事实上，"透视高度"的确定意味着 A 点的透视被求出，这也正是"真高线"的价值所在，作图过程如图 10.14 所示(图中数字为作图步骤)。

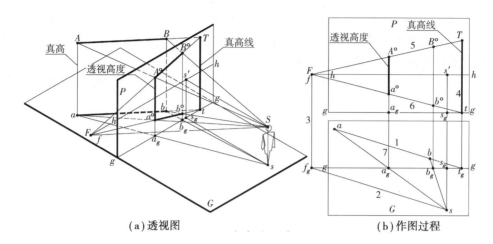

(a)透视图   (b)作图过程

图 10.14 真高线及求法

按上述作图方法,还可以得出一个结论:求作某点的透视高度依赖于两个条件:其一是该点的真高,其二是该点的基透视。

值得注意的是:直线 AT 是"任意"的,这种任意的结果是灭点 F 的任意。所以在实际操作时,可在已知或已求出某点的基透视后,任定灭点并连接之。在图 10.15 中,假设 A 点的基透视 $a°$ 已求出,A 点的真高等于 H,则求 $A°$ 的过程如下:

①在 h-h 线上任定灭点 F;

②连接 $Fa°$ 并延长之,使其与基线 g-g 相交于 t 点;

③过 t 作铅垂线 $tT = H$;

④连接 tF;

⑤过 $a°$ 向上作铅垂线交 TF 于 $A°$。

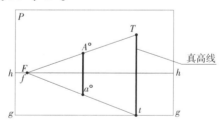

图 10.15 灭点或真高线的任意性

图中,在视平线上任意选定灭点 F 后,连接 $a°F$ 并延长,使其交基线 g-g 于 t,过 t 即可作真高线。因为 F 的任意性又导致了 t 的任意性,于是,直接在基线上任选 t 点,也可得出与上完全相同的结果。

将问题深入下去:如有若干点的透视高度需确定,是否需要作若干条真高线并将上述作图过程重复若干次呢?

为此,我们包含 Aa 作矩形 $AaBb$ 平行于画面,并求出该矩形的透视 $A°B°a°b°$,观察后可以发现:$A°B°$ 与 $a°b°$ 均平行于基线 g-g,$A°a°$ 及 $B°b°$ 均垂直于基线 g-g(图 10.16)。这就是说:平行于画面的矩形的透视仍是矩形。更直接的结论是:若 AB 两点的空间高度相等,在与画面的距离也相等的前提下,其透视高度也是相等的。于是,B 点的透视高度可以用为求 A 点的透视高度而作的真高线来量取。利用这一原理,我们可以只用一条真高线,将空间任意多已知基透视和真高的点的透视高度或透视求出。这样的真高线,称为"集中真高线"。在图10.16(c)中,Tt 为集中真高线,B、C、D、E 四点虽然具有不同的空间位置与空间高度,但它们的"透视高度"或透视,均是通过 Tt 而求出的。

同理,我们也可以逆向作图,利用辅助灭点,将已经作出的基面垂直线透视高度还原到画面位置上,获得真高线,从而确定该线的真实高度。

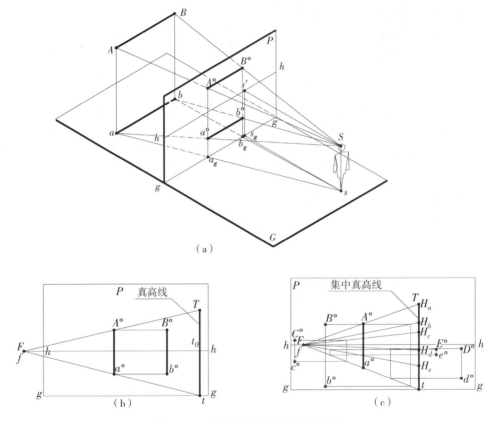

（a）

（b）

（c）

图 10.16　集中真高线的原理及运用

同时,垂直于基面的直线在与画面平行的前提下,自身比例不会产生透视变形。因此,在图 10.16 中,画面结果 T 点到视平线的距离 Tt_0 与 t 点到视平线的距离 tt_0 之比值,恰好等于真实的 T 点和 t 点与视平线高度的比值,其余各点亦然。利用这一特性,在已知直线段真实高度和视平线高度的情况下,也可以利用上下高度的比值进行更为简便的高度作图。反之,也可以利用视平线高度作出简便的高度判断,此方法称为视平线定比例分割法。

仅就作图的原理而言,当我们明确了点和直线的透视以后,任意"形"或"体"的透视均可求出。因为线由点构成,面由线而来。总之,从几何意义的角度看,万物均离不开"点"这一基本构成要素,再结合直线的透视规律,可以增进对各种透视现象与规律的把握,熟悉和深入理解各种作图方法与技巧。

10.3 透视图的分类及常用作图方法

10.3.1 透视图的分类

建筑物是三维空间形体。它至少具有长、宽、高三个方向上的量度即坐标方向的棱线。随着画面与建筑物相对位置或角度等的变化,这三组主要棱线与画面的相对位置关系就可能出现或平行,或垂直,或倾斜等各种情况。由于建筑的主要棱线与画面的相对位置关系有了这些不同,它们的灭点位置也就各不相同。例如,当主要棱线平行于画面时,画面上将没有它们的灭点;而当主要轮廓线垂直于画面时,这些被称为"主向灭点"的主要棱线的灭点将与视心重合;水平斜交于画面时,它们的主向灭点将位于视平线上。透视图正是按照画面上主向灭点的多少而进行分类的。

1)一点透视

当建筑某主要棱线方向(一般为进深方向)与画面垂直时,该方向将在画面上形成一个与视心重合的主向灭点。其长、高两方向将因同时与画面平行而无灭点。在这种前提下所作的建筑透视,称为一点透视或平行透视(实际上应为与画面平行的两个坐标方向所决定的立面透视),如图 10.17 所示。一点透视多用于表现室内效果或街景等。当需要强调建筑庄重沉稳的形象时,一点透视的表现效果也独具特色。

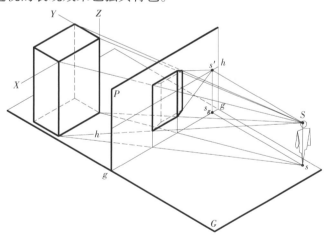

图 10.17　一点透视

2)两点透视

两点透视是建筑透视中应用最多的一种透视类型,它使建筑的高度方向平行于画面(画面与建筑竖向轮廓均处于铅垂位置),而其余(长宽)方向水平地与画面倾斜,客观上使得建筑无竖向灭点而水平方向在视平线 h-h 上同时具有 x、y 两个坐标方向的主向灭点 F_x、F_y。这样形成的透视图因具有两个主向灭点而被称为两点透视,如图 10.18 所示。此外,也有人因为此种情况下,画面与建筑主要立面成一定角度而将其称为"成角透视"。

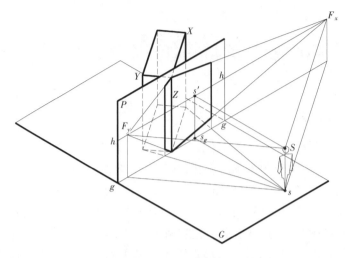

图 10.18 两点透视

3)三点透视

对于高层尤其是超高层建筑,按常规视距等方式选择画面与建筑的关系其结果一般不太符合人们的视觉习惯。于是可以通过模拟人们从近处观察建筑时的"姿势",使画面与基面倾斜一定角度,如图 10.19 所示。此时,建筑的三个主要棱线(坐标)方向均与画面成一定角度,画面上将产生该三个方向的三个主向灭点 F_x、F_y、F_z。于是,这样的透视图顺理成章地被称为三点透视。因为画面相对于基面是倾斜的,所以有人更喜欢将其直观地称为"斜透视"。

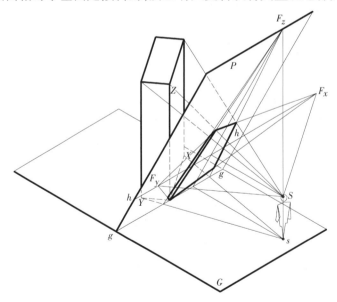

图 10.19 三点透视

实际上,人们观看建筑并不总是从下向上仰望,也可能有机会(如乘飞机)从上向下俯瞰。相应地,三点透视也就不仅仅可以画成"仰望三点透视",自然也可以画成"俯瞰三点透视"。

上述三点透视是建立在假想人与建筑相对较近(视距较小)的基础上的,这样作出的透视图虽然也符合人们的视觉习惯。但一方面画面上的建筑失真较大,更主要的是绘图时由于需要同时处理三个主向灭点,会给绘制工作带来很大的不便。所以,工作中有人宁愿将视距选得稍大一些后,仍采用两点透视的方式来表现高层或超高层建筑,其效果仍然可以令人满意。基于这样的原因,实际工作中愿意采用三点透视作图的,比较少见。

10.3.2 透视图的常用作图方法

在讨论基本几何元素的透视问题时,已经涉及了最基本的透视作图思想——视线迹点法。只要求出视点 S 与空间点 A 之连线即视线 SA 与画面的交点 $A°$,即为空间 A 点的透视。在具体操作过程中,虽然作图的思路仍如上述,过程却并非直接求视线的迹点,而是通过求空间点的基透视及其透视高度,然后达到求出空间点透视的目的。这种作图的过程在后面的学习中仍然具有典型意义。

综上,空间形体透视作图过程基本上是先求其基透视,然后确定形体各部位真实高度的透视高度。下面通过对常用作图方法的讨论,加深对上述作图思路的理解。

1)视线法

视线法是最传统的透视作图方法之一,因其曾为广大建筑设计师所普遍采用而被称为"建筑师法"。这种方法的实质仍然是求作视线的迹点,其作图方法甚至在介绍点的透视规律时已经有所涉及,但由于当时尚缺乏有关直线灭点、真高线及其运用等知识,因此对作图的过程并不一定完全理解,而现在可以了解了。

在基面上得出各点的投影并确定出站点、视距等基本条件以后,将基面展开并与画面共面,如图 10.20(a)、(b)所示。

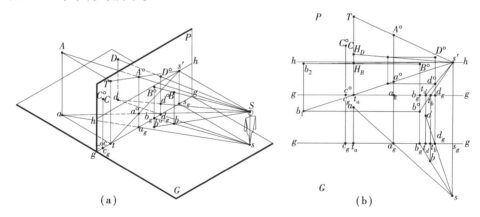

图 10.20 视线法(建筑师法)

接下去,按如下步骤作图:

①在基面上连接站点 s 与各点的水平投影如 a,b,c 等得连线 $sa,sb,\cdots$,求出所有连线与基线 g-g 的交点如 a_g,b_g 等(C 点因位于画面上,其透视就是它自身,故图中直接在画面上作出了 C 点的透视及基透视)。从作图过程可以看出,所连之线实质上就是视线的水平投影,这也正是"视线法"名称的由来。

②将基线上各交点 a_g,b_g 等"转移"(投影)到画面上。请注意,当受图幅限制而无法将画面与基面绘于同一幅面内时,"转移"的意义就十分重要了。

③过空间各点作画面的垂线并求出这些垂线的基透视如 $t_as',t_bs',\cdots$。它们分别与②中

过基线上 a_g,b_g 各点所作之铅垂线相交,即可得出各点的基透视 $a°,b°,\cdots$。

④利用"真高线"求出各点的透视高度,即可最终求出各点的透视。本例中,首先求出了过 A 所作画面垂线的垂足 T(过 t_a 向上作铅垂线,取铅垂线长等于 A 点真高即可),然后连接 Ts' 并与 $agA°$ 相交于 $A°$ 点即求出了 A 点的透视 $A°$。在求作 B 点的透视时,又利用了"集中真高线"的概念。因为 B 点位于画面之前,所以,它的基透视必然位于基线 $g\text{-}g$ 之下,其透视高度将大于其真高。作图时,首先过 $b°$ 点作水平线向左与 $t_a s'$ 连线的延长线相交于 b_1 点。然后在 A 点的真高线上从 t_a 向上量取 B 点的真高得出 H_B 点。连接 H_Bs' 并与过 b_1 所作之铅垂线相交于 b_2,则 B 点的透视高度即求出。最后只需过 b_2 作水平线向右与过 $b°$ 所作铅垂线相交于 $B°$。如此重复若干次,各点的透视即可全部求作完毕。

在以上作图过程中,用到了过空间点作辅助线的方法。理论上,这种辅助线可以是任意的画面相交线。但为作图方便并简化作图步骤,最好取画面水平相交线或画面垂直线。本例选用后者,则直接利用了视心 s' 而免去了求作辅助线灭点的麻烦。由于辅助线的引入,建筑师法作图的本质为:空间两直线透视的交点就是该两空间直线交点的透视。

掌握了点的透视求作方法以后,对于更复杂的形体,只不过是上述过程的重复而已。

建筑师法既可用于两点透视,也可用于一点透视。当使用一点透视时,其作图的原理和方法与上完全相同,不再叙述。

2)量点法

建筑师法作透视图时,必须在基面上过站点引平面图各转折点的连线并与基线相交于若干点。当透视图较大时,平面图与画面无法画在同一张图纸上,此时这些交点向画面"转移"的工作就显得十分麻烦并且很容易出错。为此,有必要探索新的作图方法。

求作透视图的两大关键是求作型体的基透视和确定型体的透视高度。后者一般均用集中真高线的原理与方法加以解决,前者的任务则主要是确定平面图中各可见点和线等的透视位置与透视长度。为了不用建筑师法而达到相同目的,请注意图 10.21。

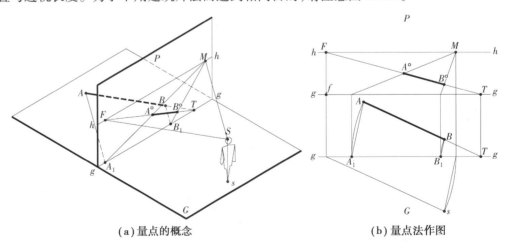

(a)量点的概念　　　　　　　　　　　(b)量点法作图

图 10.21　量点法

为求基面上 AB 直线段的透视,可以先分别求出其迹点 T 和灭点 F,连接 TF 即得到 AB 直线的"全透视"即包括 A、B 两点在内的整条直线的透视,A、B 二点必位于该"全透视"FT 上。接着,只要能确定出 A、B 两点透视后的具体位置,即可求出 AB"线段"的透视。为此,过 A 点

作辅助线 AA_1，该辅助线在求作时必须满足的条件是：$AT = A_1T$，即三角形 ATA_1 为一等腰三角形，而 AA_1 为其底边。现在，可以求辅助线 AA_1 的透视了——先求其灭点并用 M 示之，连接 A_1M 则得其全透视，而 A 点的透视必在 A_1M 上，同时 A 点的透视还必然在 FT 上，于是，A_1M 与 FT 二线的交点 $A°$ 就成了 A 点透视的唯一解。

按同样的作图原理和方法，又可求出 AB 线段之另一端点 B 的透视。

虽然辅助线 AA_1 及 BB_1 的共同灭点 M 可用求灭点的传统方法获得。但分析三角形 FSM 后可知，其各边与三角形 TAA_1 或三角形 TBB_1 的对应边分别平行。于是，三角形 FSM 也是等腰三角形，SM 为其底边，两腰 FM 与 FS 是相等的。因此，作图时，M 点的位置可通过自 F 点直接"量取"一段长度等于 F 点到 S 点的距离而获得。

以上作图方法，是根据"两直线交点的透视必等于两直线透视的交点"这一实质性理由而得出的。作图过程中，M 点的作用在于确定辅助线的透视，从而"量取"线段透视以后的透视长度。正是由于这样的原因，这种辅助线的灭点 M 才被称为"量点"。而这种利用量点直接根据平面图中线段的已知尺寸求作平面图基透视的方法便被称为量点法。

在正常作图时，因为辅助线 AA_1，BB_1 等的水平投影的意义在于确定其迹点 A_1、B_1 等。而这些点按 $AT = A_1T$，$BT = B_1T$ 这样的关系，也可以直接在画面上自 T 点量得，所以这些辅助线并不需要直接画出，只要能定出 A_1、B_1 等点就可以了。

利用量点的概念求作直线的基透视时，量点的数量如同灭点的数量一样，与直线的"方向数"是相同的。如建筑平面图中有两个主向灭点，则必然有两个相应的量点。作图时请注意区别对应的关系。另外，量点法是在画面上利用"直线交点"得出点的透视的。两直线相交的角度越接近垂直，交点位置越易明确；反之，若交角越接近平行，则交点的位置越是模糊。如图 10.21(b) 中，随着 h-h 线的位置降低（视高减小），A_1M 与 FT 二线将逐渐接近平行。这意味着二线交点 $A°$ 的位置将越来越难于用肉眼判定，这必将导致最终的作图结果严重失真。因此，在利用量点法（包括以后的距点法）绘制透视图时，若因视高太小出现上述问题时，一般可以采用在画面上"升高基面"或"降下基面"（相当于将画面上 g-g 线人为向下或向 h-h 线以上"复制一个"）的方法，使问题得以缓解。也许有人认为"增加视高"也不失为一种方法，这在理论上是可行的。但视高的选择涉及人的身高，随意而定后绘出的透视图会有不真实的感觉。

升高或降下基面是基于"点的透视与其基透视始终位于同一铅垂线上"的道理。在降下或升高后的基面上相对准确地确定出点的基透视位置后，还必须将结果返回到原来的基面上。如图 10.22 所示，因视高相对较小，A_1M 与 FT 之交点不易确定，于是分别采用了降下基面和升高基面的方法，其效果不言而喻。由图中还可以看出：

①无论是降下基面还是升高基面，作图时只是移动了 g-g 线及其上各点如 A_1、B_1、T 等，视平线并不动，并且移动的"量"完全取决于需要和图纸的大小。

②无论用哪种方式（升高或降低），所得到的结论是一致的。

③升高或降下的基面上的透视 $A_1°$、$B_1°$、$A_2°$、$B_2°$ 等，并不是直线在原视高条件下的透视。因此必须将其返回到原基面上（图中箭头方向），所得 $A°B°$ 才是所求。

④原始基线位置上的 A_1M、B_1M 等线条在正式作图时无须画出（如图中的 B_1M 便未画）。只需将 $A_1°$ 或 $A_2°$ 投影到直线的"全透视"上即可。本图中画出 A_1M 是为了让读者体会其交点位置的不确定程度。

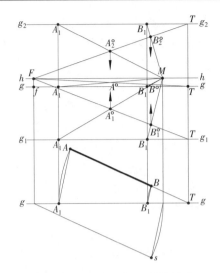

图 10.22　升高或降下基线作图

　　求一条基面上的直线的透视是容易的,但当对象变成建筑物甚至是十分复杂的建筑物时,方法和技巧就显得非常重要了。虽然对于初学者目前还只能先"会"后"熟",但具备这种意识从而用心分析和比较作图过程乃至于一个点的透视的各种不同求法都是十分有意义的。

3)距点法

　　用量点法求作一点透视时,由于建筑物的三组主向棱线中只有一组与画面相交,故在透视图中,建筑只有一个主向灭点,该灭点即视心 s'。求作量点时,灭点 s' 到量点的距离仍然等于视点 S 到灭点 s' 的距离。由于这一距离反映的是"视距",所以这种特殊情形下的量点改称"距离点",简称"距点",用 D 表示,如图 10.23 所示。

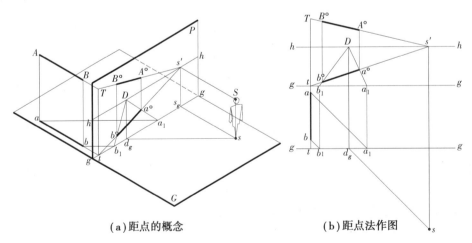

(a)距点的概念　　　　　　　　(b)距点法作图

图 10.23　距点法

　　深入讨论距点 D 的有关问题,会发现它与量点的区别在于:

　　①距点 D 到视心 s' 的距离反映了视距,而量点无此能力。

　　②基面上,为求某点的透视而作的辅助线如 aa_1,由于必须满足 $at=a_1t$ 而使得 aa_1 与 $g\text{-}g$ 线成45°夹角(这种辅助线在实际作图时也不必画出);在量点法中,类似的夹角完全取决于基面上直线如 AB 与 $g\text{-}g$ 所夹的角度大小,多数情况下 $\ne 45°$。

③量点法中,正如灭点的位置取决于直线的方向一样,其量点相对于灭点的位置也是固定不变的。但在距点法中,由于上述"辅助线"如 aa_1 等既可作在迹点 t 的右边(如图 10.23 所示)。也可作在 t 的左边,这将导致距点相对于灭点(视心)的左右位置关系的相应改变。作图时,可根据图面的布置情况及个人习惯灵活处理,但一定要注意对应关系。例如,距点在心点 s' 的左边,则 a_1 点必在迹点的右边。但当直线 AB 上的点位于画面以前时,上述对应关系则刚好颠倒。这在量点法中同样需要注意。

10.4 透视图的参数选择

10.4.1 透视图的基本参数

无论是摄影家还是画家,它们在表现对象时,对于"角度"的选择是非常用心的。一幢建筑或建筑群,远观与近看,绝对不会是同样的效果与感觉。而生活在一座城市中与从空中俯瞰所生活的城市,会是同样的感受吗?

当然,这一切包含有心理层面上的"观察角度",但也同样包含有物理意义的"观察角度"。这种物理意义上的"角度",用透视术语来解释,就是画面、观察者以及被观看对象三者之间的相对位置关系问题。

中国画技法中的"意在笔先",在一定意义上也同样适用于绘制透视图。通俗地说,在着手绘图之前,应该充分考虑并妥善处理以下几方面问题:

①透视类型:包括一点、两点、三点及仰望、俯瞰等。

②恰当安排画面、观者、对象三者的位置关系。这从前面的内容中可以体会到,三者相对位置的变化,直接影响到透视的效果。处理不当,轻则不能完美体现建筑的艺术感染力,重则导致建筑在视觉上产生严重变形、失真。例如在一点透视中,若视点与对象的任一表面共面,则绘出的透视图将不能反映该表面的真实情形。再如,将任意透视图视高取为零,则基面将表现为一条水平线。这不仅与生活的经验不符,还将给作图带来极大的困惑。

对以上问题的深入理解依赖于对透视图绘图方法及理论的熟悉,同时也与对人眼的生理能力即视觉范围的了解不无关系。前者有待假以时日,后者则有待于知识结构的拓展,而本书能做的,只是从经验的角度介绍一些通常情况下可行的方法。

10.4.2 透视图基本参数的选择

1)视点的选定

视点 S 的选定意味着站点的位置及视高(视平线的高度)均被确定。在确定站点 s 时,应当注意满足视觉的几方面要求。

(1)视野要求

在视觉方面,眼球固定注视一点时所能看见的"空间范围"称为视野,有单眼与双眼之分,通常所谓的视野主要指前者。按上述视野的定义,试着"睁只眼闭只眼"作感觉尝试,就会体会到人的视野形如一椭圆锥,称为视锥(图 10.24)。

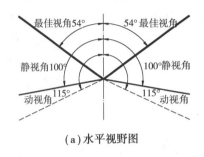
(a)水平视野图

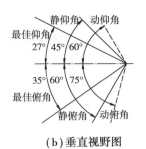
(b)垂直视野图

图 10.24　视野图

用水平面沿视锥中轴线剖切视锥,所得素线与中轴线的夹角称为水平视角,其最佳值约54°。用铅垂面沿中轴线剖切视锥,所得的视角称为垂直视角,分俯、仰两个部分,其大小视观看对象而各不相同。一般地,人们观察建筑群体全景的最佳仰角为18°;观赏单体建筑的最佳仰角是27°;观赏建筑局部的最大仰角为45°。垂直俯角的值比仰角值略大一些,但也不宜大于45°。从事设计与绘制透视图时,必须考虑到对上述视角要求的满足。

如图 10.25 所示,在站点 s_2 处,水平视角得到完全能够满足最佳视角要求,但因垂直视角超过了27°,两灭点相对于建筑物的高度而言就显得相距太近。于是,在所绘出的透视图中,建筑物水平轮廓线急剧收敛,画面所呈现的视觉效果因畸变而失真。若在满足水平视角要求的同时,也考虑到对垂直视角要求的满足而将站点移至 s_1 处,这样绘出的透视图从视觉感受上看,将因轮廓较为平缓而显得舒展、自然。

以上例子不单是说明视角大小对透视图效果的影响问题,更主要的是两种视角对不同的透视对象应有不同的侧重。例如,对现代高层建筑而言,仅仅讨论其水平视角是没有什么意义的。因为当其仰角要求被满足时,其水平视角肯定是满足了的。当然,对于或低矮或扁长的形体,其水平视角则应优先考虑。

(2)全貌要求

站点选择应满足的另一个要求是:所绘出的建筑透视图应能全面反映建筑物的外部形态。如图 10.26 所示的形体,与图 10.25 的完全一致(包括仰角),但若视点位置不当,原本为L 形的形体完全可能被误认为仅是一长方体,而且长、宽方向的视觉印象也发生了颠倒。

此外,在选择站点位置时,还应考虑对客观环境的忠实,即使是在后期渲染、配景时,这也是有必要引起重视的问题。

视高是一个与视点位置相关的问题,它是指视点与站点间的高度,在画面上表现为视平线与基线间的距离(三点透视除外)。多数情况下,视高可按人的身高选取。这种视高条件下所形成的透视图接近人的真实视觉感受,画面显得真实、自然。当考虑到对环境的尊重或设计人员为了强调建筑的个性特征时,视平线可以适当升高或降低。但请注意,视平线的升高意味着视高的增大,而视平线的降低则不一定是指视高的减小。因为降低视平线往往是连同基线一起进行的,其实质是站点或视点的降低。更准确地说,则往往是建筑物的地面与透视图中的基面不再共面。

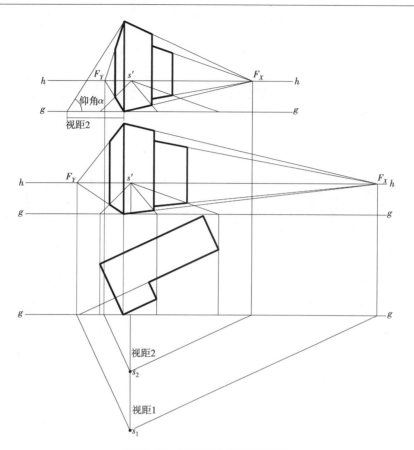

图 10.25 不同视角(距)的效果

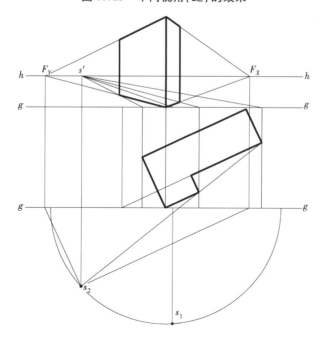

图 10.26 不同站点的效果

升高视平线可以使被表现的范围得到扩展,画面显得更开阔,尤如鸟瞰一般,所以用升高视平线的方式表现建筑群体的透视图又称为鸟瞰图。此外,此法还可用于表现室内、表现场景等。

降低视平线后将使透视图产生仰视的感觉,建筑将因此而显得更高大、雄伟。当然,是否给观看者这种感受还与建筑自身的性格有关。如图 10.27 所示为莱特的流水(考夫曼)别墅,虽然采用了降低视平线的方式去表现,但建筑仍不失为一种与大自然浑然一体并充满着亲切感的田园建筑。

图 10.27　降低视平线

2)画面与建筑物的相对位置

画面与建筑物的相对位置包括角度和距离两个方面。

画面与建筑物的夹角主要指建筑物主要立面与画面的夹角。如图 10.28 中的 α,这些角度的大小将影响到建筑立面表达的侧重。随着 α 角的增大,建筑与画面相邻的两个立面在透视图中所占的比重逐渐变化。与图 10.26 比较,这种变化与站点从左向右移动所造成的变化具有相似之处。

在绘制透视图时,上述角度的选择显然不是由单方面因素决定的,既应该考虑对象表现上的需要,又要照顾到作图的方便程度。例如,许多人在绘图时取 α 角等于 30°,这个角度一方面使得手工作图较方便(求灭点位置时);另一方面,30°角将使建筑的主要立面得到更充分的展示和表现,使得建筑各立面的透视主次分明。如将 α 取为 45°,虽然作图方便程度相当,但如暂不考虑站点位置的影响,则相邻立面被表现的机会是均等的。这就好比用正等测表现正方体一样,图面会显得呆板、没有生气。若 $\alpha > 45°$,则建筑的长宽方向经透视后会"黑白"颠倒,这在某些表现街景的图中时有所见。所以,最后这种情况是否允许出现。还得从表现的需要出发,就事论事。

画面与建筑物的距离是指:在夹角不变的情况下,平行地移动画面所造成的距离变化。这种距离的变化也将对透视图产生影响。当画面位置相对于视点平行移动时,所生成的透视图将发生大小变化,但透视图自身各部分的比例关系保持不变。利用这种特性,在实践中往往根据图幅大小的需要来决定画面的具体位置。当需要绘制较大的图形时,可以将画面向远离视点的方向移动;反之,则向靠近视点的方向移动。通过这种方式,理论上可得到任意大小的透视图。但作图时,建议使建筑物上的典型墙角线位于画面上,这样的墙角线将因为反映真高而给绘图带来不少方便。

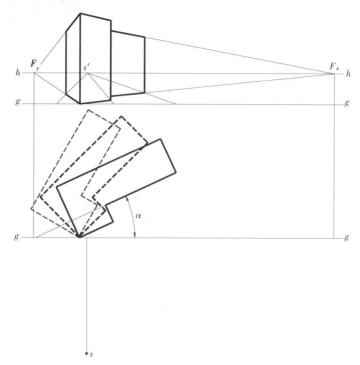

图 10.28　不同角度的影响

绘制的透视图是否被放大,取决于对象与画面的前后位置关系。当对象位于画面之后,所绘图形缩小;当对象位于画面之前,所绘图形放大;当对象位于画面上时,所绘图形保持原大小不变。可见,画面是放大或缩小图形的分界面。

3)确定视点及画面的方法

绘制透视图时,在平面图中确定视点及画面位置的一般方法如下:

在给定建筑平、立面图以后,绘制透视图的第一步工作就是根据表现的需要,用本节曾介绍过的有关知识作指导,合理选择视点及画面的有关参数。图 10.29 是较常用的一种方法。

①过平面图某墙角作基线 g-g,二者间夹角 α 视需要而定,一般取 30°。

②过建筑最远的转角点或轮廓线(如园弧墙等)作基线的垂线,由此可得画面图幅的近似宽度 B。

③将近似宽度三等分,在中间一段内根据需要选择视心的基面投影 s_g 的位置,并由 s_g 作 g-g 线的垂线 ss_g。

④取 ss_g 的长度为画面近似宽度 B 的 1.5~2.0 倍,即可确定站点的位置。执行此步骤的结果,将主要影响水平视角与垂直视角的大小,故一定要根据对象的具体情况酌情处理。例如,低矮而偏长的建筑应考虑满足最佳水平视角(≤54°),高大细长的高层或超高层建筑则主要满足垂直视角的要求(≤27°)。

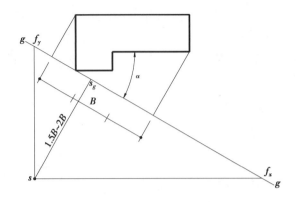

图 10.29　绘图参数的确定

本章小结

（1）了解透视投影的基本原理及形成透视图的几种方法。

（2）熟悉透视图的基本术语及其代号。

（3）掌握点的透视规律及其求作方法。

（4）掌握各种位置直线的透视规律及其求作方法。

（5）掌握各种位置直线的透视规律；迹点、灭点、真高、透视高等相关概念及各种位置直线的透视求作方法。

（6）掌握透视图的分类及常用作图方法。

（7）了解透视图基本参数对成图的影响以及具体选择方法。

复习思考题

10.1　点的透视与其基透视为什么会在同一条铅垂线上？

10.2　如何根据点的基透视确定空间点的位置？

10.3　视线迹点法是用来干什么的？

10.4　直线的透视及其基透视为什么还是直线？例外的情况是？

10.5　直线的画面迹点与其灭点有什么关系？

10.6　真高线的意义何在？

10.7　透视图是按什么依据分类的？各自都有什么样的视觉特点？为什么？

10.8　求作透视图的两大关键是？

10.9　建筑师法求透视的本质是什么？

10.10　量点法与距点法求作透视的异同是什么？

10.11　影响透视图成图效果的基本参数包括哪些内容？

10.12　简述画面、视点、对象三者的变化对透视成图的影响。

11

工程形体的阴和影

11.1 阴和影的基本知识

如图 11.1(a)所示是某建筑物未加绘阴影的正立面图,而图 11.1(b)则是加绘了阴影的正立面图。通过两图比较可以看出,在设计图中加绘阴影,可使图样更有真实感和表现力。

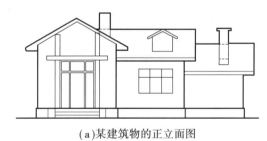 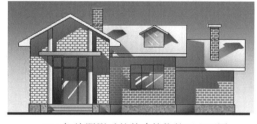

(a)某建筑物的正立面图 　　　　　　　　(b)加绘阴影后的某建筑物的正立面图

图 11.1　阴影在建筑图中的艺术效果

11.1.1 阴和影的形成

如图 11.2 所示,物体在光线的照射下,迎光的表面显得明亮,称为阳面;背光的表面比较阴暗,称为阴面;阴面与阳面的分界线,称为阴线。由于物体通常是不透光的,被阳面遮挡的光线在该物体的自身或在其他物体原来迎光的表面上就出现了暗区,称为落影。落影的轮廓线称为影线,落影所在的表面称为承影面,阴与影合并称为阴影。通过物体阴线上各点(称为阴点)的光线与承影面的交点,正是影线上的点(称为影点),阴和影是相互对应的,影线就是阴线之影。阴和影虽然都是阴暗的,但各自的概念不同。阴是指物体表面的背光部分,而影是指光线被物体阳面遮挡而在承影的阳面上所产生的阴暗部分,在着色时应加以区别。

综上所述,阴和影的形成必须具备三个要素:光源、物体、承影面。缺少其中任何一个便没有阴和影存在。

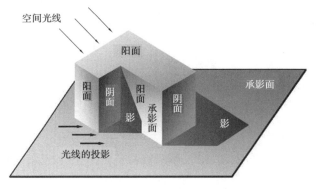

图 11.2 阴和影的形成

11.1.2 光线方向

物体的阴和影是随着光线的照射角度和方向而变化的,光源的位置不同,阴影的形状也不同,如图 11.3 所示。图 11.3(a)的平行光线是由左前上射向物体,物体的左、前、上表面是阳面,影在物体的右后方;图 11.3(b)的平行光线是由右后上射向物体,物体的右、后、上表面是阳面,影在物体的左前方(本书的方位叙述是当观察者面对物体时,以观察者自身的左、右来命其左、右,距观察者近为前,远为后)。

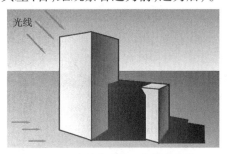

(a)光线从左前上方射向物体   (b)光线从右后上方射向物体

图 11.3 不同的光线方向产生不同形状的阴影

光线一般分为两类:一类是灯光,这类光线呈辐射状,其阴影作图如图 11.4 所示;另一类是阳光,如图 11.3 所示,光线是相互平行的。灯光只适合于画室内透视,一般很少使用,求影也比较复杂,图样中多数采用的是平行光线。

在轴测图和透视图中,常常是根据建筑图的表现效果,由绘图者自己选定光线方向。给光线的形式通常有两种:一种是给出空间光线方向及其投影的方向;另一种是给定物体上某特殊点的落影。

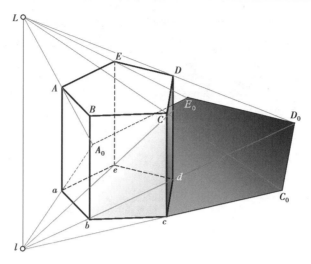

图 11.4   五棱柱在辐射光线下的阴影

在正投影图中,为了便于表明建筑构配件的凹凸程度,对于光线的方向和角度有明确的规定,即当正立方体的各棱面平行于相应的投影面时,光线从正立方体的左、前、上角射向右、后、下角,这种光线的各投影与投影轴之间的夹角为45°。用这种光线作影,量度性好,通过影子的宽窄可以展现落影物(如出檐、雨篷、阳台、凹廊等)的实际深度,从而使正投影图显示三度空间关系,使图样具有立体感和直观感,如图 11.1(b)所示。

11.2   轴测图中的阴和影

11.2.1   点、线、面的阴和影

1)点的落影概念和及落影作图

射于已知点的光线与承影面的交点,就是该点的落影。承影面可以是平面,也可以是投影面,还可以是立体的表面。下面分别介绍其作影方法。

(1)点在平面上的落影作图

当承影面为平面时,点的落影为过已知点的光线与已知平面的交点,其作图过程同于直线与平面相交。

如图 11.5 所示,已知空间点 A 及其在平面 P 上的投影 a,求在光线 S、s 的照射下,A 点落在 P 平面上之影 A_p。由点落影的概念作影的第一步是过已知点作光线;第二步是求所作光线与已知平面的交点,交点即是所求影点。在轴测图中作点落影的画图步骤,是先过 A 点作空间光线 S 的平行线,再过 a 点作光线的投影 s 的平行线,两线的交点就是 A 点在 P 平面上的落影 A_p。

由投射线 Aa 和过点 A 的空间光线 AA_p 及光线在 P 平面上的投影 aA_p 构成的直角三角形 $\triangle AaA_p$,称为光线三角形。用光线三角形求解空间点在平面上落影的作图方法称为光线三角形法。

值得强调的是,投射线应为承影面的垂线,它是光线三角形的一条直角边,另一直角边为

空间光线在该承影面上的投影,斜边为空间光线方向。在具体的作影过程中,由于影面的位置不同,光线三角形也会处于不同的位置和不同的方向,但三者的关系保持不变。

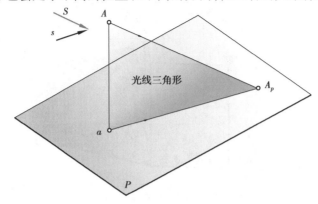

图 11.5　点在平面上的落影图

(2)点在投影面上的落影作图

当承影面为投影面时,通过已知点的光与投影面的交点就是该点的落影。如图 11.6 所示,为了作出通过空间点 A 的光线与投影面交点,可包含过 A 点的光线 S 作一铅垂面 F 与投影面 V 和 H 的交线分别为 f_V、f_H,过 A 点的光线 S 与交线 f_V 的交点 A_V 就是 A 点的真影。假如没有 V 投影面,A 点的 H 面上的落影在 A_H 处,故影点(A_H)称为虚影,也称假影。虚影一般不画出,在以后的作影过程中,常常利用它来求直线的折影点。因直线与投影面的交点也称为迹点,所以这种通过迹点求点落影的作图方法称为光线迹点法。

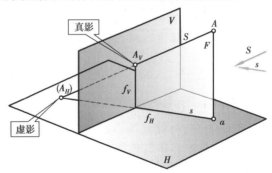

图 11.6　点在投影面上的落影

(3)点在立体表面上的落影作图

当承影面为立体表面时,点的落影为含已知点的光线与立体表面之交点,便是已知点的落影。若把含已知点的光线看作直线,点在立体表面上的落影作图就变成直线与立体相交求相贯点的问题,该类作图问题在直线与立体相交中已详述,现用图 11.7 进行讲解。该图求的是在光线 S、s 照射下的点 A 落在台阶表面上的影 A_0。其作图过程是:首先过点 A 作空间光线 S 的平行线和过 a 作光线投影 s 的平行线,得到由 Aa 和光线 S、s 构成的铅垂光平面;再求该光平面与台阶产生的截交线,最后求过 A 点的光线 S 与截交线的交点,便是 A 点在台阶上的落影 A_0。这种利用光平面与立体之截交线求点落影的作图方法称为光截面法。

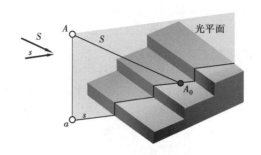

图 11.7　点在立体表面上的落影

2)直线段的落影及其落影规律

直线段在某承影面上的落影是含该直线段的光平面与承影面的交线,交线中的某一部分就是直线段的影线。直线段的落影作图方法如下:

(1)直线段在一个平面上的落影作图

直线段在一个平面上的落影一般为直线段。如图 11.8 所示,直线 AB 在平面 P 上的落影 A_pB_p 就是含 AB 的光平面 AA_pB_pB 与平面 P 的交线。其作影方法是先分别求得直线段上任意两点的落影,再把它们的同面落影连接起来,便得该段直线的落影。在图 11.8 的光线三角形中,光线方向如图所示,求直线段 AB 在平面 P 上的落影。作影顺序是先用光线三角形法分别求得 A、B 两点的落影 A_p 和 B_p,再用直线连接 A_p 和 B_p,便得直线 AB 的落影 A_pB_p。

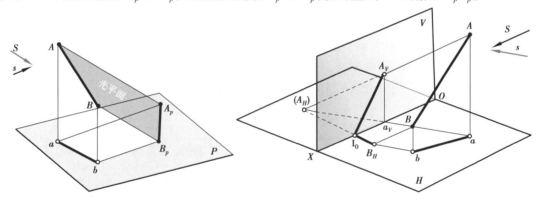

图 11.8　直线段在平面上的落影图　　　图 11.9　直线段在两相交平面上的落影

(2)直线段在两相交平面上的落影作图

直线段的影落在两相交平面上,其影为折线,影的转折点称为折影点,折影点在两平面的交线上。如图 11.9 所示,A 点的影 A_V 落在 V 面上,B 点的影 B_H 落在 H 面上,AB 直线两端点的影 A_V 和 B_H 不在同一承影面上,不能直接连线,所以图中作出了 A 点在 H 面上的虚影 (A_H)。用直线连接 $B_H(A_H)$ 交 OX 轴于 I_0,点 I_0 为折影点。再用直线连接 $A_V\mathrm{I}_0$,便作出了 AB 在 V 和 H 面上的落影。该影是由直线段 $A_V\mathrm{I}_0$ 和 I_0B_H 构成的折线。也可以作 B 点在 V 面上的虚影来求其折影点,作图方法完全相同,结果也一样。值得注意的是 B 点在 V 面上的虚影(B_V) 位于第四分角的 V 面上。

(3)直线段的落影规律

直线段的影落在立体的表面上,其影为含该直线段的光平面与立体表面的交线,交线中的某一部分就是该直线段的影线。

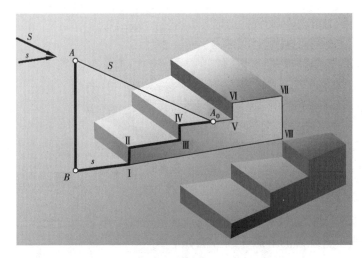

图 11.10　直线段在立体表面上的落影

如图 11.10 所示,在光线 S、s 的照射下,求铅垂线 AB 在地面和台阶表面上的落影。其作图过程是:首先经 A 点作空间光线 S 的平行线,过地面上的点 B 作光线的投影 s 的平行线,直线 AB 和经点 A 的空间光线 S 构成铅垂光平面,再求该光平面与地面和台阶表面产生的截交线 B I-I II III IV V IV III II I,截交线中的折线 B I-I II-II III-III IV-IV A_0 便是 AB 直线在地面和台阶表面上的落影。

3)平面图形的阴影

平面图形在承影面上的影线,就是射于该平面图形轮廓线上的光线所形成的光柱面与承影面的交线。如图 11.11 所示,射于三角形 ABC 平面的光线构成光线三棱柱,该光线三棱柱面与承影面 P 的交线 $A_p B_p C_p$ 便是 $\triangle ABC$ 的影线。

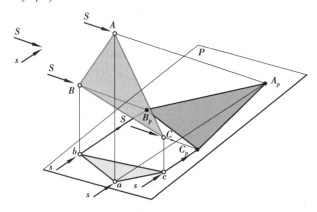

图 11.11　平面图形的落影概念

平面图形落影作图的基本思路是求平面图形轮廓线上各点同面落影的集合。

平面多边形的落影就是构成平面多边形的各边的落影组合。当直线边两端点的影在同一承影面上时,可直接将两影点连线,如直线边两端点的影不在同一承影面上时,应利用虚影求得折影点,再与其真影相连。

【**例 11.1**】在图 11.12 中,已知三角形平面 ABC 及其在 H 面上的投影 $\triangle abc$,求 $\triangle ABC$ 平面在平行光线 S、s 照射下的落影。

【解】作图：①求△ABC 的 AB 边的落影。从图 11.12 中可知，A 点的影 A_V 落在 V 面上，B 点的影 B_H 落在 H 面上，A、B 两点的影不在同一承影面上，所以需要再求出 A 点在 H 面上的虚影 (A_H)，用直线连接 $B_H(A_H)$ 交 OX 轴于 I_0，这是直线 AB 落影的折影点，然后连接 $A_V I_0$，即得直线边 AB 的落影折线 $A_V I_0$ 和 $I_0 B_H$。

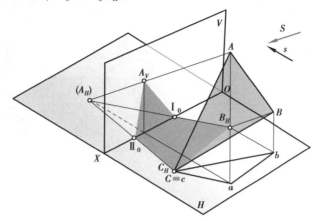

图 11.12　平面多边形的落影作图

②求△ABC 的 BC 边的落影：C 点位于 H 面上，其落影 C_H 就是 C 点自身，即 C_H、C、c 均为 H 面上同一点，它与 B 点的落影 B_H 在同一承影面上，所以直接连接 $B_H C_H$，即得 BC 的落影。

③求△ABC 的 CA 边的落影：因 C、A 两点的落影不在同一承影面上，故连接 $C_H(A_H)$ 得线段 CA 影线的折影点 II_0，连接 $II_0 A_V$，即得线段 CA 的落影折线 $C_H II_0$ 和 $II_0 A_V$。

④影线围成的部分涂暗色。这就是△ABC 平面在平行光线 S、s 照射下的落影。

11.2.2　基本几何体的阴影

求作几何形体阴影的步骤与前面所述的点、线、面落影的作图步骤有些不同。因为并不是构成立体的所有棱线产生的落影都是影区的轮廓线（影线），所以应首先确定哪些棱面为迎光的阳面，哪些棱面为背光的阴面，哪些棱线是产生影区轮廓线的阴线，这点尤为重要。其次，还要分析阴线与承影面的相对位置，以便利用直线段的落影规律快速而准确地求其阴线的落影。

1)棱柱的阴影

对于直立棱柱，其侧棱面垂直于承影面 H，在承影面 H 上有积聚性，侧棱面的阴、阳面，可以直接由侧棱面的积聚投影与光线的同面投影方向的相对关系来确定。如图 11.13 所示，四棱柱的四个侧面均垂直于 H 面，其 H 投影积聚为矩形 abcd，由光线的 H 投影 s 与 ab、bc、cd、da 各线段的关系，可以判断侧棱面 AabB 和侧棱面 AadD 是迎光的阳面，而侧棱面 BbcC 和侧棱面 DdcC 是背光的阴面。由于光线是自右前上向左后下倾斜照射的，上表面 ABCD 为迎光的阳面，底面为背光的阴面。阳面与阴面的分界线 bB-BC-CD-Dd-da-ab 即为四棱柱的阴线，能产生影线的阴线为 bB-BC-CD-Dd。

铅垂阴线 bB、Dd 的落影与光线在 H 面上的投影 s 平行，即过点 b、d 作光线的投影 s 的平行线与过点 B、D 的空间光线 S 交于影点 B_0、D_0，求得阴线 bB 和 Dd 的落影 bB_0 和 dD_0。水平阴线 BC、CD 平行于承影面 H，它们的落影与自身平行且相等。故分别过影点 B_0、Da 作直影

线 B_0C、CD_0 分别平行于 BC、C,它们相交于影点 C_0,如图 11.13(a)所示。

最后,将可见阴面、影区涂暗色,通常影暗于阴,如图 11.13(b)所示。

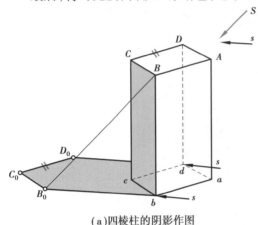 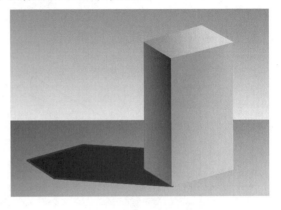

(a)四棱柱的阴影作图   (b)四棱柱的阴影渲染图

图 11.13   四棱柱的阴影

2)棱锥的阴影

锥体阴影的作图与柱体阴影作图完全不同,因锥体的各侧棱面通常为一般位置平面,其投影不具有积聚性,故不能直接用光线的投影确定其侧棱面是阳面还是阴面,也就无法确定阴线。因此,锥体阴影的作图往往是先求出锥体的落影,然后定出锥体的阴线和阴、阳面。

对于棱锥来说也是如此。首先是求棱锥顶在棱锥底所在平面上的落影,由锥顶的落影作棱锥底面多边形的接触线,求得棱锥的影线;再由影线与阴线的对应关系,确定其阴线和阴、阳面;最后,将可见阴面和影区涂暗色。

【例 11.2】如图 11.14 所示为置于水平面上的五棱锥 $T\text{-}ABCDE$ 的轴测图,求它在光线 S、s 照射下的阴影。

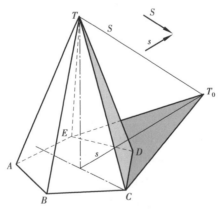

图 11.14   五棱锥的阴影作图

【解】作图:①五棱锥在水平面上的落影:用光线三角形法求出棱锥顶点 T 的落影 T_0。再由 T_0 作五边形的接触线,即连接 T_0C 和 T_0E 得五棱锥的落影。

②确定五棱锥的阴线及阴阳面:T_0C 和 T_0E 是五棱锥 $T\text{-}ABCDE$ 的影线,与影线相对应的棱线 TC 和 TE 也就是五棱锥的两条阴线。光线是从左、前、上向右、后、下照射,因此侧棱面 TCD 和 TDE 是阴面,其余 3 个侧棱面均为阳面。最后,将可见阴面和影区涂暗色。

3)圆柱体的阴影

圆柱体的阴影作图与棱柱体阴影作图相似。圆柱面上的阴线是圆柱面与光平面相切的直素线。因圆柱面垂直于圆柱体的上、下圆面,故圆柱面在圆柱体上(下)圆所在平面积聚成圆周,柱面上的阴线及阴、阳面便可用光线的同面投影来确定。

【例11.3】如图11.15所示,求作直立圆柱在光线 S、s 照射下的阴影。

【解】作图:如图11.15(a)所示,首先用光线在圆柱体上(下)表面的投影 s 与圆柱上(下)顶圆相切,得切点Ⅰ和Ⅱ。则素线Ⅰ1和Ⅱ2为圆柱面的阴线。光线由右、前、上射向左、后、下,圆柱体的上顶面和右前半圆柱面为阳面,其余是阴面。求影的阴线为素线Ⅰ1—半圆弧ⅠⅢⅣⅤⅡ—素线Ⅱ2。

然后用光线三角形法求出直素线Ⅰ1和Ⅱ2的影线1 I_0、2 II_0,再用光线三角形法作出半圆弧阴线上的Ⅲ、Ⅳ、Ⅴ等点的落影Ⅲ$_0$、Ⅳ$_0$、Ⅴ$_0$。用光滑曲线依次连接影点Ⅰ$_0$、Ⅲ$_0$、Ⅳ$_0$、Ⅴ$_0$、Ⅱ$_0$。曲影线Ⅰ$_0$Ⅲ$_0$Ⅳ$_0$Ⅴ$_0$Ⅱ$_0$与曲阴线ⅠⅢⅣⅤⅡ是两段完全相等的半圆弧线,在轴测图中为完全相等的椭圆弧线。

最后,将可见阴面、影区着暗色,如图11.15(b)所示。

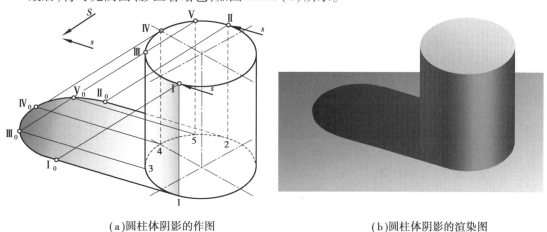

(a)圆柱体阴影的作图　　　　　(b)圆柱体阴影的渲染图

图11.15　圆柱体的阴影

4)圆锥的阴影

圆锥阴影的作图与棱锥阴影作图相同,仍是先作圆锥体的落影,再确定其阴线和阴、阳面。

【例11.4】如图11.16(a)所示的圆锥和直线 CD 的轴测图,求它们在光线 S、s 照射下的阴影。

【解】作图:①如图11.16(b)所示,用光线三角形法作出圆锥顶点 T 的落影 T_H。

②过 T_H 作圆锥底圆的切线 T_HA 和 T_HB,点 A、点 B 为切点。T_HA 和 T_HB 即为圆锥的影线。

③连接 TA 和 TB,即得圆锥面的阴线。光线是从右、前、上向左、后、下照射,由此定出右前的大半个圆锥面为阳面,左后的小半个圆锥面为阴面。

④作出直线 CD 在 H 面上的落影,即 D 点在 H 面上,其影为自身。只需用光线三角形法求出 C 点的影落 C_H,连接 C_HD 便得出直线 CD 在 H 面上的落影,它与圆锥影线 T_HA 和 T_HB 的交点为Ⅰ$_H$、Ⅱ$_H$,它们是重影点,也是滑影点,这说明直线 CD 有一部分影是落在圆锥的阳

面上。

⑤经重影点 $Ⅰ_H$、$Ⅱ_H$ 分别作回投光线交阴线 TA、TB 于点 $Ⅰ_0$、$Ⅱ_0$。它们是影点,又是阴点,是滑影点对。点 $Ⅰ_0$、$Ⅱ_0$ 是直线段 CD 上的点 Ⅰ、Ⅱ在圆锥表面上的落影,也就是说直线段 CD 中的 ⅠⅡ线段之影是在圆锥面上。

⑥因含直线段 CD 的光平面与圆锥的截交线为椭圆曲线,故影线 $Ⅰ_0Ⅱ_0$ 也应是椭圆曲线。为求其中间点,可在圆锥面上任取若干条素线,如图中的 $T3$、$T4$、$T5$ 等,连接 T_03、T_04、T_05 分别交 C_HD 于 $Ⅲ_H$、$Ⅳ_H$、$Ⅴ_H$,再过重影点 $Ⅲ_H$、$Ⅳ_H$、$Ⅴ_H$ 分别作回投光线交素线 $T3$、$T4$、$T5$ 于 $Ⅲ_0$ 点、$Ⅳ_0$ 点、$Ⅴ_0$ 点,用光滑曲线连接 $Ⅰ_0$、$Ⅲ_0$、$Ⅳ_0$、$Ⅴ_0$、$Ⅱ_0$ 得直线段 CD 在圆锥表面上的落影。其中,影点 $Ⅴ_0$ 为可见不可见的分界点,曲影线 $Ⅰ_0Ⅲ_0Ⅳ_0Ⅴ_0$ 可见,画实线,曲影线 $Ⅴ_0Ⅱ_0$ 不可见,画虚线。

⑦将可见阴面、影区涂暗色,如图 11.16(c)、(d)所示。

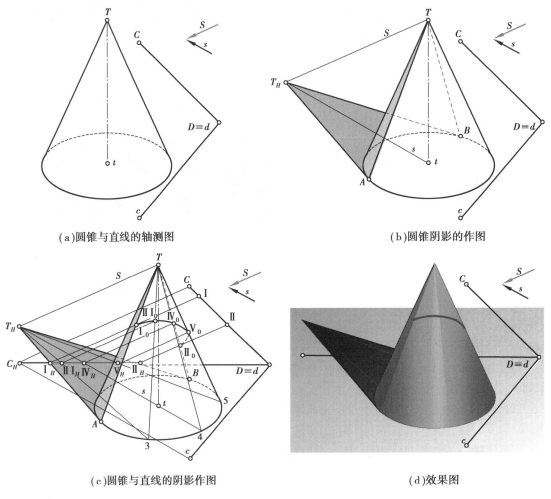

(a)圆锥与直线的轴测图   (b)圆锥阴影的作图

(c)圆锥与直线的阴影作图   (d)效果图

图 11.16　圆锥的阴影

11.2.3 建筑局部和房屋的阴影

对于建筑物的阴和影来说,大多是某一建筑局部在另一建筑局部上的落影。与前述相比,承影面的层次和落影的形状及位置都要复杂得多。我们可以将复杂的建筑形体分解成若干个简单的形体来求其阴和影。建筑局部的求影方法,依然是前面已经讲述过的光线三角形法、光截面法、延棱扩面法、回投光线法以及虚影法等。用什么方法作图更简便,应具体情况具体分析。

1)柱头的阴影

【例 11.5】方帽圆柱的轴测图如图 11.17(a)所示,已知方帽上的 A 点在圆柱面上的落影 A_0,求方帽圆柱的阴影。

【解】分析:由图可知,本例的主要作图是画出方帽上的阴线 AB 和 AC 在圆柱面上的落影。该影线为含 AB、AC 的两个光平面与圆柱面的交线,光平面与圆柱面斜交,产生两段椭圆弧曲线,这就是方帽在圆柱面上的影线。其作图采用光线三角形法。

作图:如图 11.17(b)所示。

①求空间光线 S 及其投影 s 的方向:设方帽的下底面为 H 平面。连接 AA_0 得空间光线 S,过影点 A_0 向上作铅垂线交圆柱面与方帽下底面的交线于点 a_0,连接 Aa_0 得光线的水平投影 s。$\triangle Aa_0A_0$ 即为光线三角形。

②确定图中有落影的阴线和圆柱面上的可见阴线:方帽在圆柱面上有落影的两段直阴线为 AB 和 AC。圆柱面上的阴线作图,是用光线的水平投影 s 作圆柱面与方帽下底面交线圆的切线,得切点 d_0,过切点 d_0 的直素线为圆柱面上的一条可见阴线,圆柱面上的另一条不可见阴线无需画出。

③求影线。

a. 阴线 AB 的影线作图:先求圆柱右轮廓线上的影点 E_0,由圆柱的右轮廓线与方帽下底面的交点 e_0 引光线水平投影 s 的反方向线交阴线 AB 于点 E,再由点 E 作空间光线 S 交右轮廓线于影点 E_0。因含阴线 AB 的光线平面与圆柱面的截交线是椭圆,故从影点 E_0 到 A_0 的影线是该截交线椭圆的一部分,该椭圆弧线的最高点是用 AB 方向的平行线作圆柱上部弧线的切线,得切点 f_0,再用前面所述方法求得 F 点的落影 F_0,$\triangle Ff_0F_0$ 是最小的光线三角形(因线段 Ff_0 最短)。然后在 A、F 点之间任取点 I、II,运用光线三角形法求得点 I、II 的影点 I_0、II_0。光滑连接影点 A_0、II_0、I_0、F_0、E_0 成椭圆弧线,即求得阴线 AB 在圆柱面上的影线。

b. 阴线 AC 的影线作图:由圆柱阴线与方帽下底面的交点 d_0 作 s 的反方向线交阴线 AC 于 D 点,再由点 D 作空间光线 S 交圆柱阴线于影 D_0。阴线 AC 只有 AD 段在圆柱面上有影线,在 AD 段之间任取一点 III,用光线三角形法求得其影点 III_0,用光滑曲线连接影点 A_0、III_0、D_0 便求得阴线 AC 在圆柱面上的影线。

④将可见阴面和影区着暗色,图 11.17(c)即为柱头阴影渲染表现图。

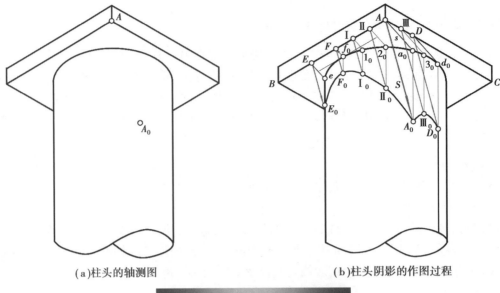

(a)柱头的轴测图　　　　　　　　　　　(b)柱头阴影的作图过程

(c)效果图

图 11.17　方帽圆柱的阴影

2)台阶的阴影

台阶是建筑物中常见的构筑物之一,在室内、室外都可以见到台阶。

【例 11.6】已知图 11.18(a)所示台阶的轴测图和 B 点的落影 B_0 ,求其阴影。

【解】**分析**:本例重点介绍延棱扩面法求左挡墙在台阶上的落影。这是根据直线与承影面相交,其影必过其交点而得到的一种求直线段落影的作图方法。但是在具体的实例中,直阴线往往与承影面在有限的图面上没有交点,此时可以通过扩大承影面和延长直阴线使其产生交点,该直阴线的落影必通过其交点。这种通过扩大承影面和延长直阴线相交,求得交点来作直线落影的方法称为延棱扩面法。

作图:如图 11.18(b)所示

①确定空间光线 S 和光线的水平投影 s :设地面为 H 面,台阶的第一个踏面为 H_1 面,第二个踏面为 H_2 面,第一个踢面为 V_1 面,第二个踢面为 V_2 面,墙面为 V 面。连线 BB_0 为空间光线

方向 S；为了求出光线 S 在 H_1 面上的投影 s，故扩大 H_1 面与铅垂线 AB 产生交点 b_1，实际作图只需延长 H_1 面与左挡墙侧表面的交线 MN 交 AB 于 b_1 点，该点是 B 点在 H_1 面上的投影，连线 b_1B_0 就是光线 S 在踏面 H_1 面上的投影 s，即光线的水平投影。

②确定阴线：根据光线 S、s 的照射方向得出台阶挡墙的阴线为折线 AB-BC-CD。台阶右端的阴线为各踏步的边线，即 12-23 和 45-56。

③作各阴线的落影。

a. 铅垂阴线 AB 的落影：铅垂阴线 AB 中的 b_1B 段在 H_1 面上的落影为 b_1B_0，有效部分为线段 II_0B_0，阴线 AB 与 V_1 面平行，其影 I_0II_0 平行于 AB，阴线 AB 在地面 H 上的影为 $A\text{I}_0$。影线 $A\text{I}_0$ 和 II_0B_0 都是铅垂阴线 AB 在水平面上的落影，所以它们均平行于光线的水平投影 s。

b. 斜阴线 BC 的落影：斜阴线 BC 倾斜于 H_1 面，在 H_1 面上的落影是延长阴线 CB 与 MN 的延长线相交于点 K，连接 KB_0 并延长交 V_2 面与 H_1 面的交线于折影点 III_0，影线 $B_0\text{III}_0$ 为斜阴线 BC 在 H_1 平面上的落影。

阴线 BC 在 V_2 面上的落影是延长阴线 BC 与扩大的 V_2 平面相交于 K_1 点（实际作图只需延长 BC 和 V_2 面与左挡墙侧表面的交线 ML，得交点 K_1），则阴线 BC 在 V_2 面上的落影为 $K_1\text{III}_0$。有效部分为线段 III_0IV_0。

过 C 点作空间光线 S 判明阴线 BC 之影还继续落在 H_2 面上。由于 H_1 面与 H_2 面平行，同一条阴线在两个平行面上的落影平行，所以过折影点 IV_0 作直影线 IV_0V_0 平行于影线 $B_0\text{III}_0$ 与 H_2 面和 V 面的交线相交于折影点 V_0。影线 IV_0V_0 为阴线 BC 在 H_2 面上的落影。

阴线 BC 在 V 面上的落影，墙面 V 平行于踢面 V_2，故阴线 BC 在 V 面上的落影是自折影点 V_0 引直线平行于影线 III_0IV_0 与过 C 点的光线 S 相交于 C_0 点，影线 V_0C_0 为阴线 BC 在 V 面上的落影。从 B_0 到 C_0 的折线就是斜阴线 BC 的落影。

c. 阴线 CD 的落影：阴线 CD 平行于 H_2 面而垂直于 V 面，连线 C_0D 为阴线 CD 在墙面 V 上的落影，它平行于光线的 V 投影 s'。

④将可见阴面和影区着暗色。

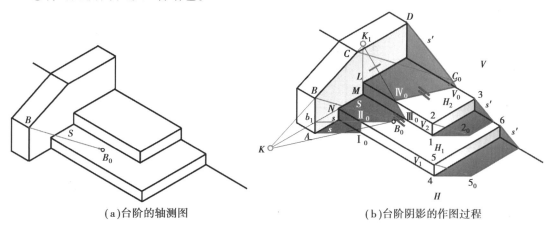

(a)台阶的轴测图　　　　　　　　　　(b)台阶阴影的作图过程

图 11.18　台阶的阴影

3)门、窗的阴影

【例 11.7】已知圆弧形门的轴测图及光线方向如图 11.19(a)所示，试完成门的阴影作图。

【解】作图：如 11.19(b)所示。

①由空间光线 S 及其水平投影 s 定出光线的 V 面投影 s':首先作出门框的直阴线 Aa 在地面和门板面上的影线 a 至 A_0。即自点 a 引直影线平行于光线的水平投影 s 与门板面和地面的交线相交于一点,从该点向上作铅垂影线与过点 A 的空间光线 S 相交于影点 A_0,从点 a 到 A_0 的折线为门框阴线 Aa 的影线。再自点 A_0 作水平中心线与过圆心 O 的空间光线 S 相交于 O_V,这就是圆心 O 在门板面上的落影 O_V,连线 $o'O_V$ 便是光线的 V 面投影 s'。

②确定阴线:圆弧形门由凹半圆柱面和空四棱柱组成,它们的素线垂直于墙面,故用光线的 V 面投影 s' 与半圆相切得切点 K,该点是圆弧阴线之起始点。过 K 点作凹半圆柱面的素线,得凹半圆柱面的阴线 KL。门洞口的阴线为圆弧 $KEDFBA$ 和直线 Aa。

③门洞口的圆弧阴线与门板面平行,圆弧阴线在门板面上的落影与自身平行相等,所以借圆心 O 在门板平面上的落影 O_V 求出;即以 O_V 为圆心,OA 为半径画圆弧 A_0B_0,这就是圆弧 AB 之影。用类似图 11.16(b)圆筒内壁阴影的作图方法绘出圆弧阴线 $KEDFB$ 在凹半圆柱面和右门框内侧面上的落影。如凹半圆柱面与门框内侧面分界素线 Cc' 上的影点,是自点 C 引光线的 V 面投影 s' 的反方向交半圆于点 D,这说明阴点 D 之影是落在素线 Cc' 上。再过点 D 作空间光线 S 与素线 Cc' 相交于影点 D_0,这就是凹半圆柱面与门框侧平面分界线上的影点。又如圆弧阴线上的点 F 的落影,是自点 F 引光线的 V 面投影 s' 交门洞口的轮廓线于点 N,由点 N 作素线 Nn' 与过点 F 的空间光线 S 相交于影点 F_0。用光滑曲线连接影点 B_0、F_0、D_0、E_0、K;三角形 $\triangle FF_0N$、$\triangle DD_0C$ 称为光线三角形,用光线三角形求点落影的方法称为光线三角形法。

④将可见阴面和影区着暗色。

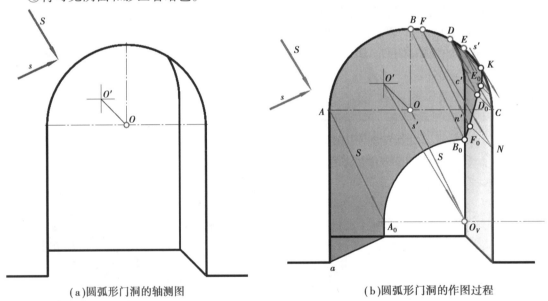

(a)圆弧形门洞的轴测图　　　　　　　　(b)圆弧形门洞的作图过程

图 11.19　圆弧形门洞的阴影

4)雨篷、遮阳的阴影

【例 11.8】已知雨篷的轴测图及 C 点在墙面上的落影 C_0,如图 11.20(a)所示。完成雨篷的阴影作图。

【解】作图:该题用光线三角形法求影,其步骤如图 11.20(b)所示。

①据已知点 C 在墙面上的落影 C_0 定出空间光线 S 及其 H 投影 s。设雨篷板下表面为 H 平面,正墙面为 V 平面。CC_0 连线是空间光线 S 的方向,自影点 C_0 向上引铅垂线与 H 和 V 面的交线延长线相交于 c_0,连接 Cc_0 得空间光线 S 的水平投影 s,$\triangle Cc_0C_0$ 为光线三角形。

②由光线方向得出雨篷的阴线为折线 AB-BC-CD-DE。支撑的阴线为折线 Ⅰ Ⅱ-Ⅱ Ⅲ-Ⅲ Ⅳ-Ⅳ Ⅴ-Ⅴ Ⅵ-Ⅵ Ⅶ-Ⅶ Ⅷ。

③用返回光线法作出雨篷等在支撑上的影线;如雨篷阴线 CD 在支撑前表面上的影线作图是自点 Ⅰ 引 s 的反方向交阴线 CD 于点 F,表示 F 点的影落在支撑阴线 Ⅰ Ⅱ 上,故过 F 点作空间光线 S 的平行线交阴线 Ⅰ Ⅱ 于影点 F_0。又因 CD 阴线平行于支撑前表面,其影与自身平行。由影点 F_0 作 CD 阴线的平行线即可。

又如支撑斜阴线 Ⅲ Ⅳ 在支撑表面上的影线作图是首先画出含 Ⅱ Ⅲ 线的水平面与含 Ⅴ Ⅵ 的正平面的交线,再自点 Ⅲ 引 s 的平行线与该交线相交于点 3_0,由点 3_0 向下作铅垂线与过 Ⅲ 点的空间光线 S 相交于影点 Ⅲ$_0$,连接 Ⅳ Ⅲ$_0$ 为斜阴线 Ⅲ Ⅳ 在支撑表面或扩大面上的影线,应取有效部分。图中的铅垂线 3_0Ⅲ$_0$ 与 Ⅴ Ⅵ 棱线重合纯属巧合,是偶然现象。

④用直线落影规律及光线三角形法作出雨篷和支撑在墙面上的落影。

⑤将可见阴面和影区着暗色。

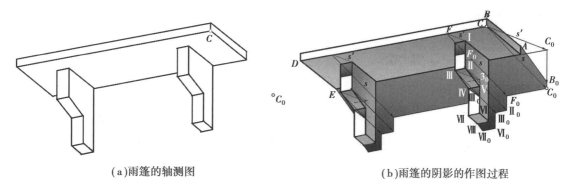

(a)雨篷的轴测图　　　(b)雨篷的阴影的作图过程

图 11.20　雨篷的阴影

【例 11.9】已知遮阳及隔板的轴测图及 A 点的落影 A_W,如图 11.21(a)所示,完成其阴影作图。

【解】作图:如 11.21(b)所示。

①根据 A 点在隔板上的落影 A_W 定出空间光线方向 S 及其 H 投影 s:设遮阳板下表面为 H 平面,正墙面为 V 平面,隔板的右表面为 W 平面。连线 AA_W 是空间光线 S 的方向,自影点 A_W 向上引铅垂线与 H 和 W 面的交线相交于 a_W,连接 Aa_W 得空间光线 S 的水平投影 s,$\triangle Aa_WA_W$ 为光线三角形。

②由光线方向确定阴线:折线 BA-AC-CD-DE 为水平遮阳板的阴线,竖向隔板的棱线 FG 为阴线,门洞的右棱线和上棱线是求影的阴线。

③求以上阴线的落影:阴线 AB 的落影是过影点 A_W 作 AB 的平行线与隔板和墙面的交线相交于折影点 Ⅰ$_0$,连接 BⅠ$_0$ 得阴线 AB 在正墙面 V 上的落影,也是空间光线 S 在正墙面 V 上的投影 s';影线 BⅠ$_0$ 与门洞线相交于折影点 Ⅴ$_0$ 和阴点 Ⅶ,门框的左侧面与阴线 AB 平行,其影与自身平行。从折影点 Ⅴ$_0$ 作影线平行于 AB 与门板面的左边线相交于折影点 Ⅵ$_0$。门板面平行于 V 面,阴线 AB 在 V 面和门板面上的落影应平行。故自折影点 Ⅵ$_0$ 引 BⅠ$_0$ 的平行线与过阴点

Ⅶ的空间光线 S 相交于点Ⅶ$_0$。折线 A_WⅠ$_0$-Ⅰ$_0$Ⅴ$_0$-Ⅴ$_0$Ⅵ$_0$-Ⅵ$_0$Ⅶ$_0$-ⅦB 是阴线 AB 的落影。门洞阴线平行于门板面,自影点Ⅶ$_0$引Ⅶ Ⅷ的平行线与过阴点Ⅷ的空间光线 S 相交于影点Ⅷ$_0$,从影点Ⅷ$_0$向下引铅垂线便完成门洞阴线在门板面上的落影。

阴线 AC 在隔板上之影是延长隔板和水平遮阳板下表面的交线与阴线 AC 相交于点Ⅳ,连接 A_WⅣ得阴线 AC 在隔板上的落影 A_WⅡ$_0$,也是空间光线 S 在 W 平面上的投影 s''。由于 AC 平行于隔板的前表面和 V 面,其影与自身平行,故过折影点Ⅱ$_0$作 AC 的平行线得影线Ⅱ$_0$Ⅲ$_0$。Ⅱ$_0$Ⅲ$_0$为 AC 在隔板前表面上的落影;为了求出阴线 AC 在 V 面上的落影,我们假设没有竖向隔板,A 点的影自然落到 V 平面上,其影点作图是延长 BⅠ$_0$(光线的 V 投影 s')和 AA_W(空间光线 S),使它们相交于点 A_V,A_V 为点 A 在 V 面上的虚影。再自影点 A_V 作 AC 的平行线与过 C 点的空间光线 S 相交于 C_V,$A_V C_V$ 即为 AC 在 V 面的落影。有效的影线 C_VⅢ$_V$是通过滑影点Ⅲ$_0$作空间光线 S 交 $A_V C_V$ 于影点Ⅲ$_V$而获得。(阴线上的影点称为滑影点对。)

阴线 FG 上的Ⅲ$_0$点即是影点又是阴点,它是阴线 AC 上的Ⅲ点之影,又是阴线 FG 上的阴点Ⅲ$_0$,阴点Ⅲ$_0$在 V 面上之影为Ⅲ$_V$,故过影点Ⅲ$_V$向下作铅垂线平行于 FG,得阴线 FG 在平面 V 上的落影。

阴线 CD 平行于 V 平面,其落影 $C_V D_V$ 与 CD 平行且等长;连接 $D_V E$ 得阴线 DE 在平面 V 上的落影。该影线平行于直线 AB 的落影,也平行于 s'。

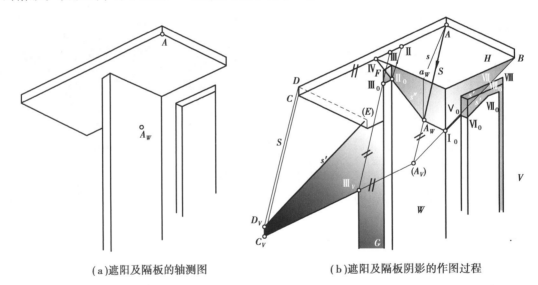

(a)遮阳及隔板的轴测图　　　　　　　(b)遮阳及隔板阴影的作图过程

图 11.21　遮阳及隔板的阴影

5)阳台的阴影

【**例** 11.10】已知阳台的轴测图及 Q 点的落影 Q_0,如图 11.22(a)所示,求阳台的阴影。

【**解**】**作图**:如图 11.22(b)所示。

设阳台底面为 H,阳台前表面为 V_1,墙面为 V,隔板右侧表面为 W,阳台体部右端的外侧表面为 W_1。

①确定光线方向:连线 QQ_0 是空间光线 S 的方向。自影点 Q_0 向上引铅垂线与 V 和 H 面的交线相交得点 q_0,连接 Qq_0 得空间光线 S 的 H 投影 s,PQ_0 连线是空间光线 S 的 V 投影 s'。

②由光线方向确定求影的阴线:折线 BA-AC-CD-DE 和扶手上表面与内侧面的交线是扶

手求落影的阴线,如图 11.22(b)和图 11.22(c)所示。折线 $PQ\text{-}QR\text{-}R2_0$ 是阳台体部求影的阴线。阳台前栏板上的透空小柱的左前棱为求影阴线。

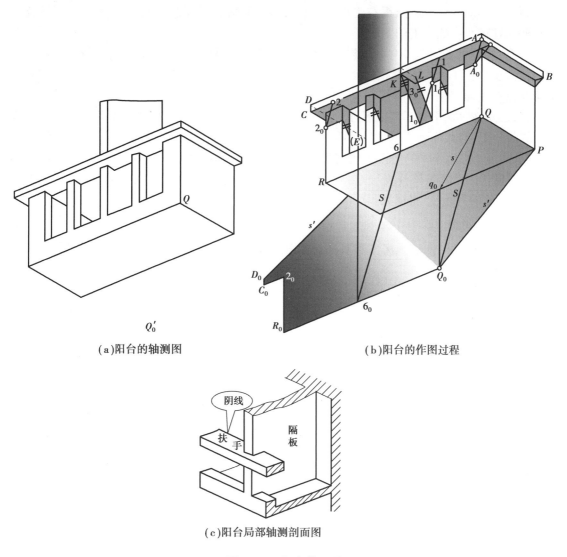

(a)阳台的轴测图　　　　　　　　　　　　(b)阳台的作图过程

(c)阳台局部轴测剖面图

图 11.22　阳台的阴影

③求各段阴线的落影。

a. 扶手阴线 BA 之影:因 BA 垂直于墙面 V,BA 在墙面 V 上的落影平行于光线的 V 投影 s',故自点 B 引 s' 的平行线与 W_1 和 V 面的交线相交得一折影点。又因 BA 平行于承影面 W_1,其影与自身平行。所以过求得的折影点作 BA 的平行线交阳台的右前棱于一点,再从该点引反回光线至阴线 BA 或由点 A 引空间光线均可看出此线的影还继续落在阳台的前表面 V_1 上。BA 垂直于 V_1 面,其影与 s' 平行。再自阳台右前棱的折影点引 s' 的平行线与过 A 点的空间光线交于影点 A_0,影点 A_0 也可用延棱扩面法求出。BA 的影落在墙面 V、阳台的右侧外表面 W_1、阳台的前表面 V_1 上。

b. 扶手阴线 AC 之影:阴线 AC 平行于阳台前表面 V_1,其落影与 AC 平行。故自影点 A_0 作 AC 的平行线 A_02_0,而透空小柱右侧面上的影线均应与光线的 W 投影 s'' 平行。为此,先用延棱

扩面法作阴线 AC 在隔板右侧表面上的落影,即延长阳台扶手底面和隔板的交线与阴线 AC 相交于点 K,连接 $K3_0$ 并延长得 AC 在隔板右侧表面上的落影,也是空间光线 S 的 W 投影 s'' 的方向。再通过空间光线 S 将隔板右边小柱上的滑影点 1_0 落到隔板上的 1_0 点处,经该点作直立影线得到小柱棱线在隔板上的落影。

注意:经隔板上的点 L 有一条扶手内侧的上棱线是平行于 AC 的阴线,它在隔板右侧表面上的落影也平行于光线的 W 投影 s''。然后由通过影点 2_0 的返回光线得知阴线 AC 上的 $2C$ 段的影是落在墙面 V 上的。

阴线 QR 和 $R2_0$ 平行于墙面 V,其落影与自身平行等长。再通过滑影点对作出 2_0 点在墙面 V 上的落影 2_0,自墙面 V 上的 2_0 点引影线 2_0C_0 与 $2C$ 平行并取相等得影点 C_0。再作 C_0D_0 与 CD 平行等长,过 D_0 作 s' 的平行线便完成阳台在墙面 V 上的落影。阳台隔板右前棱线在墙面 V 上的落影作图是延长该棱线与 QR 相交于点 6,自点 6 引空间光线 S 交 Q_0R_0 于 6_0,由影点 6_0 向上作铅垂线得影线。将可见阴面和影区着暗色。

6) 房屋的阴影

【例 11.11】已知两坡顶房屋和双坡顶天窗的轴测图及光线方向如图 11.23(a) 所示,试完成其阴影作图。

【解】作图:如图 11.23(b) 所示。

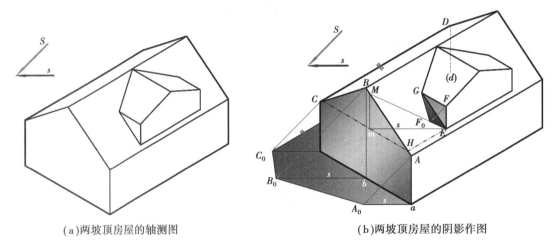

(a)两坡顶房屋的轴测图　　(b)两坡顶房屋的阴影作图

图 11.23　两坡顶房屋的落影

①由光线方向确定阴线:折线 aA-AB-BC-CD-Dd 是两坡顶房屋的阴线;折线 EF-FG 是双坡顶天窗的阴线。

②作以上阴线的落影:作双坡顶天窗阴线在坡屋顶上的落影:首先过点 E 作一水平面 H,再自点 E 引光线的水平投影 s 与 H 面的边线相交于 m 点,自 m 点向上作铅垂线交 AB 于点 M,连线 EM 为包含 EF 作的铅垂光平面与坡屋面的交线,该交线与过点 F 的空间光线 S 相交得点 F 在坡屋面上的落影 F_0。影线 EF_0 为天窗阴线 EF 在坡屋面上的落影。连接 F_0G 是天窗檐口阴线 FG 在坡屋面上的落影。

作两坡顶房屋在地面上的落影:铅垂阴线 aA 之影是过点 a 引光线的水平投影 s 的平行线与过点 A 的空间光线 S 相交于点 A_0,影线 aA_0 为铅垂阴线 aA 在地面上的落影。斜阴线 AB 和 BC 之影可用延棱扩面法作出。也可用光线三角形法作出 B 点和 C 点在地面上的落影 B_0 和

C_0,然后连线得出。阴线 CD 与地面平行,其影与 CD 平行相等。在轴测图中看不见的影线不必作出。

③着色:将可见阴面和影区着暗色,如图 11.23(b)所示。

11.3　正投影图中的阴和影

11.3.1　正投影图中加绘阴影的作用及常用光线方向

1)正投影图中加绘阴影的作用

在正投影图中加绘物体的阴影,是指在多面正投影图中加绘物体阴和影的投影。物体的多面正投影图是工程中最常用的图样,该类图样画法简单、量度性好,但是它的每一个图都只能反映物体两个方向的尺寸,没有立体感,有时导致不同形状的物体的某个正投影图完全相同,单凭一个图无法区别。故在多面正投影图中,至少要两个投影图才能表达一个物体。

图 11.24 是具有相同正立面图的 3 个不同的物体,如果不画出其水平投影图,就无法区别,但若在立面图上加画其阴影(图 11.25),则没有水平投影图也同样能看出三者的区别。

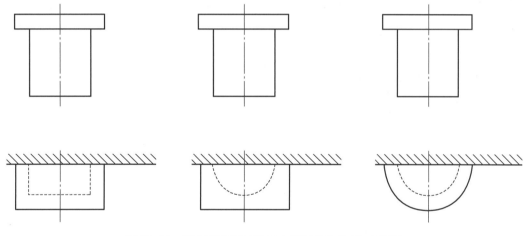

图 11.24　正立面图相同的三个不同物体的平、立面图

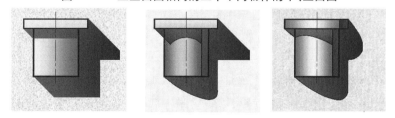

图 11.25　加绘阴影后的正立面图

2)常用光线方向

在正投影图中绘阴影,通常选用平行光线。为了作图简捷和量度方便,我们还常选用特定方向的平行光线,即当正立方体的各侧棱面平行于相应的投影面时,光线从正立方体的左、前、上角射向右、后、下角,即正立方体对角线的方向,如图 11.26 所示。这样的平行光线方向

称为常用光线方向或习用光线方向。显然常用光线的 3 个投影 s、s'、s'' 与投影轴的夹角均为 45°,常用光线 S 与每个投影面的夹角相等,即 $\alpha = \beta = \gamma$,其角度可以用三角函数或旋转法求出:

设正立方体的边长为 1,则有:$s = s' = s'' = \sqrt{2}$,$S = \sqrt{3}$

因为 $\tan \alpha = \tan \beta = \tan \gamma = \dfrac{1}{\sqrt{2}}$,所以 $\alpha = \beta = \gamma = 35°15'52'' \approx 35°$

作图如图 11.27—图 11.29 所示。

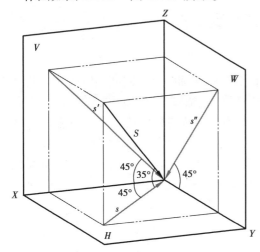

图 11.26 常用光线的空间情况

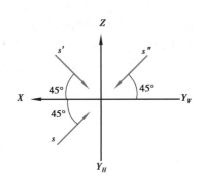

图 11.27 常用光线的正投影图

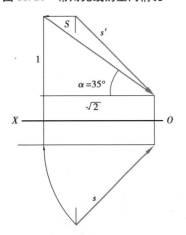

图 11.28 用旋转法作常用光线的倾角

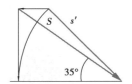

图 11.29 常用光线倾角的单面作图

利用常用光线在正投影图中作阴影,可使物体各部分的落影宽度等于落影物伸出或凹进承影面的尺度。也正是每个正投影图所缺少的尺度,故作影后使物体的一个正投影图反映了长、宽、高三个方向的尺度,图形自然、有立体感。其原因就是常用光线的各投影与投影轴之夹角为 45°。

11.3.2 点的落影

1）点的落影概念

空间点在某承影面上的落影，就是射向该点的光线与承影面的交点。空间点的落影位置取决于光线的方向和点与承影面之间的相对位置。而对正投影图中的阴影来说，光线方向通常选用平行光线中的常用光线方向。

如图 11.30 所示，要作空间 A 点在承影面 P 上的落影，可通过空间点 A 作光线 S，光线 S 与承影面 P 的的交点 A_P 就是 A 点在承影面 P 上的落影。由此可见，求作点的落影，其实质是求作直线与承影面的交点。若空间点 B 位于承影面 P 上，则 B 点的落影与其自身重合。

本书规定空间点（如 A 点）在投影面 H、V、W 上的影分别用 A_H、A_V、A_W 标记。影

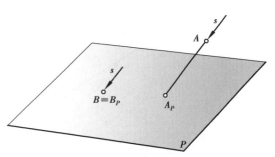

图 11.30　点的落影概念

的投影用对应的小写字母加撇来标记（a_H、a'_H、a''_H、a_V、a'_V、a''_V、a_W、a'_W、a''_W）。点在其他不指明标记的承影面上的影则用 A_0 标记。影的投影也用对应的小写字母加撇来标记（a_0、a'_0、a''_0）。

2）点的落影作图

在正投影图中求作点的落影，是在点的三面正投影图中，求点落影的投影，故光线也是用投影表示。

（1）承影面为投影面

当承影面为投影面时，点的落影是过点的光线与投影面的交点，即光线在投影面上的迹点。在两面投影体系中，迹点有两个，如图 11.31 所示。究竟哪一个迹点是空间点 A 的落影呢？这要看自点 A 的光线首先与哪一个投影面相交，在先相交的那一投影面上的迹点是空间点 A 的落影。在图 11.31 中，空间点 A 距 V 投影面较近，所以过点 A 的光线首先与 V 投影面相交于点 A_V，A_V 点就是 A 点在 V 投影面上的落影，称为真影。如果再延长这一光线与投影面 H 相交于点 A_H，A_H 点称为 A 点的假影（虚影）。假影的标记通常用括号加以区别，在求影的过程中假影一般不画出，然而在以后某些求影过程中常常要用它。当空间点到投影面 H 和 V 的距离相等，其影落在 OX 轴上。

【例 11.12】 已知点 A、B 的两面投影图，求其落影，如图 11.32（a）所示。

【解】作图： 如图 11.32（b）所示。

①作 $A(a、a')$ 点的落影：由于 A 点距 V 投影面较近，所以过点 a 作光线的 H 投影 s 首先与 OX 轴相交于点 a_V，由 a_V 作投影连系线与过 a' 的光线的 V 投影 s' 相交于 a'_V，即 A 点在 V 面上的落影 A_V，a_V 和 a'_V 是真影 A_V 的 H、V 投影。如果再延长过 a' 的光线 V 投影 s' 交 OX 轴于 a'_H，由 a'_H 作投影连系线与过点 a 的光线 H 投影 s 的延长线相交于 a_H，这是 A 点在 H 面上的落影（A_H），是假设光线穿过 V 面之后与 H 面相交而得出的，此影为 A 点在 H 面上的假影，如图 11.32（b）左图所示。

②作 $B(b、b')$ 点的落影：过 B 点的投影 b、b' 分别作光线的投影 s、s'，因 B 点距投影面 H 较

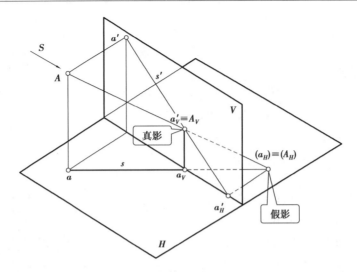

图 11.31　点在投影面上的落影

近,故过 b' 的光线 V 投影 s' 首先与 OX 轴相交于点 b'_H,再由 b'_H 作投影连系线与过 b 的光线 H 投影 s 相交于点 b_H,即得 B 点在 H 面上的落影 B_H。由于光线的各投影为 45°线,所以自点 b_H 作 OX 轴的平行线与过 b' 的光线 V 投影 s' 的延长线相交于 (B_V),这是假设光线穿过 H 面之后与 V 面相交而得出的,此影为 B 点在 V 面上的假影,如图 11.32(b)右图所示。从图 11.32 (b)看出,A 点的 V 投影到其真影 A_V 的水平和垂直距离都等于 A 点到 V 面的距离,即 $\Delta X = \Delta Y = \Delta Z$。由该图还可以看出,$A$ 点真影的 Z 坐标与假影的 Y 坐标绝对值相同,所以在投影图中真假影连线平行于 OX 轴。

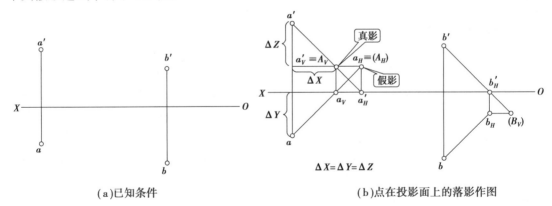

(a)已知条件　　　　　　　　　(b)点在投影面上的落影作图

图 11.32　点在投影面上的落影

由以上分析得出点的落影规律:

①点的真影一定落在距点较近的承影面上。承影面上的点,其落影为自身。

②空间点在某投影面上的落影与其同面投影间的水平和垂直距离等于空间点对投影面的距离。

③可由点到投影面的距离单面作出点的落影。如 C 点到 H 面的距离为 10(记作 c_{10}),C 点落影的单面作图如图 11.33 所示。

④因为光线的各投影是 45°线,所以真假影连线平行于 OX 轴。

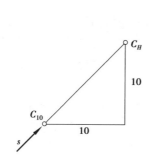

图 11.33　点在投影面上落影的单面作图

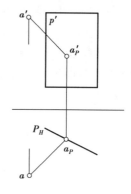

图 11.34　点在特殊面上的落影

（2）承影面为平面

点在平面上的落影作图步骤与直线和平面相交求交点的步骤相同。其直线就是求影中的光线。

①点在特殊位置平面上的落影作图。在特殊位置平面的三面正投影图中，至少有一个投影具有积聚性，空间点在这类平面上的落影均可利用积聚投影求出。图 11.34 就是求空间点 $A(a,a')$ 在铅垂面 P 上的落影，由于 P 平面的 H 投影有积聚性，故首先通过点 a 作光线的 H 面投影 s，交平面的积聚投影 P_H 于点 a_P，由点 a_P 作投影连系线与过点 a' 的光线 V 投影 s' 相交于点 a'_P，a_P 和 a'_P 即为空间 A 点在平面 P 上落影的投影。

②点在一般位置平面上的落影作图。点在一般位置平面上的落影也是含已知点的光线与一般位置平面的交点，其作图方法同于直线和一般位置平面相交。图 11.35 就是求空间点 A 在一般位置平面 P 上的落影。首先过空间点 $A(a,a')$ 作光线 $S(s,s')$，然后求光线 S 与平面 P 的交点。为此，包含光线 S 作铅垂辅助面 F，平面 F 和 P 的交线为 Ⅰ Ⅱ，光线 S 与交线 Ⅰ Ⅱ 的交点 $A_P(a_P,a'_P)$ 就是空间点 A 的落影。

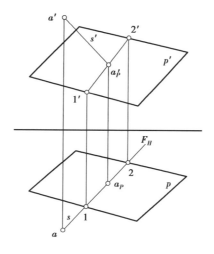

图 11.35　点在一般位置平面上的落影

（3）承影面为立体表面

空间点在立体表面上的落影，是含已知点的光线与立体表面首先相交的点。

①点在平面立体表面上的落影作图。

【例11.13】已知点 A 及房屋的两面投影图,求 A 点在房屋上的落影,如图11.36(a)所示。

【解】作图:如图11.36(b)所示。

①过点 A 引光线 $S(s,s')$,然后包含光线 S 作铅垂光截面 F。

②求出铅垂光截面 F 与房屋的截交线 I - II - III - IV - V - VI - I,光线 S 与截交线 I - II - III - IV - V - VI - I 的第一个交点 $A_0(a_0, a'_0)$ 就是点 A 在房屋上的落影。

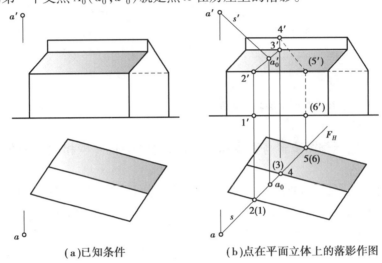

(a)已知条件　　　　　　　　(b)点在平面立体上的落影作图

图11.36　点在平面立体表面上的落影

11.3.3　直线的落影及落影规律

1)直线段的落影概念

直线段的落影是射于该直线段上各点的光线所形成的光平面与承影面的交线,如图11.8所示。

2)直线段的落影作图

(1)直线段在一个平面上的落影作图

直线段在一个平面上的落影作图通常是求直线段两端点同面落影的连线。如图11.37所示,直线段 AB 的两端点距 V 面的距离小于距 H 面的距离,所以直线段 AB 的两端点的影都落在 V 面上,则直线段 AB 的影也在 V 面上。其作图步骤是:首先过直线段的两端点 A、B 分别引光线 $S(s,s')$,自点 a、b 的光线 H 投影 s 先与 OX 轴相交于点 a_V、b_V,再由点 a_V、b_V 分别作铅垂线与过点 a'、b' 的光线 V 投影 s' 相交于点 a'_V、b'_V,用直线段连接 $a'_V b'_V$ 便得到直线段 AB 在 V 面上的落影 $A_V B_V$。

(2)直线段在两相交平面上的落影作图

直线段的影落在两相交平面上,其影为折线,折影点在两平面的交线上。如图11.38所示,直线段 CD 的端点 C 距 H 面的距离小于距 V 面的距离,其影在 H 面上,而端点 D 距 V 面的距离小于距 H 面的距离,其影在 V 面上。连线时应遵循线段两端点在同一平面上的影才能相连的原则,为此,利用假影找出该线段落在 OX 轴上的折影点,从而作出直线段 CD 在 V、H 面上的落影。为求直线段 CD 的落影,首先过直线段的两端点 C、D 分别引光线 $S(s,s')$,自点 c' 的光线 V 投影 s' 先与 OX 轴相交于点 c'_H,由点 c'_H 作铅垂线与过点 c 的光线 H 投影 s 相交于影

点 c_H，这是端点 C 在 H 面上的真影 C_H。而端点 D 的影是自点 d 的光线 H 投影 s 先与 OX 轴相交于点 d_V，由点 d_V 作铅垂线与过点 d' 的光线 V 投影 s' 相交于影点 d'_V，这是端点 D 面在 V 面上的真影 D_V。由于直线段 CD 的两端点的影不在同一个平面上，不能连线，故再作端点 C 或端点 D 的假影，图中作的是端点 D 在 H 面上的假影 $D_H(d_H, d'_H)$，连接 $c_H d_H$ 与 OX 轴相交于折影点 $E(e, e')$，再连接 $e' d'_V$，完成直线段 CD 在两相交平面 V、H 上的落影作图。

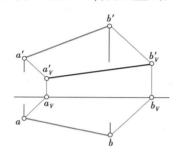

图 11.37　直线在一个平面上的落影作图

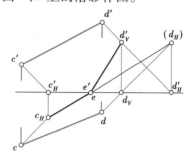

图 11.38　直线在两个平面上的落影作图

11.3.4　平面图形的阴影

平面多边形的落影概念及作图

①平面多边形的落影概念：平面多边形的影线，就是被平面多边形遮挡住的光线形成的光柱体与承影面的交线。

②平面多边形影线的作图：平面多边形影线的作图，就是求出平面多边形各边线落影所构成的外轮廓线。作图时首先作出多边形各顶点的落影，再按原图形各顶点的顺序用直线依次相连，即得到多边形的落影。

【例 11.14】如图 11.39(a)所示为三角形 ABC 的两面投影图，承影面为 V、H，完成其阴影作图。

【解】作图：如图 11.39(b)所示。

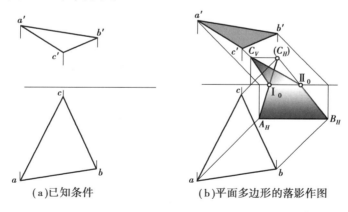

(a)已知条件　　　　　(b)平面多边形的落影作图

图 11.39　平面多边形的落影

①作三角形 ABC 各顶点的落影 A_H、B_H、C_V。

②按原图形各顶点的顺序用直线依次相连得三角形 ABC 的落影。因 C 点的影落在 V 面上，为此再作出 C 点在 H 面上的假影 (C_H)，连接 $A_H(C_H)$、$B_H(C_H)$ 得到折影点 I_0、II_0，然后再

连接并加深 $A_H \mathrm{I}_0$、$C_V \mathrm{I}_0$、$B_H \mathrm{II}_0$、$C_V \mathrm{II}_0$ 和 $A_H B_H$。

③判断三角形 ABC 各投影的阴、阳面,最后着色,完成三角形 ABC 的阴影作图。

11.3.5 基本几何体的阴影

在正投影图中绘立体的阴影,首先要读懂已知图所示的立体形状,然后由光线方向判明立体的哪些表面是受光面,哪些表面是背光面,受光面和背光面的交线即是阴线。作出这些阴线的影——影线,由影线围成的图形就是立体的影。

1)棱柱的阴影

在建筑工程中常用的是直立棱柱。直立棱柱是由水平的多边形平面为上、下底和若干个铅垂矩形侧棱面组成。各表面是阳面还是阴面,可直接根据各棱面有积聚性的投影来判别它们是否受光。即由各棱面的积聚投影与光线的同面投影的相对位置确定阴、阳面,从而定出阴线。然后由直线段落影规律逐段求其阴线之影。

【例 11.15】如图 11.40(a)所示为四棱柱的两面投影图,求四棱柱的阴影。

【解】作图:如图 11.40(b)所示。

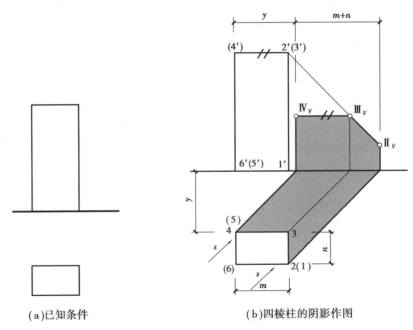

(a)已知条件   (b)四棱柱的阴影作图

图 11.40　四棱柱的阴影

①读图分析:直立四棱柱的上、下底是水平的矩形平面,侧棱面由四个铅垂矩形面构成。

②阴线分析:四棱柱的侧棱面在 H 投影面上有积聚性,故在 H 投影中直接用光线的 H 投影 s 去照射,由图 11.40(b)可知,该四棱柱的上、前、左棱面为阳面,右、后、下棱面为阴面。所以阴线是:$\mathrm{I \, II}$-$\mathrm{II \, III}$-$\mathrm{III \, IV}$-$\mathrm{IV \, V}$-$\mathrm{V \, VI}$-$\mathrm{VI \, I}$。

③作阴线之影:由直线段落影规律逐一求出四棱柱各阴线的落影。阴线 $\mathrm{I \, II}$ 是铅垂线,在 H 面上的落影与光线的 H 投影 s 平行,即过点 1 作 45°线与投影轴 OX 相交于折影点。该线在 V 面上的影与自身平行,再自折影点作铅垂线与过 $2'$ 点的光线 V 投影 s' 相交于影点 II_V。阴线 $\mathrm{II \, III}$ 为正垂线,其影在 V 面上,是 45°线,为求 III 点之影 III_V,故由铅垂棱线 III 在 V、H 面上

的落影而得出。阴线ⅢⅣ为侧垂线,其影在 V 面上,该线平行于 V、H 面,在 V 面上的落影与 $3'4'$ 平行、等长,便可作出影线Ⅲ$_V$Ⅳ$_V$。铅垂阴线ⅣⅤ在 H 面上之影为45°线,在 V 面上之影与自身平行。由于ⅤⅥ、ⅥⅠ在棱柱的底面上,所以这两段阴线的影为自身。

④讨论直棱柱在 V 投影上的落影宽度及其位置,以便单面作图。从图11.40(b)中可看出,四棱柱在 V 投影上的落影宽度为 $m+n$,即四棱柱矩形顶面的两个边长之和。铅垂阴线ⅣⅤ在 V 面上之影与 $4'5'$ 的水平距离等于该阴线到承影面的距离。以后求作四棱柱在 V 投影上的落影时,只要知道该棱柱与 V 面的距离 y,就可以直接作出其落影。这也反映了用常用光线作的阴影具有度量性。这种度量性质,方便于单面作图。

⑤将可见阴面和影区着暗色。

2)棱锥的阴影

锥体阴影的作图与柱体阴影作图完全不同,因锥体的各侧棱面通常不是投影面垂直面,其投影不具有积聚性,故不能直接用光线的投影确定其侧棱面是阳面还是阴面,也就无法确定阴线。因此,锥体阴影的作图往往是先求出锥体的落影,后定出锥体的阴、阳面。对于棱锥来说也是如此,首先是求棱锥顶在棱锥底所在平面上的落影,由锥顶的落影作棱锥底面多边形的接触线,求得棱锥的影线,再由影线与阴线的对应关系,确定其阴线和阴、阳面。

【例11.16】如图11.41(a)所示为五棱锥 T-ⅠⅡⅢⅣⅤ的两面投影图,求五棱锥的阴影。

【解】作图:如图11.41(b)所示。

①读图分析:直立五棱锥的底面是正五边形,侧棱面由5个共顶的三角形平面构成。

②作直立五棱锥 T-ⅠⅡⅢⅣⅤ的落影:首先作锥顶 T 在锥底所在平面 H 的落影 T_H,即自锥顶 T 作光线 S,再求光线 S 与 H 面的交点 T_H。然后由锥顶落影 T_H 作锥底五边形的接触线 T_H5 和 T_H3,完成直立五棱锥 T-ⅠⅡⅢⅣⅤ在 H 面上的落影。

③确定阴线、阴面、阳面:与影线 T_H5 和 T_H3 相对应的棱线 TⅤ、TⅢ就是五棱锥的阴线。由于常用光线的照射方向是从立体的左前上射向右后下,所以该五棱锥的下表面和侧棱面ⅢTⅣ、ⅣTⅤ为阴面,其余侧棱面为阳面。

④将可见阴面和影区着暗色。

3)圆柱体的阴影

直立圆柱体是由两水平圆面和圆柱面构成。如图11.42所示,一系列与圆柱面相切的光线,在空间形成了两个相互平行的光平面。它们与圆柱面相切的直素线 AB、CD 就是圆柱面上的阴线。这两条阴线将圆柱面分成大小相等的两部分,阳面和阴面各占一半。圆柱体的上顶是阳面,下底是阴面。故圆柱体的阴线是由柱面上的两条直阴线和上、下底两个半圆周组成的封闭线。

因直立圆柱面的 H 投影积聚成一圆周。阴线自然是垂直于 H 面的素线,故与圆柱面相切的光平面必然为铅垂面,其 H 投影积聚成与圆周相切的45°直线,所以直立圆柱的阴线可由光线的 H 投影与圆周相切而定。

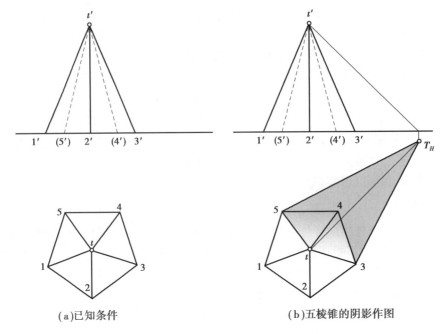

(a)已知条件   (b)五棱锥的阴影作图

图 11.41　五棱锥的阴影

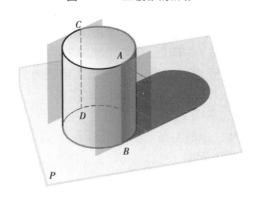

图 11.42　圆柱体阴影的形成

【例 11.17】已知圆柱体的平、立面图如图 11.43(a)所示,完成其阴影作图。

【解】作图:如图 11.43(b)所示。

①确定直立圆柱面的阴线:首先在 H 投影中,作光线的 H 投影 s 与圆周相切于 1、2 两点,即圆柱面上的阴线Ⅰ Ⅲ、Ⅱ Ⅳ的 H 面投影。由此作铅垂联系线便得到阴线的 V 面投影 1′3′、2′4′。从 H 投影看出圆柱面的左前方一半是阳面,右后方一半是阴面。在 V 投影中,阴线 1′3′右侧的一小条为可见阴面,应将它涂上暗色。

②作直立圆柱体的落影:圆柱体上顶圆的右后半圆周为阴线,它在 H 面上的落影仍为等大的半圆周。通过上顶圆的圆心 O 作光线便可求得其落影 O_H,以 O_H 为圆心画与上顶圆等大的半圆周,得到右后半圆弧的落影。圆柱体下底圆的左前半圆周为阴线,其影与自身重合。阴线Ⅰ Ⅲ、Ⅱ Ⅳ在 H 面上的落影为45°线,与上、下圆周的落影相切。完成直立圆柱体在 H 面上的落影作图。

③将影区涂上暗色。

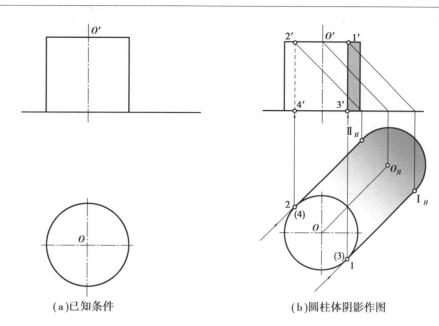

(a)已知条件   (b)圆柱体阴影作图

图 11.43 圆柱体的阴影

4)圆锥体的阴影

以直立圆锥为例,如图 11.44 所示的一系列与圆锥面相切的光线,在空间形成了两个相交的光平面。它们与圆锥面相切的直素线 TA、TB 就是锥面上的阴线。与圆锥面相切的光平面是一般位置平面,故不能用光线的投影与圆锥底圆相切得圆锥面的阴线。而锥面的素线是通过锥顶 T 的,与锥面相切的光平面必然包含通过锥顶 T 的光线,与圆锥面相切的光平面和锥底平面 P 的交线就是阴线 TA、TB 的影线,这些影线也一定通过引自锥顶 T 的光

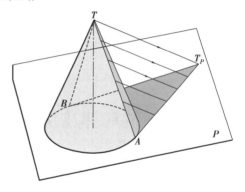

图 11.44 圆锥体阴影的形成

线与锥底平面 P 的交点 T_P,并与底圆相切于点 A、B。点 T_P 是锥顶 T 在锥底平面 P 上的落影。

圆锥体的下底是阴面,故圆锥体的阴线是由锥面上的两条直阴线 TA、TB 和下底的部分圆周 AB 组成的封闭线,如图 11.44 所示。正置圆锥阳面大于阴面,倒置圆锥阳面小于阴面。

由上述分析总结出圆锥体阴影的作图步骤如下:

①首先求圆锥顶在锥底圆所在平面上的落影。

②以锥顶之落影作锥底圆的切线得圆锥体的落影。

③过切点的素线便是阴线。

【例 11.18】已知正置圆锥的平、立面图如图 11.45(a)所示,完成正置圆锥的阴影作图。

【解】作图:如图 11.45(b)所示。

①作锥顶 T 的影落:过锥顶 T 作光线,求出该光线与锥底所在平面 H 的交点 T_H,即锥顶 T 在 H 面上的落影。

②作圆锥的落影及阴线:在 H 投影中,由影点 T_H 向圆锥底圆引切线,得切点 1、2,自切点 1、2 向锥顶 t 引直线 $t1$ 和 $t2$,这就是锥面阴线 $T\text{I}$ 和 $T\text{II}$ 的 H 投影。再自切点 1、2 向上作铅垂

线,在 V 投影中得到 $1'$、$2'$,连线 $t'1'$、$t'2'$ 是锥面阴线 $T\mathrm{I}$ 和 $T\mathrm{II}$ 的 V 投影。T_H1、T_H2 是圆锥在 H 面上的影线。

③将可见阴面和影区着暗色。

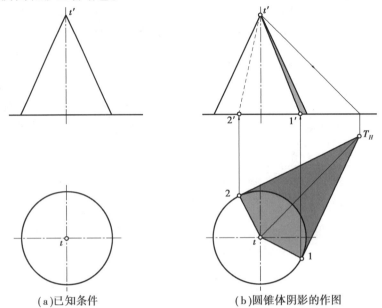

(a)已知条件　　　　　　(b)圆锥体阴影的作图

图 11.45　圆锥体的阴影

11.4　建筑局部及房屋的阴影

11.4.1　绘建筑局部及房屋阴影的基本思路

①首先读懂已知的正投影图,分析房屋建筑各个组成部分的形状、大小及相对位置。

②由光线方向判别建筑物各表面是受光的阳面还是背光的阴面,从而确定阴线。由受光的阳面和背光的阴面交成的凸角棱线才是求影的阴线。

③再分析各段阴线将落于哪些承影面,弄清楚各段阴线与承影面之间的相对关系以及与投影面之间的相对关系,充分运用前述的落影规律和作图方法,逐段求出阴线的落影——影线。

11.4.2　窗口的阴影

1)窗口阴影的基本作图

【例 11.19】如图 11.46(a)所示为已知带遮阳的窗洞口平、立面图,完成其阴影。

【解】作图:如图 11.46(b)所示。

①识读窗口的平、立面图,窗上口有一长方体的遮阳板,挑出墙面的长度为 m,窗板凹进墙的深度为 n。

②由光线方向判明各立体的阴阳面,从而定出阴线。常用光线的方向是从物体的左前上

射向右后下,故物体的左、前、上表面是阳面,右、后、下表面是阴面。窗上口遮阳板的阴线是折线 Ⅰ Ⅱ-Ⅱ Ⅲ-Ⅲ Ⅳ-Ⅳ Ⅴ,窗框的左前棱是阴线。

③由直线段的落影规律,逐一作出各段阴线的落影。阴线 Ⅰ Ⅱ、Ⅳ Ⅴ是正垂线,它们落影的 V 投影为 45°线。阴线 Ⅱ Ⅲ是侧垂线,它的影分别落在窗板面、墙面和窗框的右侧表面上,该阴线与窗板面、墙面平行,其影与自身平行。只要将点 Ⅱ 分别落在窗板面、墙面上,便可作出阴线 Ⅱ Ⅲ在窗板面和墙面上的影。阴线 Ⅱ Ⅲ中 AB 段之影落在窗框的右侧表面上,其影为侧平线,在窗户的垂直剖面图上可以看到这段影线。铅垂阴线 Ⅲ Ⅳ平行于墙面,其影与自身平行等长。窗框的左前棱阴线在窗板面上的落影作图是由其平面图中的积聚投影引 45°光线而求得。该阴线的下段之影落在窗台的上表面。即 45°线。

④将可见阴面和影区着暗色。

⑤分析图中的落影宽度:因光线的各投影为 45°线,故遮阳、窗台等在墙面上的落影宽度 = 遮阳、窗台等挑出墙面的长度;遮阳、窗框等在窗板面上的落影宽度 = 遮阳、窗框等到窗板面的距离。遮阳、窗台、窗框、窗套等距墙面和窗板面的距离在立面图中直接作影。但只有平行于正平面的水平或直立的阴线在正平面上的落影宽度才反映阴线到承影面的距离。倾斜而平行于正平面的阴线与影线间的距离不等于它们到承影面的距离。

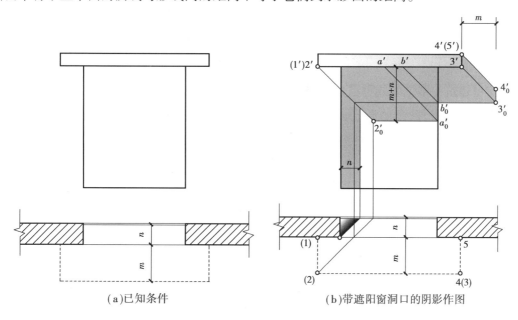

(a)已知条件　　　　(b)带遮阳窗洞口的阴影作图

图 11.46　带遮阳窗洞口的阴影

【例 11.20】如图 11.47(a)所示为已知花格盲窗的正立面图和纵剖面图,完成其阴影作图。

【解】作图:如图 11.47(b)所示。

①根据花格盲窗的正立面图和纵剖面图已知:六边形花格窗框凸出墙面的长度为 a,窗板面凹进墙面的深度为 b。

②用光线方向判明花格盲窗各部的受光面和背光面,定出阴线。常用光线是从物体的左前上射向右后下,故物体的左、前、上表面是受光的阳面,右、后、下表面是背光的阴面。六边形花格窗框的正平阴线是 Ⅰ Ⅱ-Ⅱ Ⅲ-Ⅲ Ⅳ、Ⅴ Ⅵ-Ⅵ Ⅶ-Ⅶ Ⅷ,正垂阴线是过点 Ⅰ、Ⅳ、Ⅴ、Ⅷ等

的正垂线。水平窗芯的下前棱和铅垂窗芯的右前棱也是求影的阴线。

③求各段阴线之落影:该例的承影面是与V投影面平行的墙面、窗板面、窗芯的前表面等,它们与大多数阴线平行,少量阴线与它们垂直,凡是平行于这些承影面的阴线,其影与阴线自身平行,凡垂直于这些承影面的阴线,其落影的V、W投影与光线的同面投影方向一致,为45°斜线。影线由阴线到承影面的距离作出。将可见阴面和影区着暗色。

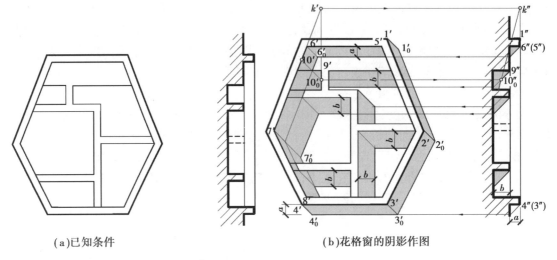

(a)已知条件　　　　　　(b)花格窗的阴影作图

图11.47　花格窗的阴影

2)房屋建筑中常见的几种窗口的阴影

在房屋建筑中,窗户的形式、尺度、位置对立面构图的艺术效果和室内装修造型影响很大。不同类型的房屋,其窗的数量和组合形式是多种多样的,它们的阴影也丰富多彩,如图11.48所示。求窗洞口阴影的方法和步骤与前面所述相同。

3)门廊的阴影

【例11.21】如图11.49(a)所示为已知门廊的平、立面图,完成其阴影作图。

【解】作图:如图11.49(b)所示。

①从图11.49(a)看出该门廊由平板雨篷、台阶、立柱组成。平板雨篷与台阶的平面图重合,即它们挑出墙面的尺度相同。

②确定阴线和承影面:折线 I II-II III-III IV-IV V是平板雨篷的阴线。立柱的右前棱是阴线,台阶的阴线位置与雨篷相似。承影面为门板面、墙面、勒脚的前表面和立柱的前表面等。

③由直线段落影规律作出以上阴线之影线:阴线 I II是正垂线,它在墙、柱、门板面上的影共有4段,在正立面图中处于同一条45°斜线上,影线 1'2'₀因左立柱右前棱阴线及其影而中断。正平阴线 II III垂直于W投影面,它的落影可以根据侧垂线在H和V投影面上的影呈对称形而获得。也可以分别作出点 II、III在门板面、墙面上的落影,再引阴线 II III的平行线,然后用返回光线法作出 II III在立柱前表面上的影。将可见阴面和影区着暗色。

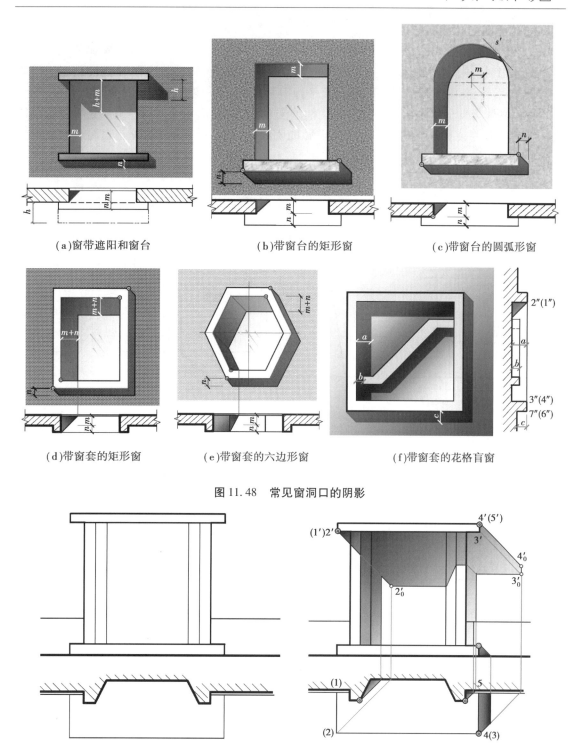

(a)窗带遮阳和窗台　　　　　(b)带窗台的矩形窗　　　　　(c)带窗台的圆弧形窗

(d)带窗套的矩形窗　　　　　(e)带窗套的六边形窗　　　　　(f)带窗套的花格盲窗

图 11.48　常见窗洞口的阴影

(a)已知条件　　　　　　　　　　　　(b)门廊的阴影作图

图 11.49　门廊的阴影

【例 11.22】如图 11.50(a)所示为已知带斜板雨篷和斜柱门廊的正立面、侧立面图,完成其阴影作图。

【解】作图:如图 11.50(b)所示。

①从图 11.50(a)带斜板雨篷和斜柱门廊的正、侧两面投影看出,斜雨篷板和斜柱都是从墙面挑出,其挑出长度和斜度在侧立面图中示出。斜雨篷板、斜柱前表面、门板面、墙面等垂直于 W 投影面,斜雨篷板和斜柱的侧表面平行于 W 投影面。墙面和门板面平行于 V 投影面。

②由光线方向分别定出雨篷、斜柱、门框的阴线:折线 ⅠⅡ-ⅡⅢ-ⅢⅣ-ⅣⅤ是雨篷板的阴线。斜柱的右前棱和门洞左前棱是需要求影的阴线。墙面、门板面、斜柱前表面和左表面是承影面,它们分别用 Q、M、Z 来表示。

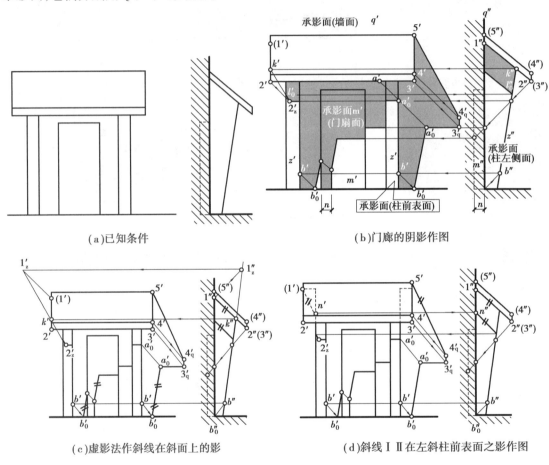

(a)已知条件   (b)门廊的阴影作图

(c)虚影法作斜线在斜面上的影   (d)斜线 ⅠⅡ 在左斜柱前表面之影作图

图 11.50 门廊的阴影

③求阴线之影线:首先求雨篷阴线 ⅡⅢ 在墙面、斜柱前表面、门板面上的影线,阴线 ⅡⅢ 是侧垂线,含阴线 ⅡⅢ 的光平面是侧垂面,与墙面、柱前表面、门板面的交线是阴线 ⅡⅢ 的影线,这些影线是侧垂线,其 W 投影积聚为一点,V 投影与 2′3′ 平行,如图 11.50 (b)所示。再自点 2′、3′ 分别引光线的 V 投影与 ⅡⅢ 影线的 V 投影相交于影点 $2'_z$ 和 $3'_q$。雨篷阴线 ⅢⅣ 与墙面平行,自 $3'_q$ 作与阴线 3′4′ 平行相等的影线 $3'_q 4'_q$。雨篷斜阴线 ⅣⅤ 的落影是由 $4'_q$ 引直线至 5′。雨篷板左端斜阴线 ⅠⅡ 在左斜柱前表面上的落影作图方法有多种,其作图原理是用直线上任意两点同面落影连线。图 11.50(b)中采用的是延棱扩面法,即扩大左斜柱前表面与雨篷板左端斜阴线 ⅠⅡ 相交于点 K,在 V 投影中连接 $k'2'_z$ 即得折影点 l'_0。还可以用虚影法求出斜阴线 ⅠⅡ 两端点在左斜柱前表面上的落影 $Ⅰ_z$ 和 $Ⅱ_z$,然后连线而得。Ⅰ点在左斜柱前表面上的

落影 I_x 是虚影,它是在 W 投影中从 $1''$ 点引反向光线作出的,如图 11.50(c)所示。还可用平行二直线在同一平面上的落影相互平行的原理作出,如图 11.50(d)所示。斜阴线 I II 的影一部分落在左斜柱的前表面上,另一部分落在左斜柱的左侧面和墙面上,由折影点 l'_0 求得 l''_0,自 l''_0 引 $1''2''$ 的平行线便可完成,如图 11.50(b)所示。

门洞的左前棱阴线与门板面平行,其影与左前棱平行,且影线到阴线的距离等于该阴线到承影面(门板面)的距离 n。斜柱右前棱斜阴线之影的作图也是用直线上任意两点同面落影连线的原理作出。如图 11.50(b)所示,其中一点 B 是从墙和地面交线的 W 投影由反光线方向投射到斜柱阴线上得 b'' 点,再由 b'' 点作出 b' 点,然后用光线求出其影,该影在地面的积聚投影上。另一点 A 是雨篷阴线 II III 上的点,它的影 A_0 落在右斜柱的阴线上和墙面上,是滑影点对。当该影点在右斜柱的阴线上时,就是右斜柱阴线上的阴点;在墙面时,也是右斜柱阴线上某阴点的影点。连线 $a'_0 b'_0$ 就是右斜柱阴线之影线。将影区着暗色。

4)阳台的阴影

【例 11.23】如图 11.51(a)所示为已知带遮阳、隔板阳台的平、立面图,完成其阴影作图。

【解】作图:如图 11.51(b)所示。

①设遮阳板挑出外墙面的长度为 a,遮阳板前表面与隔板前表面的距离为 d;阳台扶手前表面与外墙面的距离为 b;阳台体部前表面与外墙面的距离为 c,与隔板前表面的距离为 g;门板、窗板凹进外墙面的深度为 e;隔板伸出外墙面的长度为 f;带遮阳、隔板阳台的阴线除垂直于正平墙面之外,其余皆为平行于正平墙面的直阴线。

②求带遮阳、隔板阳台的影线:因阳台的阴线多数是正平线,少数为正垂线,故它们的影线直接由阴线到影线的距离等于该阴线到承影面的距离作出。也可以适当选一些点,如遮阳板右上角点、阳台扶手右上角点、阳台体部右下角点等,由它们的 H、V 投影作光线的投影,便可作出它们在墙面上落影的 V 投影,然后按平行关系作出各段阴线之影线。

③将影区着暗色。

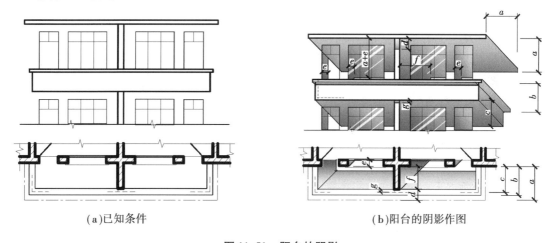

(a)已知条件   (b)阳台的阴影作图

图 11.51 阳台的阴影

5)台阶的阴影

台阶是房屋建筑中最常见的附属设施。

如图 11.52 所示,台阶两端的挡墙为长方体,右挡墙的铅垂阴线 DE 和正垂阴线 EF 在地面和墙面上之影简单易画；左挡墙的铅垂阴线 AB 之影是含 AB 的铅垂光平面与台阶踢踏步的交线为影线，影线的 H 投影为45°线，V 投影与 W 投影呈对称图形，B 点之影在该交线的 B_S 处。正垂阴线 BC 之影为包含 BC 的正垂光平面与台阶踢踏步的交线为影线。影线的 V 投影为45°线，H 投影与 W 投影呈对称图形。

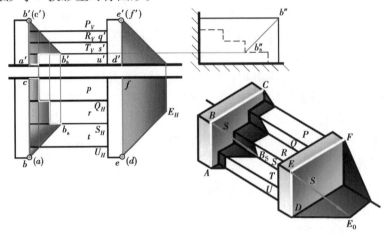

图 11.52　挡墙为长方体的台阶阴影作图

如图 11.53 所示，台阶两端的挡墙为五棱柱，左、右挡墙上的阴线 AB、EF 是铅垂线，CD、GJ 是正垂线，其落影的投影可根据垂直规律直接作出。阴线 BC、FG 是侧平线，阴线 FG 在地面上之影用虚影法求出。即先过点 F 引光线，作出 F 点在地面 H 上的落影 F_H，再过点 G 引光线，作出 G 点在地面 H 上的虚影 G_H，连接 $F_H G_H$ 得折影点 K_0，顺便求得 G 点在墙面 V 上的落影 G_V，连接 $K_0 G_V$ 完成右挡墙在地面和墙面上的落影。

阴线 BC 在台阶踢踏步上的落影，用直线段在任一个踏面(踢面)所在平面上的落影是该线段两端点同面落影连线，并运用线段落影的平行规律作图，便可完成左挡墙在台阶上落影的 V、H 投影。图 11.53(a) 是先将 B、C 点之影落到地面 H 上得影点 B_H、C_H，$B_H C_H$ 连线即为阴线 BC 在地面 H 上的影线。然后再将 C 点之影分别落到第一、二、三踏面上，得影点 C_{H1}、C_{H2}、C_{H3}，过影点 C_{H1}、C_{H2}、C_{H3} 分别作直影线平行于 $B_H C_H$，取有效部分为阴线 BC 在台阶踢踏步上的影线。图 11.53(b) 是先将 B、C 点之影落到第一个踢面所在的平面上得影点 B_{V1}、C_{V1}，$B_{V1} C_{V1}$ 连线即为阴线 BC 在第一个踢面所在的平面上的影线。然后再将 C 点之影分别落到第二、三踢面所在的平面上，得影点 C_{V2}、C_{V3}，过影点 C_{V2}、C_{V3} 分别作直影线平行于影线 $B_{V1} C_{V1}$，取有效部分为阴线 BC 在台阶踢踏步上的影线。

当挡墙斜面的坡度与台阶的坡度相同时，侧平斜阴线在所有凹(凸)棱上的折影点的 V、H 投影在一条铅垂线上。

6)烟囱在坡屋面上的落影

如图 11.54 所示是烟囱在斜坡顶屋面上落影的几种情况。求落影的要点是：首先由光线方向定出烟囱的阴线是折线 AB—BC—CD—DE，这些阴线都是投影面垂直线，铅垂阴线 AB、DE 在斜屋面上落影的 H 投影为左下右上的45°斜线，V 投影为坡度线，即该影线的 V 投影与水平方向的夹角反映屋面的坡度 α；正垂阴线 BC 在斜屋面上落影的 V 投影为左上右下的45°斜线，H 投影为坡度线，也就是影线的 H 投影与铅垂方向的夹角反映屋面的坡度 α；侧垂阴线

CD 平行于斜屋面,它落影的 V、H 投影与阴线 CD 的同面投影平行相等。

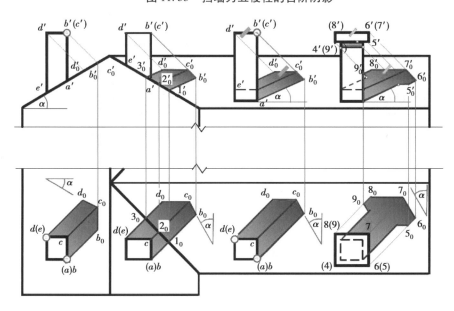

（a）挡墙为五棱柱的台阶阴影作图一　　　　（b）挡墙为五棱柱的台阶阴影作图二

图 11.53　挡墙为五棱柱的台阶阴影

图 11.54　烟囱的阴影作图

　　在图 11.54 中,左起第一根烟囱之影全部落在正垂斜屋面上,影的 V 投影重合在斜屋面的积聚投影上。H 投影中的影线 b_0c_0 与 bc 平行相等。影线 c_0d_0 与水平方向成 α 角。

　　在图 11.54 中,左起第二根烟囱之影落在两个坡屋面上,影的转折点由 H 投影中的折影点 1_0、2_0、3_0 求得其 V 投影 $1'_0$、$2'_0$、$3'_0$,然后画出该烟囱在侧垂斜屋面上落影的 V 投影。

　　在图 11.54 中,右起第一根烟囱为带有方盖盘的方烟囱在侧垂斜屋面上之影,该屋面上凡直线的 H 投影呈 45°倾斜时,它们的 V 投影是与该屋面坡度相同的斜线。如带有方盖盘的方烟囱的 H 投影的对角线是 45°倾斜直线,它们的 V 投影是与该屋面坡度相同的斜线。利用这一原理可直接在立面图中作出烟囱在侧垂斜屋面上落影的 V 投影,而不需要 H 投影配合。

也就是说,烟囱在斜屋面上落影的 V 投影可单面作图。

7)天窗的阴影

为了满足天然采光和自然通风的需要,在屋顶上常设置各种形式的天窗。图 11.55(a)所示单坡顶天窗的阴影作图。天窗檐口阴线 BC 在天窗正前表面上的落影 $b_0'g_0'$ 与 $b'c'$ 平行,其距离等于檐口挑出天窗正前表面的长度 n。铅垂阴线 FG 在侧垂斜屋面上落影的 V 投影 $f'g_0'$ 与水平方向的夹角反映屋面的坡度 α;g_0' 为滑影点对,是阴线 BC 上的点 G 的落影。再自斜屋面上的影点 g_0' 作影线 $g_0'c_0'$ 与阴线 $g'c'$ 平行相等得影点 c_0',由影点 c_0' 作影线 $c_0'd_0'$ 平行于影线 $f'g_0'$ 与过点 d' 的光线 V 投影相交于 d_0',连接 $d_0'e'$ 完成单坡顶天窗在侧垂斜屋面上落影的 V 投影。然后补出其 H 投影和 W 投影。图 11.55(b)为单坡顶天窗阴影的渲染图。

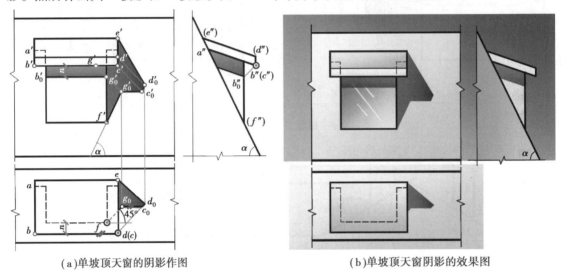

(a)单坡顶天窗的阴影作图　　　　　　　(b)单坡顶天窗阴影的效果图

图 11.55　单坡顶天窗的阴影

【例 11.24】如图 11.56(a)所示为已知双坡顶天窗(老虎窗)的三面投影图,完成其阴影作图。

【解】作图:如图 11.56(b)所示。

①由光线方向确定阴线:老虎窗的檐口阴线是正垂线 AB、正平线 BC、CD、铅垂线 DE 和正垂线 EF,老虎窗正面的右棱线 G 是铅垂阴线。

②求各段阴线的落影:正垂阴线 AB 在斜屋面上落影的 V 投影为 45°斜线,与光线的同面投影方向一致。该阴线在双坡天窗的左侧表面上的影为平行于 AB 的直影线。正平阴线 BC 在双坡天窗正前表面之影,由影点 b_0' 作直影线 $b_0'c_0'$ 平行且等于 $b'c'$ 得影点 c_0',$b_0'c_0'$ 为阴线 BC 在双坡天窗正前表面之影的 V 投影。正平阴线 CD 之影,一部分落在双坡天窗的正前表面上,另一部分落在坡屋面上。阴线 CD 在天窗正前表面上的影线是过影点 c_0' 作 $c'd'$ 平行线交右棱线 G 于滑影点 n_0',$c_0'n_0'$ 是阴线 CD 在天窗前表面上落影的 V 投影,CD 在坡屋面上的影线作图,是先作出铅垂阴线 G 和 DE 在坡屋面上的影线。其作法是:在 V 投影中,过 g' 作与水平方向的夹角反映屋面坡度 α 的左下右上的坡度线,并与过 n' 的光线 V 投影 s' 相交于滑影点 n_0';再延长檐角线 $e'd'$ 与过 g' 作的左上右下的坡度线相交于点 k',点 K 为铅垂阴线 DE 延长后与斜屋面的交点。因老虎窗的左、前、右面的出檐通常是相等的,直线 GK 的 H 投影为左上右下

的45°斜线,所以它的V投影$g'k'$为左上右下的坡度线。然后由k'作左下右上的坡度线与过点d'、e'的光线V投影s'分别相交于影点d_0'、e_0',影线$d_0'e_0'$为阴线DE的落影。连接$n_0'd_0'$、$f'e_0$便完成老虎窗在斜屋面上落影的V投影。最后由投影对应关系完成其H、W面投影。将可见的阴面和影区着暗色。

8)平屋顶房屋的阴影

平屋顶是房屋建筑上常采用的屋顶形式。每一栋建筑从立面图看起来都是较复杂的,即有纵横交错的立柱和遮阳,还有凹进或凸出的门窗、阳台、门厅、凹廊、空廊、外廊等。但是从作阴影的角度来说,这些房屋立面图上的阴线大多是水平或铅垂的正平线,它们的影线可由阴线到影线的距离等于该阴线到承影面的距离求出。

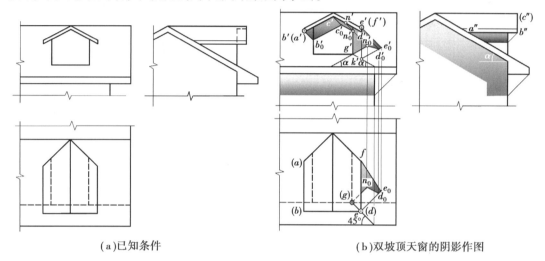

(a)已知条件　　　　　　　　　　(b)双坡顶天窗的阴影作图

图11.56　双坡顶天窗的阴影

【例11.25】如图11.57(a)所示为已知房屋的平、立面图,完成房屋立面图上的阴影作图。
【解】作图:如图11.57(b)所示。

①由平、立面图可知:该建筑的左端为带外廊的阶梯教室,中部为门厅及楼梯间等,右端是由外廊连系的各个教室,外廊在教室之后。左端屋面的H投影与台阶重合,右端立面是由凸出的水平、垂直遮阳构成的长方格图案。作影时要分清窗板面、窗下墙前表面、窗台前表面、遮阳前表面、外框前表面之间的距离。

②根据光线方向确定阴线:左端屋面、门厅屋面、窗台、遮阳、右端横框的前下棱线及立柱、竖框的右前棱线等都是必求影的阴线。其余阴线如图11.57(b)所示。

③以上大多数阴线之影线可按尺度直接在立面图中画出。也可以含各铅垂阴线作光截面,由平、立面图对应作出。少数正平斜阴线之影是求出阴线上任意点的影,再按平行关系画出其影。少数正垂阴线之影线的V投影为45°斜线。将影区着暗色,如图11.57(b)所示。

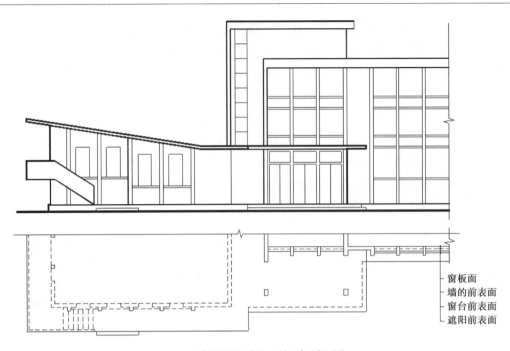

窗板面
墙的前表面
窗台前表面
遮阳前表面

(a)房屋立面图和二层局部平面图

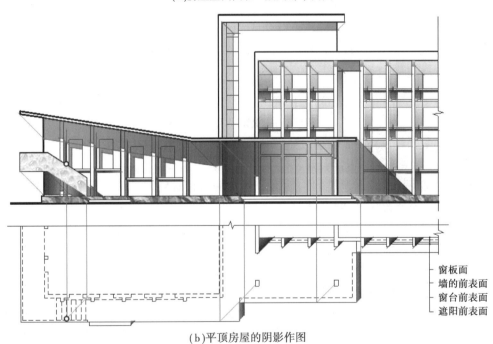

窗板面
墙的前表面
窗台前表面
遮阳前表面

(b)平顶房屋的阴影作图

图 11.57　平顶房屋的阴影

参考文献

［1］中华人民共和国住房和城乡建设部.房屋建筑制图统一标准［S］:GB/T 50001—2017.北京:中国建筑工业出版社,2018.

［2］全国技术产品文件标准化技术委员会.技术产品文件标准汇编——技术制图卷［S］.北京:中国标准出版社,2007.

［3］何培斌.土木工程制图［M］.重庆:重庆大学出版社,2020.

［4］何培斌.画法几何与阴影透视［M］.重庆:重庆大学出版社,2019.

工程设计图学习题册

一、填空题：

1. 长仿宋体字宽约为字高的_____，字高系列为_____ mm。

2. 写长仿宋体字时，一般遵循的原则是_____。

3. 若粗线宽度为 b，则中粗线宽度为_____，细线宽度为_____；粗线宽度 b 应按图形大小和复杂程度在_____ mm 之间选择。

4. 单点长画线中，线段长_____ mm，点长_____ mm，线段与点的间隔为_____ mm。

5. 虚线与虚线、点画线与点画线相交时，应使它们在_____处相交。

6. 比较按比例画出的图形大小：1：2 _____ 1：4。

7. A0 幅面尺寸为 841 mm×1 189 mm，A1 幅面尺寸为_____，A2 幅面尺寸为_____，A3 幅面尺寸为_____。

8. 尺寸标注包括_____、_____、_____、_____四要素。

9. 尺寸数字的方向：在水平尺寸线中，应标注在尺寸线的_____边，头朝向_____方；在竖直尺寸线中，应标注在尺寸线的_____边，头朝向_____方。

10. 尺寸标注一般应布置在图样轮廓线的_____边，与图线、文字及符号等不得_____。

11. 尺寸标注排列时，小尺寸应离轮廓线较_____，大尺寸应离轮廓线较_____。

12. 标注尺寸时，平行排列的尺寸线的间距宜为_____ mm，并保持一致。

13. 尺寸起止符号，一般用斜短线绘制，其倾斜方向应与尺寸界线成顺时针_____角，长度宜为_____ mm。

14. 尺寸数字高度一般为_____ mm。

15. 标注角度尺寸数字时，应按_____方向书写。

16. 半径、直径、角度与弧长的尺寸起止符号，宜用_____表示。

17. 标注直径尺寸数字时，其前边应标注符号_____；标注半径尺寸数字时，其前边应标注符号_____。

18. 图样轮廓线外的尺寸线，距图样最外轮廓线之间的距离，不宜小于_____ mm。

19. 对称线的线型为_____线，宽度为_____。

20. 手工绘图大的步骤分为_____、_____、_____、_____。

21. 铅笔的铅芯软、硬分别用字母_____和_____表示。

22. 加深图线时，其顺序一般为_____、_____；直线加深时，一般先画_____方向，后画_____方向；当有直线又有曲线时，通常应先画_____线，再画_____线。

二、选择题：

1. 虚线的线段长为（   ）mm。
   A. 2～5   B. 3～6   C. 4～7

2. 尺寸标注中，起止符号用（   ）表示。
   A. 细实线   B. 中粗实线   C. 粗实线

3. 比较两个比例的大小时，是以（   ）为依据。
   A. 前面一个数的大小   B. 后面一个数的大小   C. 它们比值的大小

4. 折断线的线宽为（   ）。
   A. 细线   B. 中粗线   C. 粗线

| 第1章　工程设计图学基本知识和基本技能 | 专业　　级　　班 | 姓名 | 学号 | 审核 | 成绩 |

1

《基本训练》作业指示

一、目的：

1. 熟悉绘图工具和仪器的正确使用方法。

2. 掌握各种线型的正确画法,粗细对比,以及图线交接的正确画法。

3. 初步了解尺寸标注的方法。

二、要求：

1. 用 A2 图幅抄绘所给图样。

2. 图标采用本习题推荐的作业图标。

3. 绘图比例:线型用 1：1,房屋立面图用 1：20。

4. 房屋立面图要求标注房屋外部尺寸并注写图名和比例。

三、作图步骤：

　　用 H 或 2H 铅笔画底稿线。底稿线应采用轻、细、淡的细实线,以绘图者能看清为原则。

1. 绘图幅、图框、图标的底稿线。

2. 布图:即确定各图形的位置,如参考布图一所示。

3. 从上到下、从左到右逐一绘制各图底稿线。

4. 检查无误后,再按图中线型要求加深图线。

　　用 2B 铅笔画粗线;用 B 铅笔画中粗线;用 HB 铅笔画细线。顺序是先水平线后垂直线,再倾斜线。

5. 画尺寸线、尺寸界线、尺寸起止符号及书写尺寸数字。

6. 加深图框及图标。

7. 书写图中汉字并填写图标。

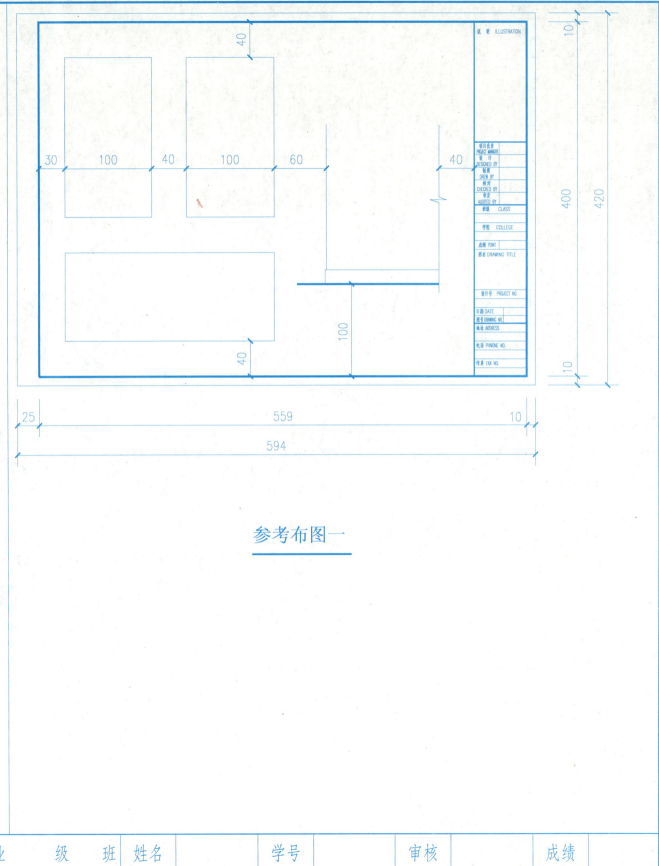

参考布图一

第 1 章　工程设计图学基本知识和基本技能	专业	级 班	姓名	学号	审核	成绩

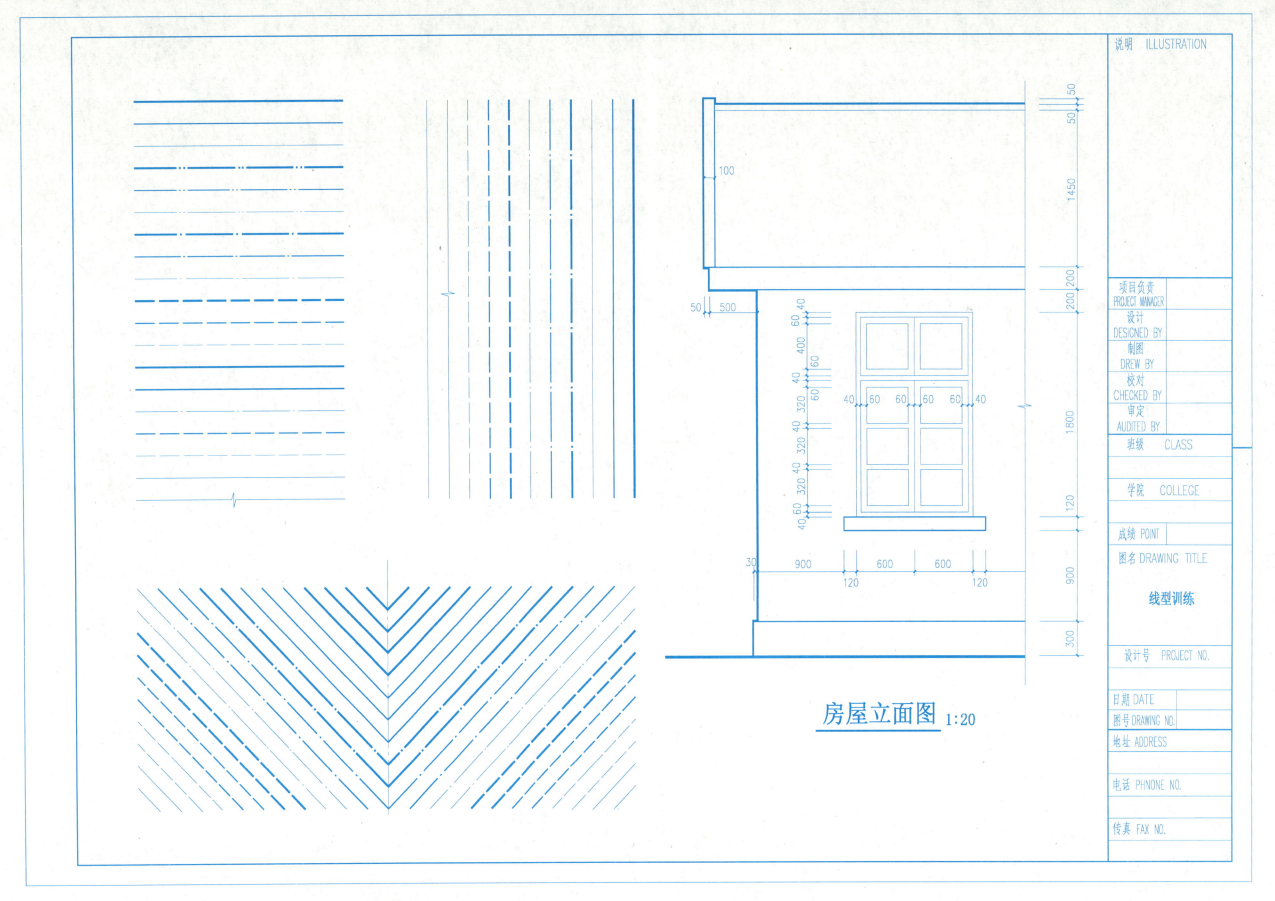

说明 ILLUSTRATION

100

50
50
1450
200 200
1800
120
900
300

50 | 500

40
400
60
40
320
40
320
40
320
40
320
40 60
40 60

40 | 60 | 60 | 60 | 60 | 40

40

30
900
120
600
600
120

房屋立面图 1:20

项目负责
PROJECT MANAGER
设计
DESIGNED BY
制图
DREW BY
校对
CHECKED BY
审定
AUDITED BY

班级　CLASS

学院　COLLEGE

成绩 POINT

图名 DRAWING TITLE

线型训练

设计号　PROJECT NO.

日期 DATE
图号 DRAWING NO.
地址 ADDRESS

电话 PHNONE NO.

传真 FAX NO.

《几何作图》作业指示

一、目的：

1. 进一步掌握绘图工具、仪器的正确使用和尺寸标注的基本规定。

2. 熟悉圆弧连接和楼梯踏步分格的作图方法。

3. 了解几何作图在绘制工程图样中的实际应用。

4. 熟悉绘图笔的使用和上墨线的操作技巧。

二、要求：

1. 用 A2 图幅抄绘所给全部图样。

2. 图标采用本习题集推荐的作业图标，见前页。

3. 绘图比例：花格用 1:5，立体交叉公路用 1:1 000，楼梯踏步用 1:20。

4. 各图均需标注尺寸。

三、作图步骤：

1. 绘图幅、图框、图标的底稿线。

2. 布图：如图二所示。

3. 先画四个正方形的框线，再由上到下、从左到右逐一绘制各图的底稿线，底稿线用 H 或 2H 铅笔轻、细、淡地画出。圆弧连接时，必须准确找出连接圆弧的圆心及公切点(连接点)，底稿图上应表示清楚。

4. 检查无误后，按图中线型要求上墨线，次序为先粗后细，先圆弧线后直线；圆弧与圆弧、圆弧与直线务必准确地交于公切点，切忌画超越或画不到位；画完圆弧线后，等墨线干透，画粗水平线；待干透后，画垂直粗线。每次一定要耐心等待干透再画，以免污损图面。

5. 画尺寸界线、尺寸线、尺寸起止符号(初学时，尺寸界线和尺寸线应先画底稿线)。

6. 用绘图小钢笔书写尺寸数字和书写图中汉字，填写图标中的字。也可用绘图墨水笔写字，绝对不能用鸭嘴笔写字。

7. 画图框及图标。

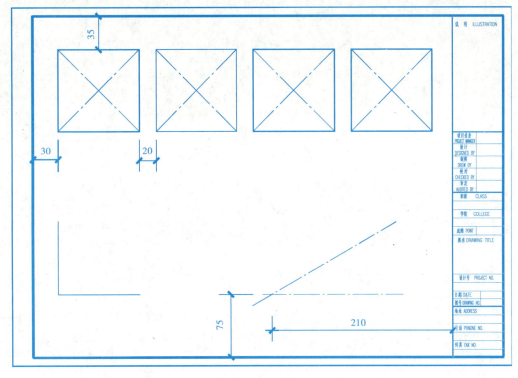

参考布图二

第 1 章	工程设计图学基本知识和基本技能	专业	级 班	姓名	学号	审核	成绩

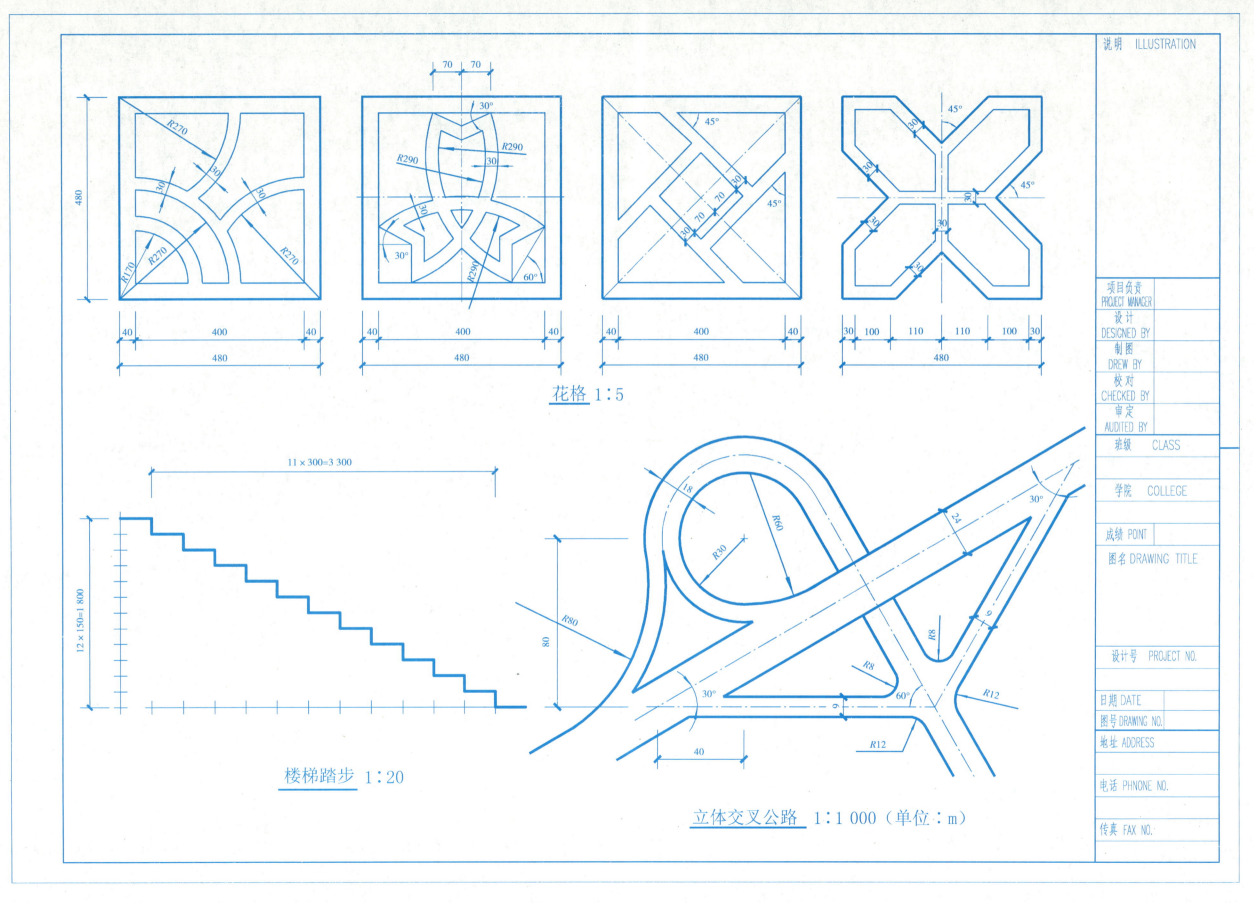

花格 1:5

楼梯踏步 1:20

立体交叉公路 1:1 000（单位：m）

说明 ILLUSTRATION

项目负责
PROJECT MANAGER
设计
DESIGNED BY
制图
DREW BY
校对
CHECKED BY
审定
AUDITED BY
班级 CLASS
学院 COLLEGE
成绩 POINT
图名 DRAWING TITLE
设计号 PROJECT NO.
日期 DATE
图号 DRAWING NO.
地址 ADDRESS
电话 PHNONE NO.
传真 FAX NO.

2-1 画出下列各形体的三面投影图。

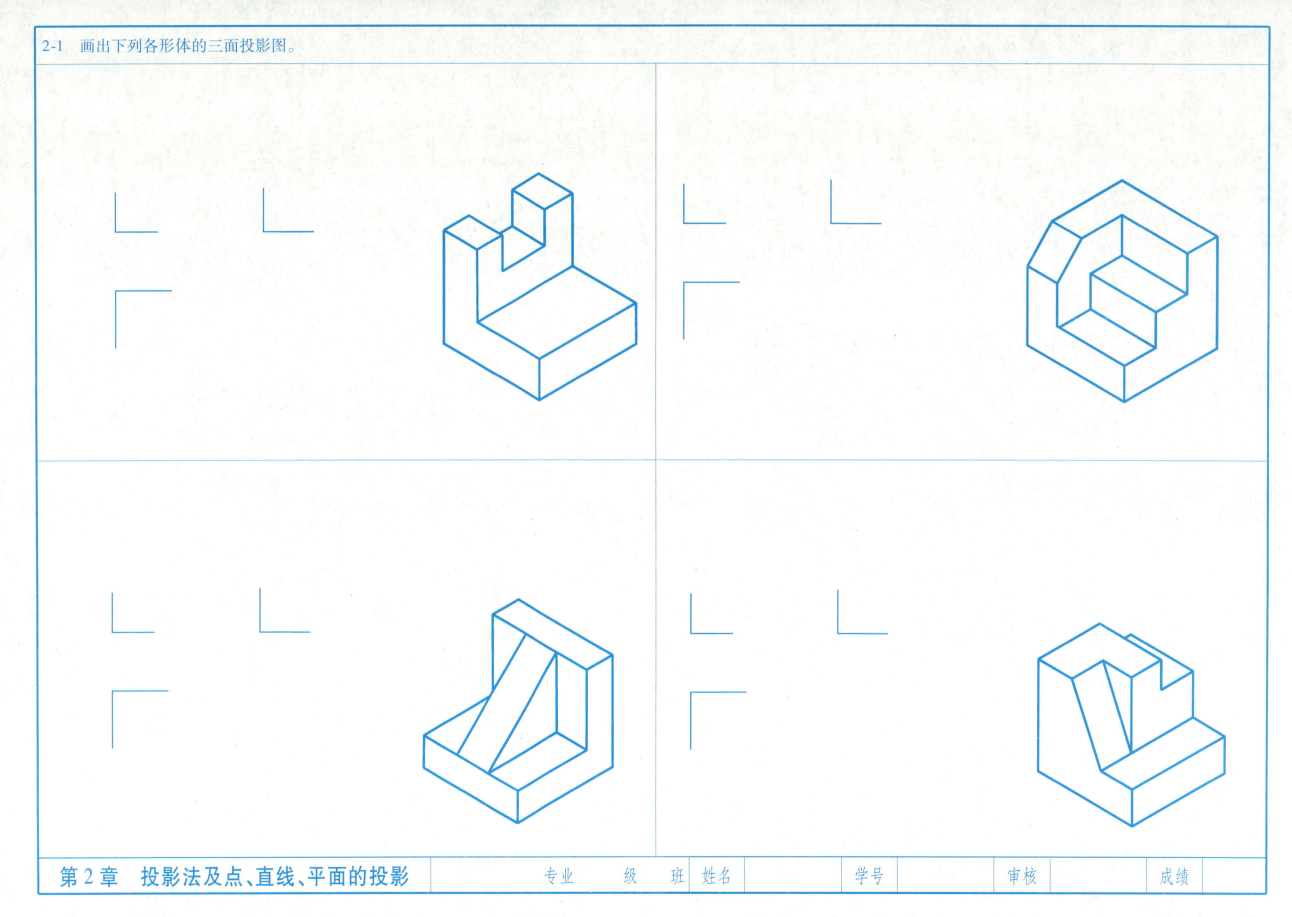

第 2 章 投影法及点、直线、平面的投影　　专业　　级　班　姓名　　学号　　审核　　成绩

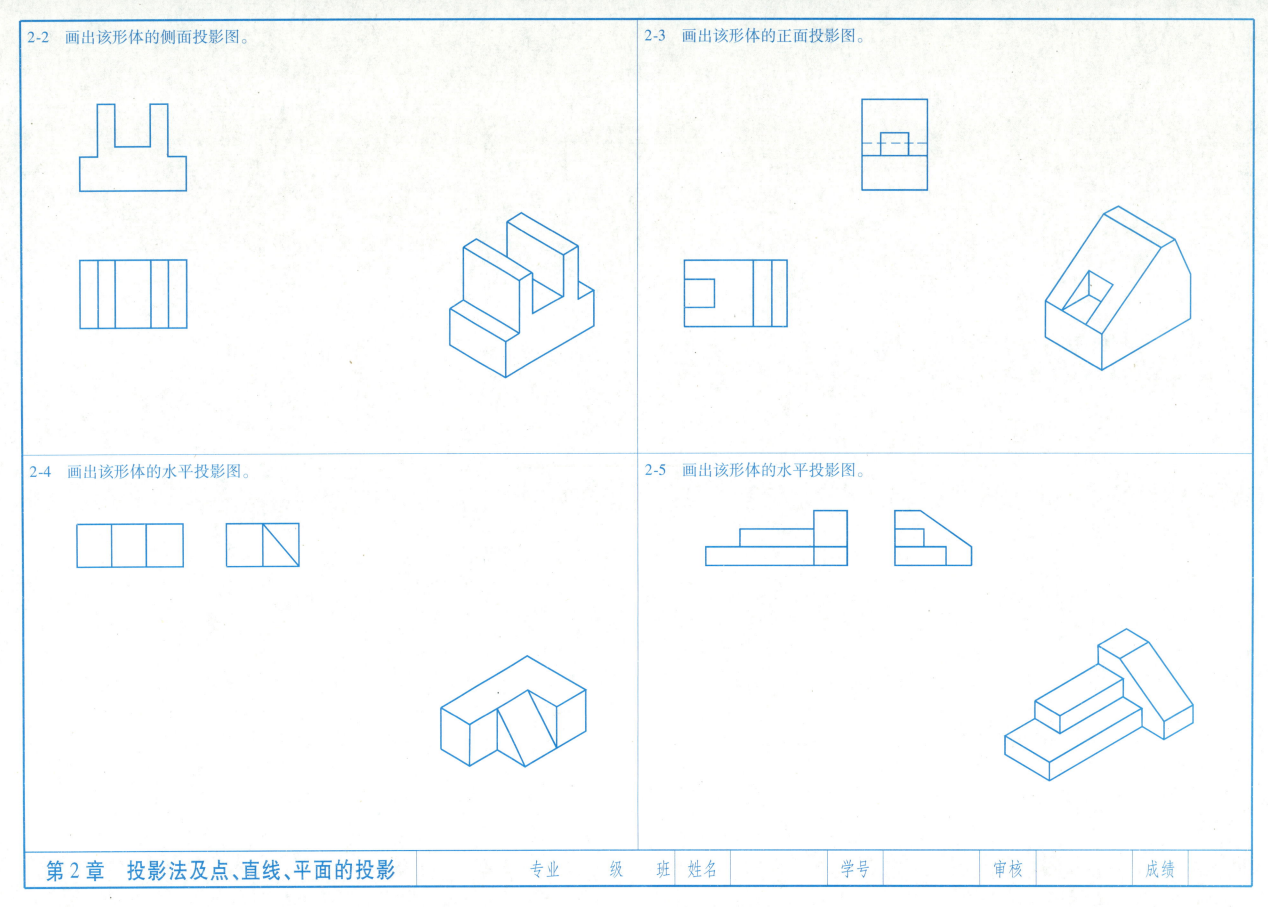

2-2 画出该形体的侧面投影图。

2-3 画出该形体的正面投影图。

2-4 画出该形体的水平投影图。

2-5 画出该形体的水平投影图。

第2章 投影法及点、直线、平面的投影

专业   级   班   姓名   学号   审核   成绩

2-6 已知点的两面投影,求第三投影。

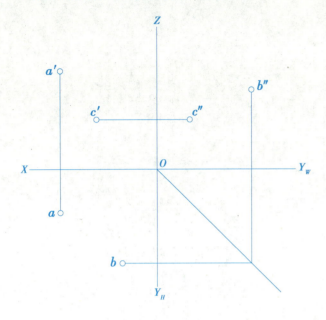

2-7 已知点的两面投影,求第三投影,并在表格中填上它们的空间位置。

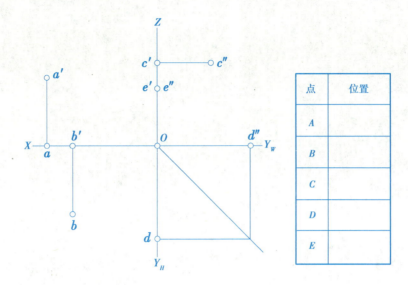

点	位置
A	
B	
C	
D	
E	

2-8 已知 A、B、C、D 四点的各一个投影 a、b''、c'、d',且 $Aa=25$,$Bb''=15$,$Cc'=20$,$Dd'=30$。试完成它们的三面投影。(单位:mm)

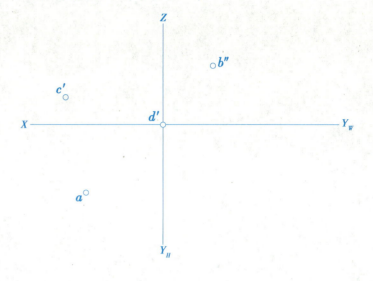

2-9 根据表中所给出的点到投影面的距离,作出点的三面投影。(单位:mm)

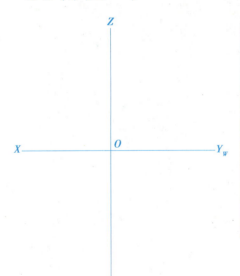

距离 点位	离H面	离V面	离W面
A	20	15	10
B	10	5	15
C	5	20	0
D	15	0	20

2-10 试判别下列投影图中 A、B、C、D、E 五点的相对位置(填入表中)。

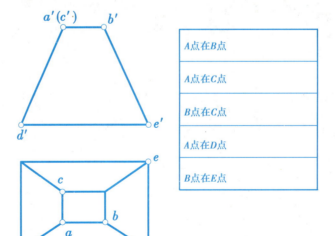

A点在B点	
A点在C点	
B点在C点	
A点在D点	
B点在E点	

2-11 已知 A 点的两面投影,求点 B、C、D 的三面投影,使 B 点在 A 点的正下方10,C 点在 A 点的正前方10,D 点在 A 点的正左方15,并判断可见性。(单位:mm)

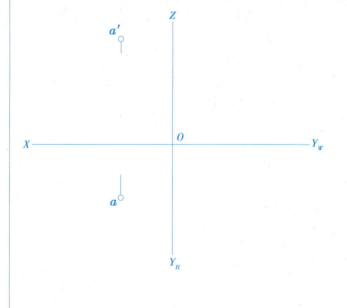

第2章 投影法及点、直线、平面的投影	专业 级 班 姓名	学号	审核	成绩

2-12 下列 4 题,已知线段 AB 的两面投影,求作第三面投影,并注写各线段与投影面的相对位置。

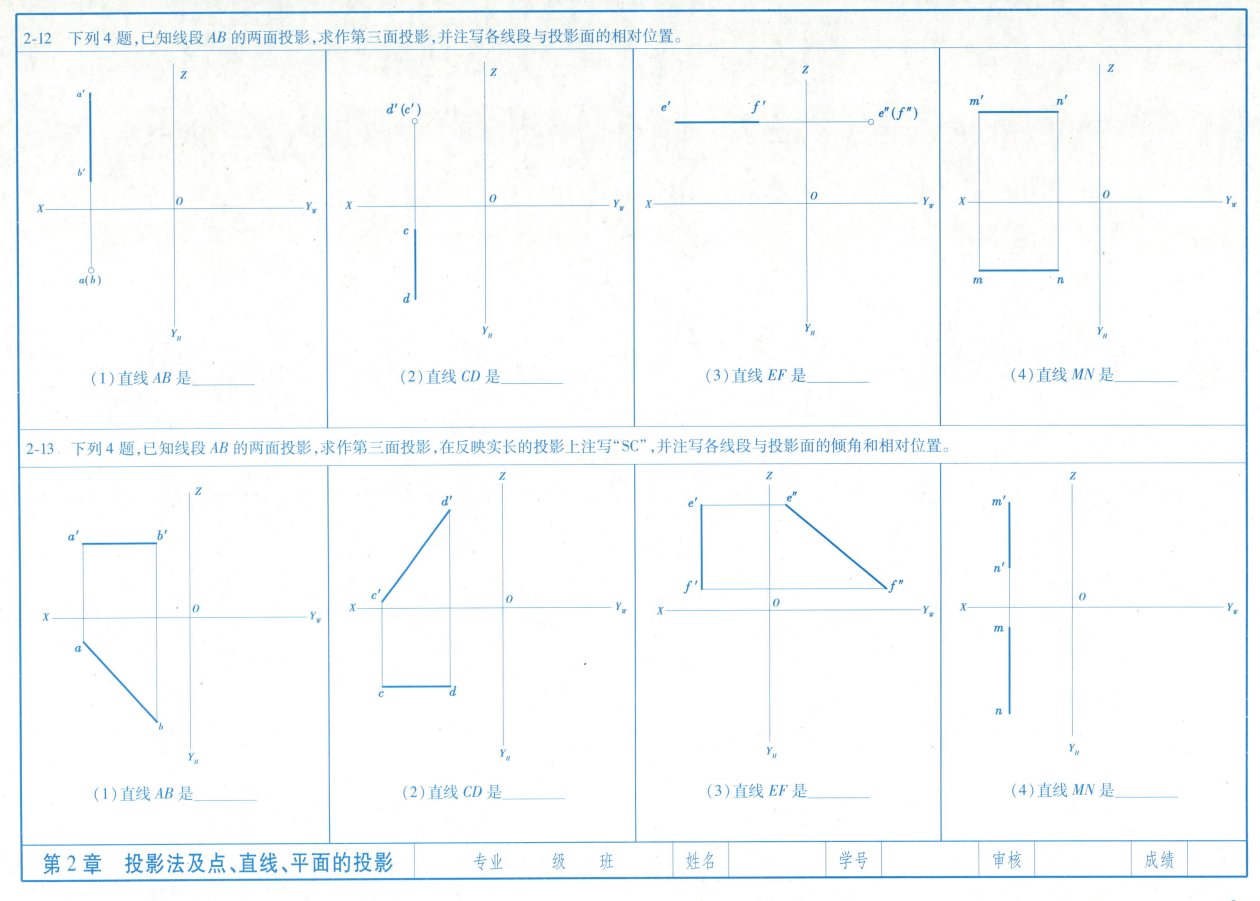

(1)直线 AB 是_____

(2)直线 CD 是_____

(3)直线 EF 是_____

(4)直线 MN 是_____

2-13 下列 4 题,已知线段 AB 的两面投影,求作第三面投影,在反映实长的投影上注写"SC",并注写各线段与投影面的倾角和相对位置。

(1)直线 AB 是_____

(2)直线 CD 是_____

(3)直线 EF 是_____

(4)直线 MN 是_____

第 2 章　投影法及点、直线、平面的投影

专　业	级　班	姓　名	学　号	审　核	成　绩

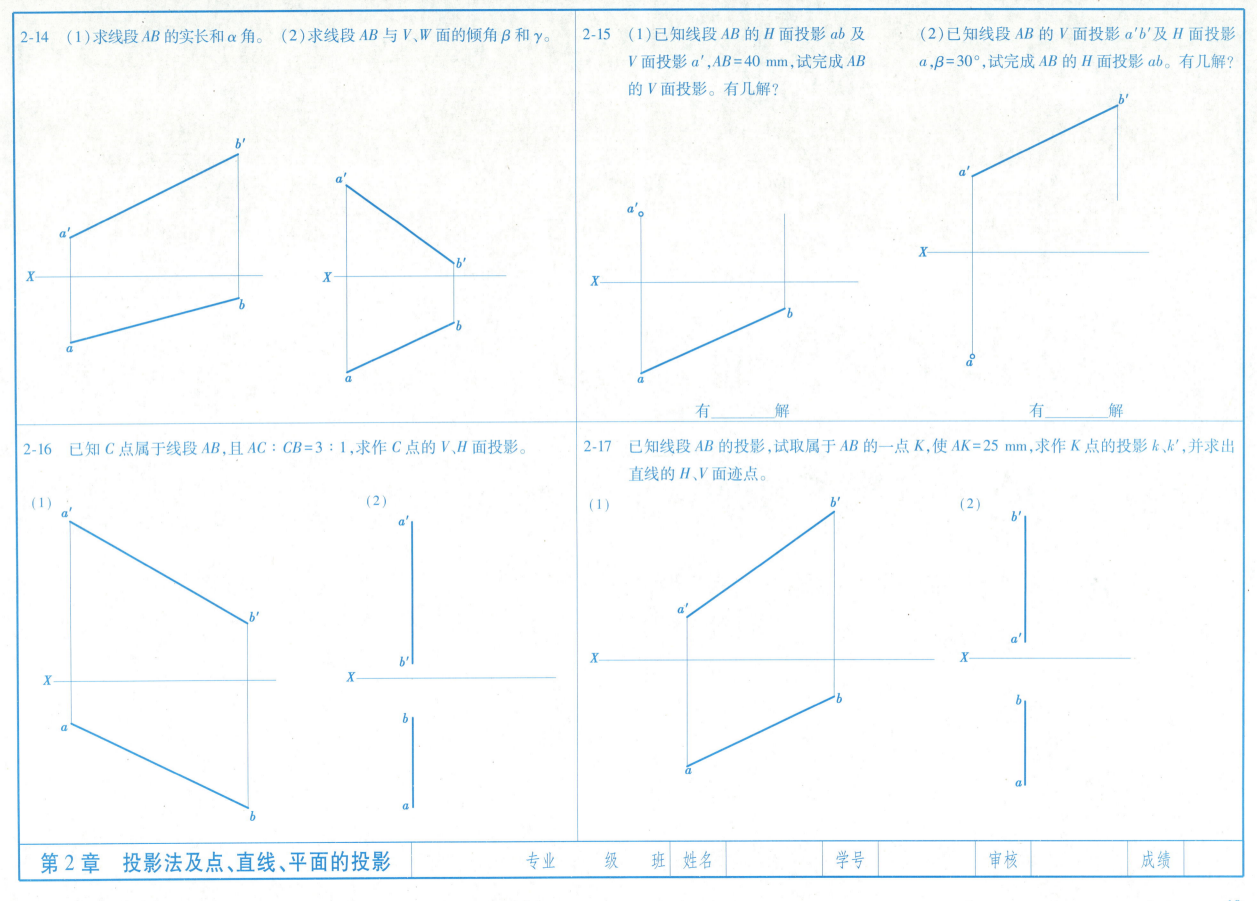

2-14　(1)求线段 *AB* 的实长和 α 角。　(2)求线段 *AB* 与 *V*、*W* 面的倾角 β 和 γ。

2-15　(1)已知线段 *AB* 的 *H* 面投影 *ab* 及 *V* 面投影 *a′*，*AB*＝40 mm，试完成 *AB* 的 *V* 面投影。有几解？

(2)已知线段 *AB* 的 *V* 面投影 *a′b′* 及 *H* 面投影 *a*，β＝30°，试完成 *AB* 的 *H* 面投影 *ab*。有几解？

有＿＿＿＿解　　　　　　　　有＿＿＿＿解

2-16　已知 *C* 点属于线段 *AB*，且 *AC*∶*CB*＝3∶1，求作 *C* 点的 *V*、*H* 面投影。

(1)　　　　　　　　　　(2)

2-17　已知线段 *AB* 的投影，试取属于 *AB* 的一点 *K*，使 *AK*＝25 mm，求作 *K* 点的投影 *k*、*k′*，并求出直线的 *H*、*V* 面迹点。

(1)　　　　　　　　　　(2)

第 2 章　投影法及点、直线、平面的投影　　专 业　　级　　班　姓 名　　　学 号　　　审 核　　　成 绩

10

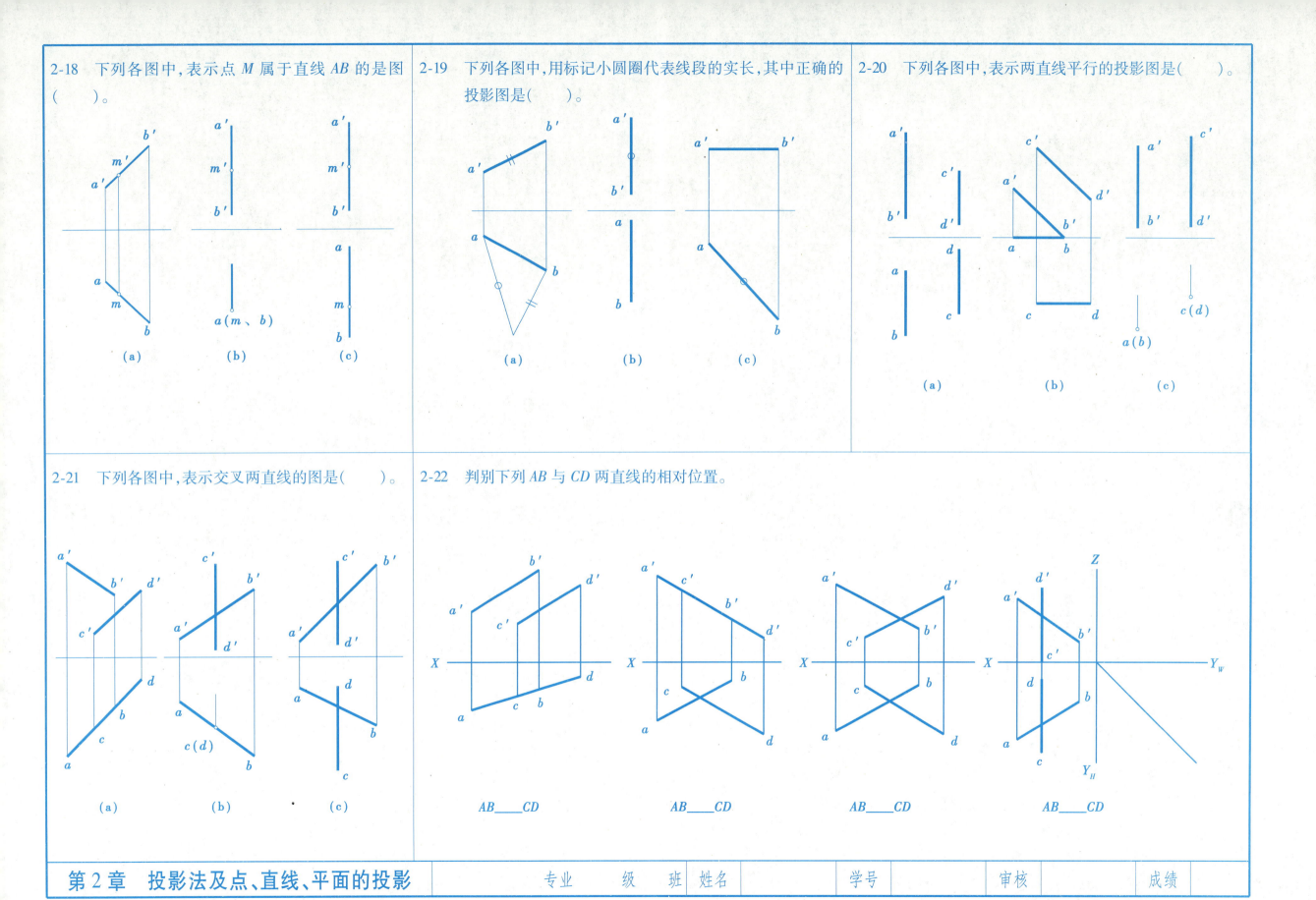

2-18 下列各图中,表示点 M 属于直线 AB 的是图( )。

(a)   (b)   (c)

2-19 下列各图中,用标记小圆圈代表线段的实长,其中正确的投影图是( )。

(a)   (b)   (c)

2-20 下列各图中,表示两直线平行的投影图是( )。

(a)   (b)   (c)

2-21 下列各图中,表示交叉两直线的图是( )。

(a)   (b)   (c)

2-22 判别下列 AB 与 CD 两直线的相对位置。

AB____CD   AB____CD   AB____CD   AB____CD

第 2 章 投影法及点、直线、平面的投影	专业 级 班 姓名	学号	审核	成绩

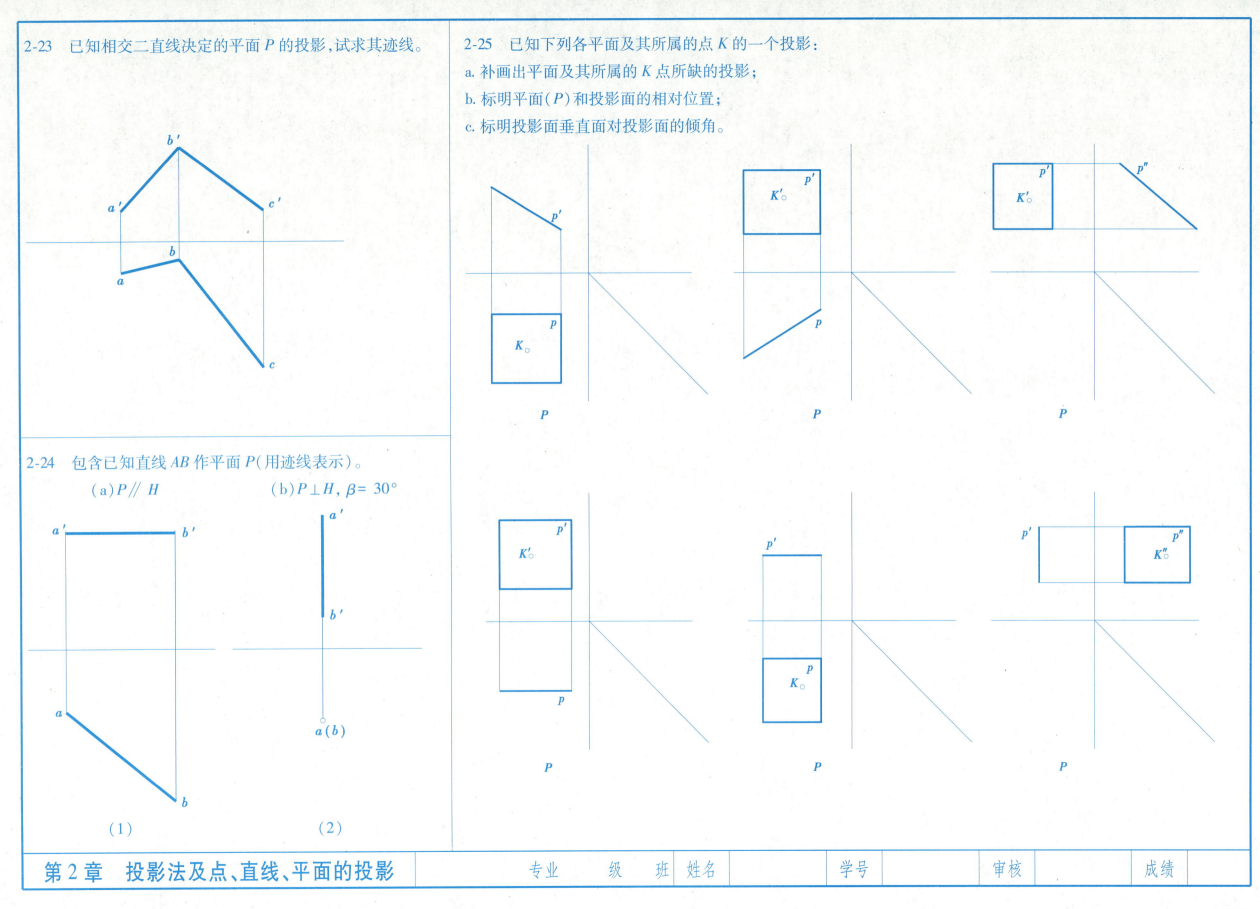

2-23 已知相交二直线决定的平面 P 的投影,试求其迹线。

2-24 包含已知直线 AB 作平面 P(用迹线表示)。

(a)P∥H   (b)P⊥H, β= 30°

(1)   (2)

2-25 已知下列各平面及其所属的点 K 的一个投影:

a. 补画出平面及其所属的 K 点所缺的投影;

b. 标明平面(P)和投影面的相对位置;

c. 标明投影面垂直面对投影面的倾角。

第 2 章 投影法及点、直线、平面的投影

专业 级 班 姓名   学号   审核   成绩

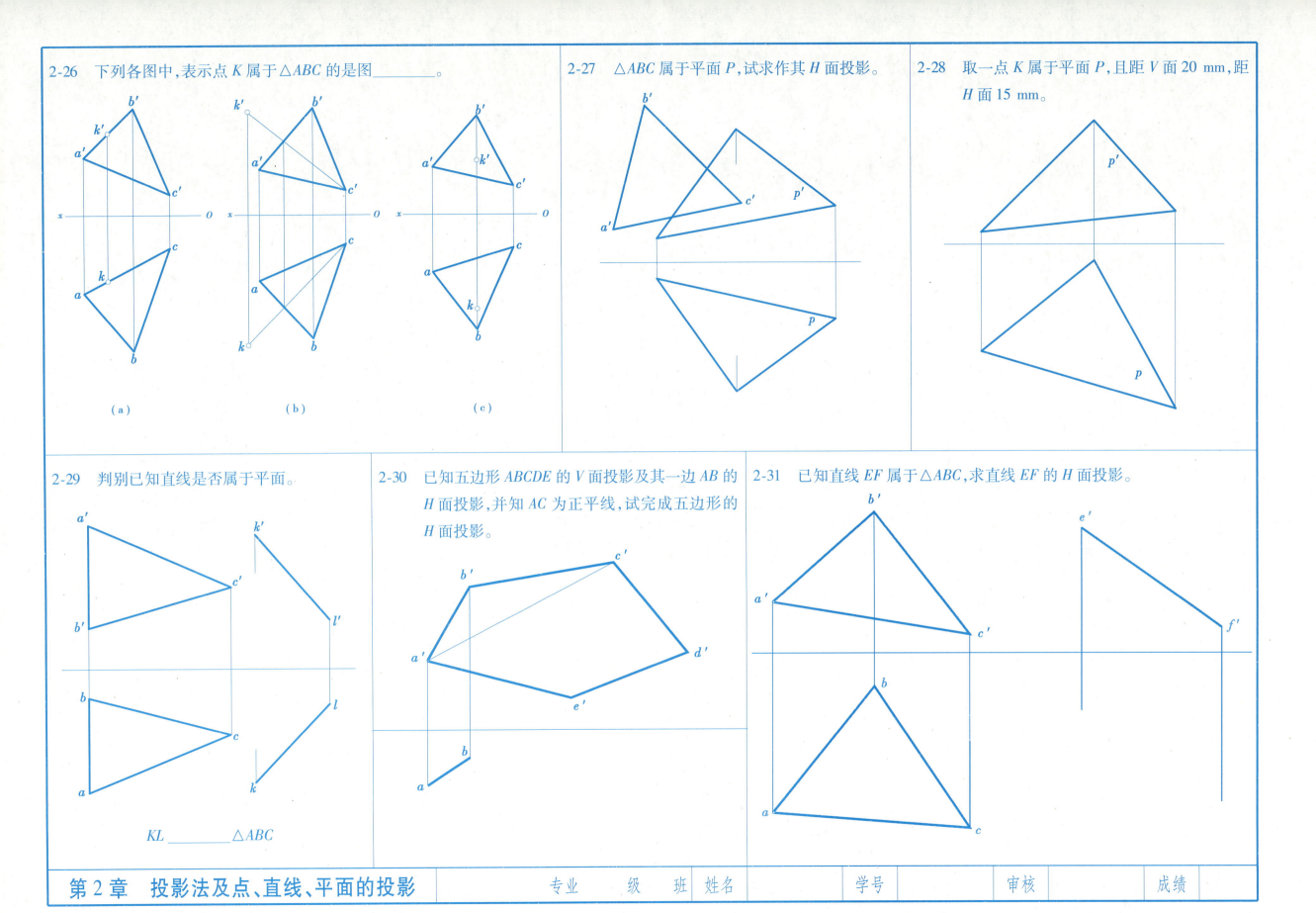

2-26 下列各图中，表示点 K 属于 △ABC 的是图_____。

(a)　　　　　　　(b)　　　　　　　(c)

2-27 △ABC 属于平面 P，试求作其 H 面投影。

2-28 取一点 K 属于平面 P，且距 V 面 20 mm，距 H 面 15 mm。

2-29 判别已知直线是否属于平面。

KL _____ △ABC

2-30 已知五边形 ABCDE 的 V 面投影及其一边 AB 的 H 面投影，并知 AC 为正平线，试完成五边形的 H 面投影。

2-31 已知直线 EF 属于 △ABC，求直线 EF 的 H 面投影。

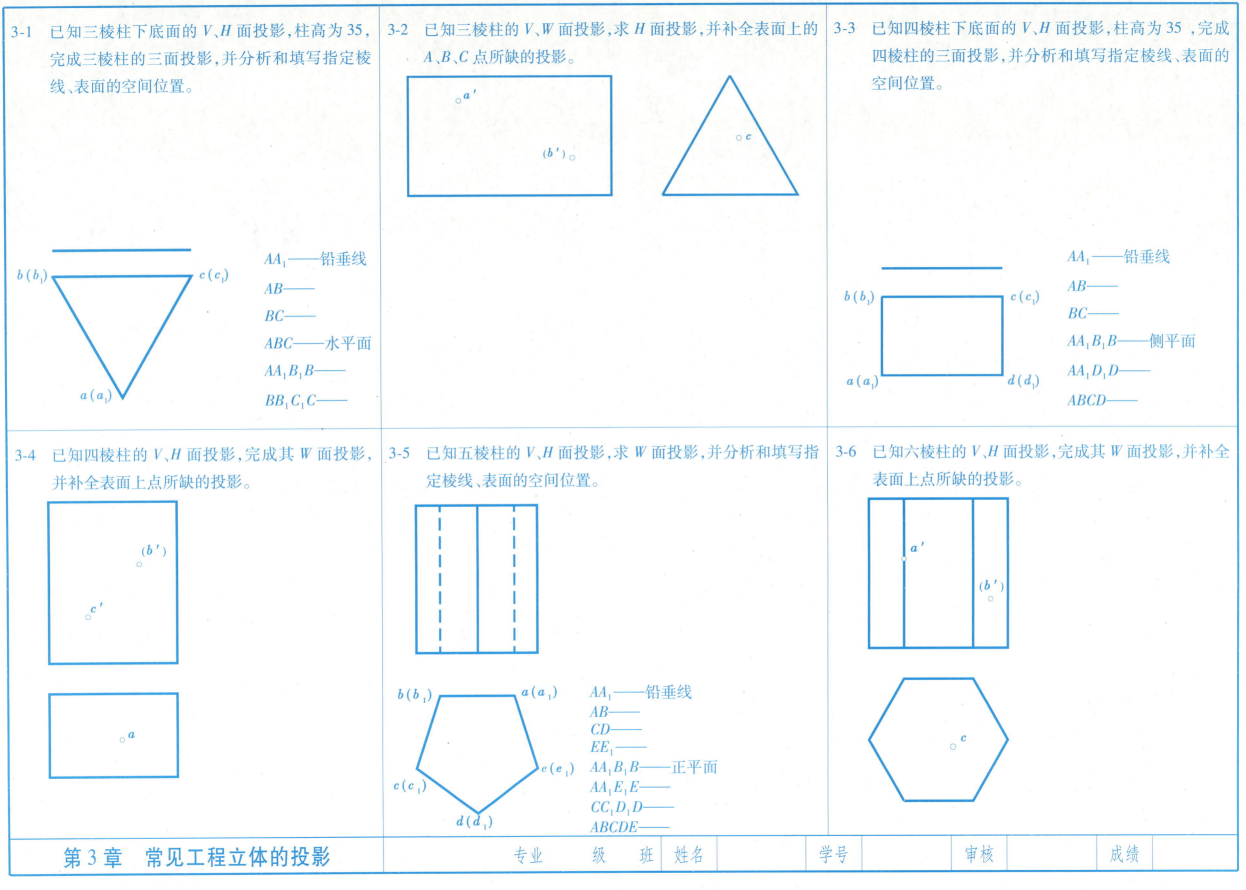

3-1 已知三棱柱下底面的 *V*、*H* 面投影,柱高为 35,完成三棱柱的三面投影,并分析和填写指定棱线、表面的空间位置。

$b(b_1)$ $c(c_1)$

$a(a_1)$

AA_1——铅垂线

AB——

BC——

ABC——水平面

AA_1B_1B——

BB_1C_1C——

3-2 已知三棱柱的 *V*、*W* 面投影,求 *H* 面投影,并补全表面上的 *A*、*B*、*C* 点所缺的投影。

a'

(b')

c

3-3 已知四棱柱下底面的 *V*、*H* 面投影,柱高为 35,完成四棱柱的三面投影,并分析和填写指定棱线、表面的空间位置。

$b(b_1)$ $c(c_1)$

$a(a_1)$ $d(d_1)$

AA_1——铅垂线

AB——

BC——

AA_1B_1B——侧平面

AA_1D_1D——

$ABCD$——

3-4 已知四棱柱的 *V*、*H* 面投影,完成其 *W* 面投影,并补全表面上点所缺的投影。

(b')

c'

a

3-5 已知五棱柱的 *V*、*H* 面投影,求 *W* 面投影,并分析和填写指定棱线、表面的空间位置。

$b(b_1)$ $a(a_1)$

$c(c_1)$ $e(e_1)$

$d(d_1)$

AA_1——铅垂线

AB——

CD——

EE_1——

AA_1B_1B——正平面

AA_1E_1E——

CC_1D_1D——

$ABCDE$——

3-6 已知六棱柱的 *V*、*H* 面投影,完成其 *W* 面投影,并补全表面上点所缺的投影。

a'

(b')

c

第 3 章 常见工程立体的投影

专业   级   班   姓名   学号   审核   成绩

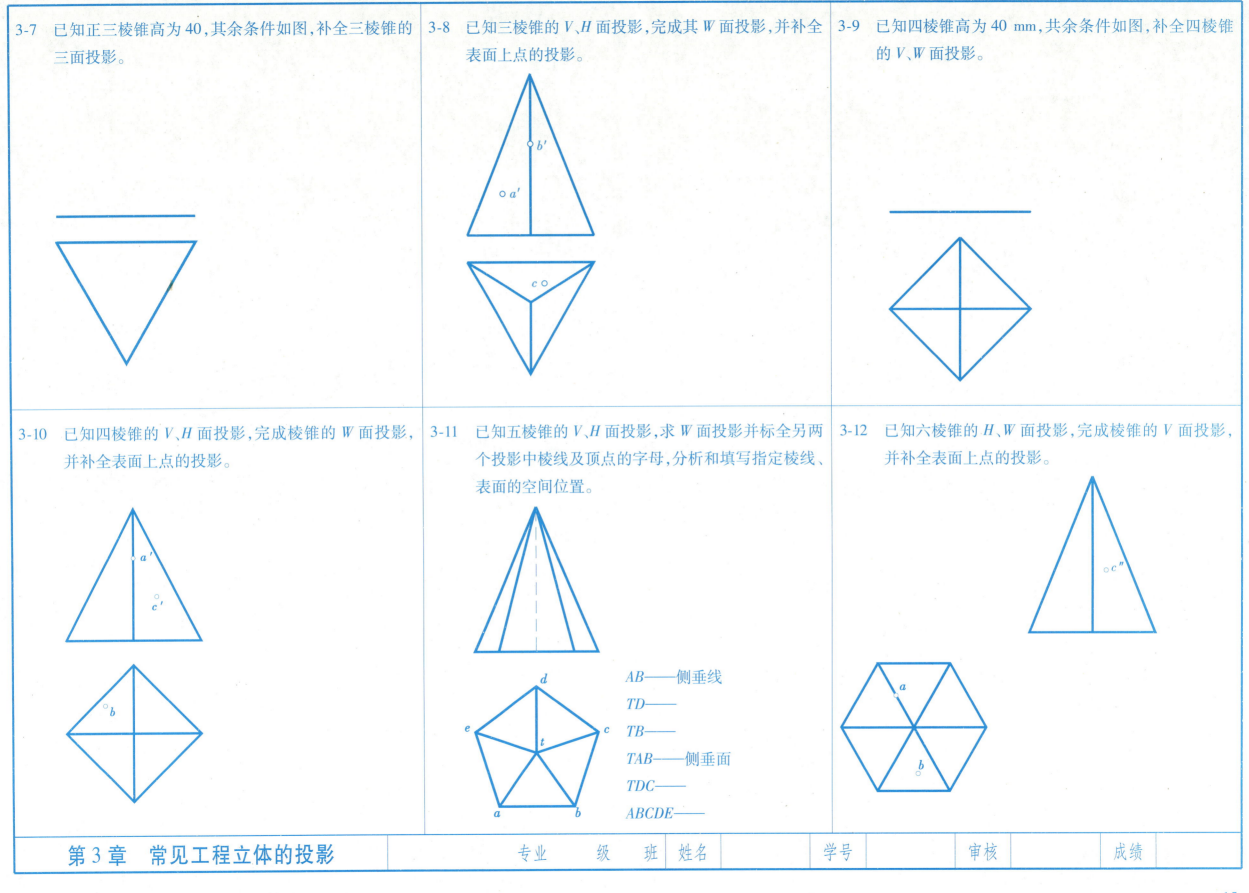

3-7　已知正三棱锥高为 40，其余条件如图，补全三棱锥的三面投影。

3-8　已知三棱锥的 *V*、*H* 面投影，完成其 *W* 面投影，并补全表面上点的投影。

3-9　已知四棱锥高为 40 mm，共余条件如图，补全四棱锥的 *V*、*W* 面投影。

3-10　已知四棱锥的 *V*、*H* 面投影，完成棱锥的 *W* 面投影，并补全表面上点的投影。

3-11　已知五棱锥的 *V*、*H* 面投影，求 *W* 面投影并标全另两个投影中棱线及顶点的字母，分析和填写指定棱线、表面的空间位置。

3-12　已知六棱锥的 *H*、*W* 面投影，完成棱锥的 *V* 面投影，并补全表面上点的投影。

AB——侧垂线

TD——

TB——

TAB——侧垂面

TDC——

ABCDE——

第 3 章　常见工程立体的投影

| 专　业 | | 级　班 | 姓　名 | | 学　号 | | 审　核 | | 成　绩 |

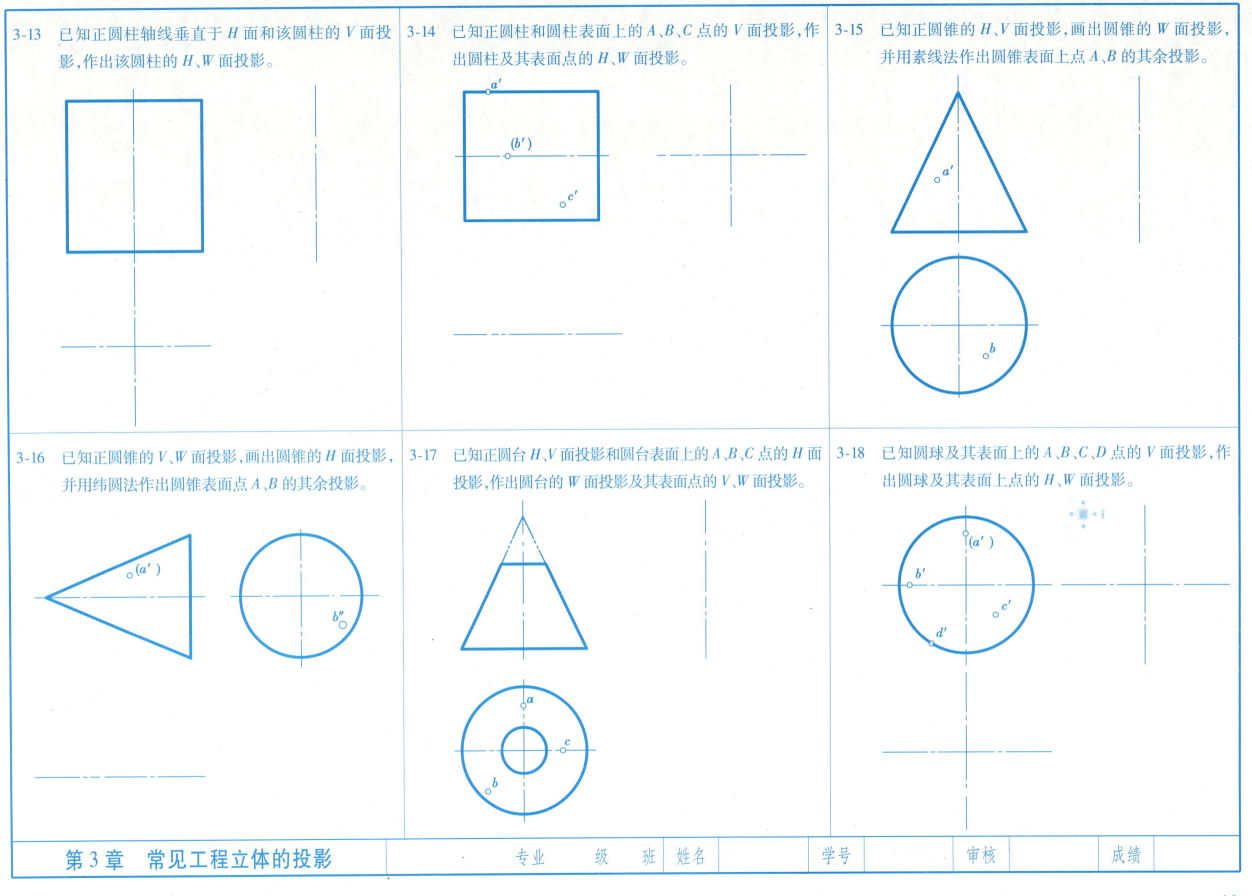

3-13 已知正圆柱轴线垂直于 H 面和该圆柱的 V 面投影,作出该圆柱的 H、W 面投影。

3-14 已知正圆柱和圆柱表面上的 A、B、C 点的 V 面投影,作出圆柱及其表面点的 H、W 面投影。

3-15 已知正圆锥的 H、V 面投影,画出圆锥的 W 面投影,并用素线法作出圆锥表面上点 A、B 的其余投影。

3-16 已知正圆锥的 V、W 面投影,画出圆锥的 H 面投影,并用纬圆法作出圆锥表面点 A、B 的其余投影。

3-17 已知正圆台 H、V 面投影和圆台表面上的 A、B、C 点的 H 面投影,作出圆台的 W 面投影及其表面点的 V、W 面投影。

3-18 已知圆球及其表面上的 A、B、C、D 点的 V 面投影,作出圆球及其表面上点的 H、W 面投影。

第 3 章　常见工程立体的投影　专业　级　班　姓名　学号　审核　成绩

16

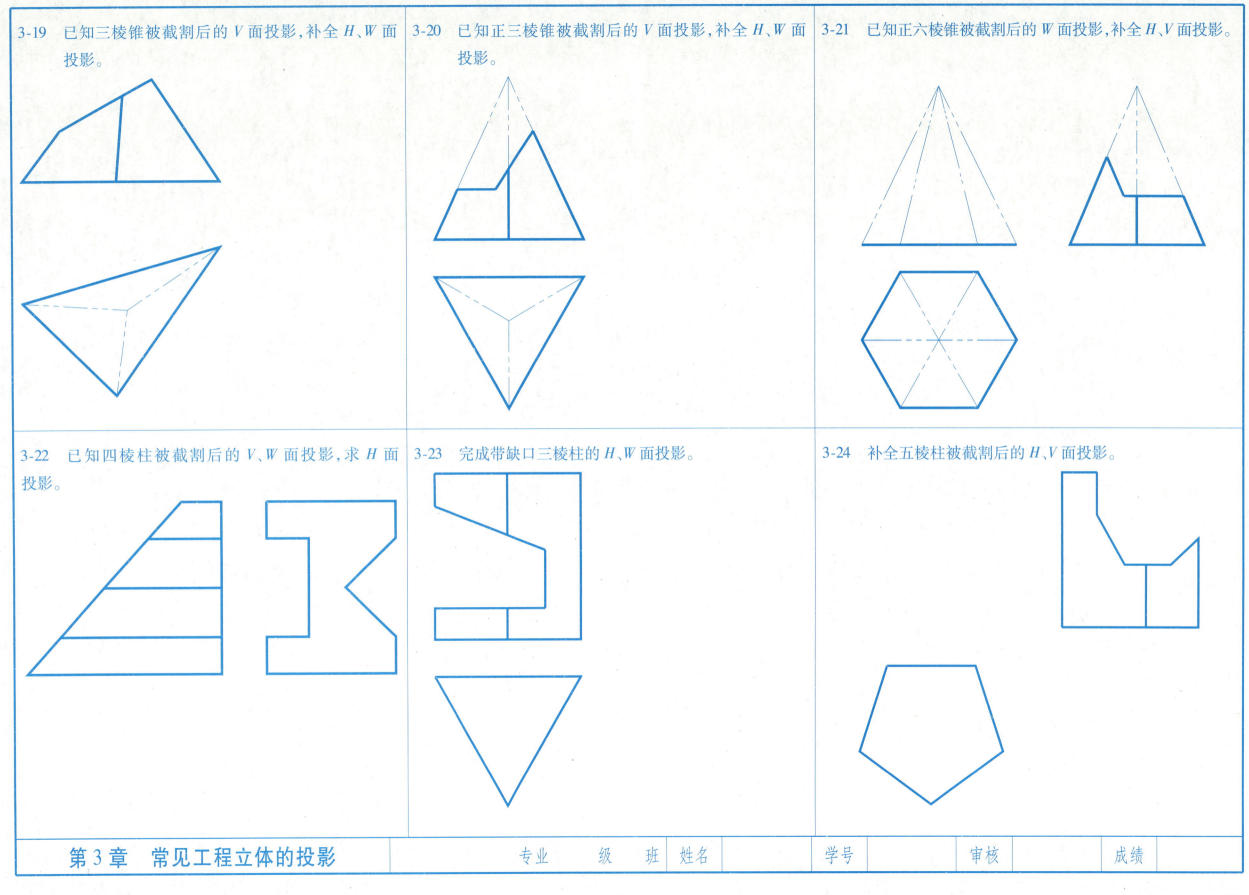

3-19 已知三棱锥被截割后的 V 面投影,补全 H、W 面投影。

3-20 已知正三棱锥被截割后的 V 面投影,补全 H、W 面投影。

3-21 已知正六棱锥被截割后的 W 面投影,补全 H、V 面投影。

3-22 已知四棱柱被截割后的 V、W 面投影,求 H 面投影。

3-23 完成带缺口三棱柱的 H、W 面投影。

3-24 补全五棱柱被截割后的 H、V 面投影。

第 3 章　常见工程立体的投影

专业　　级　班　姓名　　　学号　　　审核　　　成绩

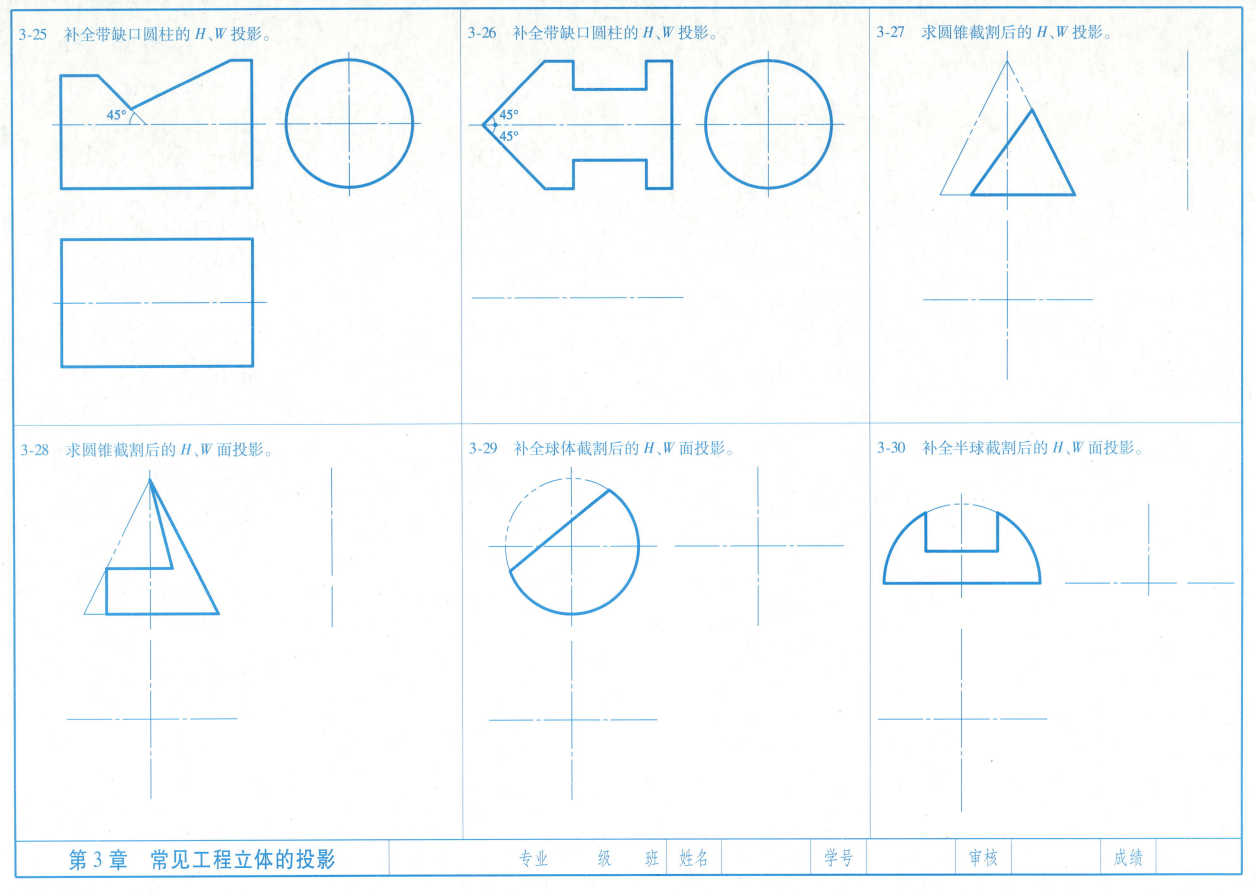

3-25 补全带缺口圆柱的 *H*、*W* 投影。

45°

3-26 补全带缺口圆柱的 *H*、*W* 投影。

45°
45°

3-27 求圆锥截割后的 *H*、*W* 投影。

3-28 求圆锥截割后的 *H*、*W* 面投影。

3-29 补全球体截割后的 *H*、*W* 面投影。

3-30 补全半球截割后的 *H*、*W* 面投影。

第 3 章　常见工程立体的投影

专业　级　班　姓名　学号　审核　成绩

3-31 已知同坡屋面的倾角及其同高檐线的平面图，完成屋面的三面投影图。

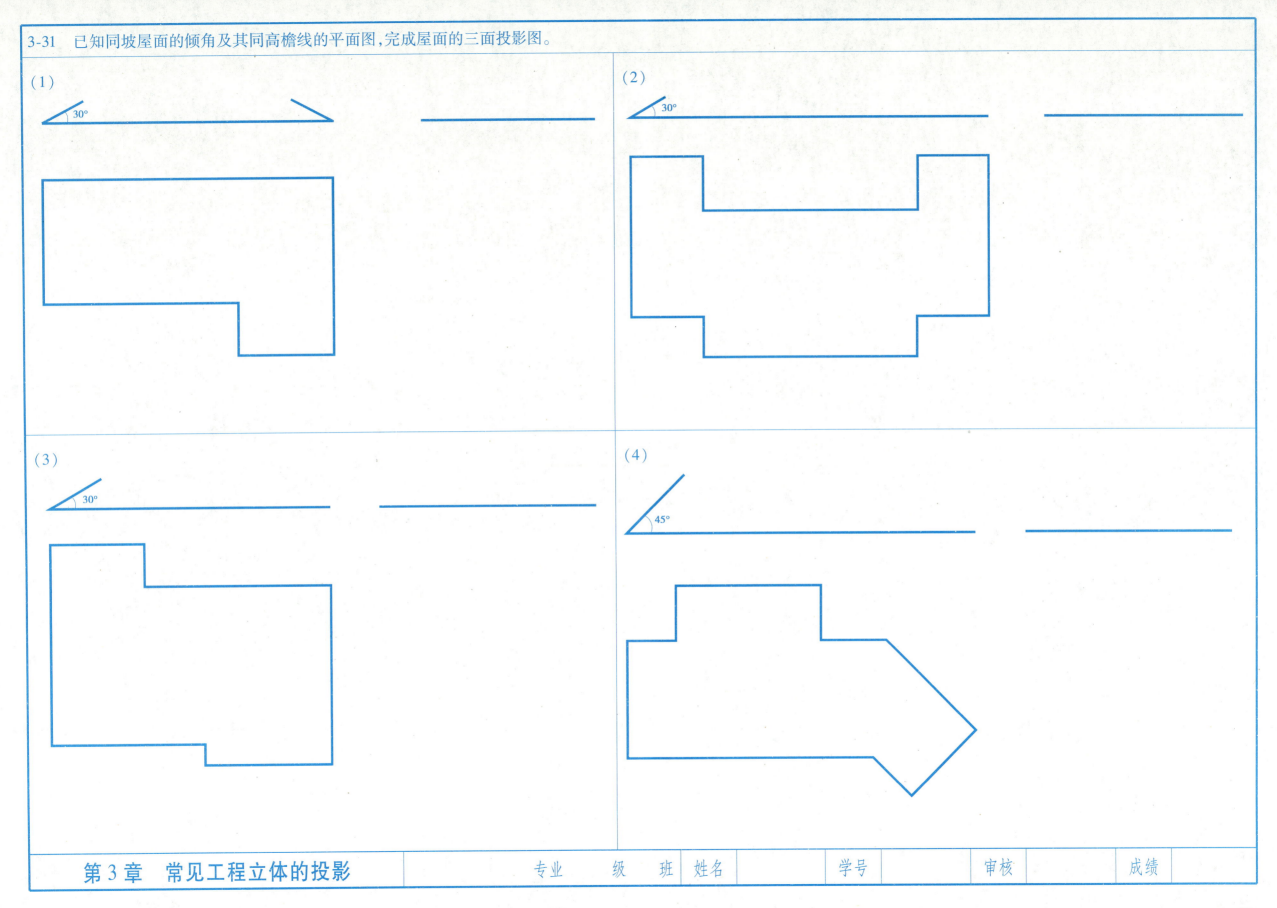

3-32 由组合体的轴测图画出其投影图。

画组合体投影图作业指示

一、目的：

　掌握组合体投影图的选择、画图方法及尺寸标注。

二、内容：

1. 由组合体的轴测图画其 H、V、W 投影图并标注尺寸。

2. 从本页所列的（1）—（4）题中选作两题，图号：js02、js03。

3. 图名：组合体投影图。

三、要求：

1. 每张 A3 幅（297 mm×420 mm）画一题，共两张，图纸横贴。

2. 比例：根据题目情况自选比例，合理布置图面。

3. 线型：同类图线规格一致（粗细、短线长度及间隔等），粗、中、细线型分明，图线标准粗度 b 为 0.8 ~ 1 mm。

4. 字体：图名字高 10 mm，姓名、专业名等说明文字高 5 mm，尺寸数字高 3 mm。书写前要轻画字格以控制汉字字高，或先轻画导线控制数字、字母的字高。

5. 图纸总要求：投影正确，布图匀称，图面整洁，线型清晰分明，尺寸标注正确，字体工整。

（1）
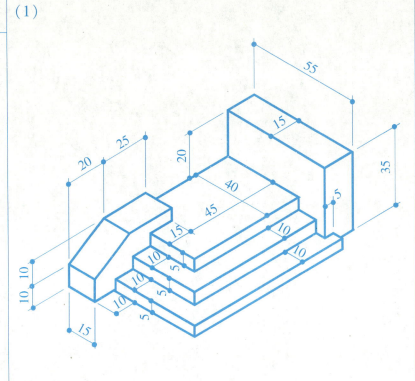

（2）
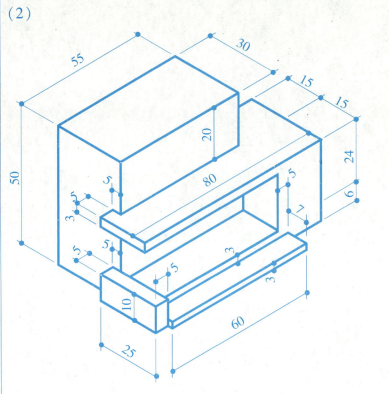

（3）
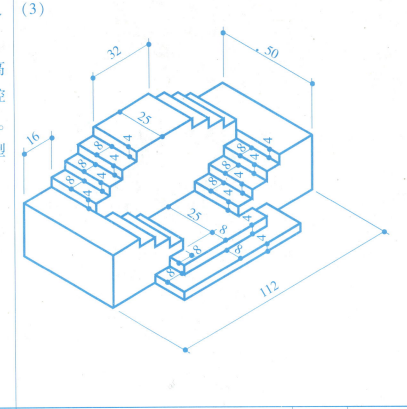

（4）
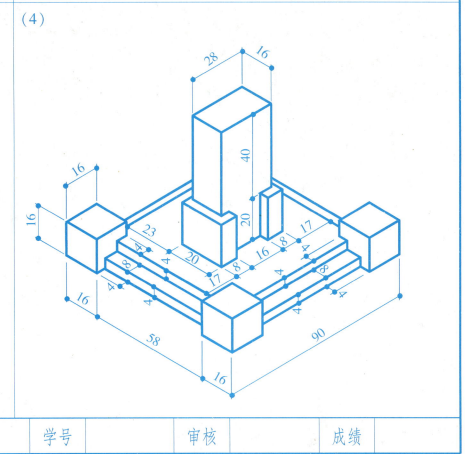

第 3 章　常见工程立体的投影	专　业	级	班	姓名	学号	审核	成绩

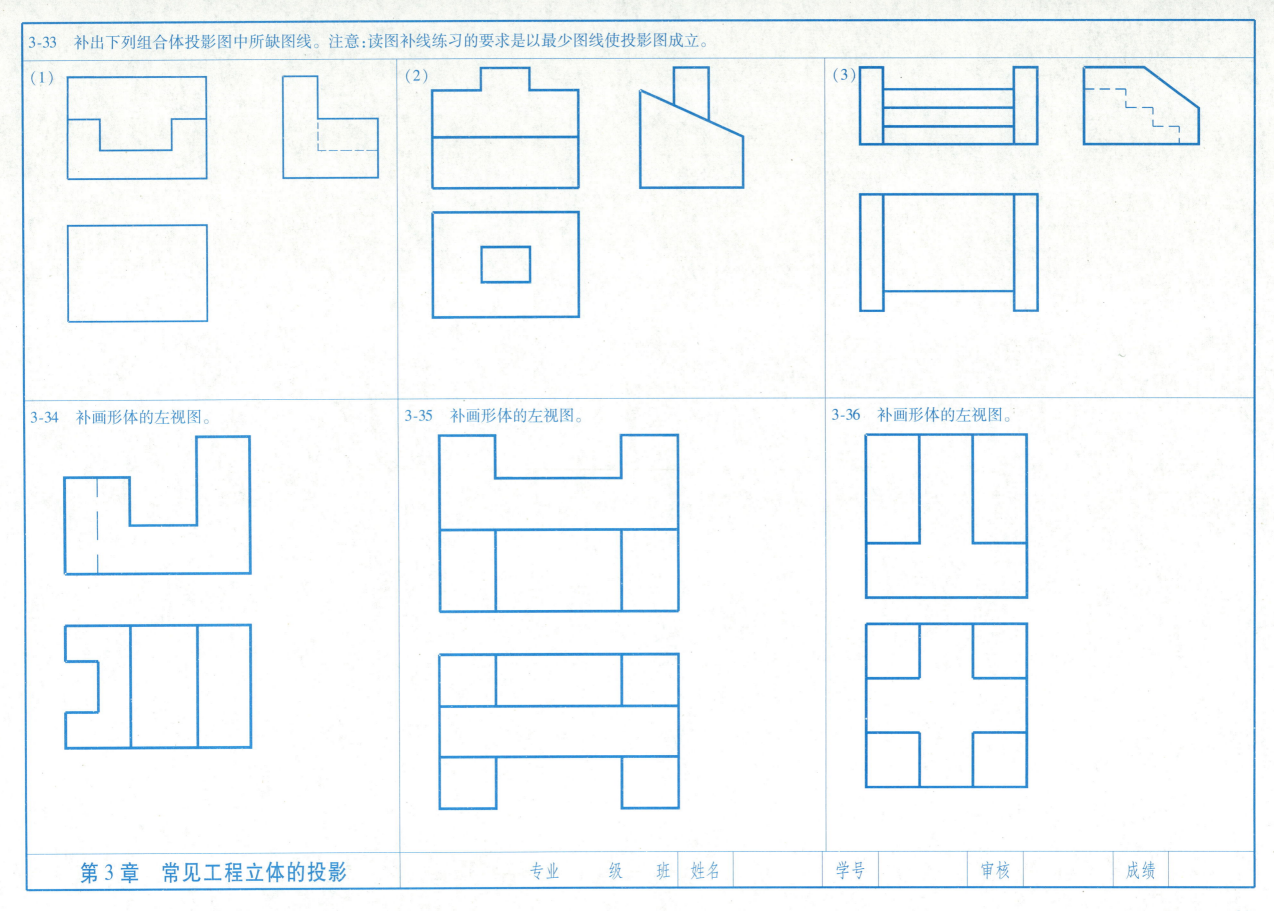

3-33 补出下列组合体投影图中所缺图线。注意:读图补线练习的要求是以最少图线使投影图成立。

(1)

(2)

(3)

3-34 补画形体的左视图。

3-35 补画形体的左视图。

3-36 补画形体的左视图。

第 3 章　常见工程立体的投影

专业　　级　班　姓名　　　学号　　　审核　　　成绩

4-1 作下列各形体的正等测图。

（1）

（2）

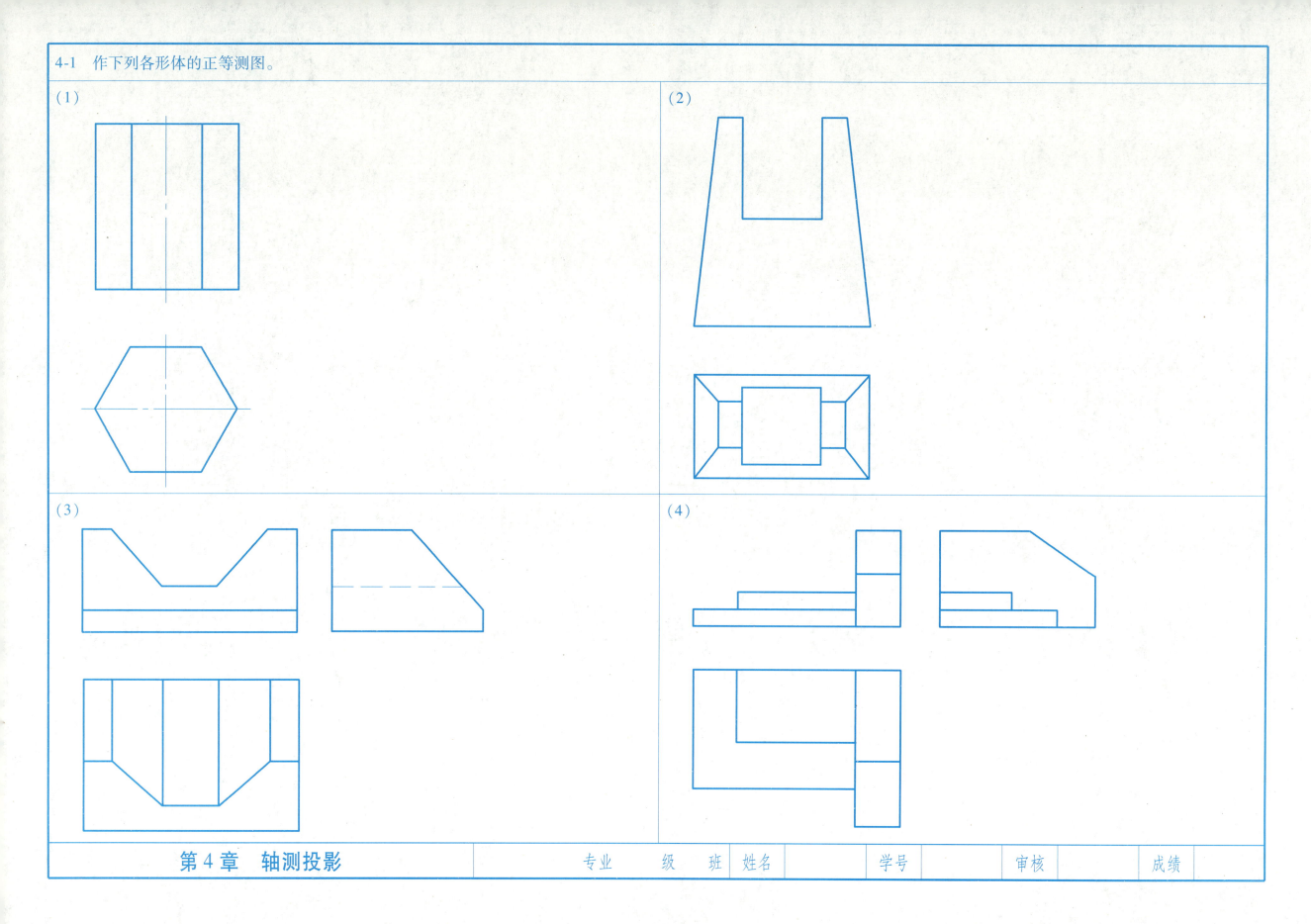

（3）

（4）

第4章 轴测投影 | 专业 级 班 姓名 | 学号 | 审核 | 成绩

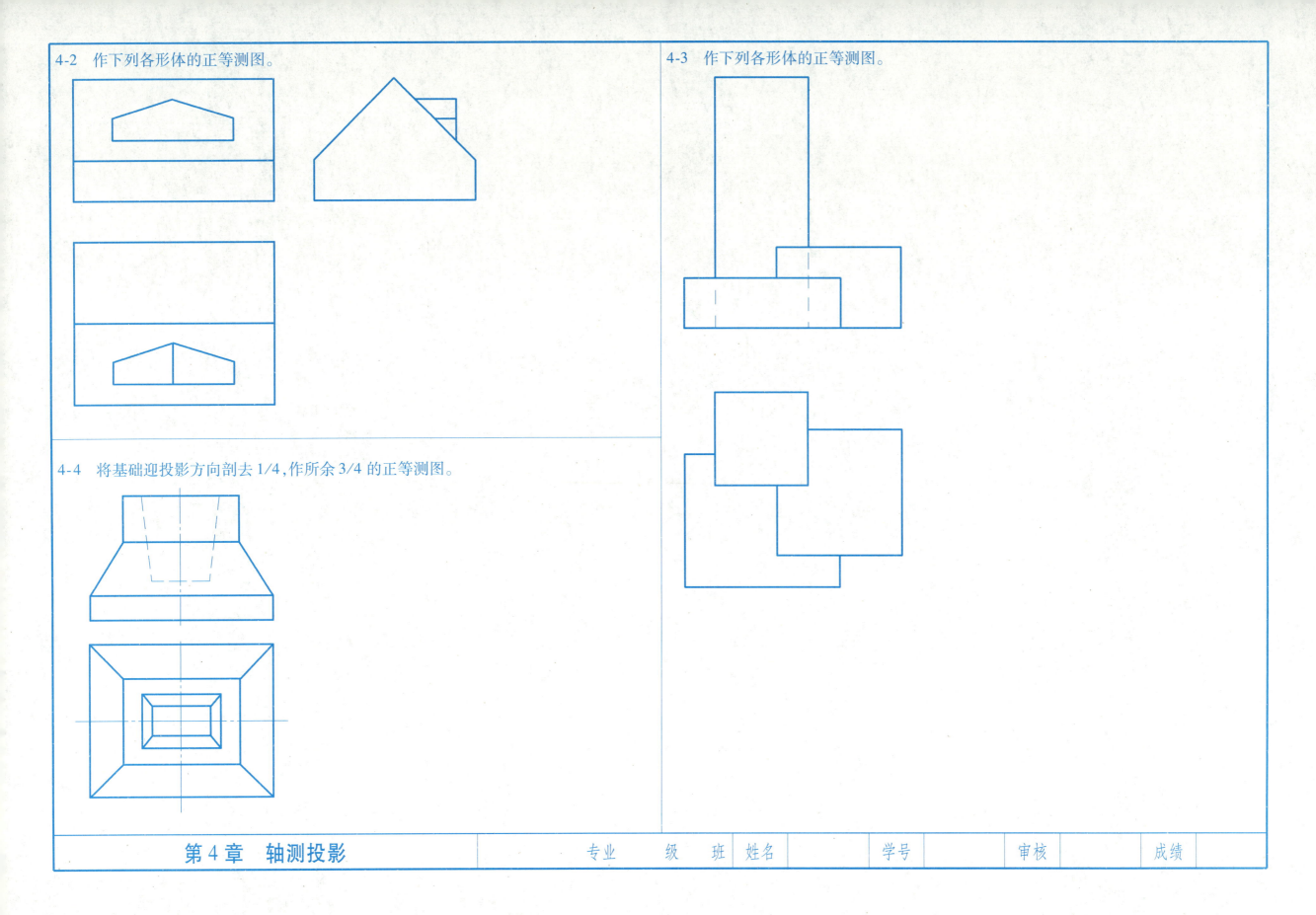

4-2 作下列各形体的正等测图。

4-3 作下列各形体的正等测图。

4-4 将基础迎投影方向剖去 1/4，作所余 3/4 的正等测图。

第 4 章　轴测投影		专业	级	班	姓名		学号		审核		成绩	

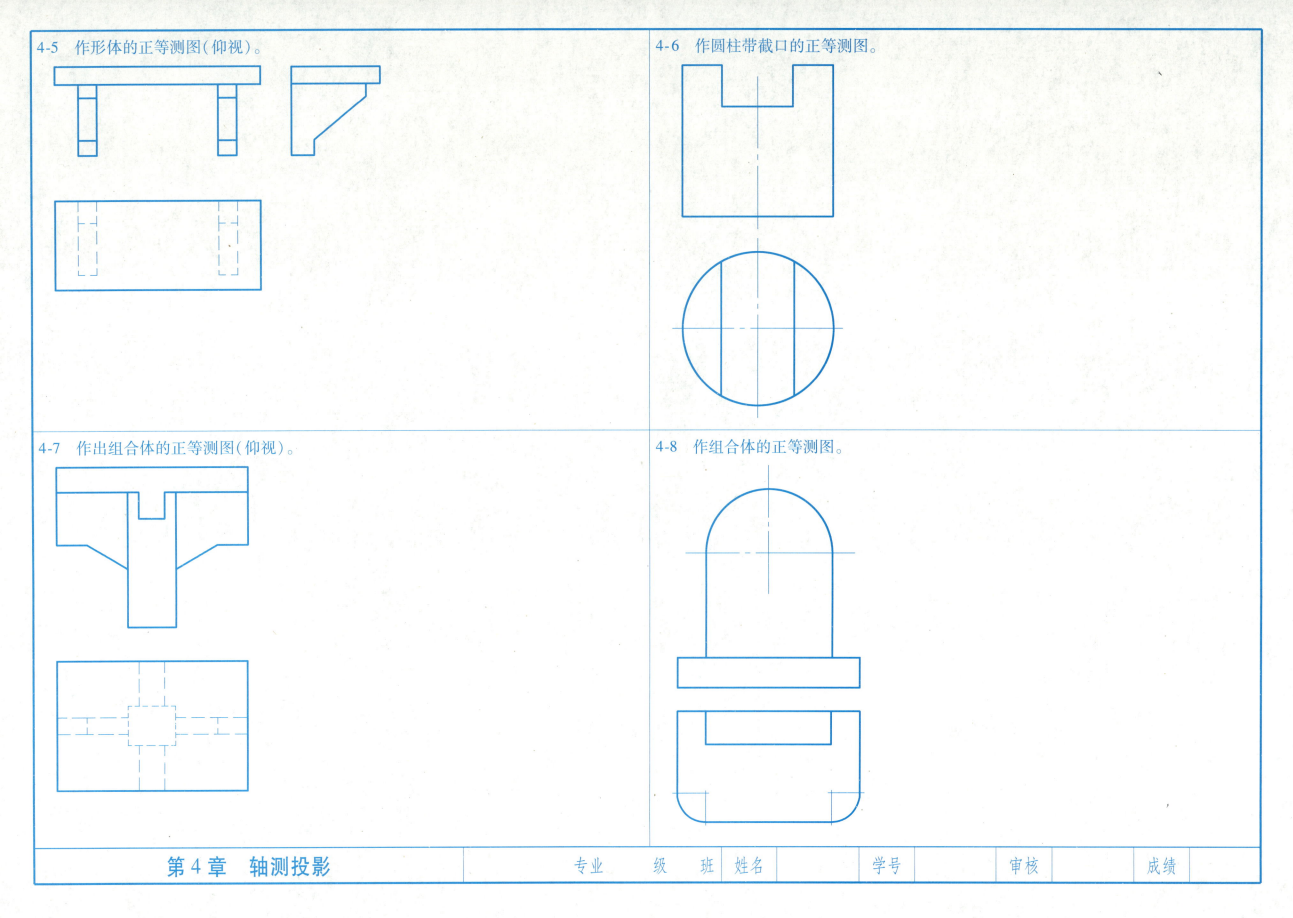

4-5 作形体的正等测图(仰视)。

4-6 作圆柱带截口的正等测图。

4-7 作出组合体的正等测图(仰视)。

4-8 作组合体的正等测图。

第4章 轴测投影

专业	级 班 姓名	学号	审核	成绩

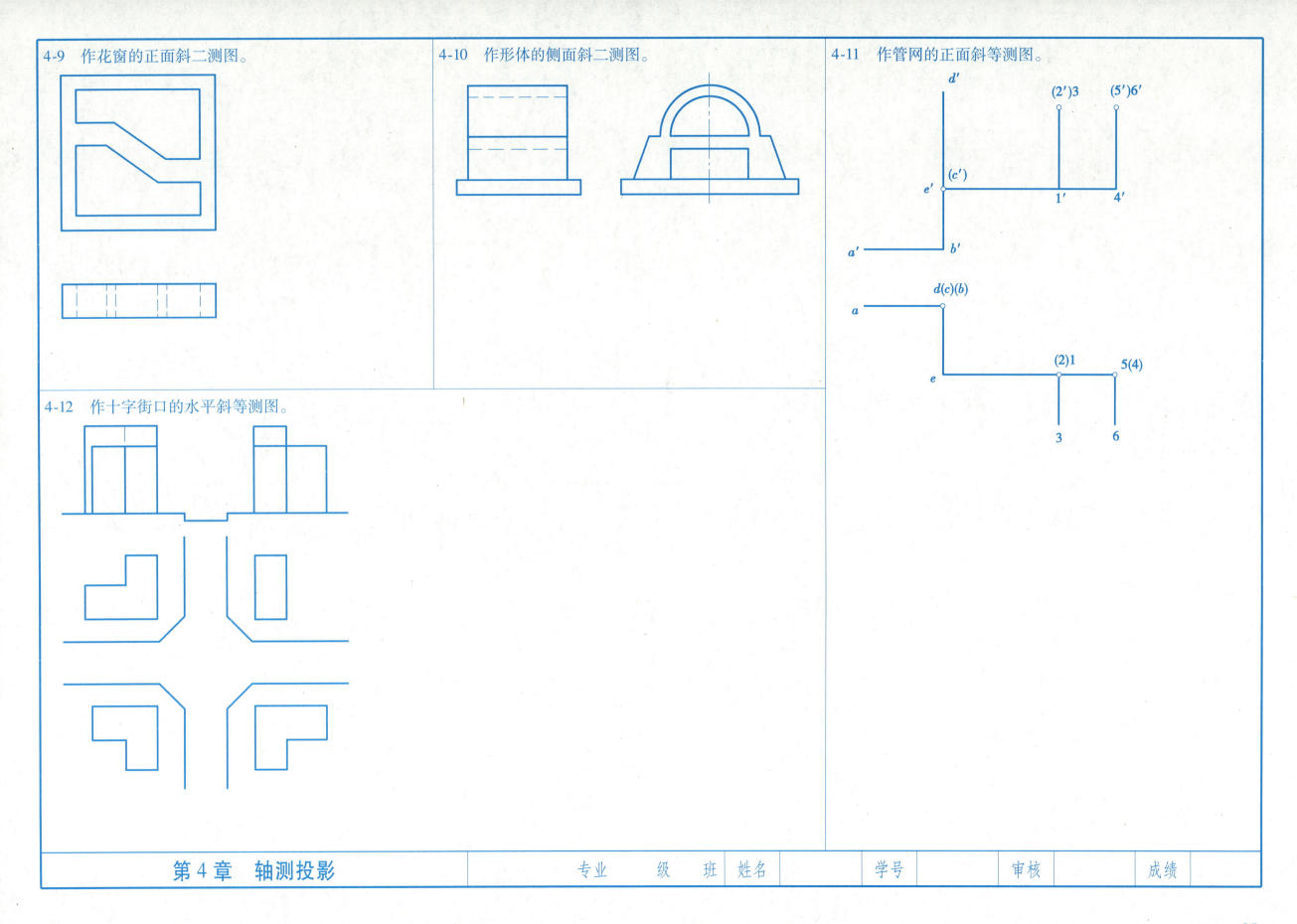

4-9 作花窗的正面斜二测图。

4-10 作形体的侧面斜二测图。

4-11 作管网的正面斜等测图。

4-12 作十字街口的水平斜等测图。

| 第4章 轴测投影 | 专业 | 级 班 | 姓名 | 学号 | 审核 | 成绩 |

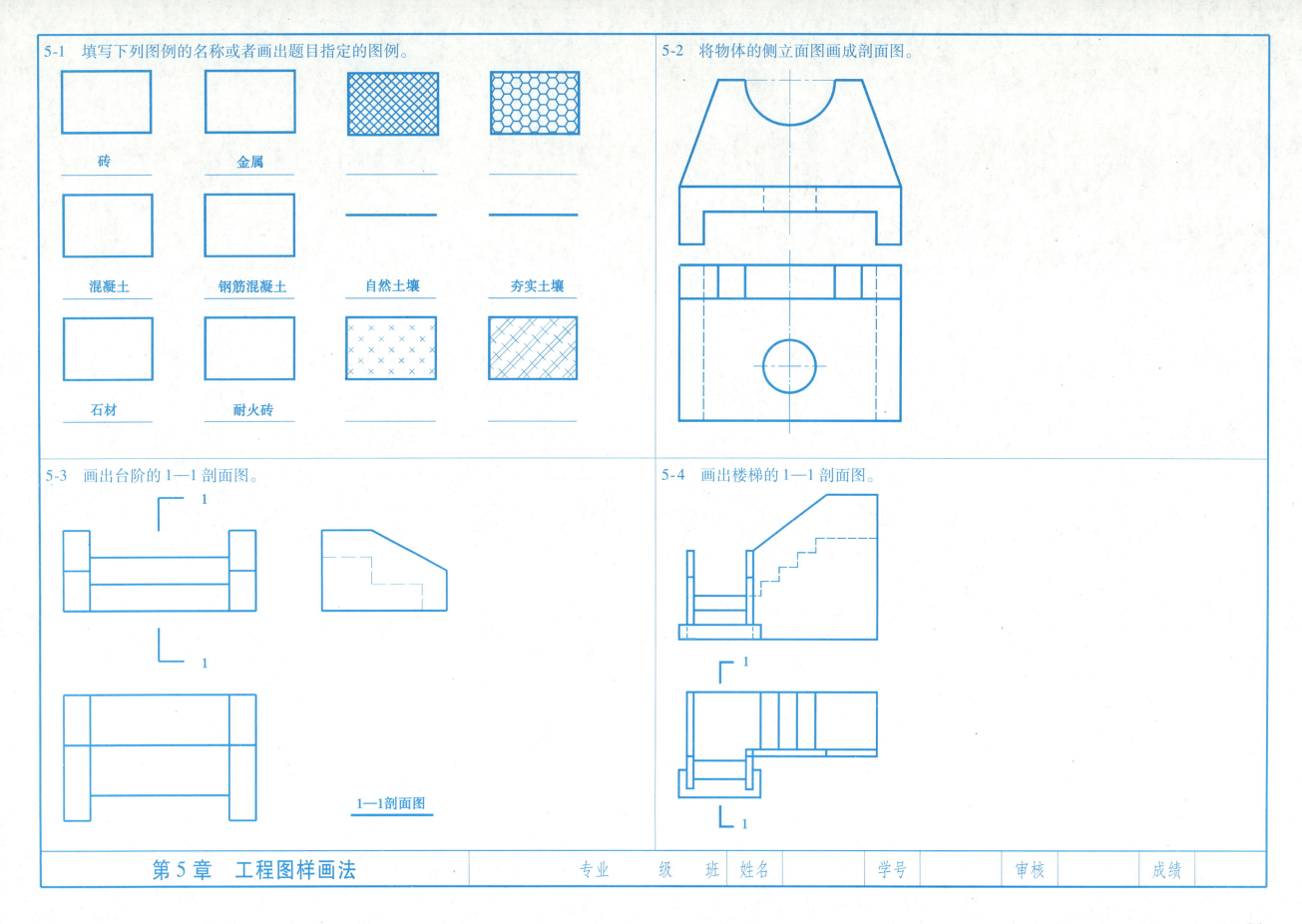

5-1 填写下列图例的名称或者画出题目指定的图例。

砖　　　　　金属

混凝土　　　钢筋混凝土　　　自然土壤　　　夯实土壤

石材　　　　耐火砖

5-2 将物体的侧立面图画成剖面图。

5-3 画出台阶的 1—1 剖面图。

1—1剖面图

5-4 画出楼梯的 1—1 剖面图。

第5章　工程图样画法　　　专业　级　班　姓名　　学号　　审核　　成绩

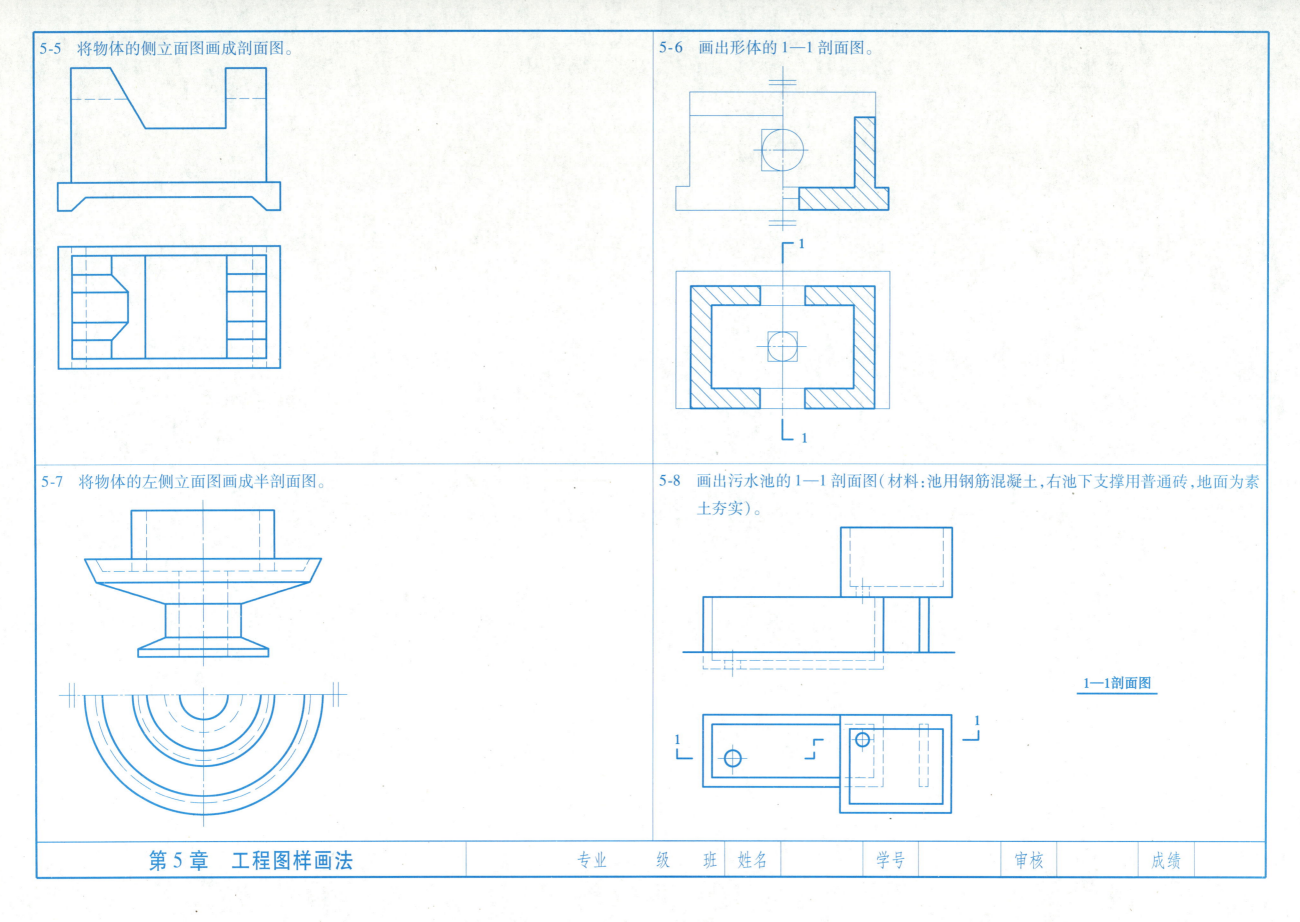

5-5 将物体的侧立面图画成剖面图。

5-6 画出形体的1—1剖面图。

5-7 将物体的左侧立面图画成半剖面图。

5-8 画出污水池的1—1剖面图(材料:池用钢筋混凝土,右池下支撑用普通砖,地面为素土夯实)。

1—1剖面图

第5章 工程图样画法	专业	级 班	姓名	学号	审核	成绩

5-9 已知台阶及门洞的 1—1 剖面图和正立面图,补画 2—2 剖面图。

5-10 画出钢筋混凝土肋形楼盖的 1—1 剖面图。

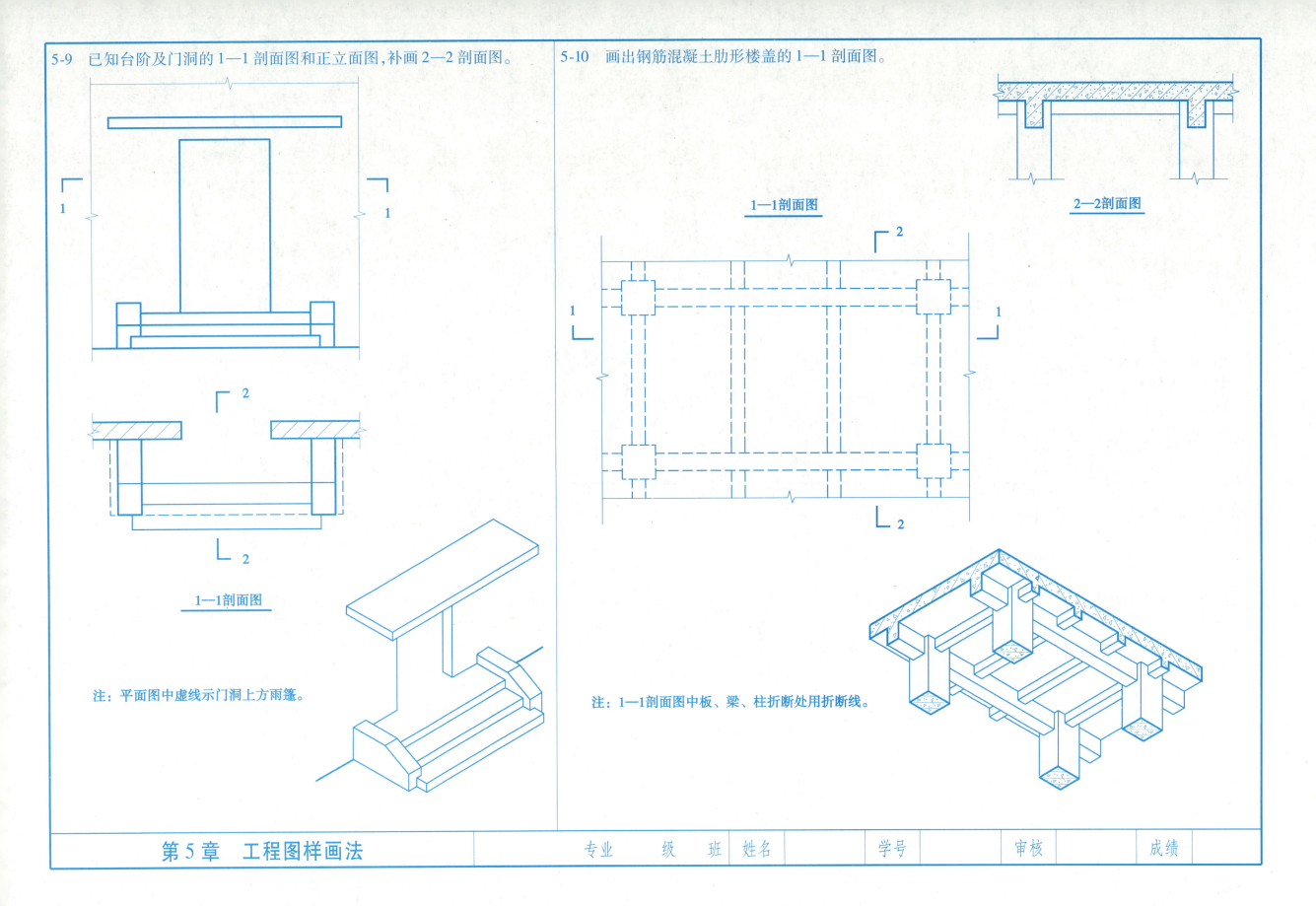

2—2剖面图

1—1剖面图

1—1剖面图

注:平面图中虚线示门洞上方雨篷。

注:1—1剖面图中板、梁、柱折断处用折断线。

第 5 章　工程图样画法	专业	级	班	姓名	学号	审核	成绩

5-11 作柱子的 1—1、2—2、3—3、4—4 断面图(材料:钢筋混凝土)。

5-12 作檩条的 1—1、2—2、3—3 断面图(材料:钢筋混凝土)。

5-13 画出屋架各指定的断面图(材料:钢筋混凝土)。

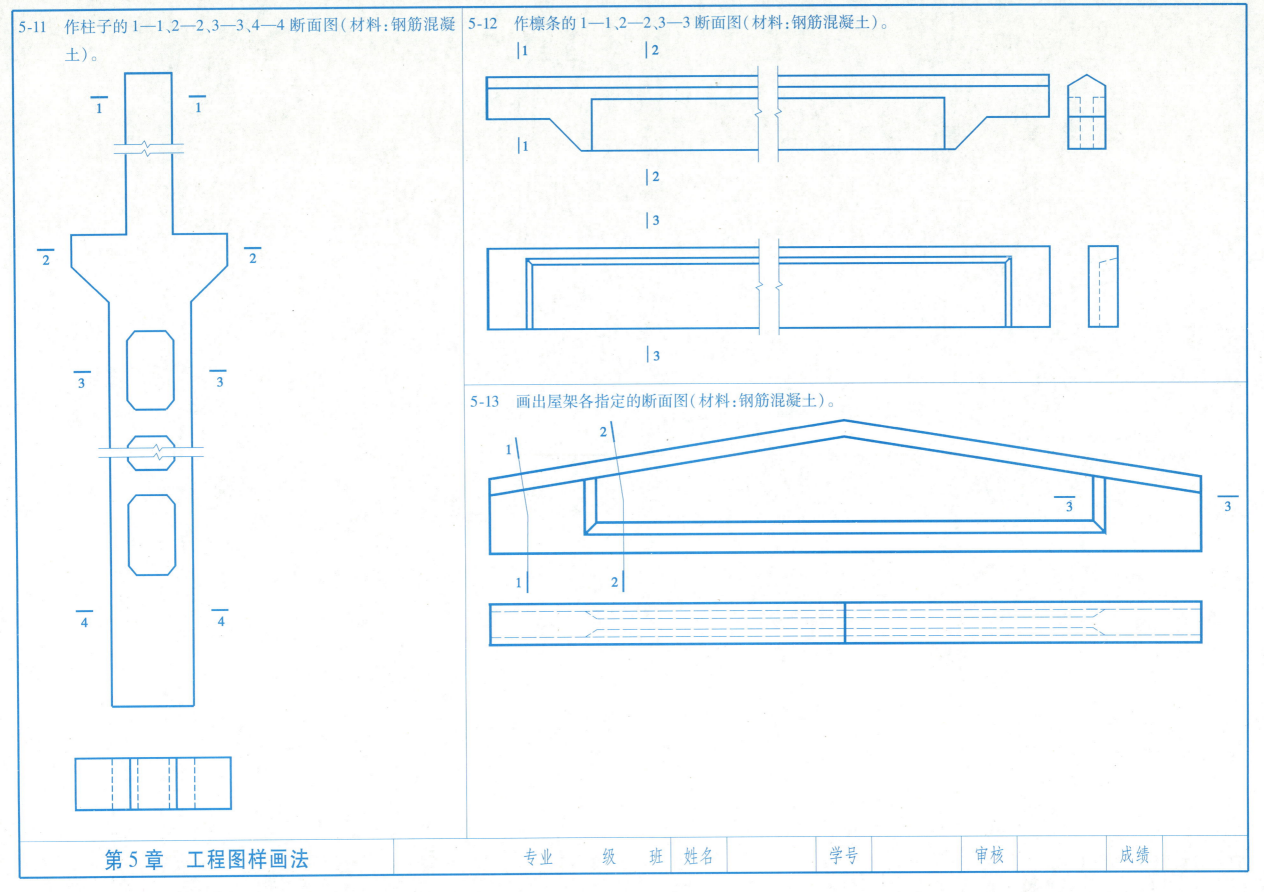

第 5 章 工程图样画法		专业	级	班	姓名	学号	审核	成绩

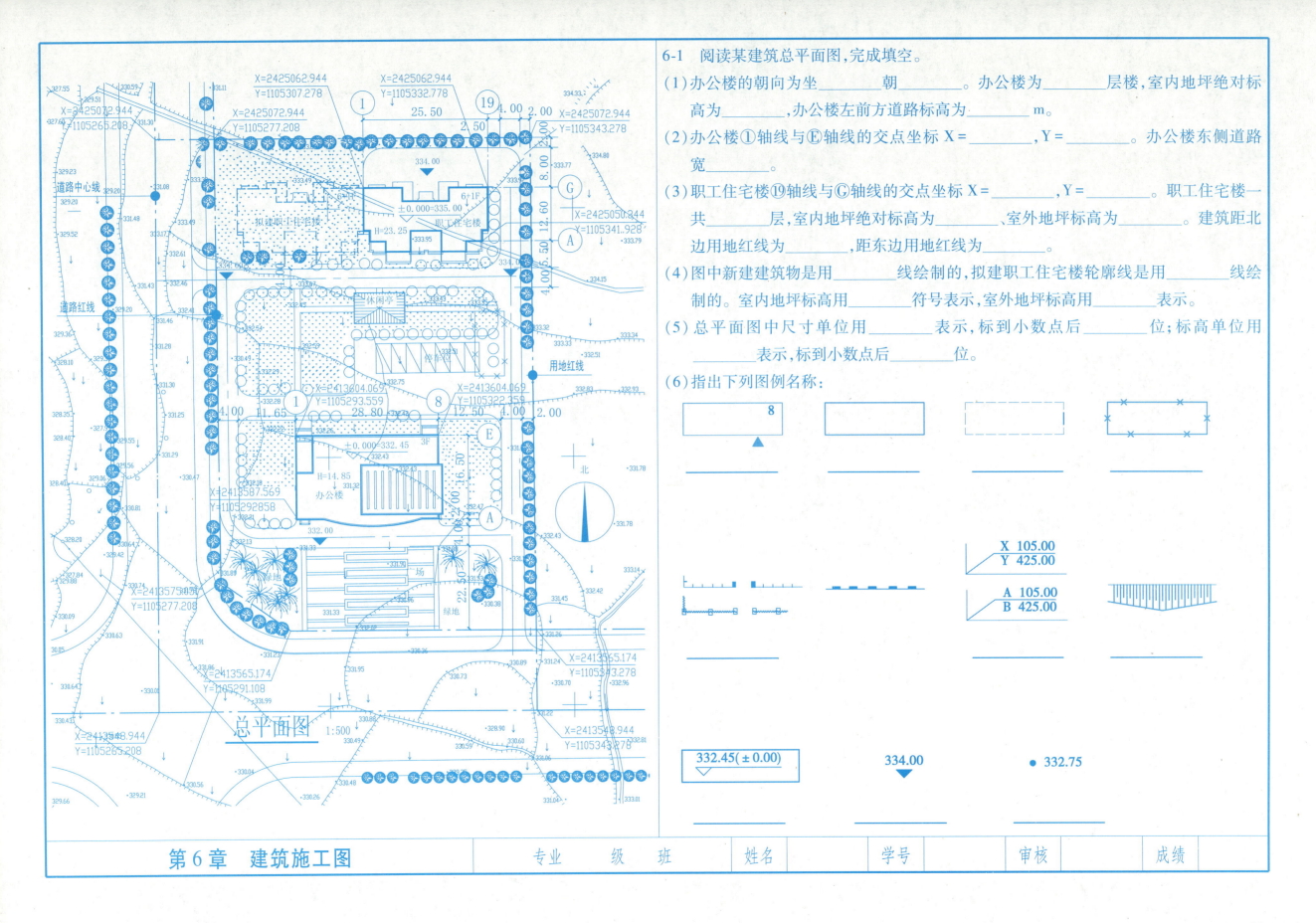

6-1 阅读某建筑总平面图,完成填空。

(1)办公楼的朝向为坐_____朝_____。办公楼为_____层楼,室内地坪绝对标高为_____,办公楼左前方道路标高为_____m。

(2)办公楼①轴线与Ⓔ轴线的交点坐标 X =_____, Y =_____。办公楼东侧道路宽_____。

(3)职工住宅楼⑲轴线与Ⓖ轴线的交点坐标 X =_____, Y =_____。职工住宅楼一共_____层,室内地坪绝对标高为_____、室外地坪标高为_____。建筑距北边用地红线为_____,距东边用地红线为_____。

(4)图中新建建筑物是用_____线绘制的,拟建职工住宅楼轮廓线是用_____线绘制的。室内地坪标高用_____符号表示,室外地坪标高用_____表示。

(5)总平面图中尺寸单位用_____表示,标到小数点后_____位;标高单位用_____表示,标到小数点后_____位。

(6)指出下列图例名称:

第6章 建筑施工图	专业 级 班	姓名	学号	审核	成绩

6-2 底层平面图的识图

阅读某职工住宅楼一层平面图。住宅楼入口门厅的地面标高比底层室内地坪标高低 900 mm,卫生间地面比相邻其他房间地面低 60 mm;客厅内每级踏步高为 150 mm。完成下列问题:

①请在图中补全定位轴线编号。

②请补全室内主卧室地坪标高和入口处楼梯间内以及主卧室卫生间地坪的标高。

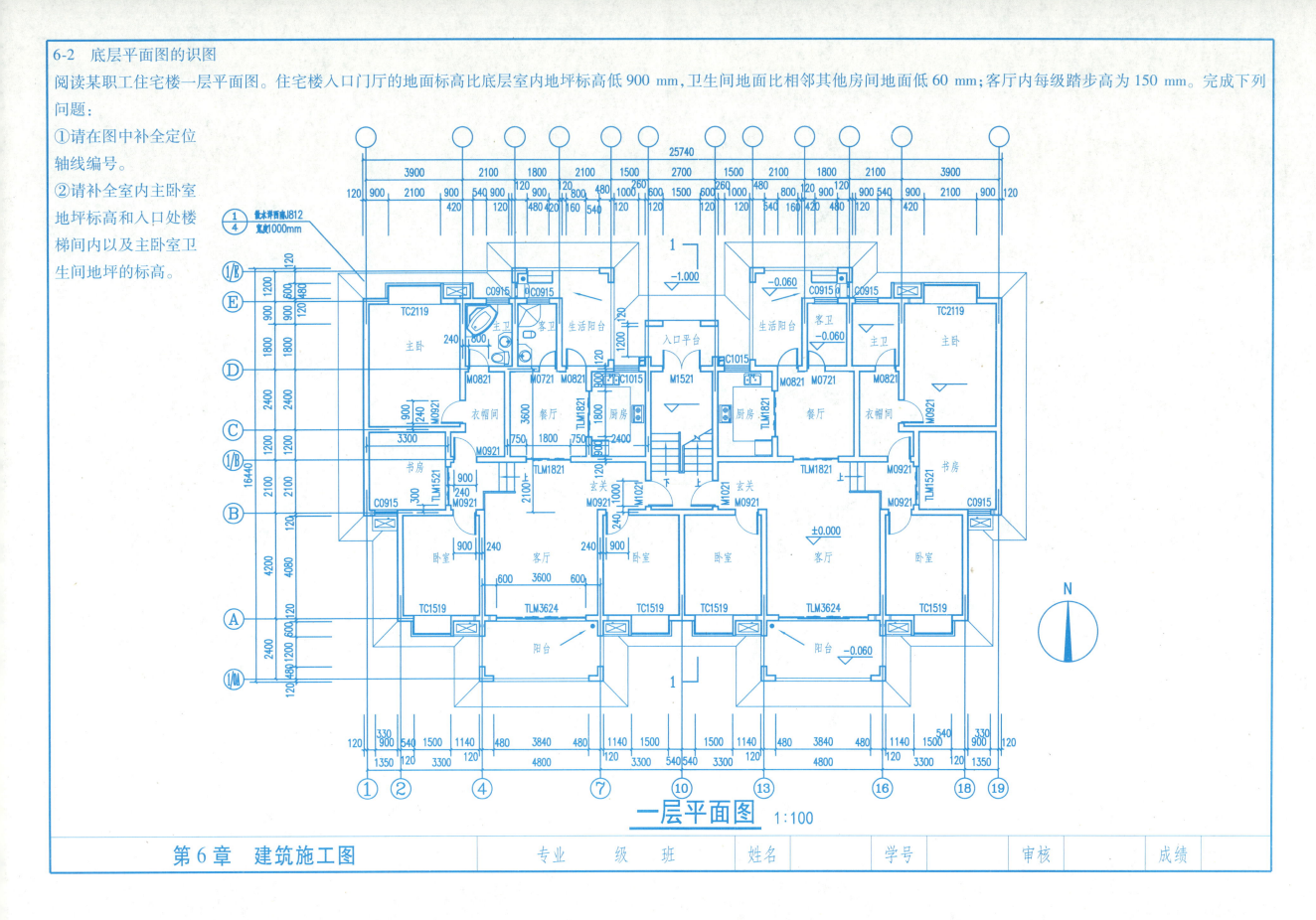

一层平面图 1:100

第6章 建筑施工图	专业 级 班	姓名	学号	审核	成绩

6-3　建筑平面图的识图与绘制

(1)阅读下页某职工住宅楼标准层平面图。客厅标高已标注,主卧室地面比客厅高 450 mm。阳台、卫生间地面比与之相邻房间地面低 60 mm。回答下列问题:

①请在图中补全定位轴线编号。

②请补全主卧室、卫生间、外阳台地坪标高。

③补全图中所缺尺寸。

④主卧室的开间尺寸为_____mm,进深尺寸为_____mm,净面积_____m²;主卧室卫生间的开间尺寸为_____mm;进深尺寸为_____mm;楼梯间的开间尺寸为_____mm,进深尺寸为_____mm。

⑤该职工住宅楼的外墙墙厚为_____mm;入户门宽为_____mm,高_____mm;客厅出阳台门宽_____mm;高_____mm;客厅卫生间门宽_____mm;高_____mm,卫生间窗宽_____mm,高_____mm。

(2)建筑平面图的绘制

①目的:

● 熟悉建筑平面图的内容和一般表达方法。

● 通过作业掌握绘制建筑平面图的步骤和方法。

②内容:

将下页图所示的某职工住宅楼标准层平面图绘制成二层平面图。

③要求:

● 图纸:A2 图幅。图标格式按各校规定绘制。

● 比例:1：100。图中未标注细部尺寸可参考住宅使用功能自己设计或按比例在图中量取。

● 图名:二层平面图。

● 图线:线宽组粗、中、细线分别取 0.8 ~ 1.0 mm、0.4 ~ 0.5 mm、0.2 ~ 0.25 mm。

● 字体:长仿宋体。

● 作图准确、线型分明、尺寸标注无误、字体端正、图面整洁。

第 6 章　建筑施工图	专业	级 班	姓名	学号	审核	成绩

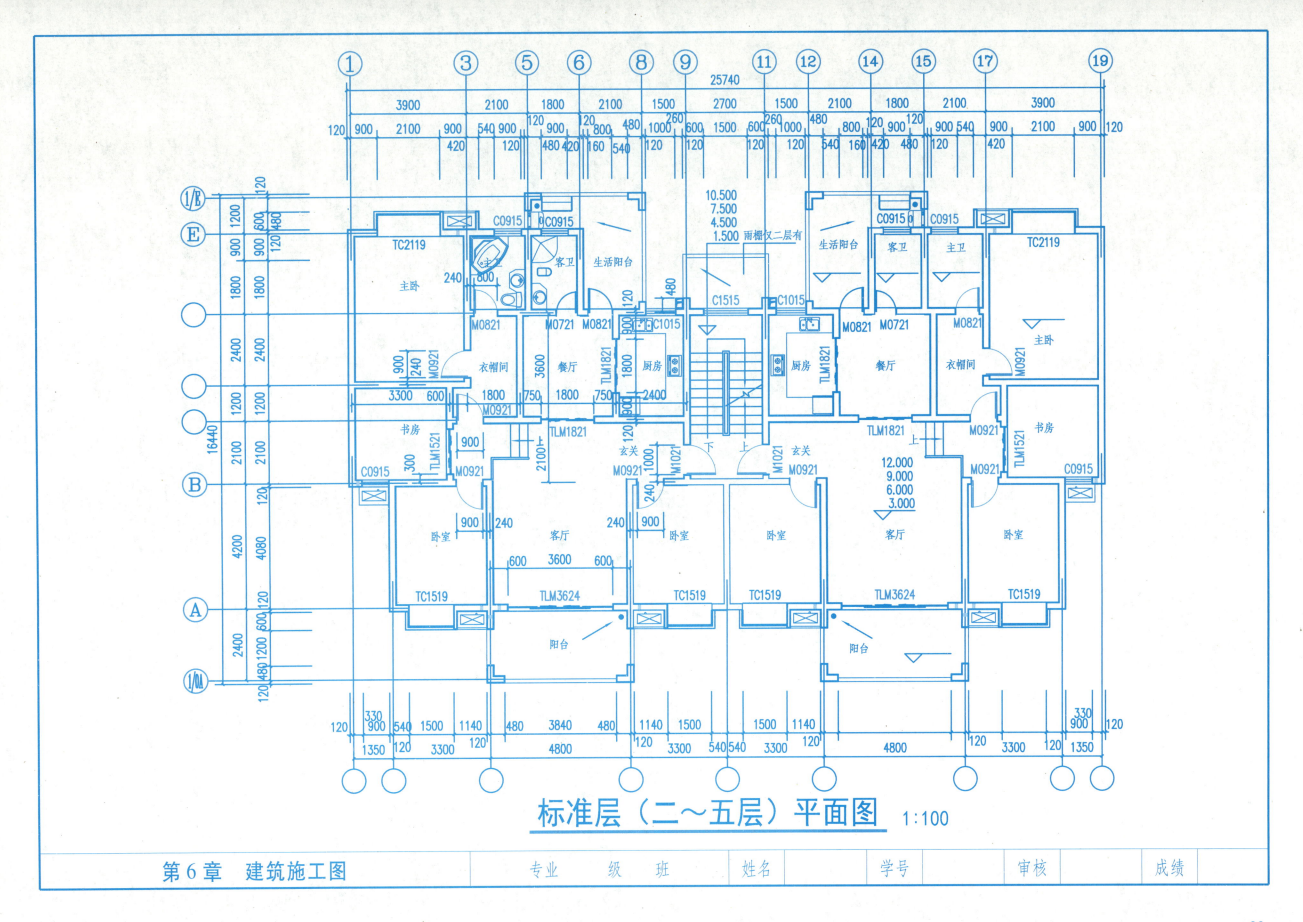

标准层（二～五层）平面图 1:100

| 第6章 建筑施工图 | 专业 | 级 班 | 姓名 | 学号 | 审核 | 成绩 |

6-4　建筑立面图的识图与绘制

（1）建筑立面图的识图

①该立面图的线宽要求是：绘制室外地平线用_____线,绘制立面图外轮廓线用_____线,绘制窗台、凸窗、雨篷等凸出墙面构件的投影线等用_____线，绘制尺寸线等用_____线。

②该职工住宅楼共_____层楼，各层层高为_____m,建筑总高度为_____m。五楼卧室凸窗窗台(结合本习题集上6-4页的标准层平面图卧室位置读图)标高_____m,窗顶标高_____m。

③从该立面图可以看到,屋顶为_____屋顶形式,六层以上外墙面贴面材料为_____;五楼及以下各层凸窗旁的百叶窗材料为_____。

（2）建筑立面图的绘制

①目的：

• 熟悉建筑立面图的内容和一般表达方法。

• 通过作业掌握绘制建筑立面图的步骤和方法。

②内容：

抄绘下页图所示职工住宅楼①—⑲立面图。

③要求：

• 图纸：A2 图幅。

• 比例：1∶100。图中未标注的细部尺寸可参考住宅使用功能自己设计或参考标准层平面图上相关内容按比例在图中量取。

• 图线：线宽组加粗、粗、中、细线分别取 1.5～2.0 mm、0.8～1.0 mm、0.4～0.5 mm、0.2～0.25 mm。

• 字体：长仿宋体。

• 作图准确、线型分明、尺寸标注无误、字体端正、图面整洁。

第 6 章　建筑施工图	专　业	级　班	姓　名		学　号		审核		成绩	

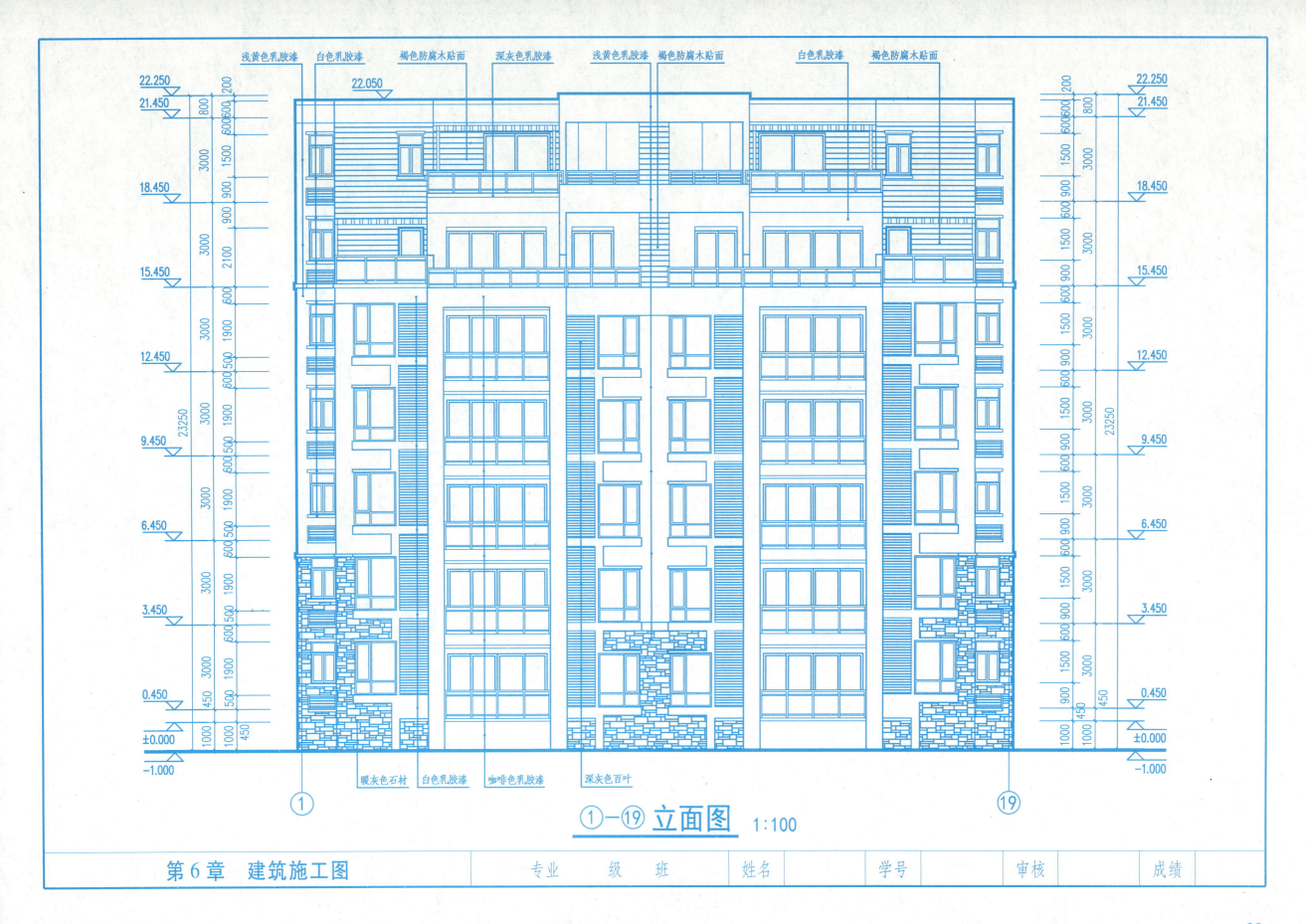

浅黄色乳胶漆　白色乳胶漆　褐色防腐木贴面　深灰色乳胶漆　浅黄色乳胶漆　褐色防腐木贴面　白色乳胶漆　褐色防腐木贴面

22.250
21.450
22.050
18.450
15.450
12.450
9.450
6.450
3.450
0.450
±0.000
−1.000

22.250
21.450
18.450
15.450
12.450
9.450
6.450
3.450
0.450
±0.000
−1.000

暖灰色石材　白色乳胶漆　咖啡色乳胶漆　深灰色百叶

①　⑲

①—⑲ 立面图　1:100

第6章　建筑施工图　｜　专　业　级　班　｜　姓　名　｜　学　号　｜　审　核　｜　成　绩

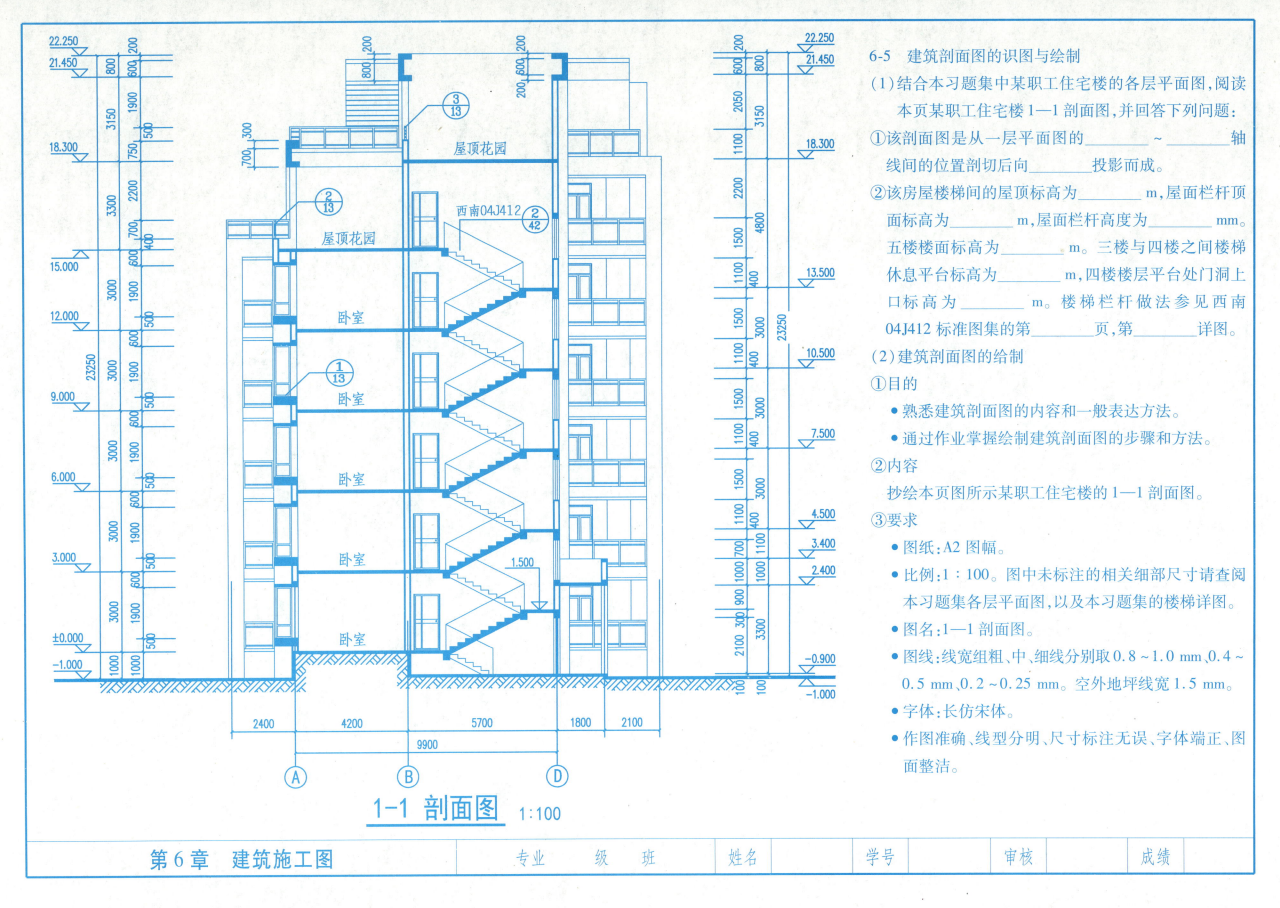

1-1 剖面图 1:100

(1)结合本习题集中某职工住宅楼的各层平面图,阅读本页某职工住宅楼 1—1 剖面图,并回答下列问题:

①该剖面图是从一层平面图的_____ ～ _____轴线间的位置剖切后向_____投影而成。

②该房屋楼梯间的屋顶标高为_____ m,屋面栏杆顶面标高为_____ m,屋面栏杆高度为_____ mm。五楼楼面标高为_____ m。三楼与四楼之间楼梯休息平台标高为_____ m,四楼楼层平台处门洞上口标高为_____ m。楼梯栏杆做法参见西南 04J412 标准图集的第_____页,第_____详图。

(2)建筑剖面图的给制

①目的
 • 熟悉建筑剖面图的内容和一般表达方法。
 • 通过作业掌握绘制建筑剖面图的步骤和方法。

②内容
 抄绘本页图所示某职工住宅楼的 1—1 剖面图。

③要求
 • 图纸:A2 图幅。
 • 比例:1:100。图中未标注的相关细部尺寸请查阅本习题集各层平面图,以及本习题集的楼梯详图。
 • 图名:1—1 剖面图。
 • 图线:线宽组粗、中、细线分别取 0.8～1.0 mm、0.4～0.5 mm、0.2～0.25 mm。空外地坪线宽 1.5 mm。
 • 字体:长仿宋体。
 • 作图准确、线型分明、尺寸标注无误、字体端正、图面整洁。

第6章　建筑施工图	专　业	级　　班	姓名	学号	审核	成绩

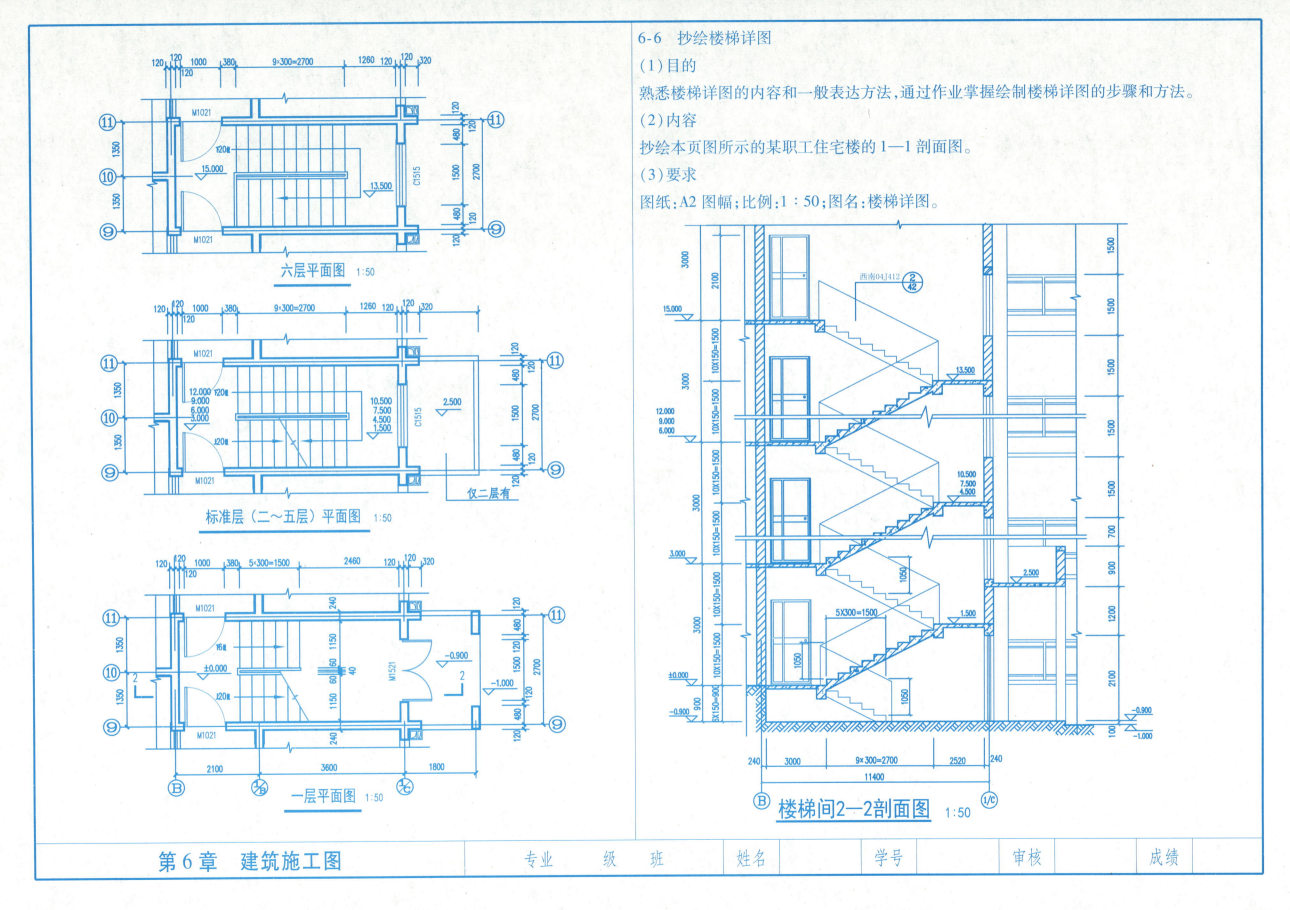

6-6　抄绘楼梯详图

（1）目的

熟悉楼梯详图的内容和一般表达方法，通过作业掌握绘制楼梯详图的步骤和方法。

（2）内容

抄绘本页图所示的某职工住宅楼的1—1剖面图。

（3）要求

图纸：A2图幅；比例：1∶50；图名：楼梯详图。

六层平面图　1:50

标准层（二～五层）平面图　1:50

一层平面图　1:50

楼梯间2—2剖面图　1:50

第6章　建筑施工图	专业　级　班	姓名	学号	审核	成绩

7-1　填空题：

(1)建筑结构是指＿＿＿＿＿＿＿＿＿＿＿＿＿＿＿＿＿＿＿＿＿＿＿＿＿＿＿＿＿的空间受力体系。＿＿＿＿＿＿＿＿＿＿＿＿＿＿称为"结构构件"。

(2)结构施工图是表达建筑物＿＿＿＿＿＿＿＿＿＿＿＿＿＿＿＿＿＿＿＿＿＿＿的施工图,简称为＿＿＿＿＿＿。它是建筑工程＿＿＿＿＿＿＿＿＿＿＿＿＿＿＿＿＿＿＿＿＿的重要依据。

(3)写出下列常用构件代号：

　　　板＿＿＿＿,空心板＿＿＿＿,楼梯板＿＿＿＿,梁＿＿＿,框架梁＿＿＿＿,屋面框架梁＿＿＿＿,过梁＿＿＿＿,圈梁＿＿＿＿,基础梁＿＿＿＿,楼梯梁＿＿＿＿,基础＿＿＿＿,柱＿＿＿＿,构造柱＿＿＿＿,框架柱＿＿＿＿。

(4)钢筋混凝土构件是由＿＿＿＿和＿＿＿＿两种材料组成的。

(5)构件中的钢筋按其所起的作用可分为＿＿＿＿、＿＿＿＿、＿＿＿＿、＿＿＿＿和＿＿＿＿。

(6)写出以下钢筋符号：HPB235＿＿＿＿、HRB335＿＿＿＿、HRB400＿＿＿＿、HRB500＿＿＿＿。

(7)"2ϕ14"表示＿＿＿＿根直径为＿＿＿＿的＿＿＿＿级钢筋。

(8)"ϕ6@200"表示直径为＿＿＿＿的钢筋,间距为＿＿＿＿均匀分布。

(9)阅读右图：

①号钢筋直径为＿＿＿＿mm,共＿＿＿＿根,位于梁的＿＿＿＿；

②号钢筋直径为＿＿＿＿mm,共＿＿＿＿根,位于梁的＿＿＿＿；

③号钢筋是双肢箍筋,直径为＿＿＿＿mm,沿梁纵向布置,间距为＿＿＿＿mm。

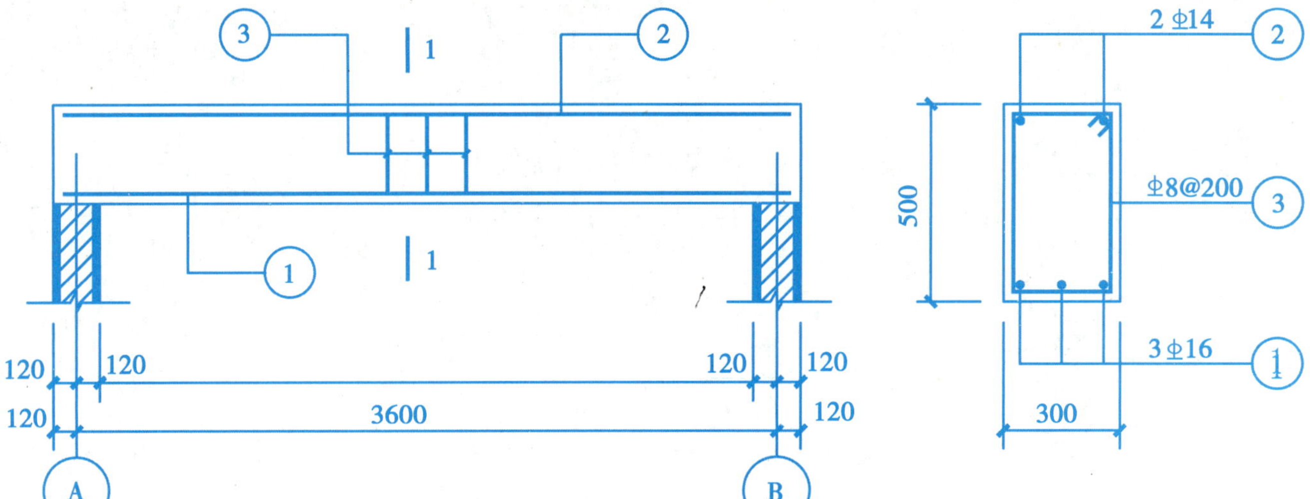

梁立面图　1:40

1—1　1:40

第7章　结构施工图	专业　　级　班	姓名	学号	审核	成绩

7-2 读图题：

(1) 阅读右图

图中现浇板底层钢筋编号是_____，板顶层钢筋编号是_____。⑥号钢筋直径为_____，分布间距为_____，沿①、③轴线纵向分布，铺于_____轴线之间；沿Ⓒ轴线横向分布，铺于_____轴线之间。

(2) 阅读右图

图中钢筋混凝土柱的中心偏高轴线的距离为_____，该柱从标高±0.000 起到标高_____为止，截面尺寸为_____。

二、三、四楼层梁上表面结构标高分别为_____、_____、_____，屋面梁结构标高为_____。

①号钢筋是_____根直径为_____的_____级纵向钢筋；②号钢筋是_____筋，沿柱的纵向布置，在非加密区的间距为_____，加密区间距为_____。

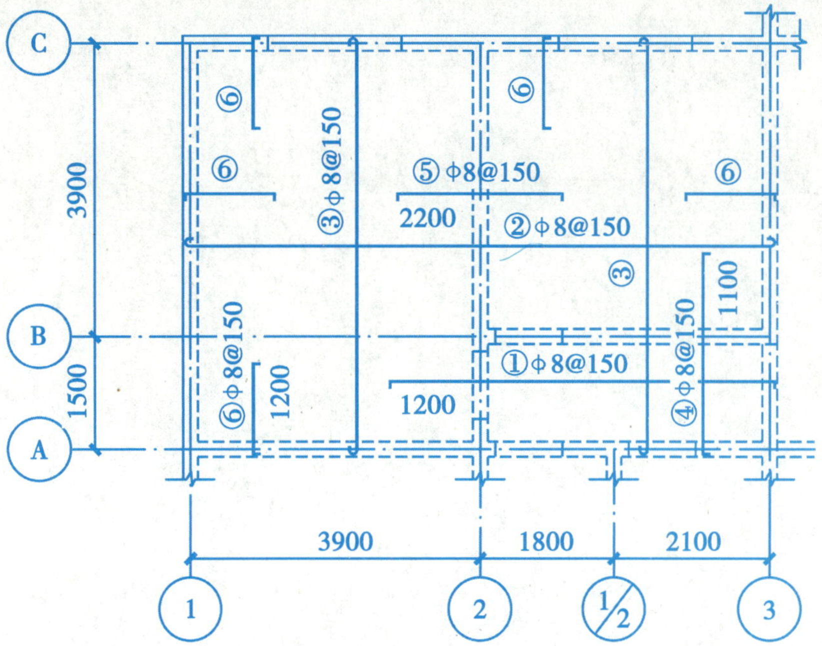

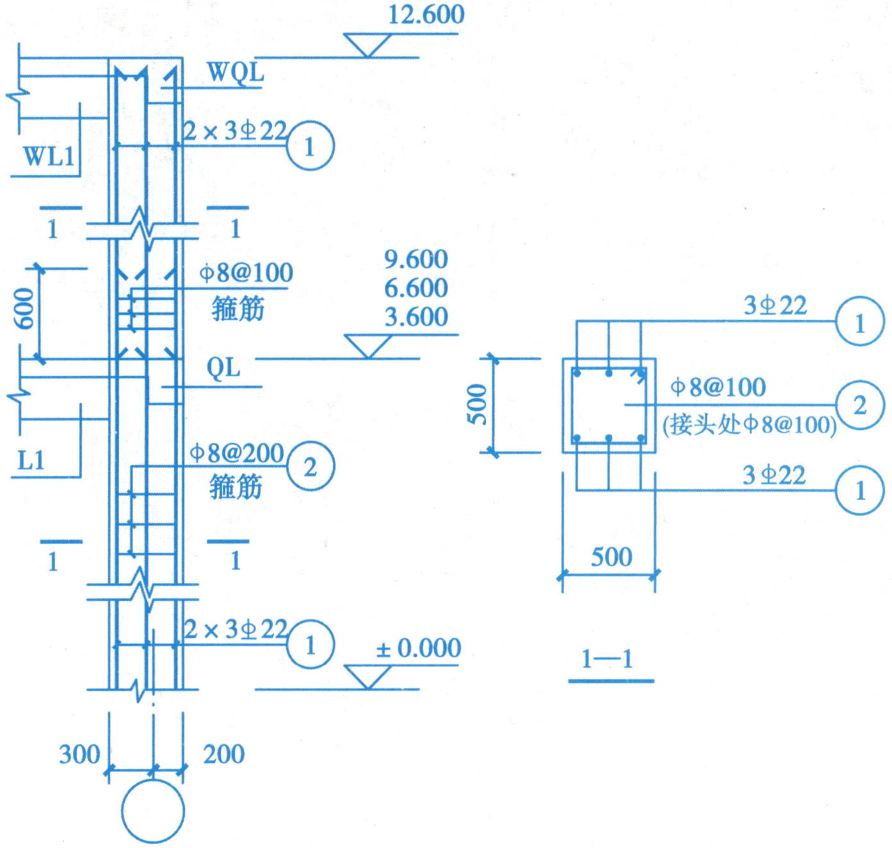

| 第 7 章　结构施工图 | 专 业 | 级 班 | 姓 名 | | 学 号 | | 审 核 | | 成 绩 | |

7-3 基础概念题：

(1)基础是位于墙下或柱下端的承重构件,埋置于地面以下。基础的种类很多,按基础的材料分类常见的有＿＿＿＿＿＿＿基础、＿＿＿＿＿＿＿基础和＿＿＿＿＿＿＿基础等。

(2)基础平面图是用一个假想的＿＿＿＿＿＿剖切面,沿建筑物＿＿＿＿＿＿＿＿将其剖开,移开建筑上部和基坑内的泥土后形成的水平剖面图。在基础平面图中,只画出基础墙和柱的断面图及＿＿＿＿＿＿＿＿的投影。

(3)阅读本页基础平面图和下页基础详图,回答下列问题：

    ①图中有＿＿＿＿＿＿种不同尺寸的独立基础,编号分别为＿＿＿＿＿＿＿＿＿＿＿＿＿＿＿＿＿＿＿＿＿＿＿。

    ②图中有＿＿＿＿＿＿种不同尺寸条形基础。

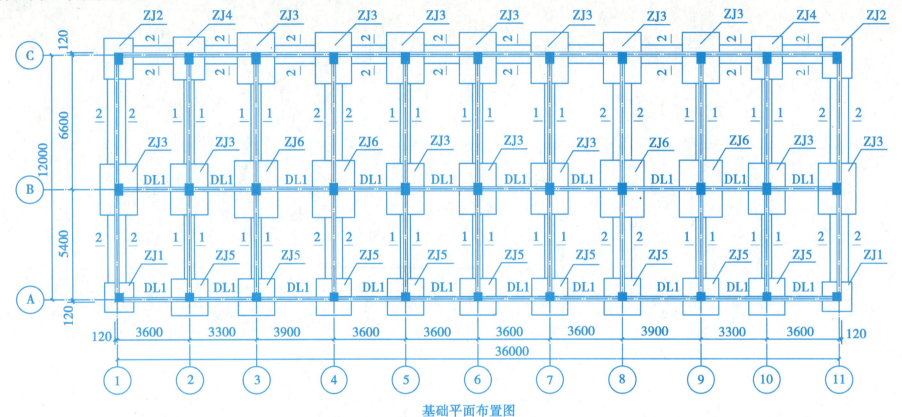

基础平面布置图

柱基明细表

基础编号	柱断面	基础平面尺寸											基础高度							基础预留柱插筋						基础底板配筋		备注
	$b \times h$	A	a_1	a_2	a_3	a_4	B	b_1	b_2	b_3	b_4	b_5	H	h_j	h_0	h_1	h_2	h_3	h_4	①	②	③	密箍	L_d	L	④	⑤	
ZJ1	450×450	1450	500				1450	500					2500	400	2100	400										10 Φ12@150	10 Φ12@150	
ZJ2	450×600	2000	700				1450	500					2500	400	2100	400										10 Φ14@150	14 Φ12@150	
ZJ3	450×600	2500	300	650			1850	300	400				2500	600	1900	300	300									13 Φ14@150	17 Φ12@150	
ZJ4	450×600	2100	750				1550	550					2500	500	2000	500										11 Φ12@150	15 Φ12@150	
ZJ5	450×450	1800	675				1800	675					2500	500	2000	500										13 Φ12@150	13 Φ12@150	
ZJ6	450×600	2800	400	700			2150	400	450				2500	700	1800	400	300									15 Φ14@150	19 Φ14@150	

第 7 章　结构施工图	专　业　级　班	姓名	学号	审核	成绩

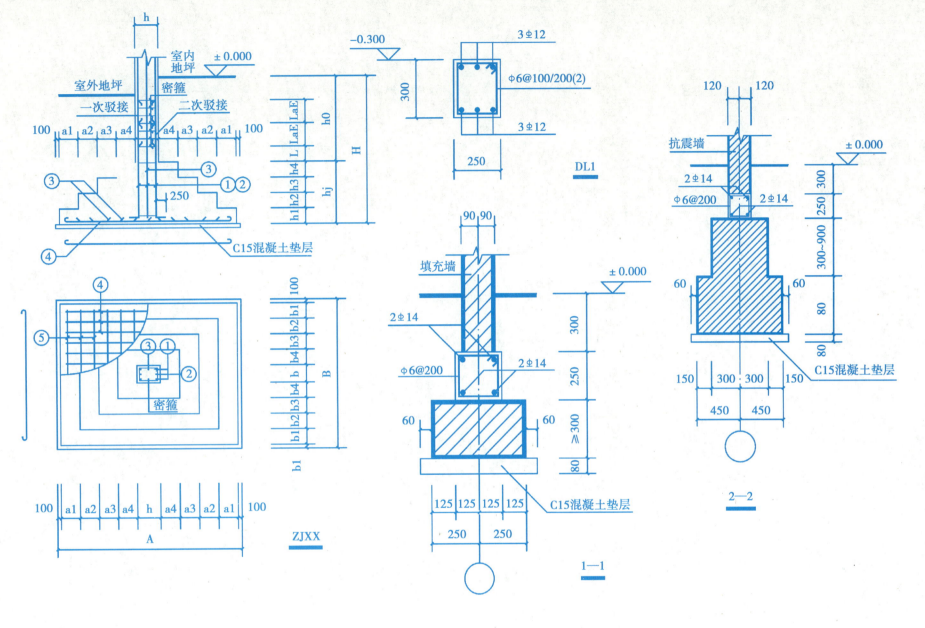

室内地坪 ±0.000
室外地坪
密箍
一次驳接　二次驳接
100 a1 a2 a3 a4　a4 a3 a2 a1 100
③　③ ① ②
250
C15混凝土垫层
④

h h1 h2 h3 h4 L LaE LaE
h0
H
hj

④
⑤
③ ①
②
密箍

b1 b2 b3 b4 b b4 b3 b2 b1 100
B
b1

100 a1 a2 a3 a4 h a4 a3 a2 a1 100
A
ZJXX

−0.300
300
3Φ12
Φ6@100/200(2)
3Φ12
250
DL1

填充墙
2Φ14
Φ6@200
2Φ14
±0.000
300
250
≥300
60　60
80
125 125 125 125
250　250
C15混凝土垫层
1—1

抗震墙
2Φ14
Φ6@200　2Φ14
±0.000
300
250
300~900
80
80
60　60
150 300 300 150
450　450
C15混凝土垫层
2—2

基础说明:
　1.根据本工程的地勘报告进行基础设计,基础形式为柱下独立基础和墙下条形基础,基础置于稳定的基岩上,地基承载力特征值为300 kPa,嵌岩深度不少于500 mm。
　2.本工程地基基础设计等级为丙级,场地类别为二类。
　3.混凝土强度等级:基础垫层为C15,柱下独立基础、基础梁和地圈梁为C20。
　4.钢筋保护层厚度:柱为30 mm,其余为40 mm。
　5.基础挖至设计标高后,应取样试压,达到设计要求后,由相关单位验槽后,才能进行基础施工。
　6.在施工过程中,如遇不良地质情况或者施工图说明不清时,应及时会同设计单位共同协商解决。
　7.条形基础下均设80厚C15细石混凝土垫层。
　8.地面以下砌体材料强度等级为:煤矸石砖MU15,条石MU30,水泥砂浆M50。
　9.除图中注明外,柱中心与独立柱基中心重合。
　10.除上述说明外,还应遵照有关施工验收规范和规程以及总说明进行施工。

①哪几条轴线上的墙是抗震墙,写出其轴线编号:_____。

②柱下独立基础的混凝土强度等级为_____,钢筋保护层厚度是_____。

③编号为ZJ3的独立基础有_____个,基底尺寸为_____,基础高_____;基础底面配筋:④号钢筋是_____,⑤号钢筋是_____。

④抗震墙下条形基础所用材料是_____,抗震墙基础中心线与其上的抗震墙中心线_____,抗震墙厚_____,地圈梁纵向钢筋是_____,箍筋是_____。

第7章　结构施工图	专业	级	班	姓名		学号		审核		成绩	

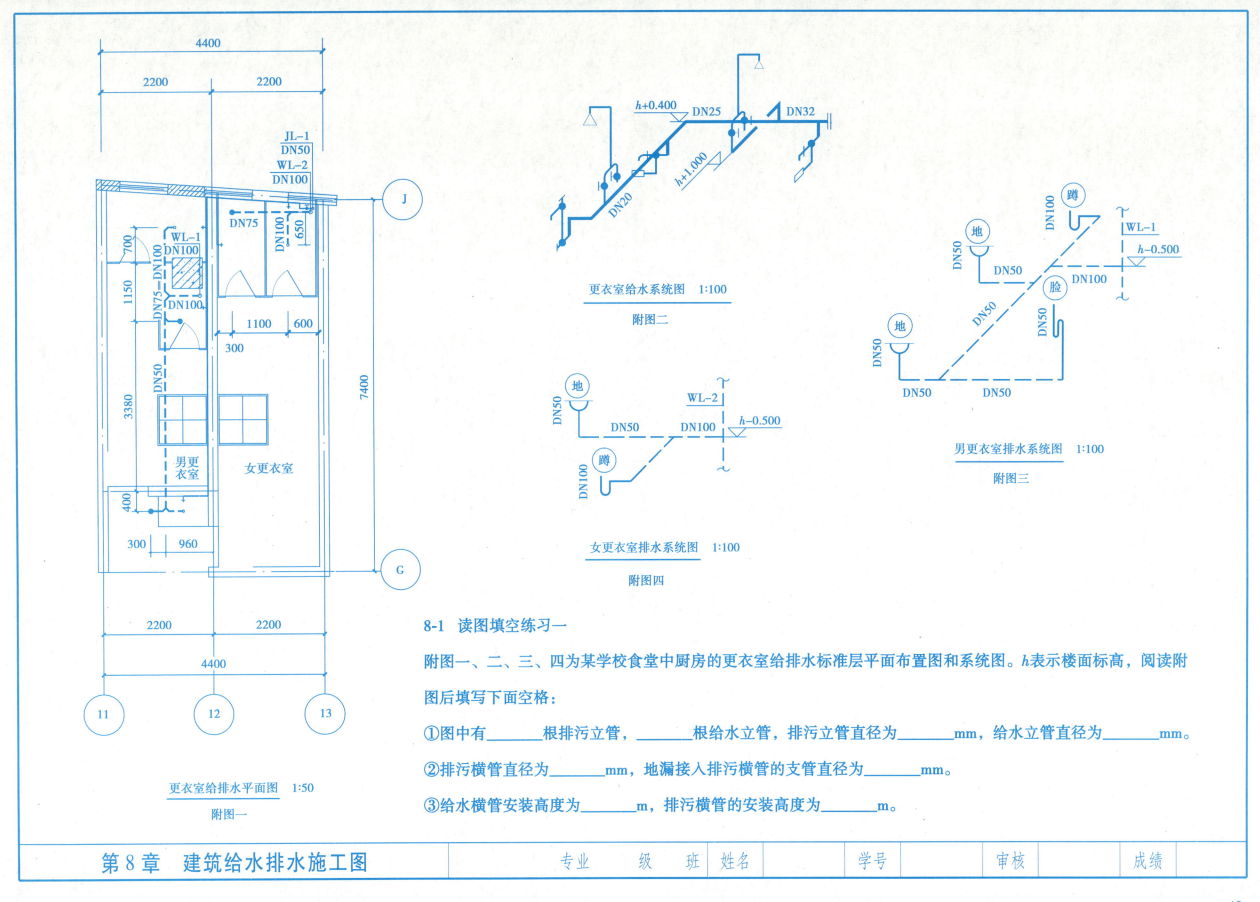

更衣室给水系统图　1:100

附图二

女更衣室排水系统图　1:100

附图四

男更衣室排水系统图　1:100

附图三

更衣室给排水平面图　1:50

附图一

8-1　读图填空练习一

附图一、二、三、四为某学校食堂中厨房的更衣室给排水标准层平面布置图和系统图。h表示楼面标高，阅读附图后填写下面空格：

①图中有_____根排污立管，_____根给水立管，排污立管直径为_____mm，给水立管直径为_____mm。

②排污横管直径为_____mm，地漏接入排污横管的支管直径为_____mm。

③给水横管安装高度为_____m，排污横管的安装高度为_____m。

| 第8章　建筑给水排水施工图 | 专业 | | 级 | 班 | 姓名 | | 学号 | | 审核 | | 成绩 | |

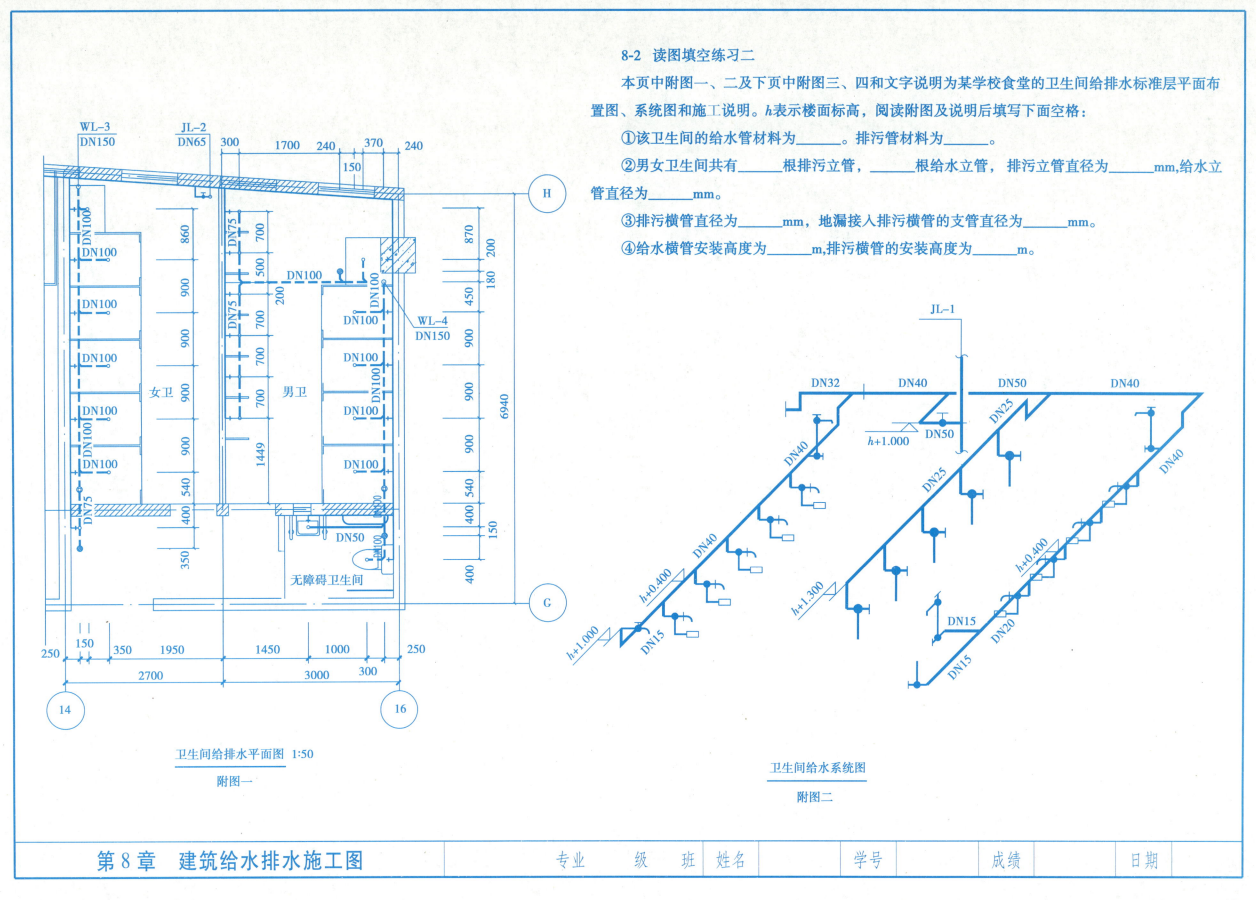

8-2　读图填空练习二

本页中附图一、二及下页中附图三、四和文字说明为某学校食堂的卫生间给排水标准层平面布置图、系统图和施工说明。*h*表示楼面标高，阅读附图及说明后填写下面空格：

①该卫生间的给水管材料为_____。排污管材料为_____。

②男女卫生间共有_____根排污立管，_____根给水立管，排污立管直径为_____mm,给水立管直径为_____mm。

③排污横管直径为_____mm，地漏接入排污横管的支管直径为_____mm。

④给水横管安装高度为_____m,排污横管的安装高度为_____m。

卫生间给排水平面图 1:50

附图一

卫生间给水系统图

附图二

第8章　建筑给水排水施工图

专业	级	班	姓名	学号	成绩	日期

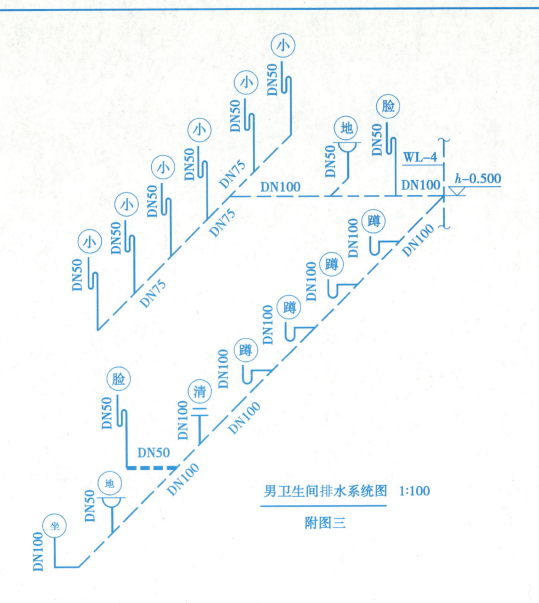

男卫生间排水系统图　1:100

附图三

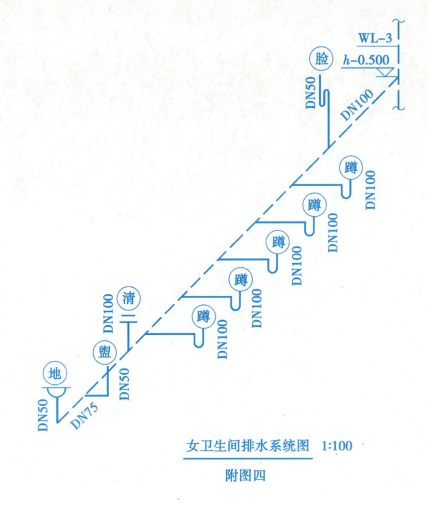

女卫生间排水系统图　1:100

附图四

施工说明

1.生活给水管和生活热水管：

(1)室外给水管：详见总图说明。

(2)室内给水管：DN≥50 mm的管道采用PSP钢塑复合管；G型和扩口式管件连接，执行标准CJ/T183—2008。DN<50 mm的管道采用PP-R(北欧化工原料)塑料管，热熔连接。

(3)给水管选型外径与设计公称直径对照详见下表：

公称直径	DN15	DN20	DN25	DN32	DN40	DN50	DN65	DN80	DN100	DN150
塑料管	De20	De25	De32	De40	De50	De63				
钢塑管					Dn50	Dn63	Dn75	Dn90	Dn110	Dn160

2.排水管道：

(1)污废水管、通气管，采用塑料排水管，承插黏接；转换层及以下的管道采用柔性接口排水铸铁管，橡胶密封法兰连接；螺栓紧固；埋地的铸铁管采用水泥捻口。

(2)雨水管：多层屋面采用塑料排水管，承插黏接。

(3)室外排水管：采用塑料排水管，承插黏接。

第8章　建筑给水排水施工图	专业	级	班	姓名	学号	成绩	日期

9-1　AutoCAD 绘图训练

用基本绘图命令完成练习-1～练习-7。

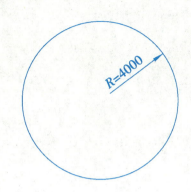

练习-2

用CIRCLE命令绘半径为4000的圆。

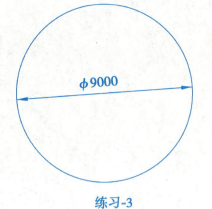

练习-3

用CIRCLE命令绘直径为9000的圆。

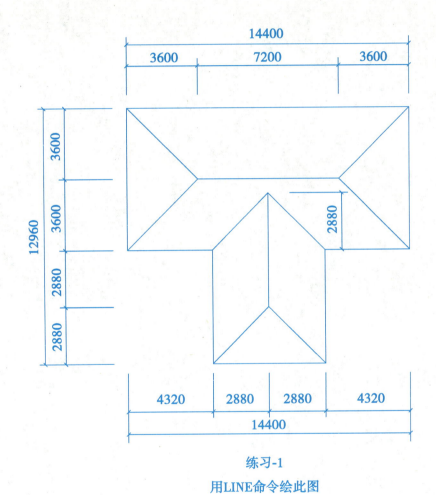

练习-1

用LINE命令绘此图

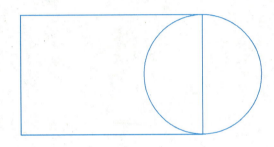

练习-4

用CIRCLE命令绘以四边形的一边为直径的圆。

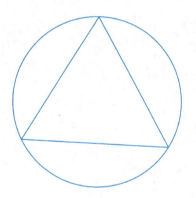

练习-5

用CIRCLE命令绘外接三角形的圆。

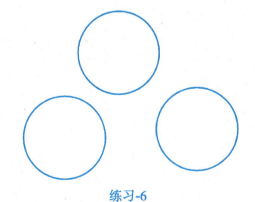

练习-6

用DONUT命令绘出以在指定的中心，内径为4000、外径为4400的圆环。

练习-7

用DONUT命令绘出以在指定的中心，内径为0、外径为1500的实心圆。

第9章　计算机绘制建筑施工图	专业	级　班	姓名	学号	审核	成绩

（1）用基本绘图命令完成练习-8～练习-12。

（2）用修改命令完成练习-13～练习-17。

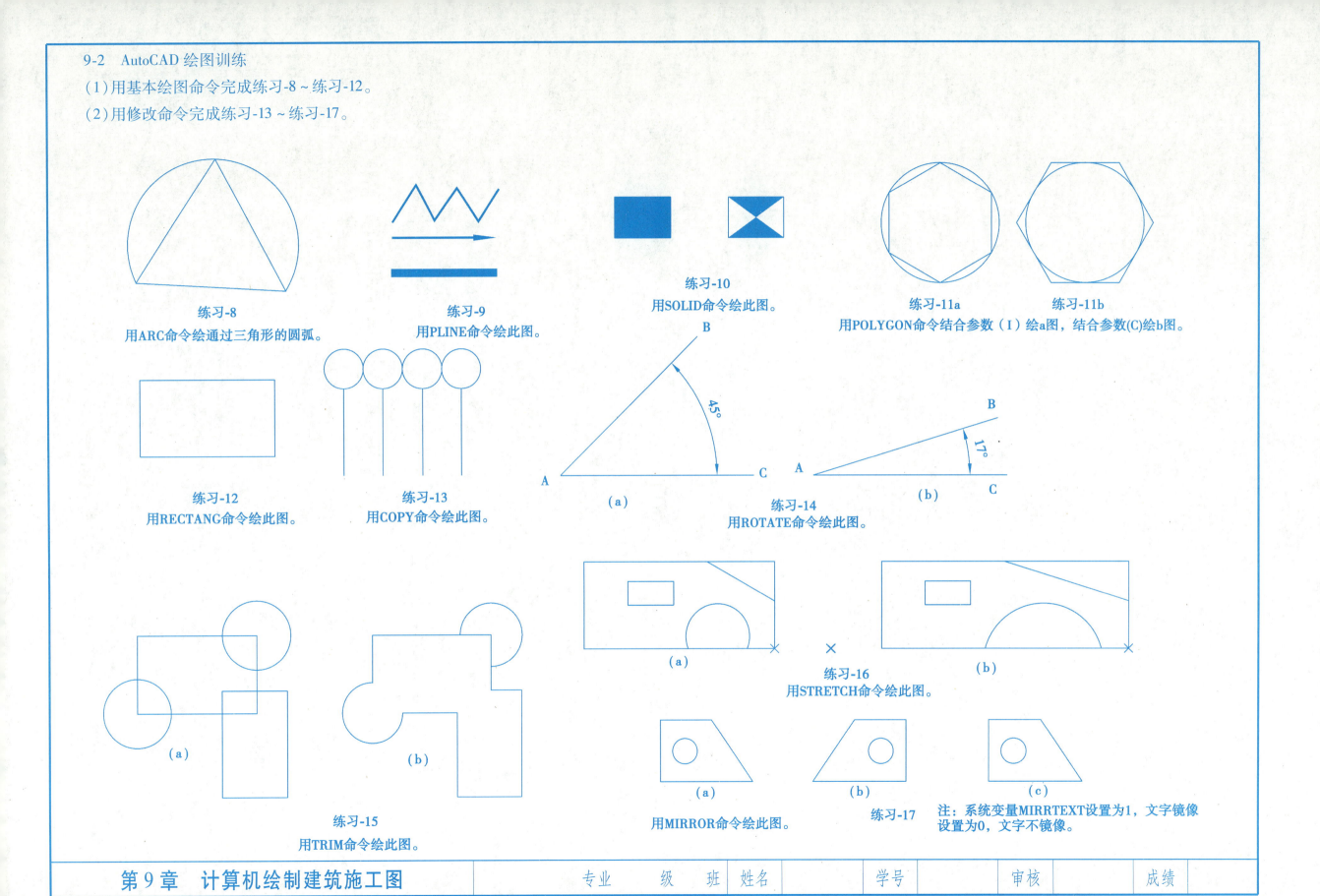

练习-8
用ARC命令绘通过三角形的圆弧。

练习-9
用PLINE命令绘此图。

练习-10
用SOLID命令绘此图。

练习-11a　　　　练习-11b
用POLYGON命令结合参数（I）绘a图，结合参数(C)绘b图。

练习-12
用RECTANG命令绘此图。

练习-13
用COPY命令绘此图。

练习-14
用ROTATE命令绘此图。

练习-15
用TRIM命令绘此图。

练习-16
用STRETCH命令绘此图。

用MIRROR命令绘此图。

练习-17

注：系统变量MIRRTEXT设置为1，文字镜像
设置为0，文字不镜像。

第 9 章　计算机绘制建筑施工图	专业	级	班	姓名	学号	审核	成绩

（1）用修改命令完成练习-18～练习-22。

（2）用对象捕捉完成练习-23～练习-28。

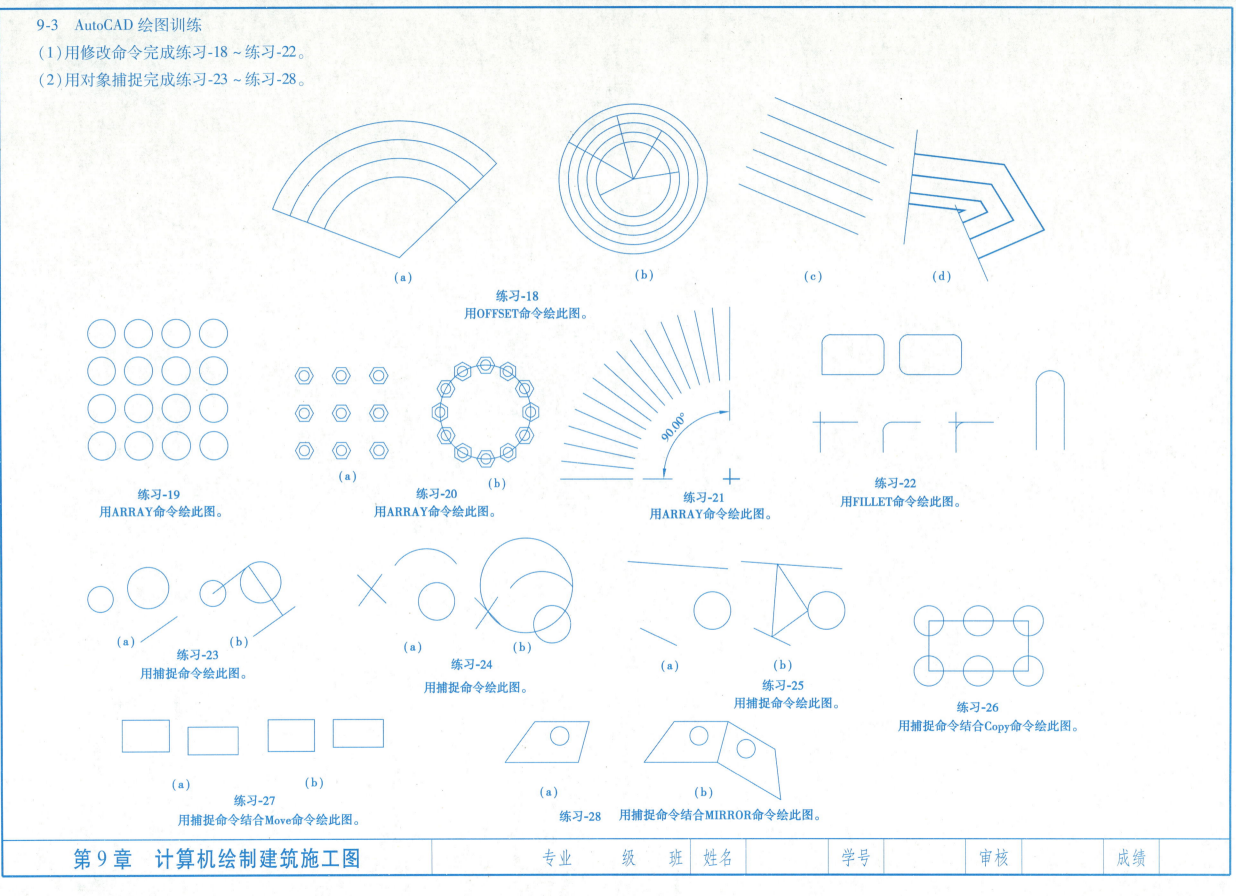

(a)　　　　　　　　(b)　　　　　　　　(c)　　　　　(d)

练习-18
用OFFSET命令绘此图。

练习-19
用ARRAY命令绘此图。

(a)　　　练习-20　　(b)
用ARRAY命令绘此图。

练习-21
用ARRAY命令绘此图。

练习-22
用FILLET命令绘此图。

(a)　　练习-23　　(b)
用捕捉命令绘此图。

(a)　　练习-24　　(b)
用捕捉命令绘此图。

(a)　　　　(b)
练习-25
用捕捉命令绘此图。

练习-26
用捕捉命令结合Copy命令绘此图。

(a)　　　　　　(b)
练习-27
用捕捉命令结合Move命令绘此图。

(a)　　练习-28　　(b)　　用捕捉命令结合MIRROR命令绘此图。

第 9 章　计算机绘制建筑施工图	专业　　级　班　姓名	学号	审核	成绩

计算机绘制某职工住宅楼平面图、立面图、剖面图、作业指示书

一、要求

1. 仔细阅读本习题集第 6-1 页及第 6-8 页的某职工住宅楼的平、立、剖面图及有关详图。

2. 按 1:100 的比例,用 A2 图幅抄绘某职工住宅楼的平、立、剖面图。

二、步骤

1. 绘图幅、图框、图标的底稿线。

2. 布置图面,即定出平面图、①—⑲立面图、剖面图的位置。在确定各图位置时,应注意留足尺寸和图名标注的位置。

3. 建底稿线图层,并用底稿线图层面平面图、立面图、剖面图底稿线。

4. 分别建墙体、门窗、细部图层,并按线型及线宽要求在相应的图层上完成平面图、立面图、剖面图图形。

平面图:凡剖切到的墙体轮廓线画粗实线,其粗度为 b。门的开启符号线为中粗线,粗度为 $0.5b$。窗的图例符号线及其他未剖切到的投影可见轮廓线为细实线,粗度为

$0.25b$。

立面图:空外地平线用特粗线($1.5b \sim 2b$)。立面图的主要轮廓线用粗实线(b)。立面图的可见次要轮廓线,如檐口线、勒脚线、墙或柱的棱线,窗台等用中实线($0.5b$)。门

窗洞口及门窗扇的分格线、墙面符号线等用 $0.25b$ 的细线。

剖面图:与平面图相似,凡剖切到的轮廓线用粗实线(b),其余未剖切到的投影可见轮廓线及门窗图例符号线用 $0.25b$ 细实线。

此外,轴线、尺寸线等用 $0.25b$ 细实线,尺寸起止符号用 $0.5b$ 中实线画出。

5. 建立标注图层,并在该图层上完成标注尺寸,书写图中汉字,填写图标完成全图(注:图框、标题栏按各校要求格式完成)。

第 9 章　计算机绘制建筑施工图	专业	级	班	姓名		学号		审核		成绩	

10-1 填空题

1. 点的透视投影和其基透视位于同一条_____线上,当点位于_____上时,其基透视恰好在基线上。

2. 空间点位于画面前时,其透视高_____真高。

   空间点位于画面上时,其透视高_____真高。

   空间点位于无穷远时,其透视高_____。

3. 直线与画面的交点称为直线的_____,其透视与自身位置_____。

4. 直线上无穷远点的透视称为_____,它的作图是过视点_____

   _____。

5. 直线平行于画面时,则直线的透视与自身_____,其基透视_____。该类直线的透视与 h–h 的夹角反映_____。

6. 人的视野范围近似圆锥,称为_____,水平视角最佳值约为_____。

7. 绘制透视平面图确定站点位置,常取 SS_g 长度为画面近似宽度 B 的_____倍。

10-2 根据图中的透视结果,写出各直线的空间位置特点。

AB 是_____线　　　　CD 是_____线

EF 是_____线　　　　JK 是_____线

MN 是_____线

10-3 连线题

下列各图各组成部分均为四棱柱,根据透视图在下方三列中对应正确项之间连线。

A　　　　B　　　　C

图A　　　　一点透视　　　　斜透视

图B　　　　两点透视　　　　成角透视

图C　　　　三点透视　　　　平行透视

10-4 已知相交两直线 AB 与 AC 均在基面上,求作其透视。

第 10 章　透视图基础	专业	级	班	姓名	学号	审核	成绩

10-5 完成正方形网格的透视并在其后及右后各追加一个等大的正方形网格。

10-6 完成正方形网格的透视并向其 X 及 Y 方向各追加一个等大的正方形网格。

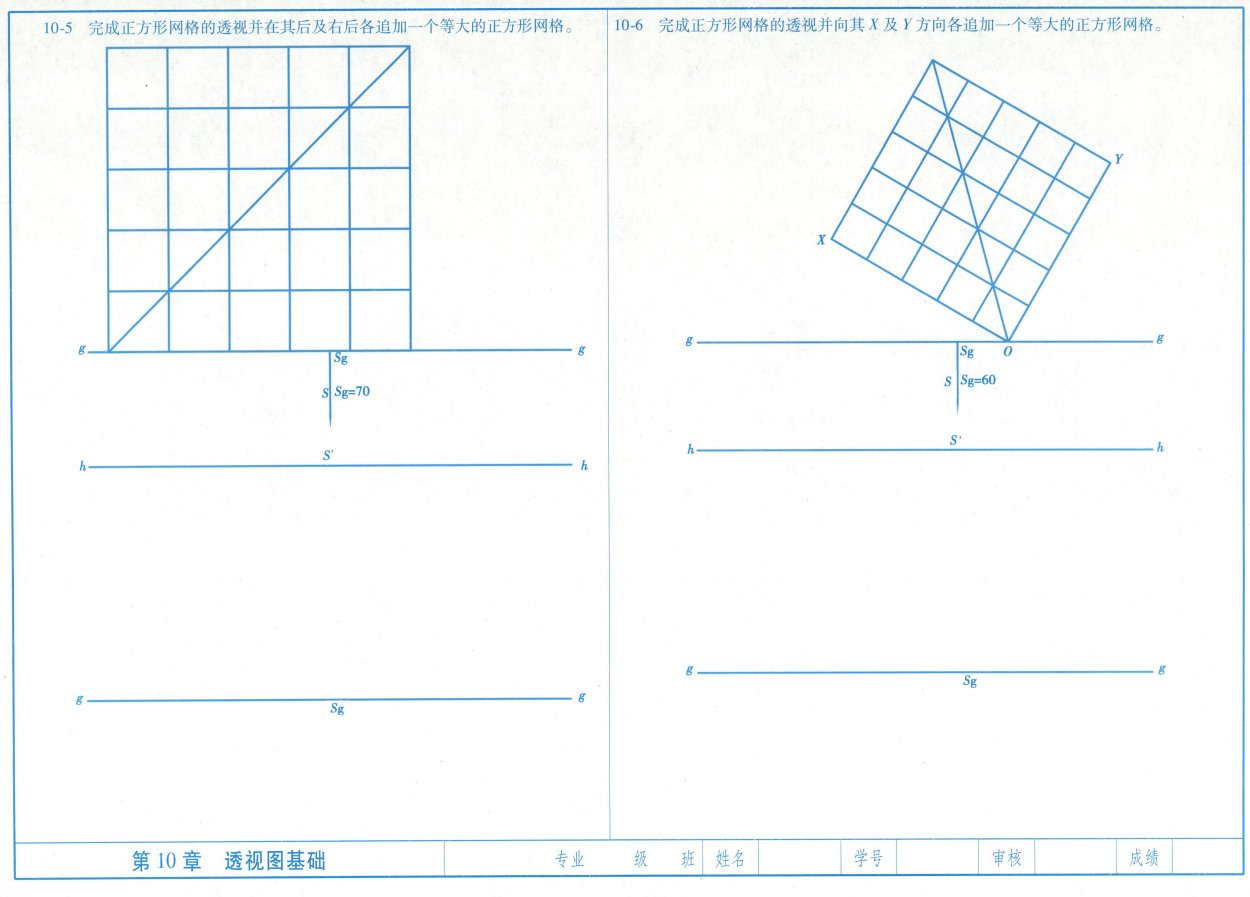

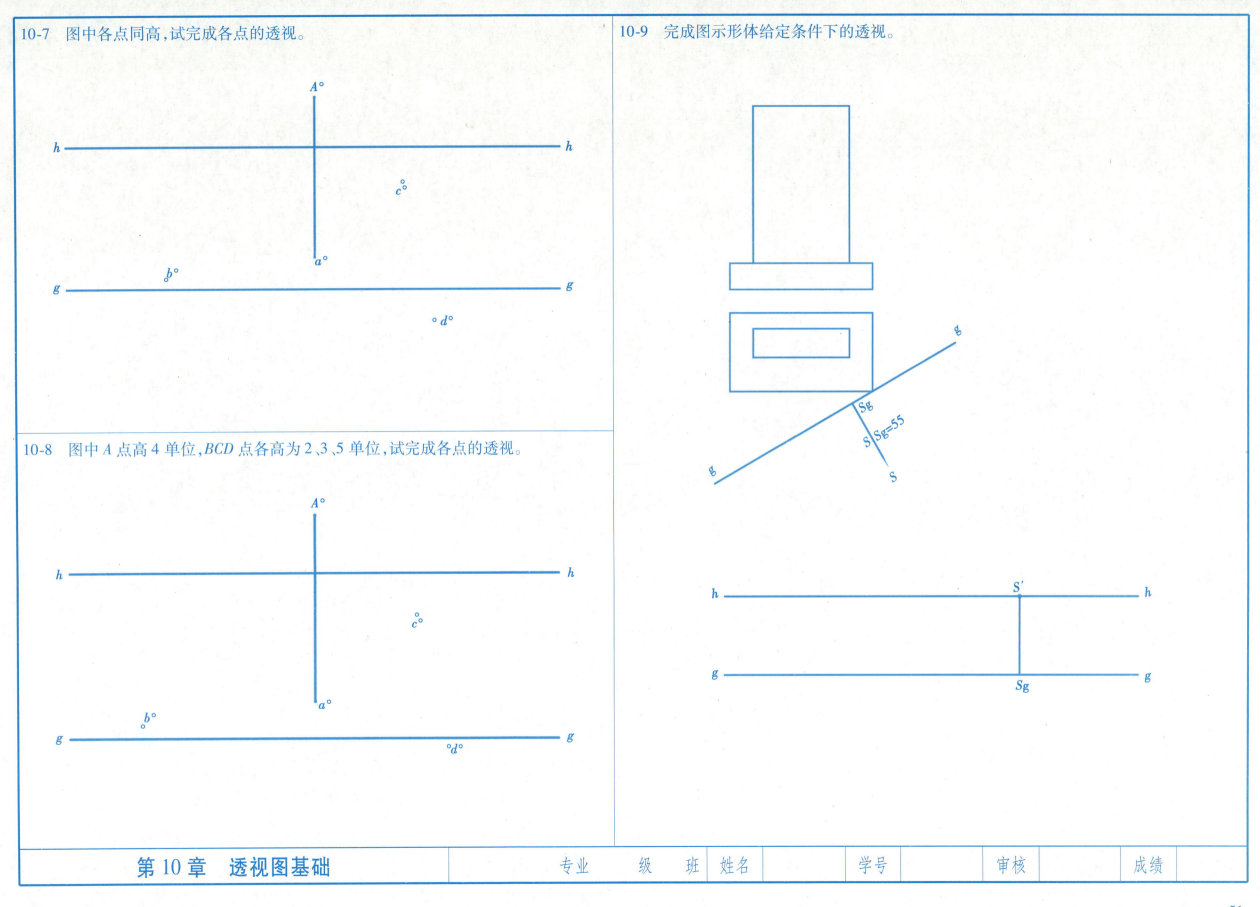

10-7　图中各点同高,试完成各点的透视。

$A°$

h ——————————————————— h

$c°$

$a°$

$b°$

g ——————————————————— g

$°d°$

10-8　图中 A 点高 4 单位,BCD 点各高为 2、3、5 单位,试完成各点的透视。

$A°$

h ——————————————————— h

$c°$

$a°$

$b°$

g ——————————————————— g

$°d°$

10-9　完成图示形体给定条件下的透视。

g

Sg

S $Sg=55$

S

g

h ———————— S' ———————— h

g ———————— Sg ———————— g

第 10 章　透视图基础 | 专业　　级　班　姓名 | 学号 | 审核 | 成绩

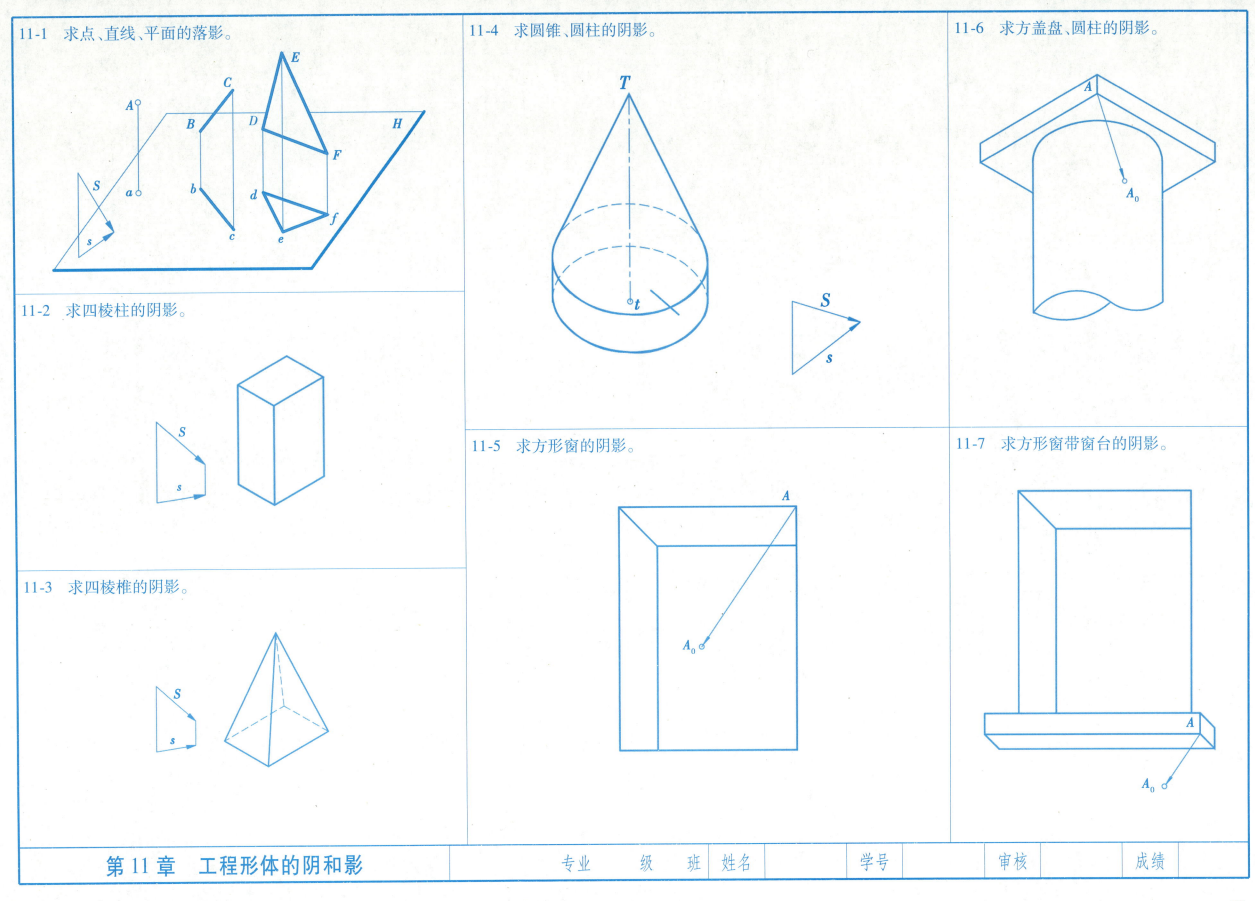

11-1 求点、直线、平面的落影。

11-2 求四棱柱的阴影。

11-3 求四棱椎的阴影。

11-4 求圆锥、圆柱的阴影。

11-5 求方形窗的阴影。

11-6 求方盖盘、圆柱的阴影。

11-7 求方形窗带窗台的阴影。

第 11 章　工程形体的阴和影	专业　　级　班　姓名	学号	审核	成绩

11-8 求房屋的阴影。

11-9 求房屋的阴影。

11-10 求台阶的阴影。

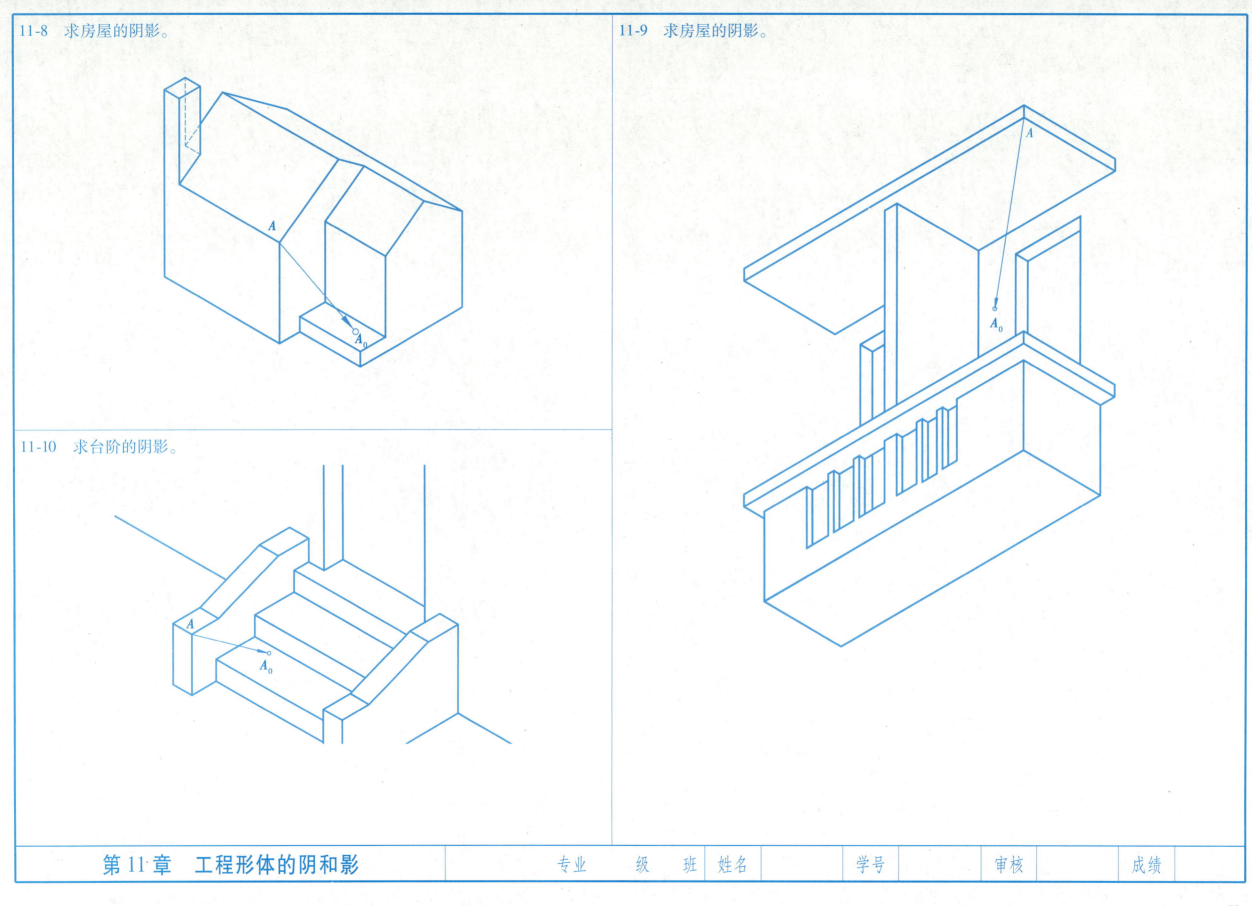

第 11 章　工程形体的阴和影

专业		级	班	姓名		学号		审核		成绩	

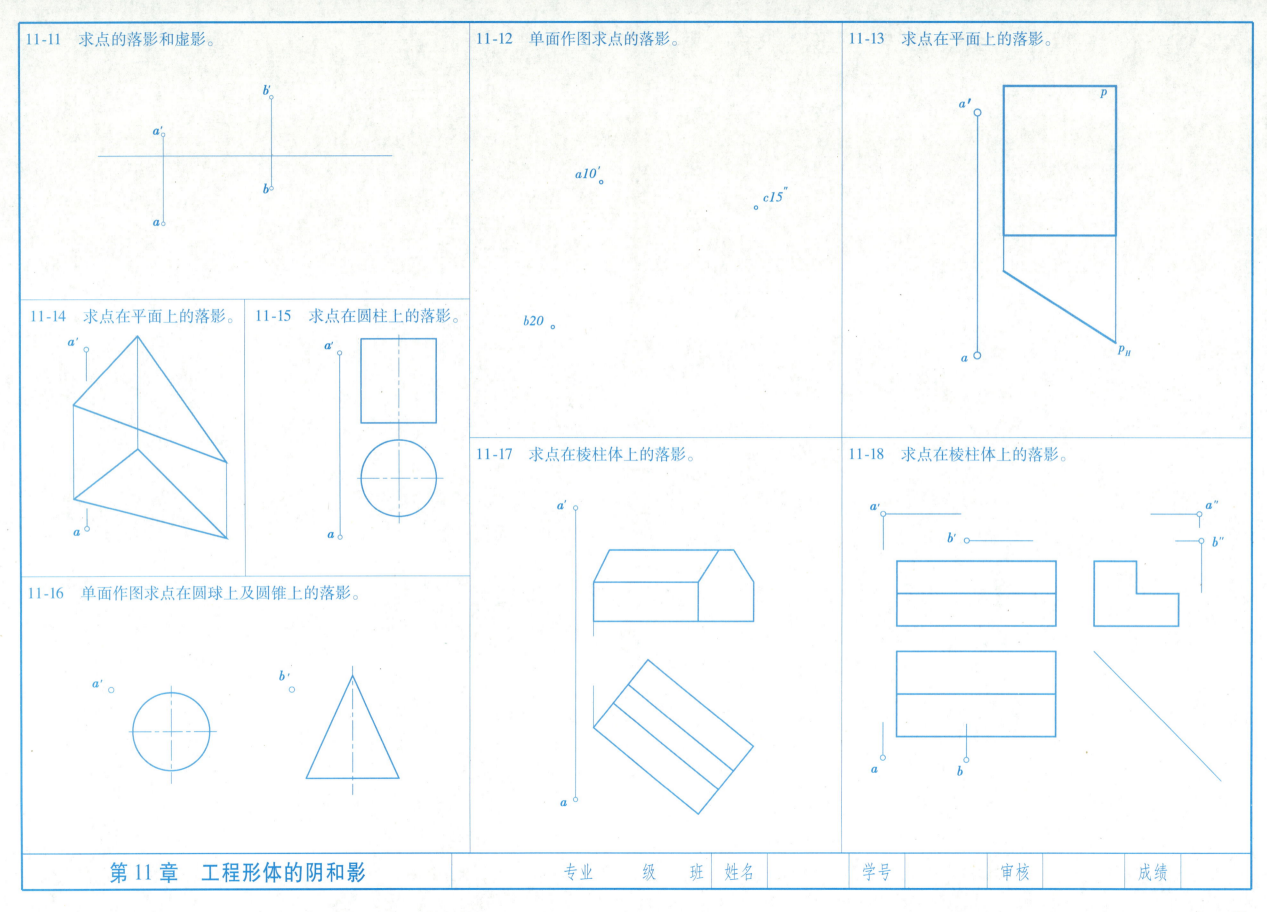

11-11 求点的落影和虚影。

11-12 单面作图求点的落影。

11-13 求点在平面上的落影。

11-14 求点在平面上的落影。

11-15 求点在圆柱上的落影。

11-16 单面作图求点在圆球上及圆锥上的落影。

11-17 求点在棱柱体上的落影。

11-18 求点在棱柱体上的落影。

第 11 章　工程形体的阴和影

专业	级	班	姓名		学号		审核		成绩	

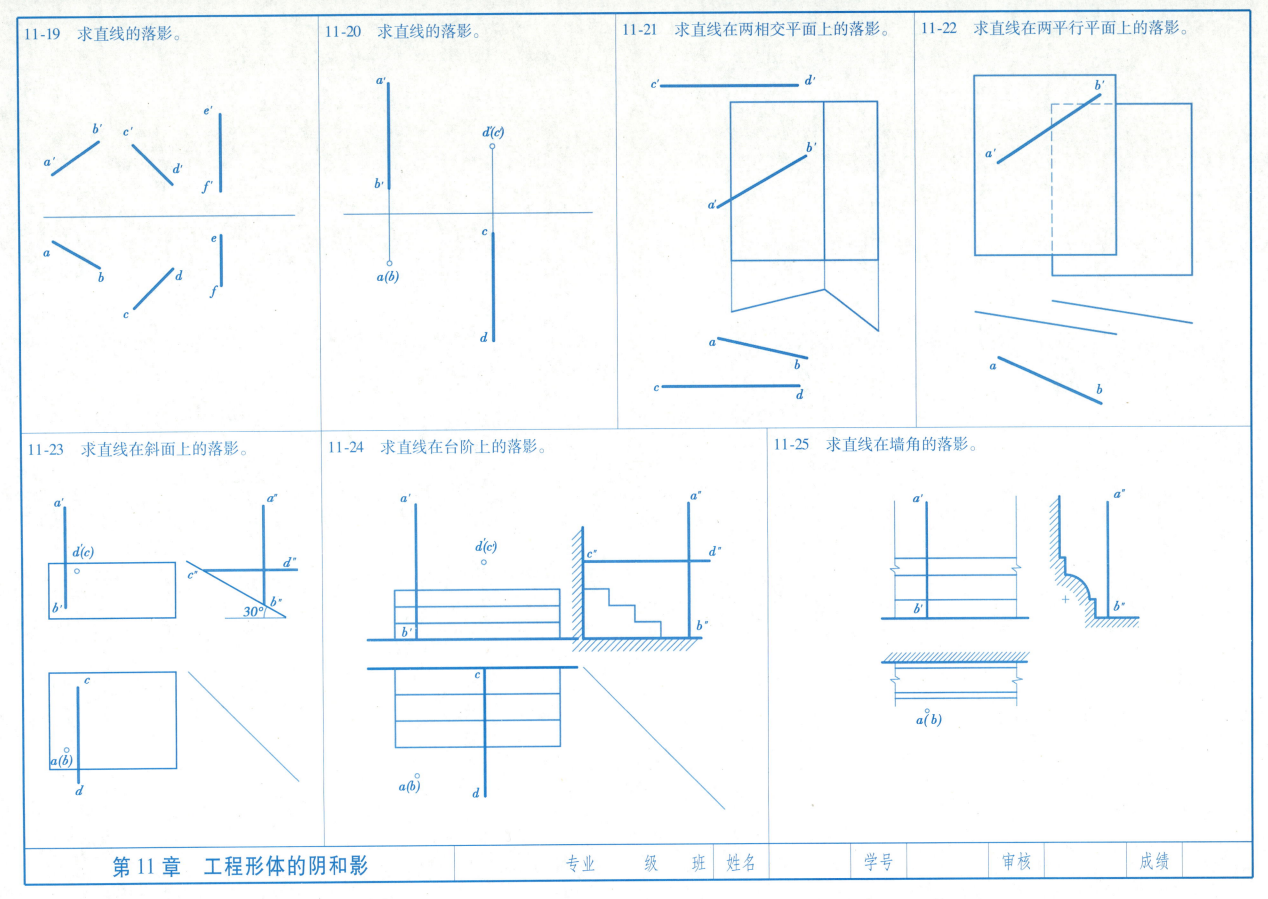

11-19 求直线的落影。

11-20 求直线的落影。

11-21 求直线在两相交平面上的落影。

11-22 求直线在两平行平面上的落影。

11-23 求直线在斜面上的落影。

11-24 求直线在台阶上的落影。

11-25 求直线在墙角的落影。

第 11 章　工程形体的阴和影

专业　级　班　姓名　　学号　　审核　　成绩

55

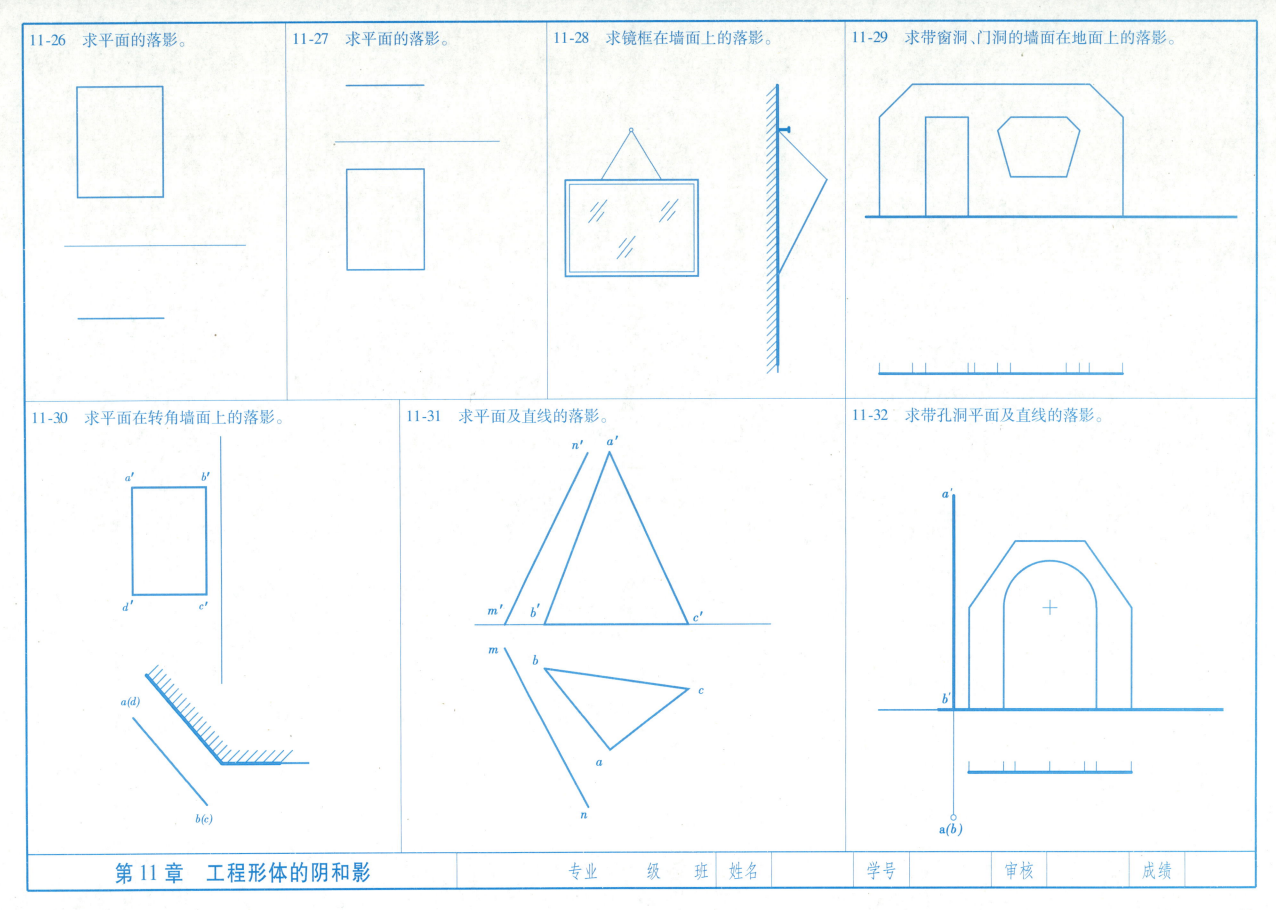

11-26 求平面的落影。

11-27 求平面的落影。

11-28 求镜框在墙面上的落影。

11-29 求带窗洞、门洞的墙面在地面上的落影。

11-30 求平面在转角墙面上的落影。

11-31 求平面及直线的落影。

11-32 求带孔洞平面及直线的落影。

第 11 章　工程形体的阴和影

专业	级	班	姓名	学号	审核	成绩

11-33 求立体的阴影。

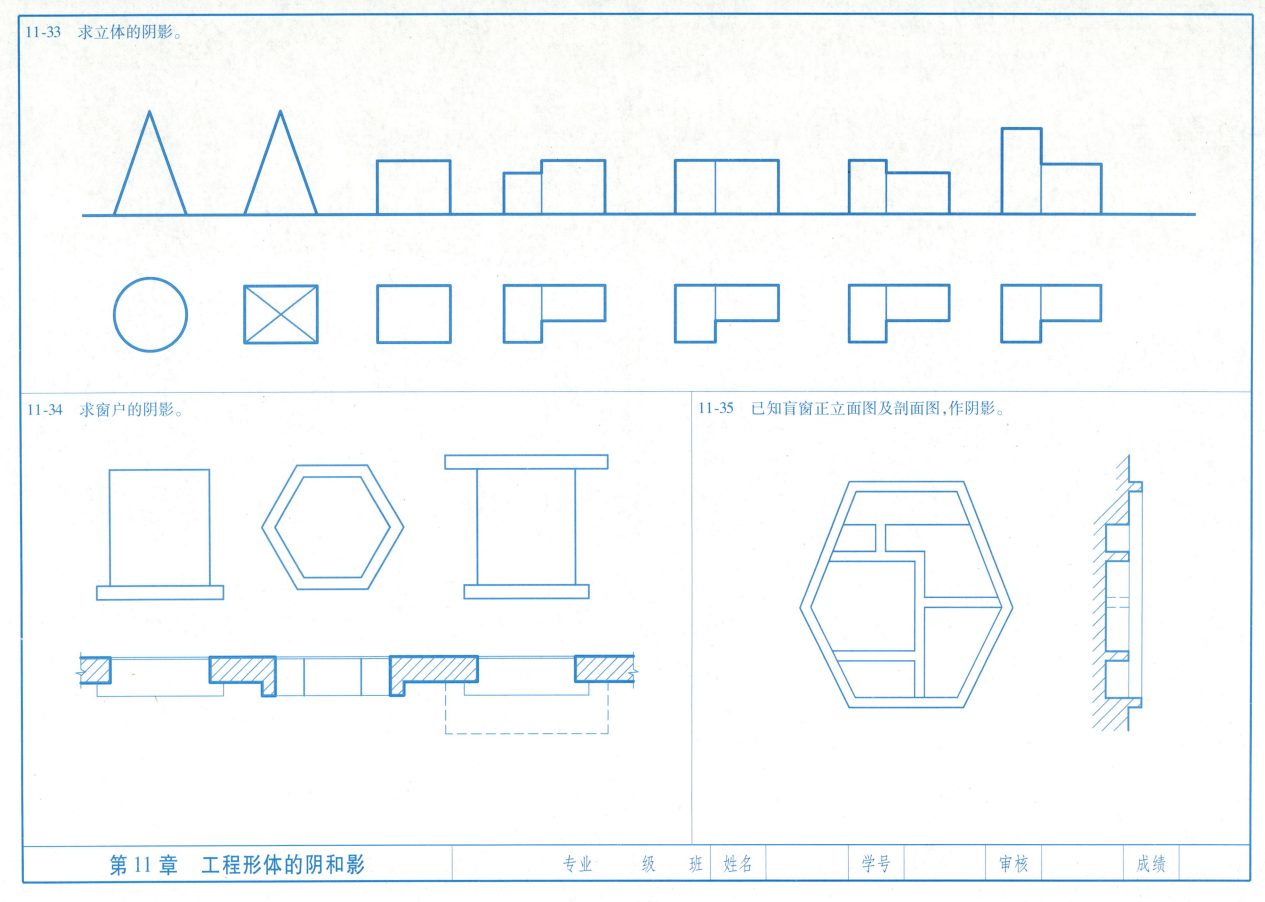

11-34 求窗户的阴影。

11-35 已知盲窗正立面图及剖面图，作阴影。

第 11 章 工程形体的阴和影	专 业	级 班	姓 名		学 号		审 核		成 绩	

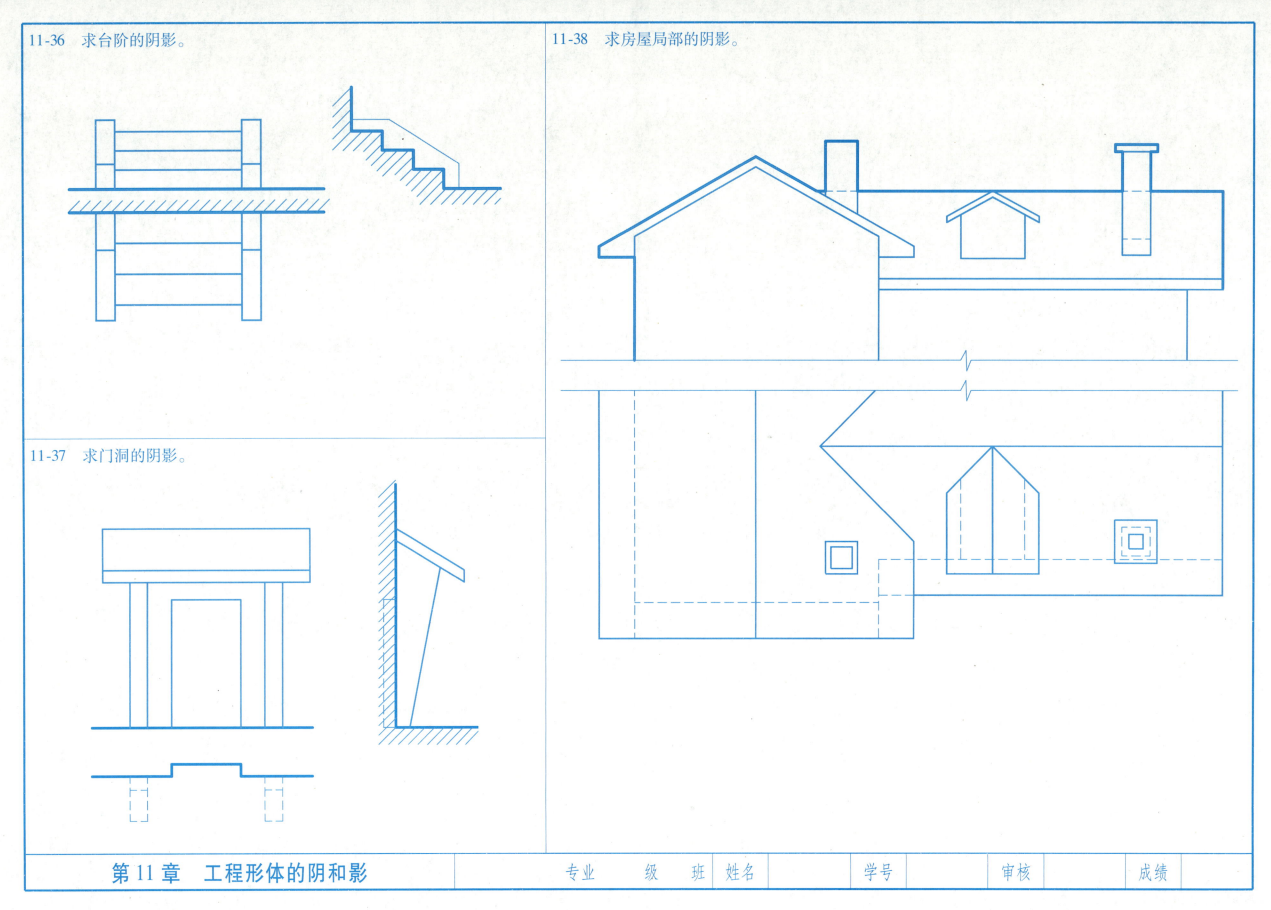

11-36 求台阶的阴影。

11-37 求门洞的阴影。

11-38 求房屋局部的阴影。

第 11 章 工程形体的阴和影

专 业	级 班	姓 名	学 号	审 核	成 绩